First published in English under the title
Post-Silicon Validation and Debug
edited by Prabhat Mishra and Farimah Farahmandi

著者简介

普拉巴特·米什拉
佛罗里达大学计算机与信息科学工程系
美国盖恩斯维尔市

法里玛·法拉曼迪
佛罗里达大学计算机与信息科学工程系
美国盖恩斯维尔市

数字IC设计工程师丛书

硅后验证与调试

〔美〕普拉巴特·米什拉
法里玛·法拉曼迪 著

魏 东 孙 健 译

科 学 出 版 社
北 京

图字：01-2024-0336号

内 容 简 介

本书系统阐述硅后验证和SoC调试中所面临的关键挑战、前沿技术与最新研究进展，旨在显著提升验证效率并降低调试成本。

本书汇集了硅后验证和调试专家的研究成果：第1章概述SoC设计方法学，并强调硅后验证和调试所面临的挑战；第2～6章描述设计调试架构的有效技术，包括片上设备和信号选择；第7～10章介绍生成测试和断言的有效技术；第11～15章提供自动化方法，用于定位、检测和修复硅后错误；第16～17章描述两个案例研究（NoC和IBM POWER8处理器）；第18章讨论设计调试与安全漏洞之间的内在冲突；第19章展望硅后验证与调试的未来发展趋势和潜在突破方向。

本书为SoC设计人员、验证工程师以及对异构SoC的硅后验证与调试感兴趣的研究人员提供了全面的参考资料。

图书在版编目（CIP）数据

硅后验证与调试 / (美) 普拉巴特·米什拉 (Prabhat Mishra), (美) 法里玛·法拉曼迪 (Farimah Farahmandi) 著 ; 魏东, 孙健译. -- 北京 : 科学出版社, 2025. 7. -- ISBN 978-7-03-082133-1

Ⅰ. TN402

中国国家版本馆CIP数据核字第2025F7K185号

责任编辑：杨　凯 / 责任校对：魏　谨
责任印制：肖　兴 / 封面设计：杨安安

科 学 出 版 社 出版
北京东黄城根北街16号
邮政编码：100717
http：//www.sciencep.com

北京九天鸿程印刷有限责任公司印刷

科学出版社发行　各地新华书店经销

*

2025年7月第　一　版　　开本：787×1092　1/16
2025年7月第一次印刷　　印张：21　1/2
字数：420 000

定价：88.00元

（如有印装质量问题，我社负责调换）

前　言

在我们日常生活中，各类计算系统无处不在。无论是操作台式机还是笔记本电脑，我们都能直观感受到它们正在执行计算任务。但更多时候，计算能力已悄然嵌入各类设备——从信息物理系统到物联网终端，计算单元已深度融入物理世界。当我们驾驶汽车或乘坐飞机时，众多计算设备能够无缝协作，以确保旅途愉快且安全。同样，当我们使用智能手机进行金融交易或分享个人信息时，嵌入式设备会努力确保这些交易的安全性和隐私性。但这是否意味着我们可以绝对信任这些计算设备？实际上，当今没有任何计算系统能被证明完美无缺。本书不仅系统揭示了计算系统验证与调试领域的基础性挑战，更提供了切实可行的解决方案框架。

这些计算系统通常由软件（应用程序）、固件和硬件三大部分组成。其中，计算系统的核心组件是片上系统（SoC）。典型的 SoC 包括一个或多个处理器核、协处理器、缓存、内存、控制器、转换器、外围设备、输入/输出设备、传感器等。要理解 SoC 验证为何如此具有挑战性，我们可以从 SoC 中最基础的组件——加法器开始分析。加法器的功能是将两个输入值相加并输出结果。当输入值为 64 位整数时，理论上需要验证的测试向量数量将达到惊人的 2^{128}（即 $2^{64}\times2^{64}$）。显然，要对加法器进行如此海量的测试向量验证是不现实的。既然连一个简单的加法器都无法做到完全验证，那么对于集成了众多复杂组件的完整 SoC 系统，其验证难度可想而知。在芯片制造前的设计阶段，工程师们会采用硅前验证技术，试图发现并修复系统中的功能性错误以及非功能性需求方面的缺陷。

尽管工程师们投入了大量精力进行验证，但在芯片量产前的验证阶段仍无法保证找出所有的设计错误。硅后验证的主要任务就是发现那些在前期验证中漏网的功能性错误，以及未能满足的非功能性需求（例如安全性漏洞等）。目前，硅后验证已被公认为复杂 SoC 设计过程中最大的瓶颈环节。多项行业调研数据都显示，硅后验证工作往往会占用整个 SoC 设计工作量的 50% 以上。为了更好地理解硅后验证的挑战性，让我们来看一个实际发生的硅后 bug 案例：在某处理器的流水线中运行的安全固件，由于一个异步复位操作意外关闭了本应在固件执行期间起作用的访问锁定机制。当这个锁定机制失效后，用户应用程序就能直接从指令缓存中读取到未加密的固件内容。经过数天艰苦的调试工作，最终发现问题的根源在于：在进行异步复位后，系统没有按照设计要求清除指令内存。

针对这个案例，我们需要特别强调以下三个关键点：

· 脱离硅前验证的局限：本例中，由于该汽车级 SoC 包含约 200 个知识产权 (IP) 模块、20 个复位域和总计数千个复位信号，硅前验证要覆盖所有可能的复位序列组合实际上是不可行的。

· 过长的调试时间：出现长时间调试的原因有很多。首先，错误是在完全不同的应用场景中被发现的；其次，搭建能复现故障的系统环境需要经过大量反复试验；最后，由于内部信号的可观测性非常有限，定位错误源本身就需要耗费大量时间。为便于理解，我们想象一下调试一个数百万行代码规模的软件系统所面临的复杂性。软件调试时，开发人员可以实时监测程序运行过程中数百万个变量的状态值。而在硅后的调试阶段（post-silicon debug），信号的可见性非常有限甚至完全不可见。换句话说，工程师们必须在一个拥有数十亿个晶体管的 SoC 上对一个非常复杂的场景进行调试，通过内置的跟踪缓冲器观测到几百个信号。

· 复杂的交互：SoC 设计非常复杂，其中包含的组件与固件和软件存在过多的交互。在这个例子中，未经授权访问未加密的固件会导致电路完整性受损。需要在硅后的调试阶段识别并修复这个漏洞。随着行业持续向更小的工艺尺寸发展，调试的复杂性预计会进一步加剧。

本书描述了硅后验证和 SoC 调试中所面临的基本挑战，同时涵盖当前的先进技术以及正在进行的研究，以大幅减少硅后验证和调试的工作量。全书结构如下：第 1 章概述 SoC 设计方法学，并强调硅后验证和调试所面临的挑战；第 2 ~ 6 章描述设计调试架构的有效技术，包括片上设备和信号选择；第 7 ~ 10 章介绍生成测试和断言的有效技术；第 11 ~ 15 章提供自动化方法，用于定位、检测和修复硅后错误；第 16 ~ 17 章描述两个案例研究（NoC 和 IBM Power8 处理器）；第 18 章讨论设计调试与安全漏洞之间的内在冲突；第 19 章展望硅后验证与调试的未来发展趋势和潜在突破方向。

普拉巴特 · 米什拉
法里玛 · 法拉曼迪
盖恩斯维尔市，佛罗里达州，美国

致　谢

本书的出版离不开硅后验证与调试领域众多研究人员和专家的贡献。在此，我们特向以下为本书贡献专业章节的作者致以诚挚的谢意：

· 阿里夫·艾哈迈德（Alif Ahmed），美国佛罗里达大学

· 阿米尔·纳希尔（Amir Nahir），以色列亚马逊

· 阿扎德·达沃迪（Azadeh Davoodi），美国威斯康星大学

· 德巴普里亚·查特吉（Debapriya Chatterjee），美国 IBM

· 李头远（Doowon Lee），美国密歇根大学

· 丛凯（Kai Cong），美国英特尔

· 卡姆兰·拉赫马尼（Kamran Rahmani），美国 Box 公司

· 卡纳德·巴苏（Kanad Basu），美国纽约大学

· 普亚·塔蒂扎德（Pouya Taatizadeh），加拿大新思科技

· 桑迪普·钱德兰（Sandeep Chandran），印度德里理工学院

· 史晓冰（Xiaobing Shi），加拿大麦克马斯特大学

· 黄元文（Yuanwen Huang），美国 VMware

· 希勒尔·门德尔松（Hillel Mendelson），以色列 IBM

· 王钦浩（Qinhao Wang），日本东京大学

· 木村勇介（Yusuke Kimura），日本东京大学

· 谢飞（Fei Xie），美国波特兰州立大学

· 格奥尔格·魏森巴赫（Georg Weissenbacher），奥地利维也纳理工大学

· 藤田昌宏（Masahiro Fujita），日本东京大学

· 尼古拉·尼科利奇（Nicola Nicolici），加拿大麦克马斯特大学

· 普雷蒂·兰詹·潘达（ Preeti Ranjan Panda ），印度德里理工学院

· 桑迪普·雷（ Sandip Ray ），美国佛罗里达大学

· 沙拉德·马利克（Sharad Malik ），美国普林斯顿大学

· 瓦莱里娅·贝尔塔科（Valeria Bertacco ），美国密歇根大学

· 苏博达·查尔斯（Subodha Charles ），美国佛罗里达大学

· 汤姆·科兰（Tom Kolan ），以色列 IBM

· 维塔利·索欣（Vitali Sokhin ），以色列 IBM

· 吕阳迪（Yangdi Lyu ），美国佛罗里达大学

本研究部分内容获得美国国家科学基金会资助（资助号：CCF-1218629 ）。本书中所提出的任何观点、发现、结论或建议均由作者负责，并不代表美国国家科学基金会的观点。

目　录

第 I 部分　概　述

第 II 部分　调试架构

第Ⅳ部分　硅后调试

第 V 部分 案例研究

第 VI 部分　回顾与未来方向

第 I 部分　概　述

第1章　SoC硅后验证的挑战

法里玛·法拉曼迪 / 普拉巴特·米什拉

1.1 引　言

除了传统的台式机和笔记本电脑，人们在日常生活中还广泛使用各种移动设备。物联网（IoT）[30]中连接的设备数量已超过全球人口数量，这充分表明计算设备已渗透到我们生活的方方面面。IoT 设备通过集成电子元件、传感器、复杂的软件和固件以及学习算法，使物理对象变得智能，并能够适应其环境。这些高度复杂且智能的 IoT 设备无处不在——从家用电器（如冰箱、慢炖锅、吊扇）、可穿戴设备（如健身跟踪器、智能眼镜、电子设备周边产品）到医疗设备（如胰岛素泵、哮喘监测仪、呼吸机），再到汽车。这些物联网设备相互连接并与云端相连，以便在日常生活中提供实时帮助。鉴于这些计算设备的多样化和关键应用，验证其正确性、安全性和可靠性至关重要。

现代计算设备通常采用片上系统（SoC）技术设计。换句话说，SoC 是大多数物联网设备的基石。SoC 架构通常由几个预先设计的知识产权（IP）块组成，每个 IP 实现整体设计的特定功能。图 1.1 显示了一个典型的 SoC 及其相关 IP。这些 IP 通过片上网络（NoC）或标准通信总线相互连接。基于 IP 的设计方法目前很流行，因为它可以实现低成本设计，同时满足严格的上市时间要求。SoC 设计验证工作主要涵盖功能正确性验证、功耗与性能约束达标、安全性能检测、电气噪声，以及物理和热应力的鲁棒性测试。换句话说，验证工作

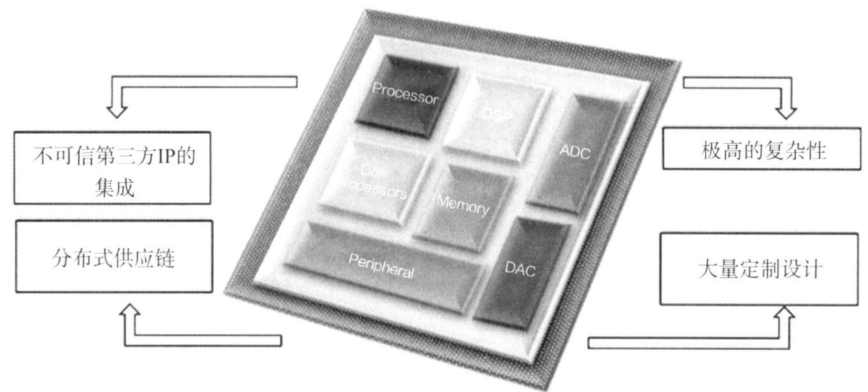

图 1.1　SoC 设计将多种 IP 集成在单一芯片上，包括一个或多个处理器核、片上存储、数字信号处理器（DSP）、模数转换器（ADC）和数模转换器（DAC）、控制器、输入 / 输出外围设备和通信基础结构。极高的复杂性、大量定制设计、分布式供应链，以及不可信第三方 IP 的集成，使得硅后验证极具挑战性

必须确保设计的功能行为正确可靠，同时将芯片面积、功耗和时序等关键参数严格控制在预定范围内[1]。

验证被广泛认为是 SoC 设计中的一个主要瓶颈——许多研究表明，在 SoC 设计和验证过程中，大约 70% 的时间、精力和资源被耗费[23]在验证过程中。硬件设计的完整性通过硅前验证、硅后验证以及现场调试来保障。硅前验证是指设计送交制造之前，验证设计模型的正确性和完备性；硅后验证是指发送设计进行大规模生产之前，在实际应用环境中对制造的芯片进行验证，以确保在特定工作条件下的正确功能[24]。硅后验证通过使用不同的测试和设计调试架构来检测设计缺陷，包括未发现的功能错误、各种形式的现场安全漏洞以及电气性能故障。

由于实际硅片以及 SoC 设计中复杂的组件的可观测性和可控性有限，因此硅后验证极具挑战。此外，硅后验证通常在严格的时间限制下进行，以满足产品上市的时间要求。硅后验证工作可以分为以下三个主要步骤：

（1）准备硅后验证和调试。

（2）通过应用测试程序来发现问题。

（3）定位并找出问题的确切原因，解决问题。

本章我们先描述从硅前到硅后以及现场调试的设计验证的范围，然后简要讨论硅后验证的不同步骤及其相关的挑战。

1.2 验证工作

验证工作可以大致分为三类：硅前验证、硅后验证和现场调试。图 1.2 展示了这些类别。验证工作从硅前开始，随着向硅后和现场调试方向推进，我们可以观察到几个关键的区别：

（1）错误场景会变得更加真实且复杂，其中一些错误在之前的验证阶段无法建模或检测到。

（2）设计的可观测性和可控性大幅降低。例如，在基于寄存器传输级（RTL）OR 门级模型的硅前验证框架中，设计师可以观察到所有信号，但在实际 SoC 的硅后环境中，只有几百个信号（数百万个信号中的几百个）可以被观测（跟踪），找出错误根源的难度更大。

所有这些因素都导致在验证后期发现错误的成本大幅增加。因此，尽早发现并修复错误至关重要。本节将对验证工作进行概要性介绍。

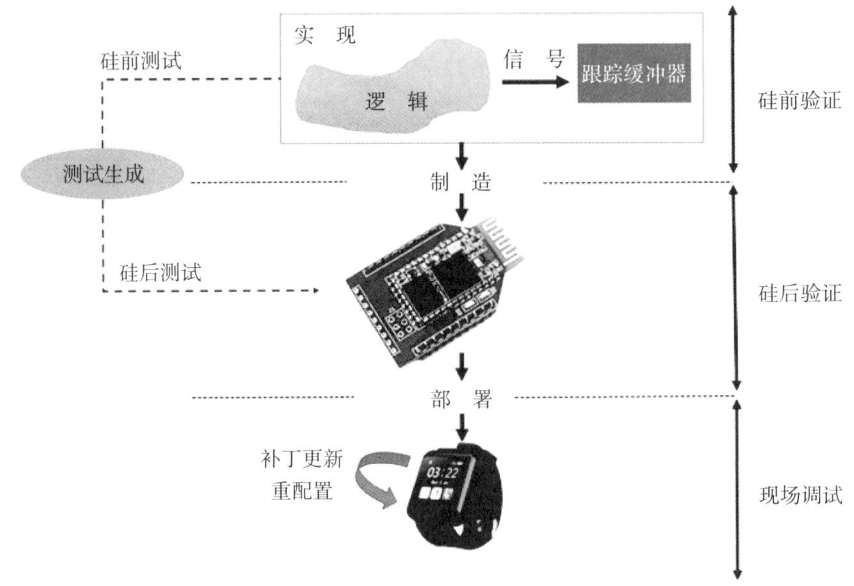

图 1.2 SoC 验证的三个重要阶段

1.2.1 硅前验证

硅前验证是指在将设计送去制造之前进行的整体验证和确认工作。硅前验证包括功能验证、断言覆盖和代码审查（代码覆盖）。通过使用不同类型的激励（如随机、受约束的随机和定向测试）及静态分析（使用形式化和半形式化方法）来实现验证目标。

为了进行验证，需要准备测试计划。测试计划包含测试平台架构、功能需求、用例场景、边界情况、激励类型、抽象模型、验证方法学和覆盖率收敛。在设计周期的不同阶段，需采用不同的设计模型进行验证。验证组件间通信时，采用架构模型和高级软件模型；使用仿真和形式化方法验证 IP（组件）时，采用 RTL 和门级模型。需要注意的是，RTL 模型的仿真速度远低于在实际芯片上执行的速度。例如，芯片上数秒执行的轨迹（如操作系统启动过程），用 RTL 仿真器复现可能需要数周时间。这一缺陷限制了基于仿真的验证方法在 RTL 模型上测试软件的适用性。为了提高仿真（执行）性能，RTL 模型可以映射到可重构架构，如现场可编程门阵列（FPGA）和仿真器[12, 13]，但会显著降低可观测性和可控性。这类模型的执行速度是 RTL 仿真器的数百到数千倍。

1.2.2 硅后验证

硅后验证指的是检查首批硅片样品，确保设计已经准备好进行大规模生产。硅后调试框架用于在目标时钟速度下测试设计。因此，可以在几秒钟内检查复杂的硬件 / 软件使用场景，例如，启动整个操作系统、监控安全选项以及在所有现有 IP 上进行功耗管理。还可以验证设计中的非功能特性，例如，峰值功耗、温度耐受性和电气噪声裕量。然而，与能够快速观察所有内部信号值的 RTL 仿真器不同，在运行时很难观察和控制设计的状态。在 FPGA 和仿真器中，可观测的架构可以配置为在运行时使数百或数千个内部信号的值可见。然而，在典型的 SoC 中，只有数百个信号（甚至是数十亿个信号中的一小部分）可以在硅片中被观测到。图 1.3 比较了基于仿真、仿真器和硅验证的三种方法的时间复杂度和可观测性 / 可控性能力。

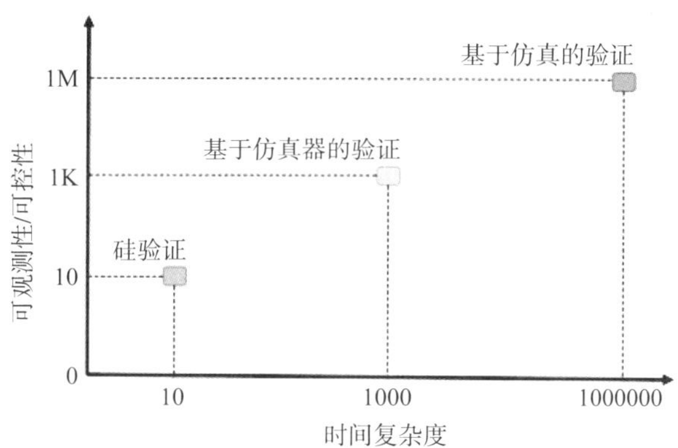

图 1.3 基于仿真、仿真器和硅验证的三种方法在时间复杂度和可观测性 / 可控性方面的比较

硅后验证涉及一系列活动，从检查功能需求到非功能设计约束，如时序和功耗。验证工程师需要关注各种硅后验证工作，本节重点概述以下五项核心工作。

（1）上电调试：硅后验证的首要工作是在芯片上电时对其进行测试。为芯片上电是一项极具挑战性的任务，因为电源系统的任何问题都难以溯源。这主要是由于设计中的大多数功能选项在无电源状态下无法工作，导致故障诊断异常困难。因此，上电调试通常需要借助高可控和可配置的定制开发板来完成。该过程采用渐进式调试策略：首先仅考虑最基本的选项，然后逐渐添加复杂的功能和可调式性设计（DFD）选项，直到整个设计能够成功接入电源。

（2）逻辑验证：上电调试之后的下一步是确保硬件按照预期工作。这一步骤涉及使用随机测试、受限随机测试和定向测试来测试设计中的特定行为和功能以及边界情况。这些测试不仅需要检查 IP 的不同选项，还需要检查涉及多个 IP 及其通信协同工作的功能。

（3）软硬件协同验证：在此步骤中，检查芯片与操作系统、应用软件、各种网络协议、通信基础设备和外围设备的兼容性。这是一个复杂的步骤，因为可能有数十个操作系统版本、数百种外围设备和许多需要验证的应用程序。

（4）电气验证：该步骤负责确保在最坏的工作条件下，时钟、模拟 / 混合信号和电源传输等电气特性的正确性。与软硬件协同验证阶段类似，这一步骤的参数空间非常庞大，覆盖整个运行条件的范围，是一项具有挑战性的任务。因此，验证工程师会试图识别最关键的场景并首先对其进行测试。

（5）性能验证：该步骤旨在确定硅设计能够正确运行的最高工作频率，该频率由设计中最慢的时序路径决定。因此，识别这些路径并优化设计性能至关重要。目前业界已提出多种技术来识别设计路径的频率限制，例如，激光辅助技术[31]、时钟周期调节技术[35]和形式化验证方法[15, 26]。然而，现代设计仍面临有效隔离频率限制路径的技术瓶颈。

硅后验证是大规模生产前检查设计行为和完整性的最后一个环节。然而，大规模生产的启动日期往往受到多种因素的制约，其中主要是市场营销方面的原因，比如竞争对手产品的发布时间、节假日时间、返校时间等。错过这样的截止日期可能会导致数百万至数十亿美元的收入损失，或者在最坏的情况下导致失去整个市场。因此，高质量的硅后验证工作应该在非常有限的时间内完成。否则，公司的声誉将受到影响。根据硅后缺陷的类型及其修复难度，需作出关键决策：要么推进设计量产，要么放弃该产品线。因此，硅后验证必须能够整合这些关键数据，为大规模生成决策提供依据。

1.2.3 现场调试

现场调试指的是在芯片部署后针对执行过程中发现的错误进行修复和缓解的活动。需要注意的是，现场故障可能是灾难性的，因为它们可能被用作安全漏洞，对公司的声誉造成损害。因此，发现和修复现场错误至关重要。现场调试的能力取决于 DFD 架构，这些架构主要用于在硅片制造完成后进行调试。

缓解技术可以分为打补丁和重新配置设计两类。现场调试工作取决于 DFD 基础设备和可配置选项。DFD 基础设备是额外的硬件组件，旨在为硅片调试提供便利。DFD 有助于观察错误的影响以及导致错误的根源。为了修复错误，设计必须具有可重构功能，以便通过软件或固件更新来修复功能。另一方面，设计高效的 DFD 和可重构选项极具挑战性，需要一个高度创造性的设计流程，以实现灵活、易调试、可信和安全的芯片设计。现场调试存在若干固有挑战，如前所述，有限的可观测性和可控性是导致现场调试成为复杂任务的主要原因。此外，由于时间窗口有限，在芯片部署后需要采用新的技术来修复漏洞。

为了降低调试复杂度，在硅片之后做好准备工作成为一项必要的任务。在下一节中，我们将简要讨论一种名为 DFD 的架构，以降低验证和调试工作的复杂性。

1.3 硅后验证准备规划

创建测试计划是硅后验证的第一步。测试计划包括测试架构、调试软件、功能需求、边界情况、覆盖率目标和覆盖关闭等内容。硅后验证的测试计划主要针对设计中的系统级用例，这些用例在硅前验证中无法进行测试。测试计划与设计规划同步创建。最初，测试计划不考虑实现细节，而是基于高层次的架构规格。随着设计实现的逐步成熟，以及设计中添加了更多的功能特性，测试计划也随之逐步完善。

设计调试软件是芯片硅后验证准备工作的另一个关键组成部分。它包括运行硅后测试、跟踪故障和排错所需的所有基础设备。该软件包含以下基本组件：

（1）仪器化系统软件：为进行硅后调试而使用了专用操作系统。此类操作系统的目标是降低现代操作系统（例如 MacOS、Windows、Android 和 Linux）的复杂性，以便测试底层硬件问题。专用操作系统包含一些特殊的功能模块（hooks）和测试设备，以提高系统的调试、可观测性和可控性。

（2）配置软件：定制的软件工具用于控制和配置芯片的内部状态。该软件用于配置寄存器、触发跟踪缓冲器和覆盖率监视器，以便在调试期间方便地观察特定场景。

（3）数据访问软件：需要借助专用软件来将调试数据从硅片传输到硅片外部。调试数据可以通过可用的引脚或平台上的可用端口（例如 USB 和 PCIe）从芯片向外传输。然而，受电源管理功能影响，这些端口可能处于不可用状态。该访问软件需在确保调试数据传输的同时，支持硅验证期间硬件断电功能的正常执行。

（4）分析软件：软件工具应能够对传输的数据进行不同的分析。这些工具包括对跟踪数据进行加密[4]、将跟踪数据整合到高级数据结构中，以及可视化硬件 / 软件协调。

1.4 硅后验证与调试架构

如今，大多数设计都配备了硅后验证与调试架构。DFD 是嵌入到设计中的额外组件，用于简化硅验证工作。如图 1.4 所示，它们可以在运行时监控某些特定功能、测量设计性能（例如缓存缺失数和分支预测错误数）、增强设计内部状态和信号的可观测性，或者改善设计可控性以测试不同的组件。ARM CoreSight 架构[36]和 Intel Platform Analysis Tools[11]是两种典型的硅后可观测架构示例，它们包含一套硬件和软件 IP，提供了一种触发、收集、同步、标记、传输和分析可观测数据的方法。虽然这种标准化很有帮助，但应该注意的是，目前此类工具的现状相当原始，实现验证目标需要大量的手动工作。在本节中，我们将重点放在硅后验证的准备规划上，设计高效的跟踪缓冲器，以解决硅后调试中的可观测性限制问题。

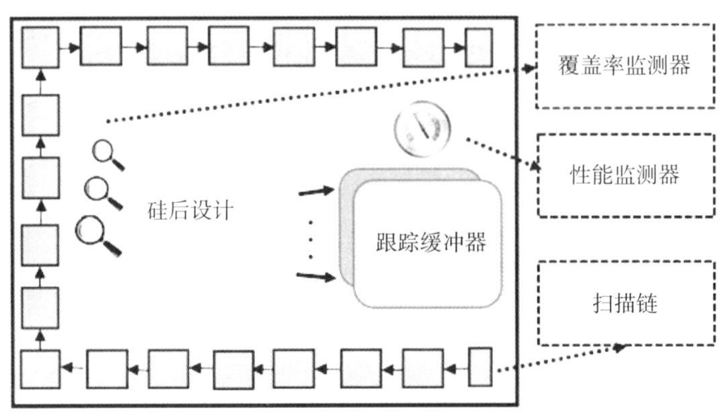

图 1.4 硅后验证与调试架构

通过跟踪缓冲器提高硅器件可观测性的研究已经取得显著进展。跟踪缓冲器是额外的存储单元，在运行期间会存储一些选定信号的值。存储的值可以在离线环境中用于恢复其他（未跟踪）内部信号的值。需要注意的是，由于访问输入 / 输出端口（例如使用 JTAG）的速度明显慢于执行速度，因此无法在运行时实时转储跟踪信号的值。跟踪缓冲器的值加上恢复的值在硅后器件调试中非常有用，因为它们可以提高整个设计的可观测性。跟踪缓冲器有两个物理特性：宽度和深度。跟踪缓冲器的宽度定义了缓冲器一次可以采样的选定信号的数量，跟踪缓冲器的深度定义了缓冲器可以存储选定信号的时钟周期数。由于受到面积和功耗限制，跟踪缓冲器的宽度和深度是有限的。因此，对于拥有数百万个信号的设计来说，通常只能在几千个时钟周期内跟踪几百个信号。因此，主要的挑战是如何在有限的面积和功耗预算下，选择最有价值的信号进行跟踪。因此，主要的问题在于如何选择一组较少的信号以最大化芯片制造后的可观测性。

可以根据不同的指标选择跟踪信号。不同的覆盖率目标要求选择不同的信号集。可以根据恢复率来选择跟踪信号，以便提高对设计中所有内部信号的可观测性。恢复率用于衡量使用恢复值恢复的设计状态与跟踪状态数量的比例[16]。另一方面，可以根据信号对设计功能覆盖率的贡献来选择信号[8, 22]。错误检测能力也是选择跟踪信号的有用指标[17, 34]。在此度量标准中，选择信号时要确保其能缩短错误检测延迟。

基于跟踪的验证与调试的效率取决于所选信号的质量。传统的方法是基于设计师的主观经验手动选择跟踪信号，以提高易出错场景的可观测性。然而，手动选择跟踪信号无法保证其质量，因为错误可能发生在意想不到的场景中。因此，自动化信号选择算法应运而生，这些算法可以大致分为以下三类：

（1）基于度量的信号选择：基于度量的信号选择算法根据设计结构来选择跟踪信号，以提高恢复率[2, 16]。

（2）基于仿真的信号选择：基于仿真的方法通过仿真收集到的信息来衡量所选信号的能力[5]。由于仿真设计的行为与实际设计行为相似，因此基于仿真的方法比基于度量的方法更精确。然而，它们速度极慢，对于大型和复杂的设计可能不太适用。

（3）混合信号选择：为了解决基于度量和基于仿真的信号选择算法的局限性，定义了混合方法[14, 19, 32]。该方法使用设计结构来选择初始的候选信号跟踪。然后，通过在初始候选集上应用基于仿真的算法来选择最终的信号跟踪。使用该方法选择信号的质量高于基于度量的技术。然而，与基于仿真的技术相比，混合方法牺牲了所选信号的质量以减少信号选择所需的时间。基于机器学习的技术可以同时提高恢复率和信号选择时间[27 ~ 29]。

我们将在本书的第二部分详细讨论这些方法及其相关的挑战。

1.5 测试生成

硅后验证和调试的质量取决于测试向量的集合。测试应该能够有效地检查不同的用例场景，并暴露设计中的隐藏错误和漏洞。数十亿个随机和受限随机测试被用于对系统进行意外场景的测试。定向测试是经过精心设计的，用于检查设计中的特定行为。与随机测试相比，定向测试所需的数量要少得多，因此在达到相同的覆盖率目标时，定向测试的整体验证工作具有很大的潜力。定向测试的生成主要由人工干预完成。手写的测试需要验证工程师投入大量的时间和精力，以深入了解正在验证的设计。由于是手动开发，很难生成足够的定向测试来达到覆盖率目标。基于全面覆盖度量的自动定向测试生成是解决这一问题的替代方案。因此，生成高效的测试不仅可以激活错误，还可以将错误的影响传播到可观测的点上，这一点非常重要[6]。

硅后验证可以利用硅前激励来减少测试生成的工作量。硅前验证则基于测试计划和规格模板来验证设计中不同的功能。这些模板应根据处理器架构和实际内存地址映射到硅场景。此外，硅前验证通常不会考虑错误对可观测点的影响，因为在硅前验证期间，可观测性不是问题[7]。此外，测试的设计应能缩短观察到错误影响的延迟时间。以内存写入为例，当向某个地址写入错误数值时，该错误可能要到数百甚至数千个时钟周期后才会显现——即当该地址被读取且错误值传播至可观测点时才能被发现。为了解决此类延迟，提出了快速错误检测（QED）技术[10, 20]。其理念在于将硅前测试转变为另一种测试，以降低从激发错误到硅片出现故障之间的延迟。例如，对于上面的内存读取示例，QED 会在每次内存写入后立即进行一次读取操作，使得写入操作引入的错误会立即被相应的读取操作激发。

硅前测试应包含可观测性功能，以便在硅片上应用。验证工程师通常更倾向于包含激发验证事件（例如，寄存器依赖性和内存冲突）的测试。但需要注意的是，生成的测试分布不应该是均匀的，以确保已经覆盖所有可能的边界情况[25]。

1.6 硅后调试

通过硅后测试观察到故障效应后，下一步是定位错误源头，分析根本原因并进行修复。当故障效应在可观测点显现时，验证工程师会尝试使用 DFD 和跟踪信息来定位错误源头。现有多种技术可有效调试存在缺陷的硅片，例如，使用满足性求解器[37]和虚拟原型[3, 18]分析跟踪缓冲器数据、覆盖率监视器及扫描链信息来定位错误。从发现故障到根本原因分析的完整路径包括以下步骤：

（1）复现故障：在观察到故障后，会进行一些基础检查（例如，检查 SoC 的设置和电源连接性）。若基础检查未能解决问题，则需要复现故障以找出导致失败的原因。故障复现并非易事，需要多次使用不同的硬件和软件环境来执行测试，直到再次触发相同故障。

（2）故障归档：在明确故障的具体情况（包括故障发生的时间、导致故障的条件等）后，将组建调试团队制定问题解决方案，该方案通常包括利用架构、设计和实现层面的特性来创建临时规避措施以缓解问题。

（3）故障修复：一旦确定了故障的解决方案，将组建专项团队立即执行该方案。在此阶段，故障被称为“bug”。需要确定该 bug 是源自设计缺陷还是硅片制造问题。此外，有必要对 bug 进行分类，因为同一个 bug 可能以不同的形式表现出来。单个 bug 的修复可能解决多个关联故障。因此，需避免重复调试造成的资源浪费。最后，必须严格验证错误修复的有效性，确保未引入新的问题。

在最后一步，诸如使用可编程电路（例如查找表）之类的高级方法被用于在硅后调试中修补发现的错误[9, 33]。系统会基于高级描述自动生成修补模板对设计进行修补。经修补后，调试实现的功能可能与原始设计规范存在差异。因此，应当对设计进行分析，以确保在操作使用场景下保持正确的设计行为。

在硅后验证阶段，没有时间按顺序逐个发现并修复漏洞。一旦发现漏洞，应该同时采取两方面措施：一组人负责修复该漏洞，另一组人则需要制定临时解决方案来绕过该漏洞，并继续进行调试以发现新的漏洞。此外，调试工作还应考虑温度和电气噪声等物理特性的影响。例如，在出现干扰、热效应和电压缩放的情况下，错误可能会被掩盖。因此，需要对各种参数进行调整以使故障可复现。鉴于庞大的参数空间，复现故障具有一定的挑战性。更重要的是，用于保护 SoC 资产（如加密密钥）的复杂安全功能以及电源管理机制使得调试工作变得困难。安全机制试图通过降低可观测性来保护设计资产免受攻击。同样地，电源管理功能也会禁用特定组件以节省能源。因此，这些选项会降低设计的可观测性，并大幅增加调试的复杂性。

1.7 小 结

本章详细讨论了现代 SoC 设计中硅后验证与调试的各个关键环节。重点阐述了硅后验证的重要性及其核心实施步骤，系统分析了各阶段存在的挑战，并提出了新颖且实用的解决方案。本章涵盖硅后验证与调试架构、测试生成方法、调试方法学、CAD 流程等内容。相信这份关于硅后验证挑战的综述能激发读者在该领域的深入探索，同时为理解本书后续章节提供必要的背景知识。

参考文献

[1] Adir A, Nahir A, Ziv A, et al. Reaching coverage closure in post-silicon validation[C]//Haifa Verification Conference. Berlin: Springer, 2010: 60-75.

[2] Basu K, Mishra P. Efficient trace signal selection for post silicon validation and debug[C]//2011 24th International Conference on VLSI Design. IEEE, 2011: 352-357.

[3] Behnam P, Alizadeh B, Taheri S, et al. Formally analyzing fault tolerance in datapath designs using equivalence checking[C]//2016 21st Asia and South Pacific Design Automation Conference. IEEE, 2016: 133-138.

[4] Chandran S, Panda P R, Sarangi S R, et al. Managing trace summaries to minimize stalls during postsilicon validation[J]. IEEE Transactions on Very Large Scale Integration (VLSI) Systems, 2017, 25(6): 1881-1894.

[5] Chatterjee D, McCarter C, Bertacco V. Simulation-based signal selection for state restoration in silicon debug[C]//Proceedings of the International Conference on Computer-Aided Design. IEEE Press, 2011: 595-601.

[6] Chen M, Qin X, Koo H M, et al. System-Level Validation: High-level Modeling and Directed Test Generation Techniques[M]. New York: Springer Science & Business Media, 2012.

[7] Farahmandi F, Mishra P, Ray S. Exploiting transaction level models for observability-aware post-silicon test generation[C]//2016 Design, Automation & Test in Europe Conference & Exhibition. IEEE, 2016: 1477-1480.

[8] Farahmandi F, Morad R, Ziv A, et al. Cost-effective analysis of post-silicon functional coverage events[C]//2017 Design, Automation & Test in Europe Conference & Exhibition. IEEE, 2017: 392-397.

[9] Fujita M, Yoshida H. Post-silicon patching for verification/debugging with high-level models and programmable logic[C]//2012 17th Asia and South Pacific Design Automation Conference. IEEE, 2012: 232-237.

[10] Hong T, Li Y, Park S B, et al. QED: Quick error detection tests for effective post-silicon validation[C]//2010 IEEE International Test Conference. IEEE, 2010: 1-10.

[11] Intel. Intel Platform Analysis Library[EB/OL]. https://software.intel.com/en-us/intel-platform-analysis-library.

[12] Mentor. Veloce2 Emulator[EB/OL]. https://www.mentor.com/products/fv/emulation-systems/veloce.

[13] Synopsys. Zebu[EB/OL]. http://www.synopsys.com/tools/verification/hardware-verification/emulation/Pages/default.aspx.

[14] Hung E, Wilton S J. Scalable signal selection for post-silicon debug[J]. IEEE Transactions on Very Large Scale Integration (VLSI) Systems, 2013, 21(6): 1103-1115.

[15] Kaiss D, Kalechstain J. Post-silicon timing diagnosis made simple using formal technology[C]//2014 Formal Methods in Computer-Aided Design. IEEE, 2014: 131-138.

[16] Ko H F, Nicolici N. Automated trace signals identification and state restoration for improving observability in post-silicon validation[C]//2008 Design, Automation and Test in Europe. IEEE, 2008: 1298-1303.

[17] Kumar B, Jindal A, Singh V, et al. A methodology for trace signal selection to improve error detection in post-silicon validation[C]//2017 30th International Conference on VLSI Design and 16th International Conference on Embedded Systems. IEEE, 2017: 147-152.

[18] Lei L, Xie F, Cong K. Post-silicon conformance checking with virtual prototypes[C]//Proceedings of the 50th Annual Design Automation Conference. New York: ACM, 2013: 29.

[19] Li M, Davoodi A. Multi-mode trace signal selection for post-silicon debug[C]//2014 19th Asia and South Pacific Design Automation Conference. IEEE, 2014: 640-645.

[20] Lin D, Hong T, Fallah F, et al. Quick detection of difficult bugs for effective post-silicon validation[C]//2012 49th ACM/EDAC/IEEE Design Automation Conference. IEEE, 2012: 561-566.

[21] Liu X, Xu Q. Trace-based Post-silicon Validation for VLSI Circuits[M]. Berlin: Springer, 2016.

[22] Ma S, Pal D, Jiang R, et al. Can't see the forest for the trees: State restoration's limitations in post-silicon trace signal selection[C]//Proceedings of the IEEE/ACM International Conference on Computer-Aided Design. IEEE Press, 2015: 1-8.

[23] Mishra P, Morad R, Ziv A, et al. Post-silicon validation in the SoC era: a tutorial introduction[J]. IEEE Design & Test, 2017, 34(3): 68-92.

[24] Mitra S, Seshia S A, Nicolici N. Post-silicon validation opportunities, challenges and recent advances[C]//Proceedings of the 47th Design Automation Conference. New York: ACM, 2010: 12-17.

[25] Naveh Y, Rimon M, Jaeger I, et al. Constraint-based random stimuli generation for hardware verification[J]. AI Magazine, 2007, 28(3): 13.

[26] Olivo O, Ray S, Bhadra J, et al. A unified formal framework for analyzing functional and speed-path properties[C]//2011 12th International Workshop on Microprocessor Test and Verification. IEEE, 2011: 44-45.

[27] Rahmani K, Mishra P. Feature-based signal selection for post-silicon debug using machine learning[J]. IEEE Transactions on Emerging Topics in Computing, 2017.

[28] Rahmani K, Mishra P, Ray S. Scalable trace signal selection using machine learning[C]//2013 IEEE 31st International Conference on Computer Design. IEEE, 2013: 384-389.

[29] Rahmani K, Ray S, Mishra P. Postsilicon trace signal selection using machine learning techniques[J]. IEEE Transactions on Very Large Scale Integration (VLSI) Systems, 2017, 25(2): 570-580.

[30] Ray S, Jin Y, Raychowdhury A. The changing computing paradigm with internet of things: a tutorial introduction[J]. IEEE Design & Test, 2016, 33(2): 76-96.

[31] Rowlette J A, Eiles T M. Critical timing analysis in microprocessors using near-IR laser assisted device alteration (LADA)[C]//International Test Conference. 2003: 264-273.

[32] Shojaei H, Davoodi A. Trace signal selection to enhance timing and logic visibility in post-silicon validation[C]//2010 IEEE/ACM International Conference on Computer-Aided Design. IEEE, 2010: 168-172.

[33] Subramanyan P, Vizel Y, Ray S, et al. Template-based synthesis of instruction-level abstractions for SoC verification[C]//Proceedings of the 15th Conference on Formal Methods in Computer-Aided Design. Austin: FMCAD Inc., 2015: 160-167.

[34] Taatizadeh P, Nicolici N. Emulation infrastructure for the evaluation of hardware assertions for post-silicon validation[J]. IEEE Transactions on Very Large Scale Integration (VLSI) Systems, 2017, 25(6): 1866-1880.

[35] Tam S, Rusu S, Desai U N, et al. Clock generation and distribution for the first IA-64 microprocessor[J]. IEEE Journal of Solid-State Circuits, 2000, 35(11): 1545-1552.

[36] ARM. CoreSight On-Chip Trace & Debug Architecture[EB/OL]. www.arm.com.

[37] Zhu C S, Weissenbacher G, Malik S. Post-silicon fault localisation using maximum satisfiability and backbones[C]//Proceedings of the International Conference on Formal Methods in Computer-Aided Design. FMCAD Inc., 2011: 63-66.

第Ⅱ部分　调试架构

第2章 SoC测试设备：面向硅后验证的硅前设计准备

桑迪普·雷

2.1 引 言

调试和验证的一个基本要求是观测、理解并分析目标系统在执行过程中的内部行为。实际上，这一要求非常基础，以至于我们在日常的调试工作中将其视为理所当然的存在。对于传统的软件程序调试，我们可以通过在程序代码的各个位置插入打印语句，或者依赖于一个能够在特定执行条件下评估各种内部变量的调试器来实现这一要求。对于硅前硬件设计（例如 RTL），这一需求可以通过 RTL 仿真器有效地解决：我们可以在任何时间或预先定义的条件下暂停设计的执行，并查看各种内部变量的值。

不幸的是，对于硅后验证来说，满足这一要求变得具有挑战性。在几乎所有关于硅后验证的出版物中都会讨论所谓的“有限可观测性”问题，其核心在于：在芯片执行期间，我们无法完全观测或控制内部的设计变量[14]。造成这种情况的原因有很多。特别是，当我们要调试的系统是硅系统时，“观测一个变量”的真正含义是什么？这通常指的是“从硅系统中获取变量的值，并通过引脚或端口传送到片外”。这就直接暴露了问题的本质：硅片上可用于此目的的引脚或端口数量非常有限。“观测一个变量”的另外一层含义是使用系统内存的一部分来存储这些值，然后在后续将其传输到芯片外。这种方法虽然能够记录更多的变量信息，但显而易见的代价是只能在执行完成后重放记录。然而必须指出的是，现代芯片包含数十亿至数万亿个硬件信号（取决于计算方式），在 GHz 级时钟频率下，单次硅后验证可能持续数小时甚至数天。面对如此庞大的信号规模和运行时长，当前任何可用于记录、存储和传输内部信号值的技术手段，相较于调试各类潜在设计缺陷所需的全方位观测需求，其覆盖能力都显得极其有限。

除了规模问题之外，影响硅后调试可观测性的另一个关键因素是硅实现的不可改变性。在调试传统的软件程序或（硅前）硬件设计时，我们希望在连续执行中观测不同的变量（或信号）。例如，在 SoC 设计验证过程中，电源管理单元从未将系统切换至低功耗模式，为了调试并定位该问题，首先需要确定电源管理单元是否收到了这样的请求。这可以通过观测该模块的输入接口来实现。

一旦确定确实收到了这样的请求，调试器随后将希望观测电源管理单元内部的设计逻辑，以确定为什么没有正确处理该请求。需要注意的是，调试是一个迭代过程，在不同的迭代阶段，需要关注程序中不同的信号或变量。显然，调试不同故障时需要观测的信号也不尽相同。在 RTL 仿真或软件调试阶段，可以在不同迭代中轻松观测到不同的信号：只需让仿真器（或调试器）在每次执行时显示目标变量即可。然而，在硅片上实现这一点并非易事。在硅后验证期间需要观测的任何信号都必须通过硬件逻辑连接或传输其值到观测点，如存储器或输出引脚。

上述问题在当前实践中通过“硅后验证准备”来解决。与硅后验证相关的工作作为硅前验证的一部分，与功能设计流程同步进行。需要注意的是，如果准备工作存在缺陷，其影响无法通过调试或验证特定场景来体现，往往要到硅后验证阶段才会被发现。然而，如果在硅后调试阶段发现可观测性不足等缺陷，则修复该问题需要进行另一次硅片迭代，这往往不可行。因此，必须确保准备工作以规范化的方式实施，并涵盖所有可能在硅后阶段遇到的场景。显然，实现这一点并非易事。事实上，准备活动的复杂性正是硅后验证区别于硅前验证的关键特征之一，也是导致硅后验证成本居高不下的重要因素。

本章围绕硅后验证准备工作展开论述。我们将概述各种准备工作内容，并说明在当前工业实践中这些工作是如何在产品生命周期各阶段实施的。我们的目标不是详尽无遗，而是让读者了解这项工作的范围和复杂性。随后我们深入探讨准备工作中的一个关键方面——芯片内测试设备的使用方法。为实现可观测性而开发的测试设备的类型和数量各不相同，包括跟踪、触发、中断、控制、离片传输等。我们将选取若干典型技术进行剖析，并探讨其具体应用场景。

2.2 硅后验证规划与开发生命周期

硅后验证贯穿 SoC 设计的整个生命周期。有研究论文[12]对各种硅后工作进行了更全面的阐述。图 2.1 提供了这一工作的一般性概述。

由图 2.1 可知，大部分活动都与准备工作有关。硅后准备工作可以确保实际验证阶段到来时（即预量产芯片可用时），整个验证流程能够高效、顺畅地进行。在后续章节中，我们将深入探讨一个特定的组件，即测试设备。但在此之前，我们将简要概述其他一系列准备工作，以帮助读者了解其整体范围。

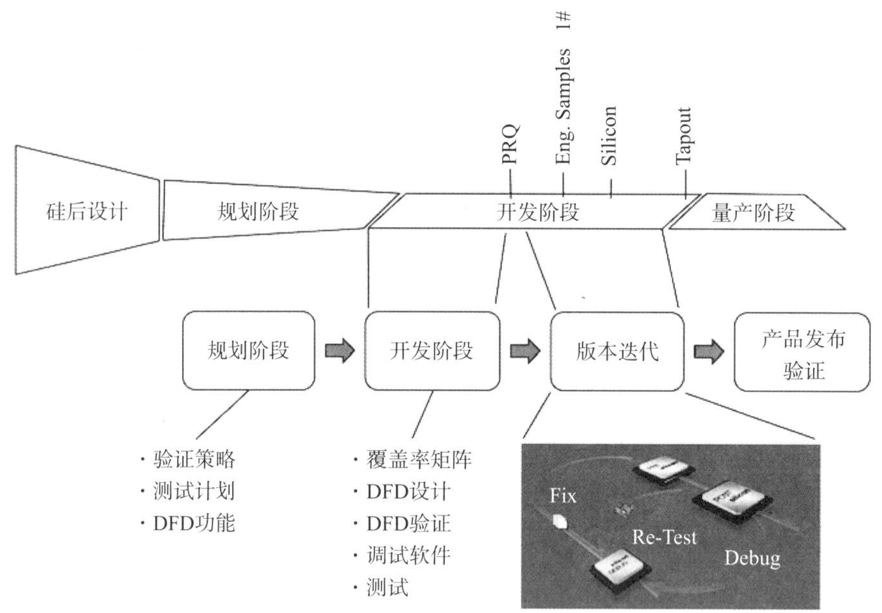

图 2.1　SoC 设计生命周期中与硅后验证相关的各种工作

1. 测试计划

制定测试计划是验证工作中最复杂和关键的部分之一，涉及定义覆盖目标、要执行的边界情况以及在验证的不同阶段想要测试的核心功能。换句话说，硅后测试计划比硅前测试计划更复杂。这是因为硅后测试比硅前测试要深入得多，更具探究性，例如，涉及数百万到数十亿个周期，可能包括多个硬件和软件模块的行为。由于测试计划通常会指导后续的硅后活动（例如，实际测试、必要的测试板卡、观测或控制测试所需的仪器等），因此测试计划的制定必须尽早开始。通常，测试计划的制定与架构定义同时开始，甚至在微架构开发之前。因此，初始测试规划必须从高层次出发，针对当前阶段已明确定义的系统特性展开验证。随着设计逐步完善，该测试计划将同步进行细化调整。需要特别强调的是，规划工作与设计同步是非常关键的，这样才能确保随着设计的成熟，测试计划仍然具有可行性和有效性。

2. 测　试

硅后调试的核心环节是测试集的执行。为了使验证有效，这些测试必须能够暴露设计中的潜在漏洞，并覆盖各种极端情况和配置。硅后测试分为两类：

（1）定向测试：针对特定设计功能手动创建测试。

（2）随机测试：以非预设方式对系统进行测试。

定向测试旨在检查特定的寄存器配置、地址解码以及各种电源管理配置。

随机测试用于验证系统在随机指令序列下的行为，并进行各种并发交织操作等。当然，所有这些测试都需要依据不断演进的测试计划来实施，并且必须能够在测试计划变更时方便地进行更新。当测试计划影响定向测试时，更新测试计划可能会比较棘手。在实践中，由于这个原因，定向测试的目标集通常被固定下来，并通过精心制定的测试计划来确保这些目标不会在设计阶段的后期发生变化。此外，需要注意的是，某些平台级测试的实施需要专用的外围设备、电路板和测试卡。

3. 调试软件

“调试软件”泛指实现硅后验证所需的所有软件工具和基础设施，包括用于运行测试本身的工具，以及用于调试、故障排除、覆盖率等的工具。例如，在运行的操作系统上开发软件补丁和“钩子”，以提供额外的可观测性；用于设置各种触发条件以记录系统跟踪的软件；一系列用于将调试数据传输至芯片外甚至对其进行分析的软件工具。该领域范围广泛，我们将在 2.6 节中对其进行详细介绍。

4. 片上调试硬件

片上测试设备是指为实现调试和验证目的而集成在芯片中的硬件逻辑。这类硬件的设计（与验证）是一个漫长而复杂的过程，其本身需要大量的规划、分析、架构和组件设计。在接下来的部分中，我们将探讨其中的一些组件。需要指出的是，硅后器件的重要组成部分深受 DFT 理念的影响，而 DFT 本身有着深厚的历史积淀[1]。然而，验证本身也带来了其特有的挑战，为此开发了大量的工具来解决这些问题。这类调试工具包括多种跟踪方法、多种触发机制以及用于芯片外传输调试数据的技术。

2.3 测试设备的早期历史：DFT

在 DFT 领域，通过添加额外逻辑来增强硬件设计以支持故障诊断或故障分析的做法由来已久。DFT 指的是用于生成测试向量的设备。讨论 DFT 的各种特性会偏离本文的主题，但值得注意的是，部分 DFT 特性经过改造后也可应用于硅后验证，在此值得简要提及。

2.3.1 扫描链

扫描链是一种在硬件设计中引入的结构，用于方便地观测所有设计中的触发器的状态。基本思想是引入两种设计运行模式，即正常功能模式和扫描模式。

在扫描模式下，所有触发器通过线连接形成一个（巨型）移位寄存器。这一机制的实现需要包含以下关键信号集：

· 信号 scan_in 和 scan_out 定义了扫描链的输入和输出。它们分别是该链中第一个和最后一个触发器的输入和输出。

· 信号 scan_enable 是一个添加到设计中的特殊信号。当该信号被置位时，扫描模式被激活，将设计转换为移位寄存器。

· 信号 scan_clock 是时钟输入，用于在扫描模式下控制所有触发器。

有了这些测试设备，可以在设计运行过程中进行有效的控制和观测。例如，假设全扫描模式，即设计中的所有触发器都属于扫描链的一部分，可以执行以下操作：

· 设置扫描模式，并将所需的输入序列通过扫描输入端口 scan_in 传输到所有触发器中。

· 解除扫描模式，并应用一个时钟，其效果是根据移位序列定义的状态计算所有触发器的下一个状态。

· 重新进入扫描模式，通过扫描输出端口 scan_out 将触发器中的数据移出，并诊断电路是否正确计算出下一个状态。

在没有全扫描链的情况下，这个过程会稍微复杂一些，例如，需要提供一个序列模式，并在多次循环后观测其效果。

扫描为硅后验证中的电路操作提供了一种独特的可观测性和可控性特性：它使验证人员能够在特定时刻指定 / 控制整个系统状态，并在一个周期内完全观测硬件逻辑对该状态的影响。有时候，人们可以仅仅把扫描当作一种可观测性功能，即允许系统在某个特定时刻之前正常运行，直到扫描模式被激活，然后将扫描链中的数据传输出去。但需要注意的是，扫描操作会对系统执行产生干扰。因此，当需要在特定时刻获取设计的“全局”（即整个系统）视图时，扫描极具价值。这种可观测性有时也被称为冻结可观测性。在 2.4 节中，我们将考虑另一种可观测性形式——跟踪，它可以被看作扫描的对偶，即在多个周期内对系统的某一个小的时间段进行观测。

2.3.2　JTAG架构

JTAG（joint test action group），以创建它的联合测试行动小组的名字命名，是一种用于电路测试（验证）的行业标准架构。它被制定为 IEEE 标准 1149.1，官方名称为“标准测试访问端口和边界扫描架构”。许多半导体芯片制造商对该标准进行了扩展，提供了许多供应商特定的功能。

JTAG标准是为了辅助设备、电路板和系统测试、诊断和故障隔离而设计的。边界扫描技术可以访问许多逻辑信号，包括设备引脚。这些信号通过一个称为测试访问端口（TAP）的专用端口存储在边界扫描寄存器（BSR）中。这使得可以对信号进行测试和控制，以便进行测试和调试。JTAG 被用作访问集成电路各个子模块的主要手段，因此它是调试嵌入式系统和片上系统设计的必要机制。在大多数系统中，JTAG 调试在 CPU 复位后的第一条指令即可使用，这使得可以使用 JTAG 调试启动软件的早期行为。在复杂的片上系统设计中，JTAG 还被用作访问其他片上调试模块的传输机制。

JTAG 接口是一种专为芯片设计的特殊调试接口。根据 JTAG 版本的不同，可以添加 2 个、4 个或 5 个引脚。其中 4 引脚和 5 引脚接口设计目的是使多个设备能够通过菊花链方式连接 JTAG 接口。图 2.2 是一个典型的 5 引脚配置示例，图 2.3 展示了它们如何通过菊花链方式连接。

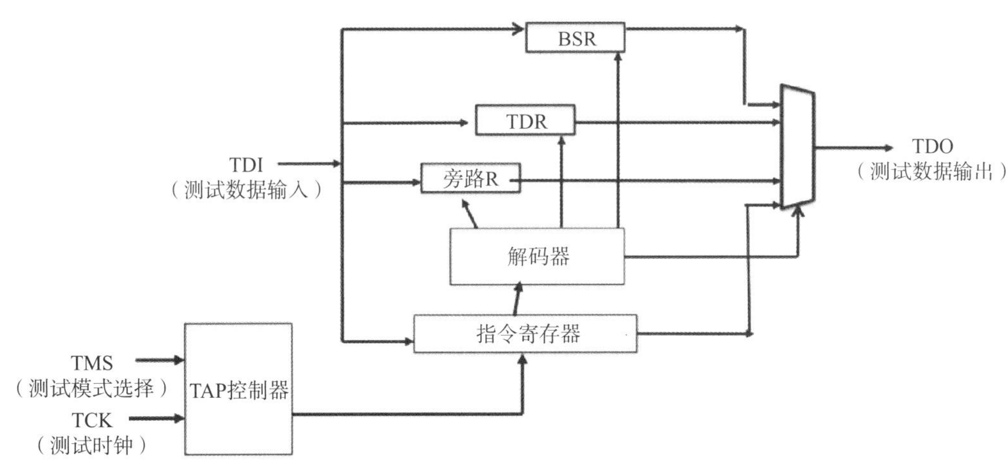

图 2.2　将多个设备的 JTAG 接口串联起来

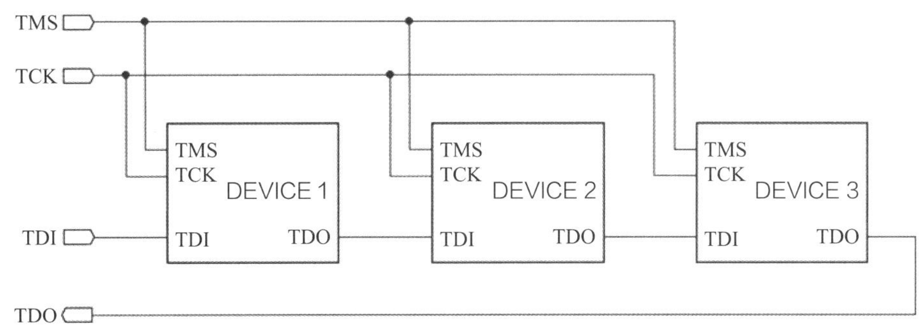

图 2.3　将多个设备的 JTAG 接口通过菊花链方式串联起来

JTAG 是处理器核心的主要调试组件。许多架构，如 PowerPC、MIPS、ARM 和 x86，在 JTAG 架构之上构建了完善的软件调试、指令跟踪和数据跟踪设备。基于 JTAG 的调试设备的一些关键示例包括 ARM CoreSight™[6]、Intel® Processor Trace[9]等。JTAG 支持处理器执行暂停、单步运行或设置多种代码断点等调试操作。

扫描和 JTAG 通常一起用于创建扫描转储。在系统初始化期间出现挂起情况时，可以使用扫描转储。执行扫描转储时，需通过主 TAP 控制器发送专用 JTAG 指令，同时将设计置为扫描模式。该操作将通过 TDO 引脚输出扫描触发器的全部存储内容。

2.4 跟 踪

硬件跟踪是硅后观测能力的另一项关键技术，其基本原理是在系统运行期间，长期监控一小组设计信号。这与扫描提供的可观测性不同，扫描会在特定点一次性观测整个设计状态。由跟踪提供的可观测性通常被称为持续和动态可观测性，以区别于扫描提供的静态可观测性。

跟踪的一个重要要求是确定如何对跟踪信号进行流式传输或存储。由于输入 / 输出速度（例如，使用 JTAG）远低于运行速度（例如，MHz 与 GHz 之间的差异），大多数情况下无法在执行期间通过 I/O 端口传输跟踪数据。因此，跟踪信号通常存储在专为此目的设计的内部存储中，这个存储部分被称为跟踪缓冲器。跟踪缓冲器的大小对能够跟踪的信号数量（以及能够跟踪的周期数）施加了严格的限制，例如，一个 128×2048 的跟踪缓冲器只能在 2048 个周期内记录 128 个信号（从数十亿内部信号中选取）。在实际应用中，通常会跟踪大约 100 个信号，但通过多路复用器可以在多个执行之间同时观测更多的信号。假设我们需要从 5000 个信号中选取跟踪对象，这些待选信号将通过一个 5000×100 的多路复用器，最终输出 100 个信号。具体选择哪 100 个信号由多路复用器的选择输入端决定，该输入端连接至一个支持运行时编程的配置寄存器。这种架构允许在不同的执行中选择 100 个不同的信号，尽管在任何一次执行中，只有 100 个信号是可观测的。实际上，信号可能会通过一个单独或层次化的多路复用器结构进行传输。需要注意的是，在现代复杂 SoC 设计中，将信号路由至跟踪缓冲器会面临拥塞、布局规划等与芯片物理实现相关的挑战。

上述讨论清楚地表明，跟踪虽然至关重要，但它是一项极为复杂且精细的工作，需要进行大量的前期规划。特别是，如果要在硅后验证期间对信号进行跟踪，就必须在硅前（RTL）设计阶段预先选择该信号，以便能够在信号通往观测点（例如，输出引脚或缓冲器）时放置相应的硬件。另一方面，信号选择不当引发的问题往往在后期才会显现。例如，在创建物理布局时会出现布线拥塞、布局规划等问题；在激活各种电源管理模式时会出现影响可观测性的电源管理问题（例如，在调试期间通过低功耗模块传输的信号可能处于某种睡眠状态）；在实际的硅后验证期间会出现信号不足或需要跟踪其他信号等问题。因此，有必要进行有条理的调查，以确定需要选择哪些信号，以及如何有效利用选择结果进行硅后调试。

2.4.1 跟踪信号的选择

选择合适的硬件信号用于跟踪是硅后准备阶段研究最多的课题之一。该领域已有大量专著和论文论述[2, 5, 10, 11, 15, 17]，本书其他章节也对此进行了讨论。因此，我们不再赘述各项具体技术细节，而是在芯片级测试设备的背景下指出一些通用的方法，并讨论其中的一些局限性。

信号选择的主要方法涉及一种称为状态恢复比（*SRR*）的度量指标。*SRR* 的核心思想在于：

（1）可以从观测到的信号中恢复出其他信号值（例如，如果输出为 1，则可以推断出 AND 门的两个输入均为 1）。

（2）应当优先跟踪那些能够最大程度恢复设计的信号。

因此，*SRR* 被定义为可跟踪并重建的信号集与所跟踪信号集的比值。大多数关于信号选择的文献都致力于研究各种选择算法和启发式方法，以确保所选信号具有较高的 *SRR* 值。

遗憾的是，从测试设备质量的角度来看，高 *SRR* 值未必直接等同于“可调试性”。因此，基于 *SRR* 的方法存在一些不足之处：

（1）对于具有大型内存数组的设计，这些方法通常无法区分是重构单个数组元素的值还是重构数组的控制信息，后者对于调试通常更为关键。

（2）这些方法是针对低级网表设计的。除了显而易见的可扩展性限制外，还可能导致对信号可重建性的错误判断。例如，工业流程中的网表包含扫描链，结构化分析可能认为（在全扫描的情况下）观测足够多的扫描链中触发器的周期数可以重构整个系统状态，而忽略了在扫描模式下不执行跟踪这一现实。

（3）选择用于最大化 *SRR* 的信号可能由于物理限制（如布线、拥塞等）或安全原因（如代表机密密钥的信号）而无法实际采用。对于大多数基于 *SRR* 的方法而言，如果信号选择算法建议的某些信号未被包含在跟踪信号中，则恢复质量会以何种程度或速度下降，这一点尚不清楚。

（4）基于 *SRR* 的方法没有考虑到系统中除了跟踪之外还有其他 DFD 结构，这些结构也可以提供对设计某些方面的可观测性。例如，我们将在下面讨论数组冻结和转储技术，它使硬件跟踪不再需要重建内存数组。

尽管存在上述不足之处，*SRR* 仍作为跟踪信号选择的重要指导原则持续发挥作用。近期已有研究着手解决其部分局限性[11]。开发能直接提升设计可调试性的信号选择技术至关重要。

2.4.2 软件/固件跟踪与跟踪整合

尽管硬件跟踪在学术界备受关注，但必须认识到其根本目标是实现系统级调试，包括软件、硬件和固件执行。因此，除了跟踪硬件信号外，显然还应跟踪软件和固件执行，以及系统执行期间由各种 IP 发送的消息。这些跟踪信息应汇总并以统一的视图向调试器呈现硬件和软件执行的状态。这一功能通常通过负责收集、整理和汇总所有跟踪信息的专用 IP 来实现。在工业实践中，这样的 IP 之一是英特尔的 Trace Hub（ITH）[9]。从架构上看，ITH 只是在 SoC 设计中连接到通信网络的一个 IP，其目的是从各种来源（例如，各 IP 模块报文、软件 / 固件打印语句、硬件跟踪信息等）收集跟踪信息，为这些跟踪信息加上时间戳，并通过系统输出接口提供合并的输出（见 2.5.4 节）。基于 ARM 架构的系统则通过 ARM CoreSight™ 提供类似功能。

2.5 数组访问、触发和补丁

除了扫描和跟踪外，还有许多其他测试设备被添加到 SoC 设计中，以支持硅后验证。在某些情况下，这些测试设备占用的硅空间估计为 20% 或更多。在这一节中，我们将简要介绍这些测试设备。

2.5.1 数组冻结与转储

大多数现代 SoC 设计都包含大型内存数组。在硅验证期间，对于调试器来说，查看这些数组的内容有时很有用。另一方面，将大型数组放入扫描链或从这些数组中选择信号跟踪入口并不方便。英特尔为 Pentium CPU[4]引入的数组冻结和转储功能是一种专门用于数组的可观测性基础设备。该技术的核心思想是通过专用 JTAG 指令来“冻结”数组。接收到该指令后，数组将禁用其写逻辑，确保数组状态无法改变，随后通过读端口将数组内容完整转储输出。

2.5.2 触 发

触发一词指的是可以在运行时编程以启动或定制各种可观测性功能的逻辑。现代 SoC 设计包含大量用于各种条件的触发器。例如，存在用于管控硬件跟踪的触发机制；调试器可以设定启动跟踪的条件、跟踪哪些信号（如 2.4 节中所讨论的，如果信号被多路复用）以及何时停止记录。大多数其他 DFD 结构也提供了类似机制。通常，触发器通过创建一个目标可观测性的启用逻辑来实现——启用逻辑连接到可编程寄存器，用于监控各类条件。调试器在运行时为特定的执行情况设置寄存器，以使目标具备可观测性。

2.5.3 微代码补丁

现代 SoC 设计中的许多硬件功能都是通过微代码而非定制硬件实现的，这为硅片制造时通过修改微代码来更新功能提供了可能。此类更新通过微代码补丁机制实现——微代码补丁使处理器能够通过加载软件来更改微代码。具体的补丁机制取决于微代码执行的具体 IP，例如，如果微代码是 CPU 的，可以直接更改，但如果是其他 IP 的微代码，则可能需要 CPU 和目标 IP 之间进行多次消息通信等。

然而，无论具体实现细节如何，微代码补丁都是现代 SoC 设计中普遍存在的关键机制。特别是它解决了硅后验证中的一个关键问题——错误序列性。错误序列性的挑战在于，一旦在硅验证期间发现硬件中的错误，通常无法立即修复。需要注意的是，每次对硅片的更新都会导致额外的硅片生产周期。因此，调试器必须为发现的错误找到一种绕过去的方法，以便可以在无须重新生产硅片的情况下继续验证并探索其他错误。微代码补丁为调试器执行此类绕过工作提供了关键工具。微代码补丁也是在现场发现错误时修复错误的关键方法之一。如果不进行补丁更新，修复硅实现可能需要进行代价高昂的召回，这将对产品的赢利能力和制造商声誉造成重大损害。

2.5.4 传　输

仅仅记录内部状态或状态信号的逻辑显然是不够的，还需要将这些数据传输到芯片外的机制。传统传输机制涉及使用专用的探针或 JTAG 技术，例如，扫描和数组冻结及转储都使用了 JTAG 机制。然而，使用 JTAG 意味着必须在隔离状态下对硅片进行调试。近年来，行业趋势转向整机验证（如笔记本电脑、平板或手机完整系统），这给数据传输带来额外限制：必须复用设备中现有的一些端口，而不是依赖专用端口或在定制平台上使用带有额外引脚的 SoC。例如，最新的 SoC 设计会重新利用通用串行总线（USB）端口进行数据传输。需要注意的是，这要求深入理解接口功能与验证用例，以确保二者在使用同一接口时互不干扰。最后，还有用于提供执行控制的设备，例如，实时覆盖系统配置、动态更新微代码等。随着设备形态日益新颖和小型化（例如，不带 USB 端口的可穿戴设备），数据传输机制不得不依赖更复杂的通信方式，如无线或蓝牙技术。

2.5.5 自定义监视器

除了上述通用或可编程的基础设备外，大多数 SoC 设计还包含用于特定属性的监视器和控制器。这些监视器和控制器是根据设计师对目标属性复杂度的经验以及对正确实现的信心等情况临时开发的。例如，许多现代多处理器系统都包含监视器，以确保缓存一致性、内存排序等。

定制监视器也是研究的热点。早期开创性工作来自 Gopalakrishnan 和 Chou[7]，他们使用约束求解和抽象解释来计算内存协议的状态估计。Park 和 Mitra[13] 开发了一种名为 IFRA 的架构，用于实现流水线微处理器的规范片上可观测性。Boule 等[3] 提出了用于硅后断言检查器的架构。Ray 和 Hunt[16] 提出了一种用于特定并发协议验证的片上监控电路架构。

2.6 调试软件集成

添加 DFD 逻辑是硅后准备工作的关键环节之一，另一关键组成部分则是调试软件。事实上，DFD 硬件与调试软件具有互补性：在硅片调试过程中，需要依靠软件来充分发挥硬件的调试功能。

什么是调试软件？通常来说，“任何用于辅助硅片调试的软件”都可以被归为这一类。这一范畴涵盖了两方面内容：一方面是控制各种调试机制（例如，用于触发的程序寄存器等）的工具和脚本；另一方面则是对各种测试设备所获数据进行后处理、问题分类或找出根本原因的各类分析软件。下面，我们简要介绍这一范畴中涉及的各种类型的软件。

1. 设备化的系统软件

调试的一个关键需求是分析硬件 / 软件交互。因此，需要知道在收集某个硬件跟踪数据时，应用程序处于何种状态以及运行到哪个阶段。要做到这一点，需要底层操作系统（或其他低级系统软件）记录程序的各种控制路径、对系统库的调用等，并与硬件跟踪数据一起传输以进行调试。为了满足这一需求，通常需要在具有更少复杂度的硅片上运行定制的操作系统，同时包括便于调试、可观测性和控制的钩子。这种系统软件可能是硅片调试团队从头编写的，也可能是通过对现成实现方案进行大幅修改而生成的。

2. 触发软件

我们在 2.5.2 节讨论了硬件触发的支持。有效利用此类硬件需要软件工具的支持，包括用于查询 / 配置特定硬件寄存器的工具、为各种硬件跟踪设置触发器的工具等。

3. 传输软件

将数据从芯片传输到外部可能需要大量的软件辅助，这取决于传输方式。例如，通过 USB 端口传输需要对 USB 驱动程序进行检测设置，以解析和路由调试数据，同时确保在正常执行期间 USB 功能不受影响。

4. 分析软件

最后一类重要的软件工具是用于对硅后数据进行分析的。这类工具的功能范围包括：将原始信号或跟踪数据转换为高级数据结构（例如，将通信子系统中的信号流解释为 IP 之间的消息或事务）[18]，理解和可视化硬件 / 软件协同，跟踪和观测数据以便进行高级调试。

2.7 小 结

本章重点介绍了为实现硅后准备工作而在硅前必须开展的各项工作，主要讨论了硬件调试工具——为辅助调试和验证而特别引入的逻辑设计。希望本章的论述能帮助读者了解这一领域当前的工业实践与研究方向。

现代 SoC 设计包含大量测试化功能——开发、管理和使用这些功能是验证过程的一个复杂且昂贵的组成部分。在当前的实践中，这种情况尤其模糊不清，因为大量设备化功能是从一个产品继承到另一个产品，出于历史原因，与功能组件一起，导致硬件复杂度显著增加，设计可能出现臃肿，甚至由于错误使用这些功能而引入了 bug。此外，随着测试化功能的积累，观测功能被作为大杂烩提供给调试器，没有明确的划分，也没有说明在何种情况下使用何种功能。显然，需要进行大量的研究来解决这一问题，并在未来简化 DFD 的设计。

参考文献

[1] Abramovici M, Bradley P, Dwarkanath K, et al. A reconfigurable design-for-debug infrastructure for SoCs[C]// Proceedings of the 43rd Design Automation Conference. ACM/IEEE, 2006: 7-12.

[2] Basu K, Mishra P. Efficient trace signal selection for post silicon validation and debug[C]//24th International Conference on VLSI Design. IEEE, 2011: 352-357.

[3] Boule M, Chenard J, Zilic Z. Adding debug enhancements to assertion checkers for hardware emulation and silicon debug[C]//International Conference on Computer Design. IEEE Computer Society, 2006: 294-299.

[4] Carbine A, Feltham D. Pentium Pro processor design for test and debug[J]. IEEE Design & Test of Computers, 1998, 15(3): 77-82.

[5] Chatterjee D, McCarter C, Bertacco V. Simulation-based signal selection for state restoration in silicon debug[C]// Proceedings of the International Conference on Computer-Aided Design. IEEE, 2011: 595-601.

[6] ARM. CoreSight On-chip Trace and Debug Architecture[EB/OL]. [2023]. www.arm.com.

[7] Gopalakrishnan G, Chou C. The post-silicon verification problem: designing limited observability checkers for shared memory processors[C]//5th International Workshop on Designing Correct Circuits. Springer, 2004.

[8] IEEE Joint Test Action Group. IEEE Standard Test Access Port and Boundary Scan Architecture: IEEE Std 1149.1[S]. IEEE, 2001.

[9] Intel. Intel® Platform Analysis Library[EB/OL]. [2023]. https://software.intel.com/en-us/intel-platform-analysis-library.

[10] Ko H F, Nicolici N. Automated trace signals identification and state restoration for improving observability in post-silicon validation[C]//Proceedings of the Design, Automation and Test in Europe. IEEE, 2008: 1298-1303. DOI: 10.1109/DATE.2008.4484858.

[11] Ma S, Pal D, Jiang R, et al. Can't see the forest for trees: state restoration's limitations in post-silicon trace signal selection[C]//Proceedings of the International Conference on Computer-Aided Design. IEEE, 2015: 1-8.

[12] Mishra P, Morad R, Ziv A, et al. Post-silicon validation in the SoC era: a tutorial introduction[J]. IEEE Design & Test, 2017, 34(3): 68-92.

[13] Park S, Mitra S. IFRA: instruction footprint and recording for post-silicon bug localization in processors[C]// Proceedings of the 45th Design Automation Conference. ACM/IEEE, 2008: 373-378.

[14] Patra P. On the cusp of a validation wall[J]. IEEE Design & Test of Computers, 2007, 24(2): 193-196.

[15] Rahmani K, Mishra P, Ray S. Scalable trace signal selection using machine learning[C]//31st International Conference on Computer Design. IEEE, 2013: 384-389.

[16] Ray S, Hunt W A Jr. Connecting pre-silicon and post-silicon verification[C]//Proceedings of the 9th International Conference on Formal Methods in Computer-Aided Design. IEEE Computer Society, 2009: 160-163.

[17] Yang J, Touba N. Automated selection of signals to observe for efficient silicon debug[C]//Proceedings of the VLSI Test Symposium. IEEE, 2009: 79-84.

[18] Zheng H, Cao Y, Ray S, et al. Protocol-guided analysis of post-silicon traces under limited observability[C]//17th International Symposium on Quality Electronic Design. IEEE, 2016: 301-306.

第3章 硅后验证中的结构化信号选择

卡纳德·巴苏

3.1 引 言

传统上，功能验证是通过仿真或形式化技术来实现的。然而，这两种方法都有其局限性：形式化验证受到状态空间的制约，而与实际的硬件实现相比，仿真的速度极为迟缓。由于设计中引入了更多的复杂性和功能性，这两种方法都不足以发现所有功能性错误。因此，硅片首次封装后往往存在缺陷[1]。一旦芯片制造完成，就需要进行硅后验证来检测这些缺陷。

硅后验证与制造测试技术类似，都是在制造之后应用的。然而，两者之间有一些本质的区别。制造测试主要针对电气故障，如固定值故障或时序故障，而硅后验证则用于检测功能故障。由于功能性错误会存在于所有芯片中，因此仅对单个芯片进行硅后调试就足够了。然而，电气故障可能在不同的芯片之间存在差异，因此应分别对所有芯片进行制造测试。另外，硅后验证必须以全速进行，因此用于制造测试的扫描链等启动和停止技术无法直接使用。

硅后验证面临的一个严峻问题是有限的可观测性。由于芯片已制造完成，因此无法观测到所有内部信号的状态。这与在软件程序中插入断点并监视内部变量值类似。多年来，人们提出了各种设计调试技术来提高内部可观测性。基于跟踪缓冲器的调试是一种 ELA 机制，用于观测某些内部信号状态。跟踪缓冲器是芯片内部专门制造的硬件，它在一定数量的周期内存储一些内部信号状态。外部控制器控制跟踪缓冲器的运行，决定其何时开始运行和何时停止。一旦跟踪缓冲器满载，就会通过 JTAG 接口将内容传输到离线调试器。整个过程如图 3.1 所示。

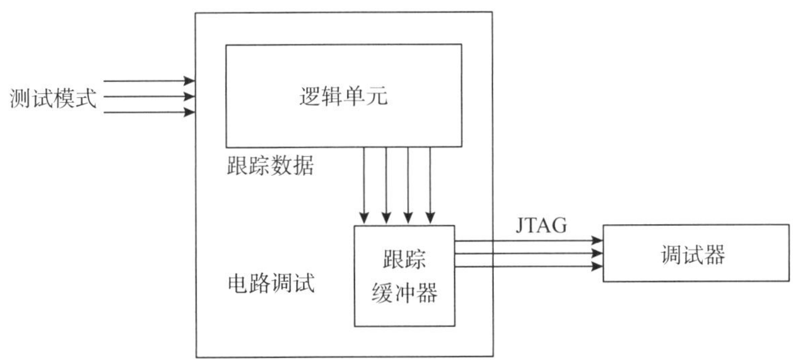

图 3.1 基于跟踪缓冲器的硅后调试结构图

需要注意的是，跟踪缓冲器是调试硬件的一部分，其容量会受到限制。通常，跟踪缓冲器采用块 RAM 结构[2]，具有两个参数——深度和宽度。深度表示存储的跟踪数据的周期数，而宽度表示每个周期存储的信号数。跟踪缓冲器必须在芯片制造之前完成设计，其设计流程包含多个关键阶段：工作区域和深度确定、待跟踪信号选择等，这些参数均需在设计阶段固化。芯片设计流程中跟踪缓冲器的设计流程如图 3.2 所示。

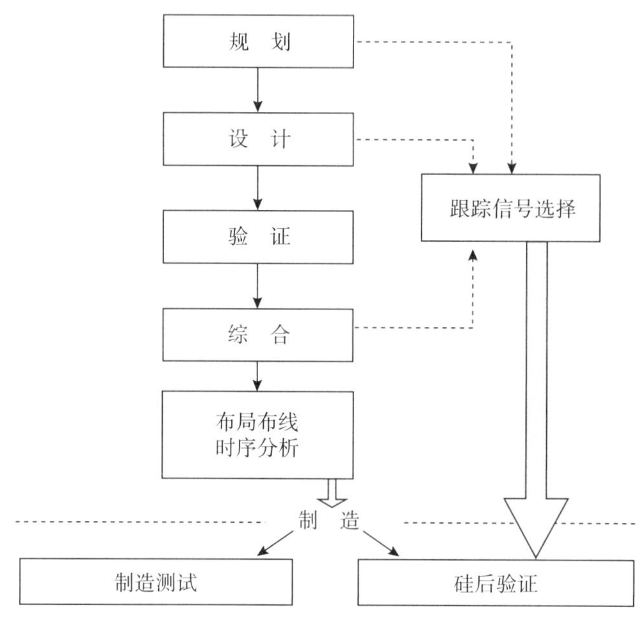

图 3.2 设计流程中的跟踪信号选择

由图 3.2 可知，信号选择可以在设计流程的不同阶段进行，这取决于逻辑和用户的需求。信号选择至关重要，因为调试机制的性能取决于所选的信号。跟踪缓冲器的容量非常有限。例如，一个典型的大型 ISCA 89 基准测试将包含大约 1500 个触发器。如果跟踪缓冲器的宽度为 32，那么从 1500 个信号中选择 32 个信号，组合数量高达 10^{69}。从这些庞大的组合中进行信号选择的试错法是不切实际的。随机信号选择的结果在文献[3]中得到了证明，其性能不佳。因此，需要开发高效的算法来进行高效的跟踪信号选择，以实现调试目标。

3.2 相关工作

必须尽快识别出能够逃避功能验证阶段的漏洞，以便在将芯片发给客户之前对其进行修复[4]。若未能及时发现这些漏洞，将导致重新制造的成本飙升并延误生产[5,6]。通常，设计公司会使用内部调试方法来检测这些漏洞[3]。然而，随着设计规模的增加，业界越来越重视可扩展的硅后验证方法[7]。据报道[8]，整个设计成本中约有 50% 用于硅后调试。

多年来，研究人员一直在尝试开发各种用于硅后验证和调试的方法。De Paula 等[9]曾提出采用形式分析方法进行硅后调试，但这种方法存在根本性缺陷——由于状态数量暴增，无法适用于大规模门级电路设计。有人可能会质疑：既然硅后验证和制造测试都是在相同的层级上进行的（见图 3.2），为什么不利用扫描链这类久经考验的调试技术呢？因为扫描链要求中断电路运行，因此不适用，特别是当功能错误之间存在显著差异时[11]。虽然跟随触发器和双缓冲技术可以解决这个问题，但它们会带来较大的面积开销[12]。

为此，业界普遍采用基于跟踪缓冲器的硅调试方法[13~15]。一旦获取电路的信号状态，就可以通过故障传播跟踪[16]或锁存分歧分析[17]等技术对其进行分析，以恢复错误状态。Ko 等[1, 3]首次开发了基于自动状态恢复的跟踪信号选择技术，使用启发式方法来决定要跟踪的信号，其目标是重建未跟踪信号的状态。例如，在一个拥有 1500 个触发器的电路中，每个周期只跟踪 32 个触发器，作者希望确定哪 32 个触发器可以重建最多 1468 个未跟踪信号。关于信号恢复的更多细节将在 3.3 节中进行说明。Liu 等[18]进一步改进了上述方法，将参考文献［3］中的启发式方法替换为更坚实的信号选择理论基础。Basu 等[2, 19]使用了一种基于“完全恢复”的技术，可以更好地恢复或重建未跟踪信号的状态。

到目前为止，研究人员只使用基于跟踪的信号恢复技术。为了将扫描链纳入其中，Ko 等[20]使用带有扫描链的跟随触发器来提高可观测性。跟踪缓冲器被分为两部分——跟踪和扫描。在“跟踪”部分，通常会将信号状态正常地记录下来；在“扫描”部分，会记录跟随触发器的状态。跟踪信号和扫描信号之间存在权衡。跟踪信号在每个周期中都会被存储，但扫描信号则不会。然而，与跟踪信号相比，扫描信号结合了更多的触发器信息。因此，跟踪信号提高了时间上的可观测性，扫描信号则提高了空间上的可观测性。Ko 等[20]最初提出的启发式算法被 Basu 等[21]进行了改进。Rahmani 等[22, 23]提出了精确（fine-grained）的扫描和跟踪方法，提高了恢复性能。

之前讨论的跟踪信号选择技术是基于从综合后的网表中选择信号。RTL 级跟踪信号选择是由 Basu 等[19]首次提出的。随后，Kumar 等[24]对其进行了改进。Thakyal 等[25]开发了基于布局布线的跟踪信号选择。与静态选择一组用于跟踪的信号不同，研究人员提出了多路复用跟踪信号选择的概念[26~28]，即根据设计模式选择要跟踪的信号。Kumar 等[29]提出了基于形式化分析的信号选择方法。

3.3 信号恢复

在本节中，我们将解释信号恢复，这是传统的信号选择的基础[2, 3, 18]。在硅后调试中，可以通过两种方式从跟踪的信号状态中恢复未知的信号状态——前向恢复和后向恢复。前向恢复涉及从输入到输出恢复信号，即输入的信号状态有助于恢复输出的信号值。后向恢复涉及从输出信号恢复输入信号的值。前向恢复和后向恢复可以通过图 3.3 中的示例进行说明。我们使用一个二输入 AND 门来解释恢复过程。图 3.3(a) 显示了前向恢复。当门的一个输入具有特定门的控制输入值时，输出将反映输入。门的控制输入代表可以直接跟随输出的输入信号，而不管其他门的输入。例如，在 AND 门中，0 是控制输入，因为如果门的任何输入为 0，则输出也将为 0，而不管门的总输入数和其他输入的值。同样地，1 是 OR 门的控制输入。而 XOR 门则没有控制输入。从图 3.3(a) 可以看出，前向恢复可以以两种方式进行：

（1）当门电路的一个输入端是控制输入时。

（2）当门电路的所有输入值已知时。

对于第一个例子，图 3.3(a) 中信号 a 的输入值为 0 时，可直接推导出 c 的值为 0。对于第二个例子，当图 3.3(a) 中 b 和 c 的值都为 1 时，可以推导出 c 的值也为 1。

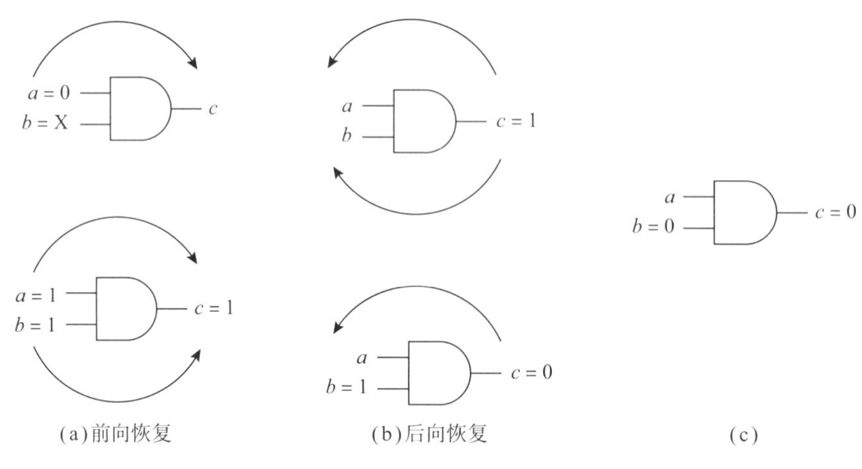

图 3.3 信号恢复

图 3.3(b) 展示了后向恢复。实现后向恢复的最简单方式是使输出处于门电路的非控制值状态。在这种情况下，无论有多少个输入，所有输入都必须具有相同的值。例如，考虑图 3.3(b) 中的 AND 门。当输出为 1 时，可以很容易地推断出输入也必须为 1。这种推断与输入的数量无关。例如，即使 AND 门有

20 个输入，输出值为 1 表明所有输入也必须为 1。图 3.3(b) 的下半部分显示了另一种后向恢复形式。在此情况下，输出 c 具有控制值 0，这意味着至少两个输入中的一个应为 0。如果其中一个输入的值已知（这里 $b=1$），并且该值为非控制值，则可以推断另一个输入应为控制值，即 0。对于一个有 m 个输入的门，可以得出结论：如果输出是控制值，并且已知 $m-1$ 个输入值且它们均为非控制值，则可以恢复第 m 个输入。然而，如图 3.3(c) 所示，当 $m-1$ 个输入中有一个具有控制值时，这种技术将不再适用。在这个例子中，输出 c 为 0。然而，输入 b 的值为 0，无法确定 a 的值。在这种情况下，后向恢复将失败。因此，后向恢复仅适用于以下两种情况：

（1）当门电路的输出为非控制值时。

（2）当输出为控制值，且除了一个输入值之外的所有输入值已知且均为非控制值时。

我们用二输入 AND 门演示了信号重构的过程，对于其他类型的逻辑门以及更多输入的情况，也可以采用相同的方法进行恢复操作。

图 3.4 所示为一个简单的电路示例，用于说明信号重构过程。我们假设跟踪缓冲器宽度为 2，即可以记录两个信号的状态。采用参考文献［1］，［18］中提出的信号选择方法，我们可以恢复其他信号的状态。结果如表 3.1 所示。“X”表示无法确定的状态。选定的信号以阴影表示。参考文献［1］，［18］中选定的信号依次为 C 和 F。信号重构比率是衡量信号可恢复性的一个常用指标，定义为：

$$\text{信号重构比率} = \frac{\text{已重构状态数+已跟踪状态数}}{\text{已跟踪状态数}} \qquad (3.1)$$

下面我们确定表 3.1 中恢复状态的数量。以信号 A 对应的行为例，该行有两个值为 0，而其余值为 X（非恢复状态）。因此，有两个状态是已知的。同样，

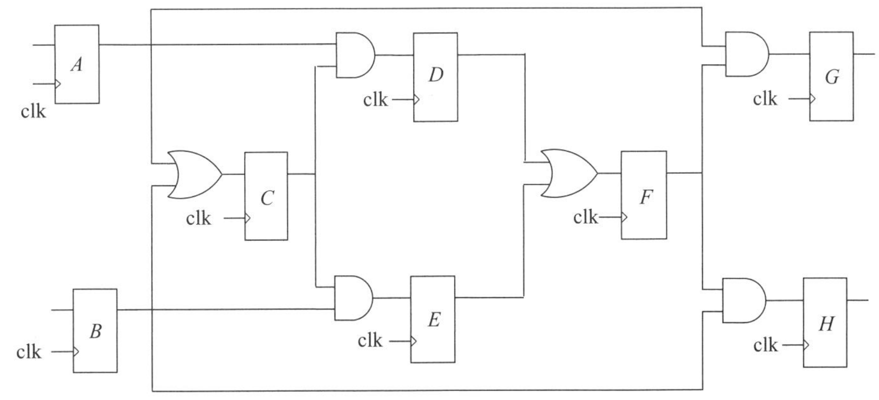

图 3.4 示例电路

信号 B 对应的行也有两个状态是已知的。由于信号 C 被跟踪，因此所有状态都是已知的（该行中没有 X 值）。对于信号 D，该行中有三个值为 0，因此可以恢复三个状态。按照这种方法计算，总共可以恢复 26 个状态。其中 10 条（对应于信号 C 和 F）是跟踪状态。因此，恢复率为 26/10=2.6。

表 3.1 使用两个选定信号恢复信号

信 号	周期 1	周期 2	周期 3	周期 4	周期 5
A	X	0	X	0	X
B	X	0	X	0	X
C	1	1	0	1	0
D	X	X	0	0	0
E	X	X	0	0	0
F	0	1	1	0	0
G	X	0	0	X	0
H	X	0	0	X	0

现有主流信号选择方法[1, 18]利用部分可恢复性①，无法提供最佳的信号重构。本章我们将讨论 Basu 等[19]提出的基于完全可恢复性②的信号选择算法，该算法在信号选择时间和选择信号质量方面优于之前的方法。首先，我们在 3.4 节中提出门级信号选择算法，然后在 3.5 节中提出基于 RTL 的级信号选择。

3.4 门级信号选择（GSS）

算法 1 展示了文献［19］提出的门级信号选择（GSS）流程，该流程包含五个重要步骤，本节后续部分将对其中的每个步骤进行详细说明。

算法 1： 门级信号选择

```
输入：电路网表、跟踪缓冲器参数
输出：选中的信号列表 S（初始为空集）
1. 计算所有节点的可观测价值
2. 选取价值最高的状态单元加入 S
3. 建立初始观测区域
while 跟踪缓冲器未满 do
   4. 重新计算各状态单元的可观测值
   5. 选取当前未选中的最高价值状态单元加入 S
end
return S
```

① 部分可恢复性指的是利用其他已跟踪信号的已知值来恢复信号值的可能性。

② 完全可恢复性指的是信号状态可以完全恢复，也就是说，它是部分可恢复性的一种特殊情况，可恢复性值为 100%。

3.4.1 边界值计算

两个触发器之间的边界被定义为仅包含组合逻辑元件的两条触发器之间的路径，即边界上不能有触发器。因此，并非所有触发器都可以通过边界连接。边界没有方向性，同一条边可以用于正向和反向计算。例如，在图 3.4 中，通过 OR 门的触发器 *A* 和 *C* 之间的边界可以用于从 *A* 到 *C* 的正向计算和从 *C* 到 *A* 的反向计算。边界用于确定一个触发器对另一个触发器的影响。例如，*A* 和 *C* 之间的边界可以用于确定 *A* 对 *C*（正向）和 *C* 对 *A*（反向）的影响。这里有两种情况，即独立情况和依赖情况，我们将在下面进行描述。

3.4.2 独立信号

为了解释独立边界，我们重新考虑图 3.4。触发器 *C* 前面的 OR 门由信号 *A* 和 *B* 驱动，这两个信号之间没有相互依赖关系，也就是说，*B* 的输入不由 *A* 驱动，反之亦然。因此，边 *AC* 和 *BC* 是独立的。使用通用示例的独立边界值计算如图 3.5 所示，该示例包含两个触发器 *K* 和 *L*。

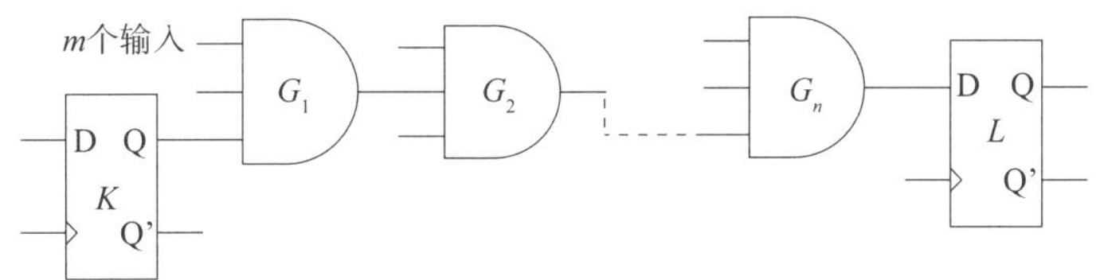

图 3.5 具有 *n* 个门的示例电路

触发器 *L* 的输入与组合逻辑门 G_n 的输出相对应。对于路径中每个组合逻辑门，定义了四个概率：$P^{\mathrm{I}}_{0,N}$，$P^{\mathrm{I}}_{1,N}$，$P^{\mathrm{O}}_{0,N}$，$P^{\mathrm{O}}_{1,N}$，其中，$P^{\mathrm{I}}_{k,N}$ 表示节点 *N*（门或触发器）输入值为 *k* 的概率（$k\in\{0,1\}$），$P^{\mathrm{O}}_{k,N}$ 表示节点 *N*（门或触发器）输出值为 *k* 的概率（$k\in\{0,1\}$）。

触发器 *K* 的输出可以在两种情况下影响 G_1 的输出：

（1）触发器 *K* 的输出是 G_1 的控制值。

（2）G_1 的所有输入都是控制值的补充。

假设 G_1 是一个二输入 AND 门，P_{G_1} 为 *K* 控制 G_1 的总体概率，则由文献[30]可知：

$$P_{G_1}=P^{\mathrm{O}}_{1,G_1}+P^{\mathrm{O}}_{0,G_1} \tag{3.2}$$

令 $P_{\mathrm{cond}m,\,G1}$ 表示 $m\in\{0,1\}$ 时，逻辑门 G_1 的输出与 *K* 的输出一致的概率。也就是说，$P_{\mathrm{cond0},\,G1}$ 表示当 *K* 的输出为 0 时，G_1 的输出也为 0 的概率。为了简化计算，在此示例中，我们假设 $P^{\mathrm{I}}_{0,\,G1}=P^{\mathrm{I}}_{1,\,G1}=0.5$（即 G_1 的输入信号为 0 或 1 的概率均等）。

$$P_{0/1,G_1}^{\mathrm{O}} = P_{\mathrm{cond}0/1,G_1} + P_{0/1,G_1}^{\mathrm{I}} \tag{3.3}$$

对于一个二输入 AND 门，由于 0 是控制输入，所以 $P_{\mathrm{cond}0,\ G1}$ 为 1，由此得到 $P_{0,\ G1}^{\mathrm{O}}=0.5$。同理，由于 1 是非控制输入，所以 $P_{\mathrm{cond}1,\ G1}=0.5$，由此得到 $P_{1,\ G1}^{\mathrm{O}}=0.25$。根据式（3.2），可以得出 $P_{G_1}=0.75$。因此，G_1 跟随 K 值的概率为 0.75。下一步是计算 G_1 控制 G_2 的概率，该概率与 P_{G_1} 相乘即可推导出 K 控制 P_{G_2} 的概率。通过这种方式，沿着路径计算概率，直到到达 L 为止。需要特别注意的是，在计算 P_{G_2} 时，输入概率不会像 G_1 那样为 0.5，此时，通过式（3.3）可得 $P_{0,\ G2}^{\mathrm{I}}=P_{0,\ G1}^{\mathrm{O}}$，$P_{1,\ G2}^{\mathrm{I}}=P_{1,\ G1}^{\mathrm{O}}$。例如，如果 G_2 也是一个二输入 AND 门，则可通过式（3.3）得到 $P_{0,\ G2}^{\mathrm{O}}=0.5$，$P_{1,\ G2}^{\mathrm{O}}=0.125$。因此，最终得到 $P_{G_2}=0.625$。

如果从 K 到 L 之间有 n 个组合逻辑门，那么我们可以得到下式：

$$P_{0/1,G_1}^{\mathrm{O}} = \prod_{1\leqslant i\leqslant n}\left(P_{\mathrm{cond}0/1,G_i}\right)\times P_{0/1,G_1}^{\mathrm{I}} \tag{3.4}$$

最终概率 P_{G_n} 通过式（3.2）计算得出。

这些计算可以用于获取图 3.4 中电路的边界值。在计算边 AC 的边界值时，将两个信号之间的 OR 门命名为 G。如前所述，假设输入为 0 和 1 的概率相等，即 $P_{0,\ G}^{\mathrm{I}}=P_{1,\ G}^{\mathrm{I}}=0.5$。由于这是一个 OR 门，且 $P_{\mathrm{cond}0,\ G}=0.5$，$P_{\mathrm{cond}1,\ G}=1$，因此通过式（3.3）可得 $P_{0,\ G}^{\mathrm{O}}=0.25$，$P_{1,\ G}^{\mathrm{O}}=0.5$，通过式（3.2）可得 $P_G=0.75$，这就是 AC 的边界值。

3.4.3 依赖信号

在图 3.5 中，触发器 K 和 L 之间仅存在一条连接路径。现在我们想观察出现重叠扇出（从 K 发出的多条路径在 L 处汇合）时会发生什么情况，这种情况称为依赖信号。我们需要确定一个门的输出影响了该门的 l 个输入（$m \geqslant l \geqslant 2$）时，该门的输出对 m 个输入门的影响概率。图 3.6 展示了一个与图 3.5 类似的电路，用于计算在依赖信号情况下的边界值。文献［19］之前的研究，如文献［1］和［18］均未考虑重叠扇出。

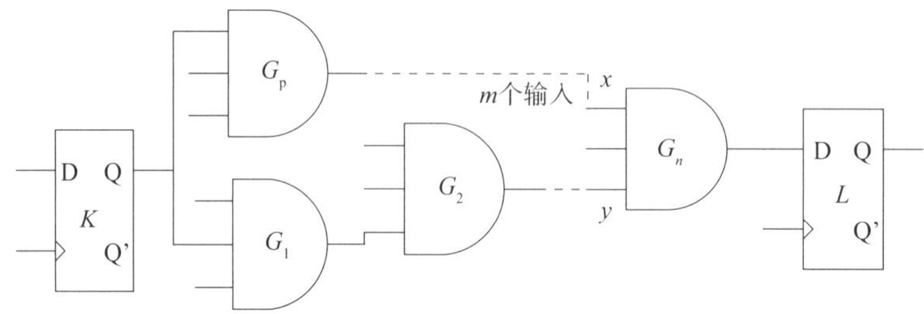

图 3.6 示例电路

在图 3.6 中，多输入门 G_n 的两个输入 (x, y) 受到触发器 K 的影响。我们假设 K_x 和 K_y 是独立的。如果它们是相关的，可以按照下面描述的方法进行递归处理。解决这个问题的方法是将它们组合成一个独立的边界，以便像 3.4.2 节所述那样进行更简单的计算。假设 G_n 是一个 AND 门，由于 0 是 AND 门的控制值，因此只要门 G_n 的任何一个输入为 0，就会确保 0 被传递到输出。因此

$$P^{\mathrm{I}}_{0,G_n} = P^{\mathrm{O}}_{0,x} + P^{\mathrm{O}}_{0,y} - P^{\mathrm{O}}_{0,x\&y} \tag{3.5}$$

需要减去两者同时为 0 的概率 $P^{\mathrm{O}}_{0,\ x\&y}$，因为该概率已经被计算了两次。同理，由于 1 是非控制输入，我们可以得到

$$P^{\mathrm{I}}_{1,G_n} = P^{\mathrm{O}}_{1,x\&y} \tag{3.6}$$

其中，$P^{\mathrm{O}}_{1,\ x\&y}$ 表示 x 和 y 同时为 1 的概率。$P_{\mathrm{cond}0/1,\ x/y}$ 表示 K 输出为 0(1) 时，$x(y)$ 为 0(1) 的概率。$P^{\mathrm{O}}_{0/1,\ x\&y}$ 可以定义为：

$$P^{\mathrm{O}}_{0/1,x\&y} = \left(P_{\mathrm{cond}0/1,x} \times P_{\mathrm{cond}0/1,y}\right) \times P^{\mathrm{O}}_{0/1,K}$$

借助式（3.3），该问题可以简化为

$$P^{\mathrm{O}}_{0/1,x\&y} = \frac{P^{\mathrm{O}}_{0/1,x} \times P^{\mathrm{O}}_{0/1,y}}{P^{\mathrm{O}}_{0/1,K}} \tag{3.7}$$

式（3.4）用于计算 $P^{\mathrm{O}}_{0/1,\ x\&y}$ 的值，式（3.5）和式（3.6）用于计算 $P^{\mathrm{I}}_{0/1,\ G_n}$ 的值。最后通过式（3.2）和式（3.3）求得 P_{G_n} 的值，同时需要知道门 G_n 的输入数量，而该值即为 K 和 L 的边界值。

参考 3.4.2 节和 3.4.3 节中的计算方法，我们可以确定图 3.4 中电路的边界值。如图 3.7 所示，每个门（触发器或组合逻辑门）都被表示为一个节点，而两个门之间的路径则表示为一条边。

该示例电路中没有依赖边界，所有边界之间只有一个二输入门，其边权值均为 3/4（参考 3.4.2 节）。接下来将使用这个图来解释基于完全可恢复性的信号选择算法。

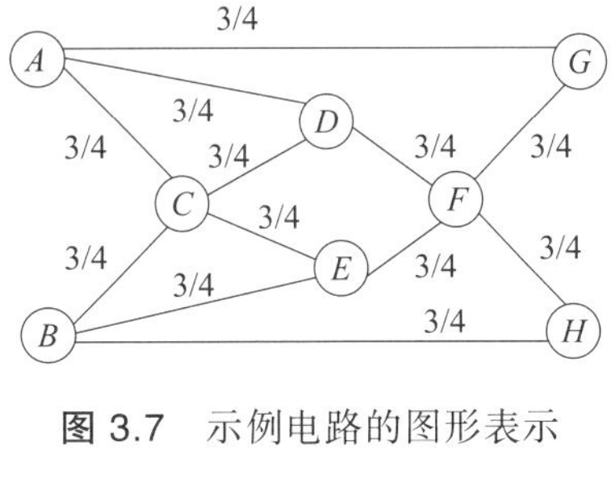

图 3.7 示例电路的图形表示

3.4.4 状态元素的初始值计算

状态元素的值定义为与之相连的所有边界的总和，既包括正向的边，也包括反向的边。如图 3.7 所示，触发器 C 的值为与之相连的所有边界之和，即 CA、CB、CD 和 CE。为防止边界计算过程中电路内部出现组合环路，采用了“阈值”的概念[1]。需要特别说明的是，此计算过程与设计中的时序环路无关。

3.4.5　初始区域创建

一个区域是由一组状态元素组成的，其中每个状态元素都至少与该区域中的另一个状态元素相连。需要注意的是，区域并不一定完全连通，即所有状态元素之间不一定都存在连接。请注意，此处所说的“连接”是指两个触发器之间存在边界的情况。在图 3.7 中，触发器 *A*、*B*、*C*、*D* 和 *E* 构成了一个区域。选择用于跟踪的第一个状态元素是根据 3.4.4 节中的计算得出的具有最高值的触发器，它被添加到“已知”列表中。现在，所有与最近选择的元素存在边界的所有状态元素都被添加到该区域中。

图 3.8 展示了区域的创建和增长过程。沿每条边和节点分别显示其值。例如，节点 *A* 有三条边 *AC*、*AD* 和 *AG*，每条边的值为 $\frac{3}{4}$。因此，*A* 的值为 $\frac{3}{4}+\frac{3}{4}+\frac{3}{4}=\frac{9}{4}$。具有最高值的翻转触发器是 *C*。从 *C* 出发的所有节点都被包含在区域中。该区域由图 3.8(a) 中的曲线表示。

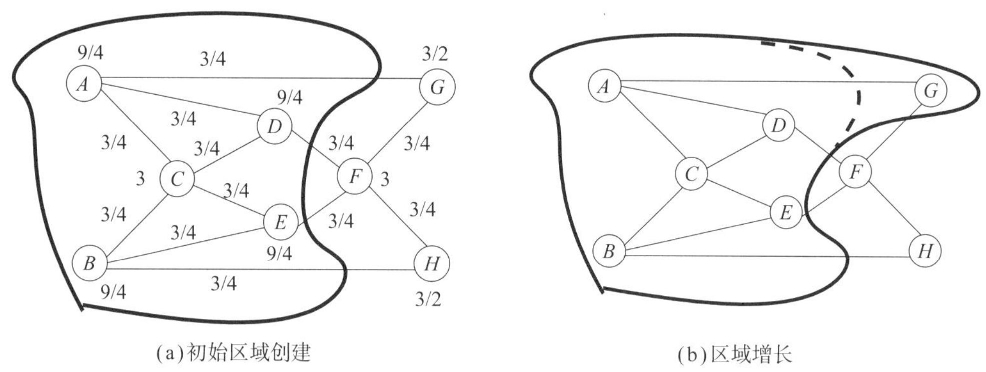

图 3.8　区域创建和区域增长

3.4.6　节点值重新计算

正如我们在 3.4.5 节所见，图 3.7 中首个待跟踪状态元素（前一个例子中的 *C*）已经确定。然而，仍需继续选择其他跟踪信号，直至达到跟踪缓冲器的宽度为止。为了选择后续的信号，需要重新计算每个节点的值。在重新计算过程中，触发器可能同时存在与区域内触发器和区域外触发器连接的边。利用区域内已有信号的信息，提高它们的恢复值，在重新计算时，对连接到区域内状态元素的边赋予更高的权重，从而实现这些信号的完全可恢复性。

3.4.7　区域增长

为了选择下一个跟踪信号，系统将确定权值最高且未列入“已知”列表的触发器。如果两个触发器具有相同的值，则会跟踪具有更高前向恢复值的触发器。这是因为，当所有输入信号已知时，前向恢复必然成功（参考 3.3 节），而后向恢复则无法保证。例如，在图 3.8(a) 中，下一个需要跟踪的状态元素是 *A*，它被纳入“已知”列表。如果达到跟踪缓冲器宽度，则终止计算。否则，通过添加与最新选中节点相邻的状态元素来扩大区域。如图 3.8(b) 所示，此时仅需添加 *G*（因为 *G* 是唯一与 *A* 相连且未在区域内的节点）。图 3.8(b) 中的虚线表示原始区域，实线表示新区域。节点值重新计算和区域增长过程将重复进行，直到达到跟踪缓冲器宽度为止。

3.4.8 复杂性分析

设 V 为电路中节点的数量，E 为电路中边界的数量，N 为跟踪缓冲器的宽度（即每个周期会跟踪 N 个信号），则边值计算需要 $O(E)$ 时间，触发器值计算需要 $O(V)$ 时间。因此，选择 N 个信号需要 $O(NV)$ 时间。由于边值计算只执行一次，而节点值计算每次在选择信号进行跟踪时都会执行，因此本算法的总体时间复杂度为 $O(E+NV)$。

3.4.9 激励性样例

3.3 节描述的完全可恢复性方法常用于选择图 3.4 电路中的信号。首先选择的信号是 *C*（该信号与表 3.1 所选信号一致）。根据完全可恢复性计算，第二选择的信号是 *A*。沿着 *C* 和 *A* 的轨迹可以保证在每个周期内恢复 *D*。在表 3.1 中，*F* 被选为第二跟踪信号。*C* 和 *F* 一起并不能提供任何这样的保证。结果如表 3.2 所示。可以看出，采用这种方法的恢复率为 3.2，比表 3.1 中的（2.6）要好。

表 3.2 采用新方法恢复的信号

信 号	周期 1	周期 2	周期 3	周期 4	周期 5
A	0	0	0	0	1
B	1	0	1	0	X
C	1	1	0	1	0
D	X	0	0	0	0
E	X	1	0	0	0
F	X	X	1	0	0
G	X	0	0	0	0
H	X	X	0	0	0

3.5 基于RTL的信号选择

本节将描述 RTL 的信号选择。在图 3.9(a) 中，使用 Verilog 设计展示了 RTL 的信号重构。该设计包含三个寄存器变量（触发器）*a*、*b* 和 *c* 以及两个输

入信号 d 和 e。m_1、m_2 和 m_3 是设计中的其他三个信号。所有寄存器都初始化为 0。触发器 a 是 d 和 c 的拼接值，宽度为 8 位。信号 b 是通过对（a 与 m_1 的 AND 结果）和（m_2 与 m_3 的 AND 结果）进行 OR 运算得到的，其宽度也为 8 位。信号 c 由信号 e 与全 1 序列相加产生，c 和 e 的宽度均为 7 位。信号 d 的宽度为 1 位。假设我们跟踪信号 a，现解释如何利用这一跟踪结果来恢复其他周期中的信号。由于 a 是 b 输入的一部分，因此可以从 a 中恢复 b 的状态。c 和 d 都是 a 的输入，都可以通过后向恢复来恢复。最后，可以从 c 的值中通过后向恢复来恢复 e 的状态。因此，对 a 的跟踪有助于恢复其他四个信号的状态（尽管不在同一周期）。

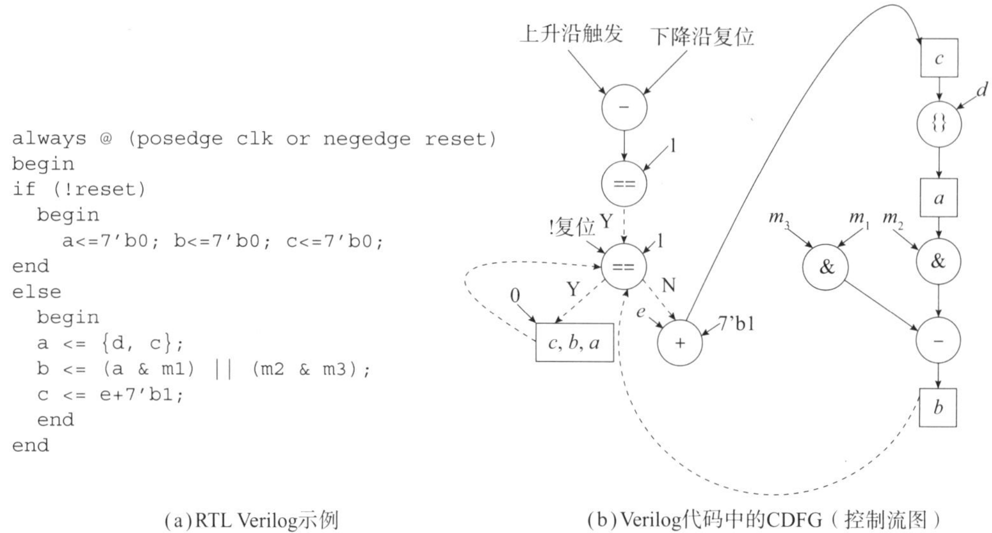

(a) RTL Verilog示例　　　　(b) Verilog代码中的CDFG（控制流图）

图 3.9　Verilog 代码和 CDFG

算法 2 展示了信号选择流程，共有六个关键步骤。

算法 2：RTL 信号选择

输入：设计文件的 RTL 描述、跟踪条目数
输出：选中的信号列表 S（初始为空集）
1. 构建 RTL 描述的控制数据流图（CDFG）
2. 建立寄存器变量间的关系模型
3. 计算寄存器变量的初始权值
while 跟踪缓冲器未满 do
　4. 选取当前权值最高的寄存器变量
　5. 将其对应的所有状态单元加入列表 S
　6. 重新计算所有寄存器变量的权值
end
return S

第一步是生成控制数据流图（CDFG），用于建模整个系统。在 RTL 中，每个寄存器变量代表多个状态，因此我们使用寄存器变量进行信号选择。跟踪

缓冲器的宽度指的是由这些寄存器变量表示的状态元素的总和。例如，寄存器变量 [7:0] a 表示 8 个状态元素，因此选择变量 a 意味着需要 8 个跟踪缓冲器位置。不同寄存器变量之间的关系来自 CDFG。这些关系用于生成变量的完全可恢复值。选择具有最高值的寄存器变量进行跟踪。一旦选择了一个变量进行跟踪，就按照算法 1 中描述的方式重新计算所有其他变量的值。步骤 4 ~ 6 将继续进行，直到跟踪缓冲器满为止。本节后续部分将详细描述每个步骤。

3.5.1 CDFG生成

首先，使用标准 HDL 解析器生成 RTL 模型的 CDFG。本方案采用开源的 Icarus Verilog 解析器[31]处理 Verilog 电路，其中 CDFG 格式与 Mohanty 等[32]提出的结构类似。

图 3.9(a) 中的 Verilog 代码的 CDFG 表示如图 3.9(b) 所示。CDFG 既表示控制信号（虚线）的移动，也表示数据值（实线）。操作节点和控制节点在 CDFG 中用圆圈表示，而存储节点用方框表示。这种基本的 CDFG 表示可以进一步扩展以适应复杂的设计。该 CDFG 将作为下一阶段的输入数据，用于计算各元素间的关联关系。

3.5.2 关系计算

电路中两个信号之间的关系体现为一个信号对其他信号的影响，主要分为两类：直接关系和条件关系，下面将对其进行解释：

1. 直接关系

如果两个信号在同一信号分配表中的同一条线上出现，那么它们之间存在直接关系。如图 3.9(a) 所示，信号对 a 与 b 之间存在直接关系。直接关系可以是前向或后向关系。前向关系涉及从分配表的右侧向左侧传播值。后向关系涉及从分配表的左侧向右侧传播值。在图 3.9(b) 中，a 与 b 之间存在前向关系，b 与 a 之间存在后向关系。为了说明关系计算，我们考虑下面所示的信号分配语句：

$$y <= x_1 OP_1 x_2 OP_2 x_3 OP_3 \ldots x_n$$

其中，OP 表示任意逻辑操作（例如，AND、OR 等）。我们需要确定赋值语句右侧每个信号变量与 y 的关系。假设这些信号都是 k 位宽且相互独立。如果每个 OP_i 都是 AND 门，则赋值语句可以重写为：

$$y <= x_1 \ \& \ x_2 \ \& \ \ldots \& \ x_n$$

需要特别说明的是，类似的计算可以扩展到其他类型的逻辑门 OP_i（如

OR、XOR 等）。y 与 x_i 的关系被计算为 y 值跟随 x_i 值的概率，这与 3.4.2 节中独立边值计算类似。y 和 x 之间的关系 $P^{y}_{0/1,\ x_i}$ 相当于 3.3 节中的 $P_{\text{cond}0/1,\ y}$。假设所有 OP_i 都是 AND 门，当 x_i 的所有 k 位都为 0（P_0）或所有 x_i 的 k 位都为 1（P_1）（因为 0 是 AND 门的控制输入）时，y 完全跟随 x_i。y 与对 x_i 的关系如下：

$$P^{y}_{0,x_i}=\frac{2^{k(n-1)}}{2^{kn}} \tag{3.8}$$

$$P^{y}_{1,x_i}=\frac{1}{2^{kn}} \tag{3.9}$$

根据文献［30］，并且为了简化计算，假设 0 或 1 出现的概率为 50%，那么我们可以得到：

$$P^{y}_{x_i}=\frac{2^{k(n-1)}+1}{2^{kn}} \tag{3.10}$$

上述计算是在所有 OP 均为 AND 门的情况下进行的。对于其他操作也可以写出类似的方程。例如，如果 OP 是 OR 门，则方程将改写为：

$$P^{y}_{1,x_i}=\frac{1}{2^{kn}} \tag{3.11}$$

$$P^{y}_{0,x_i}=\frac{2^{k(n-1)}}{2^{kn}} \tag{3.12}$$

下面我们通过图 3.9(b) 的示例来说明如何应用这些计算。图 3.9(b) 中信号 b 对信号 a 和 c 的依赖关系如图 3.10 所示（假设所有信号相互独立）。为了说明问题，引入了两个新的变量 g_1 和 g_2：

$$g_1=a\ \&\ m_1$$

$$g_2=m_2\ \&\ m_3$$

$$b=g_1\mid g_2$$

我们首先找到 g_1 与 a 的关系，然后找到 g_1 与 b 的关系，以此来找到 a 与 b 之间的完整关系。由式（3.8）和式（3.9）可知：

$$P^{g_1}_{0,a}=\frac{2^8}{2^{16}}$$

$$P^{g1}_{1,a}=\frac{1}{2^{16}}$$

使用式（3.11）和式（3.12）可以找到 g_1 对 b 的关系：

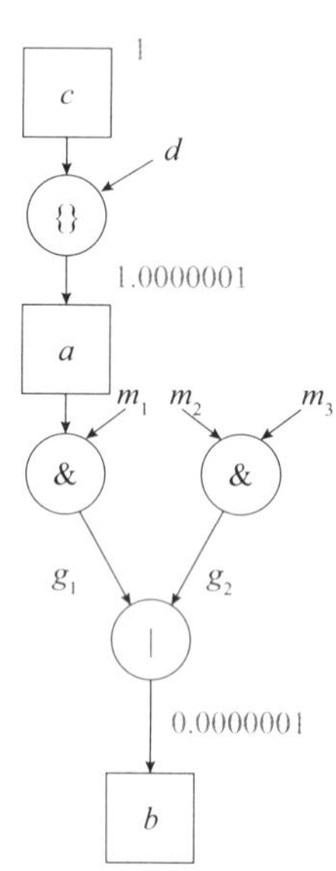

图 3.10 图 3.9(b) 中的 CDFG 部分

$$P_{1,g_1}^b = \frac{1}{2^{16}}$$

$$P_{0,g_1}^b = \frac{2^8}{2^{16}}$$

因此，将上述方程结合起来，即可得到 a 和 b 之间的关系：

$$P_{1,a}^b = \frac{1}{2^{16}} \times \frac{2^8}{2^{16}}$$

$$P_{0,a}^b = \frac{1}{2^{16}} \times \frac{2^8}{2^{16}}$$

最后，由式（3.4）可得：

$$P_a^b = \frac{1}{2^{23}} = 0.0000001$$

因为 a 和 c 之间存在直接的拼接关系，所以 P_c^a 的值为 1.0。简化后的图 3.10 及边界值如图 3.11 所示。与之前一样，节点值通过累加相连边值获得（标注于节点上方）。

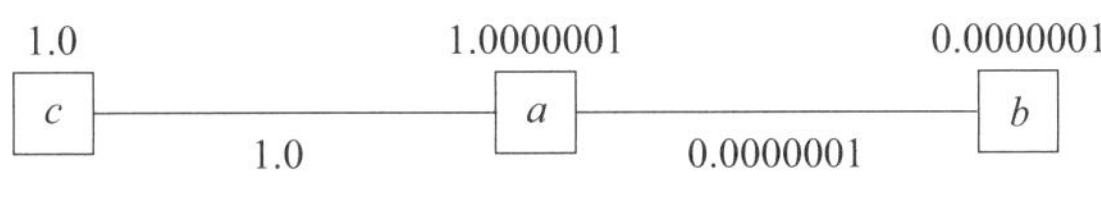

图 3.11 简化后的图 3.10

本节我们描述了信号相互独立时的关系计算方法，相互依赖信号的边界值和节点值计算与 3.4.3 节所述方法一致。

2. 条件关系

非赋值依赖是通过条件关系来计算的。例如，在下面的代码中，x 对 m 和 n 具有条件依赖性：

```
if(m or n) x <=y;
```

此时，根据 3.4.2 节中的式（3.2）和式（3.3）可得依赖值为 3/4（因为 if 条件中只有两个变量 m 和 n）。通过这种方式，就可以对整个电路的条件依赖性进行评估。

3.5.3 信号选择

完成边界值与节点值的计算后，使用 AND 门级信号选择类似的区域增长和重计算过程（类似于算法 1）来选择信号，直至跟踪缓冲器满为止。

3.6 实 验

本节将基于完全可恢复性的信号选择技术与基于部分可恢复性的信号选择技术[1,18]进行比较，分析 RTL 信号选择技术的实际影响。

3.6.1 建立实验

将门级信号选择技术（GSS）与基于部分恢复的信号选择技术[1,18]在 ISCAS'89 基准电路上进行比较，本实验采用与文献［18］所述相似的仿真器完成验证。

为了验证 RTL 信号选择技术（RSS），本实验采用 OpenCores 网站的 Verilog 电路进行测试。为确保 RSS 的性能，还对这些电路应用了 GSS。在应用 GSS 之前，先使用 Synopsys Design Compiler 将电路综合成门级网表，如图 3.12 所示。对 RSS 和 GSS 的恢复性能进行比较后发现，两种方法获得的恢复率几乎相同。

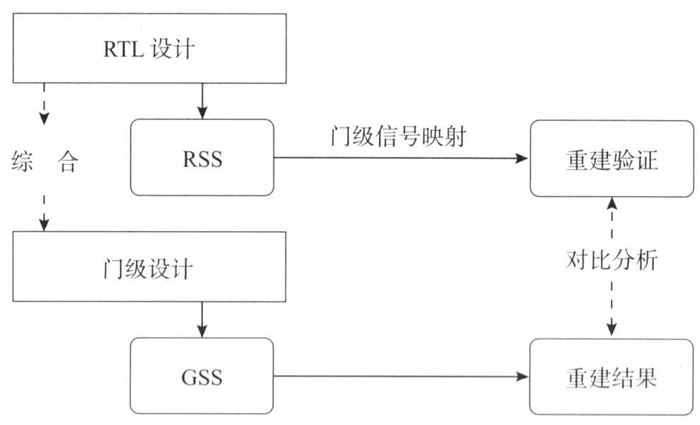

图 3.12 验证 RSS 的实验框图

3.6.2 GSS实验结果

表 3.3 比较了基于完全可恢复性方法[19]与 Ko 等[1]提出的部分可恢复性方法的性能。为此，使用了 ISCAS'89 基准电路中规模最大的三个电路。跟踪缓冲器宽度设定为 32 位。性能提升度定义为两种方法的恢复率之比。在表 3.3 中，“随机输入”指的是所有输入都被随机驱动，包括控制输入的情况。“确定性输入”指的是通过使用指定的输入来确保电路不会进入复位状态。其他输入均采用随机驱动。可以看出，使用随机输入时，文献［19］相比文献［1］的改进幅度适中，平均为 31%。对于确定性输入，改进幅度显著，达到 117%。如文献［18］所述，实际应用常采用确定性输入，因此信号选择技术在这类情况下的性能表现尤为重要。

表 3.3 与 Ko 等的性能比较

电 路	随机输入下的恢复率			确定性输入下的恢复率		
	[1]	[19]	性能提升度	[1]	[19]	性能提升度
s38584	38	42	1.1	6	20	3.33
s38417	9	16	1.8	9	16	1.8
s35932	48	50	1.04	25	35	1.4

表 3.4 比较了基于完全可恢复性方法[19]与 Liu 等[18]提出的方法在 ISCAS'89 三大基准电路中的恢复率表现（使用 32 位宽度跟踪缓冲器）。本实验仅采用确定性输入，对于所有基准电路，性能至少提升 60%。

表 3.4 与 Liu 等的基于确定性输入的比较

电 路	恢复率		
	[18]	[19]	性能提升度
s38584	9	20	2.22
s38417	14	16	1.14
s35932	22	35	1.6

将基于完全可恢复性方法的信号选择时间与基于部分可恢复性方法[1, 18]的信号选择时间进行比较，结果如图 3.13 所示。对于每个基准测试，缓冲器宽度分别设为 8、16 和 32。可以看出，相较于文献 [1] 和文献 [18] 的方法，文献 [19] 的信号选择时间减少了 90%。

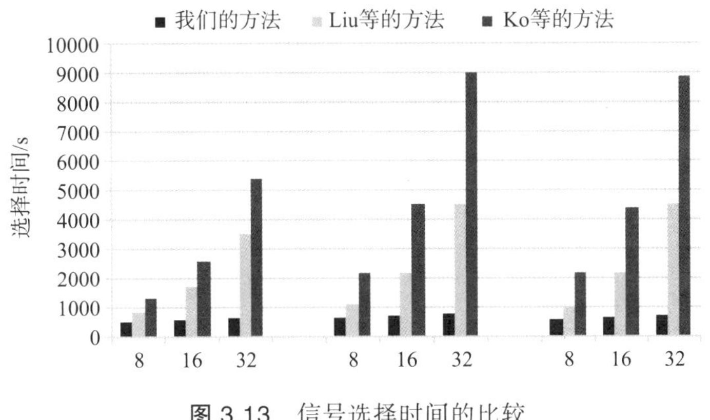

图 3.13 信号选择时间的比较

3.6.3 RSS实验结果

相较于 GSS，RSS 在时间和内存效率上均具有显著优势。表 3.5 展示了 5 个 OpenCore 电路采用 RSS 时，相较于 GSS 的速度提升和内存减少情况。可以看出，使用 RSS 可以获得高达 3600 倍的速度提升和高达 191 倍的内存减少。

表 3.5 RSS 与 GSS 的比较

电 路	内存减少	速度提升
Total CPU	8.1	697
Wishbourne LCD controller	22.81	1923
dmx512 tranceiver	191.24	733
OPB onewire	3.22	3600
Simple RS232 Uart	3.8	500

由表 3.5 可知，与 GSS 相比，RSS 提供了更高的加速比，占用了更小的内存，但尚需验证这是否会影响其恢复性能。为了评估这两种方法的恢复性能，我们使用三个 OpenCore 核心基准电路（OPB OneWire、dmx512 收发器和 Wishbourne LCD 控制器）进行测试，并采用确定性输入驱动，实验结果如图 3.14 所示，GSS 和 RSS 的恢复性能几乎相同，RSS 仅存在微小劣势。

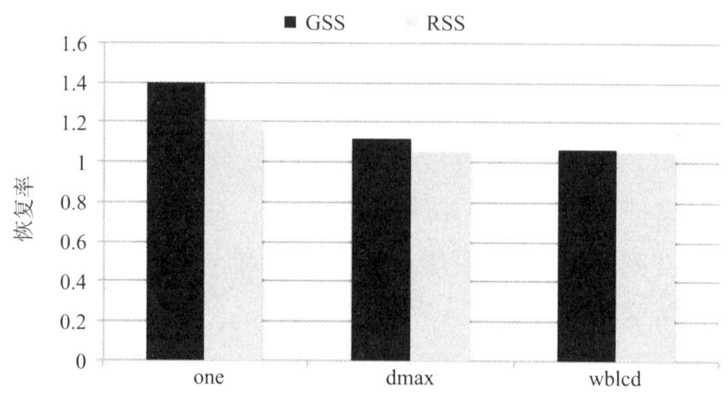

图 3.14 恢复性能对比

3.7 小 结

硅后验证对于发现硅前验证阶段未发现的缺陷至关重要。有限的可观测性是硅后验证的主要瓶颈，基于跟踪缓冲器的信号选择有助于缓解这一问题。本章讨论了一种基于完全可恢复性的信号选择技术，其提供的恢复性能优于其他结构化信号选择技术。同时探讨了 RSS，既可减少内存占用，又能缩短信号选择时间。

参考文献

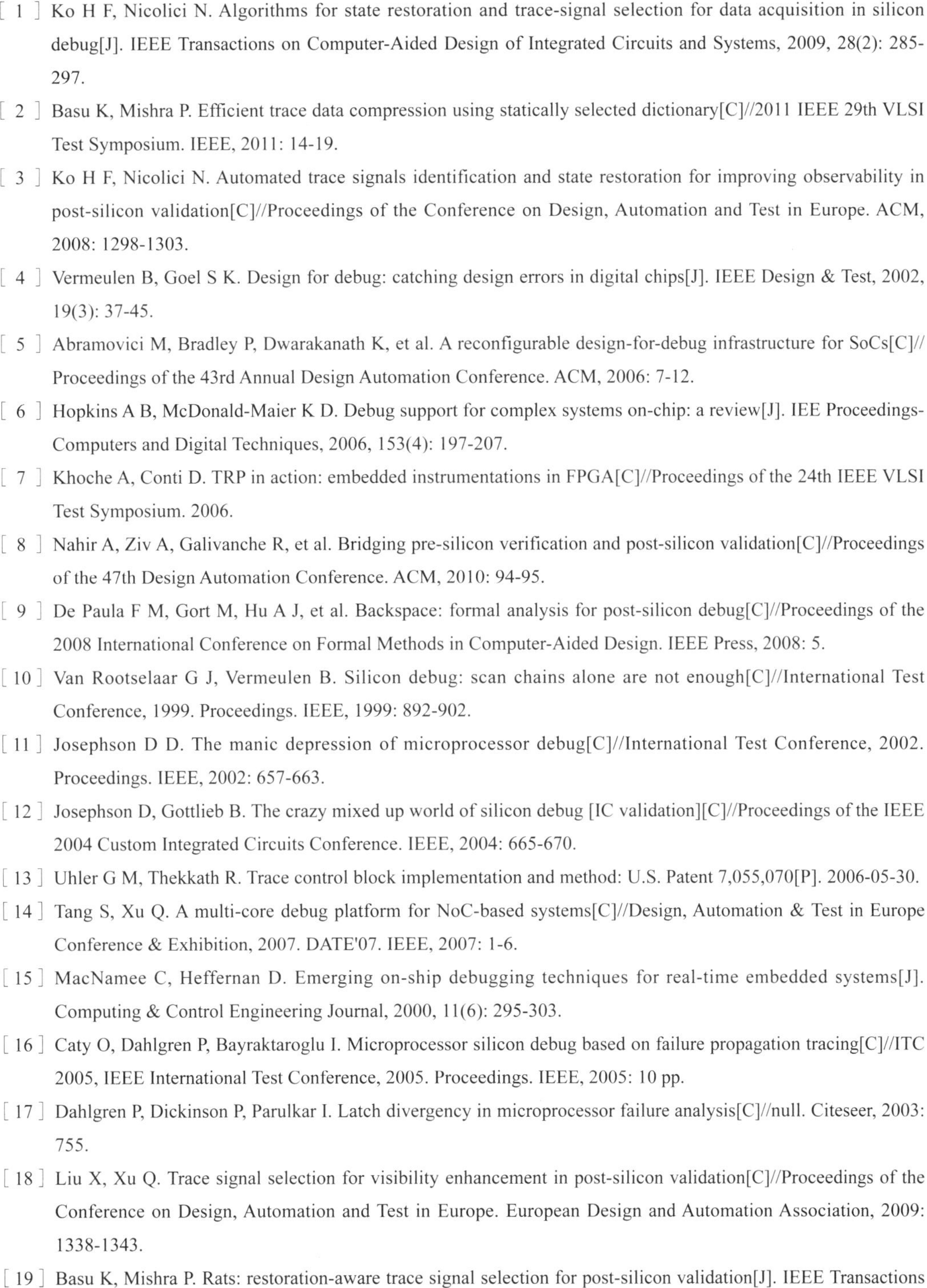

[1] Ko H F, Nicolici N. Algorithms for state restoration and trace-signal selection for data acquisition in silicon debug[J]. IEEE Transactions on Computer-Aided Design of Integrated Circuits and Systems, 2009, 28(2): 285-297.

[2] Basu K, Mishra P. Efficient trace data compression using statically selected dictionary[C]//2011 IEEE 29th VLSI Test Symposium. IEEE, 2011: 14-19.

[3] Ko H F, Nicolici N. Automated trace signals identification and state restoration for improving observability in post-silicon validation[C]//Proceedings of the Conference on Design, Automation and Test in Europe. ACM, 2008: 1298-1303.

[4] Vermeulen B, Goel S K. Design for debug: catching design errors in digital chips[J]. IEEE Design & Test, 2002, 19(3): 37-45.

[5] Abramovici M, Bradley P, Dwarakanath K, et al. A reconfigurable design-for-debug infrastructure for SoCs[C]//Proceedings of the 43rd Annual Design Automation Conference. ACM, 2006: 7-12.

[6] Hopkins A B, McDonald-Maier K D. Debug support for complex systems on-chip: a review[J]. IEE Proceedings-Computers and Digital Techniques, 2006, 153(4): 197-207.

[7] Khoche A, Conti D. TRP in action: embedded instrumentations in FPGA[C]//Proceedings of the 24th IEEE VLSI Test Symposium. 2006.

[8] Nahir A, Ziv A, Galivanche R, et al. Bridging pre-silicon verification and post-silicon validation[C]//Proceedings of the 47th Design Automation Conference. ACM, 2010: 94-95.

[9] De Paula F M, Gort M, Hu A J, et al. Backspace: formal analysis for post-silicon debug[C]//Proceedings of the 2008 International Conference on Formal Methods in Computer-Aided Design. IEEE Press, 2008: 5.

[10] Van Rootselaar G J, Vermeulen B. Silicon debug: scan chains alone are not enough[C]//International Test Conference, 1999. Proceedings. IEEE, 1999: 892-902.

[11] Josephson D D. The manic depression of microprocessor debug[C]//International Test Conference, 2002. Proceedings. IEEE, 2002: 657-663.

[12] Josephson D, Gottlieb B. The crazy mixed up world of silicon debug [IC validation][C]//Proceedings of the IEEE 2004 Custom Integrated Circuits Conference. IEEE, 2004: 665-670.

[13] Uhler G M, Thekkath R. Trace control block implementation and method: U.S. Patent 7,055,070[P]. 2006-05-30.

[14] Tang S, Xu Q. A multi-core debug platform for NoC-based systems[C]//Design, Automation & Test in Europe Conference & Exhibition, 2007. DATE'07. IEEE, 2007: 1-6.

[15] MacNamee C, Heffernan D. Emerging on-ship debugging techniques for real-time embedded systems[J]. Computing & Control Engineering Journal, 2000, 11(6): 295-303.

[16] Caty O, Dahlgren P, Bayraktaroglu I. Microprocessor silicon debug based on failure propagation tracing[C]//ITC 2005, IEEE International Test Conference, 2005. Proceedings. IEEE, 2005: 10 pp.

[17] Dahlgren P, Dickinson P, Parulkar I. Latch divergency in microprocessor failure analysis[C]//null. Citeseer, 2003: 755.

[18] Liu X, Xu Q. Trace signal selection for visibility enhancement in post-silicon validation[C]//Proceedings of the Conference on Design, Automation and Test in Europe. European Design and Automation Association, 2009: 1338-1343.

[19] Basu K, Mishra P. Rats: restoration-aware trace signal selection for post-silicon validation[J]. IEEE Transactions on Very Large Scale Integration (VLSI) Systems, 2013, 21(4): 605-613.

[20] Ko H F, Nicolici N. Combining scan and trace buffers for enhancing real-time observability in post-silicon debugging[C]//2010 15th IEEE European Test Symposium (ETS). IEEE, 2010: 62-67.

[21] Basu K, Mishra P, Patra P. Efficient combination of trace and scan signals for post silicon validation and debug[C]//2011 IEEE International Test Conference (ITC). IEEE, 2011: 1-8.

[22] Rahmani K, Mishra P. Efficient signal selection using fine-grained combination of scan and trace buffers[C]//2013 26th International Conference on VLSI Design and 2013 12th International Conference on Embedded Systems (VLSID). IEEE, 2013: 308-313.

[23] Rahmani K, Proch S, Mishra P. Efficient selection of trace and scan signals for post-silicon debug[J]. IEEE Transactions on Very Large Scale Integration (VLSI) Systems, 2016, 24(1): 313-323.

[24] Kumar B, Basu K, Fujita M, et al. RTL level trace signal selection and coverage estimation during post-silicon validation[C]//2017 IEEE International High Level Design Validation and Test Workshop (HLDVT). IEEE, 2017: 59-66.

[25] Thakyal P, Mishra P. Layout-aware selection of trace signals for post-silicon debug[C]//2014 IEEE Computer Society Annual Symposium on VLSI (ISVLSI). IEEE, 2014: 326-331.

[26] Prabhakar S, Hsiao M S. Multiplexed trace signal selection using non-trivial implication-based correlation[C]//2010 11th International Symposium on Quality Electronic Design (ISQED). IEEE, 2010: 697-704.

[27] Liu X, Xu Q. On multiplexed signal tracing for post-silicon validation[J]. IEEE Transactions on Computer-Aided Design of Integrated Circuits and Systems, 2013, 32(5): 748-759.

[28] Basu K, Mishra P, Patra P, et al. Dynamic selection of trace signals for post-silicon debug[C]//2013 14th International Workshop on Microprocessor Test and Verification (MTV). IEEE, 2013: 62-67.

[29] Kumar B, Basu K, Jindal A, et al. A formal perspective on effective post-silicon debug and trace signal selection[C]//International Symposium on VLSI Design and Test. Springer, Berlin, 2017: 753-766.

[30] Taylor E, Han J, Fortes J. Towards accurate and efficient reliability modeling of nanoelectronic circuits[C]//Sixth IEEE Conference on Nanotechnology, 2006. IEEE-NANO 2006. IEEE, 2006, 1: 395-398.

[31] Williams S. Icarus verilog[Z]. 2006.

[32] Mohanty S P, Ranganathan N, Kougianos E, et al. Low-Power High-Level Synthesis for Nanoscale CMOS Circuits[M]. Berlin: Springer Science & Business Media, 2008.

第4章　基于仿真的信号选择

德巴普里·查特吉 / 瓦莱里娅·贝尔塔科

4.1 介　绍

随着 CMOS 工艺节点迭代带来的晶体管尺寸持续微缩，现代数字集成电路（IC）能够集成更多逻辑单元，其复杂度呈指数级增长。与此同时，激烈的市场竞争使得 IC 产品的上市周期急剧压缩，这一现象对数字设计的验证流程产生了深远影响。传统上，设计中的功能性错误主要通过硅前验证阶段的仿真验证和形式化验证技术来识别。然而，日益缩短的设计周期、持续攀升的设计复杂度与有限的验证能力，共同导致某些功能错误可能被遗漏，尤其是当它们深藏在设计中时。因此，即使通过制造测试的初期硅片原型，仍常存在功能性逻辑错误。在此背景下，针对这些隐蔽性错误的检测与分析的硅后调试技术已成为决定商业成败的关键环节。

硅后验证中的根本挑战在于内部设计信号的可观测性非常有限。物理探针工具[11]主要局限于 I/O 端口检测，其内部信号观测能力不足。目前业界普遍采用 DFT 结构的复用方案（如内部扫描链）来应对这一挑战[15]。虽然扫描链能捕获全部或部分内部状态，从而提高信号可观测性，但存在两大固有局限：获取单次状态快照需数千时钟周期；在大多数情况下，必须暂停电路运行直至转储完成。

为了方便硅后调试，提出了用于嵌入式逻辑分析仪（ELA）等调试结构的 DFD，并在可编程逻辑和集成电路工业中获得广泛应用[2, 3, 16]。

ELA 的主要组件是跟踪缓冲器，该缓冲器由触发单元和采样单元混合组成。可编程触发单元用于指定触发 ELA 的事件条件，可控制信号记录的启动或停止。采样单元则用于在指定的时钟周期数内将一组信号（跟踪信号）的值记录到跟踪缓冲器中。被跟踪的信号数量称为跟踪缓冲器的宽度，而跟踪时间的长度则称为深度。跟踪缓冲器通常通过片上嵌入式内存实现[16]，通过在芯片正常运行期间设置相应的触发事件来进行数据采集。随后，采集到的数据被传输到片外进行硅后调试分析。需要注意的是，DFD 结构不会为设计增加额外功能，因此必须保持较低的面积开销。因此，相较于设计中可用的信号总量，实际能跟踪的信号数量非常有限。

要使跟踪缓冲器发挥最大效用，设计人员必须谨慎选择那些能提供最多调试信息的信号进行跟踪。通过明智地选择跟踪信号，甚至可以重建未被跟踪的信号的数据。例如，在微处理器设计中，通常的做法是跟踪流水线控制信号，以便在硅后阶段推断出其他数据寄存器的值。然而，这种方法对于通用电路并不适用，因为它依赖于对设计架构的特定认知。因此，该领域对通用解决方案的需求正日益增长。

尽管推断出的信息并不一定能增加识别出的设计错误数量，但它可以提高内部信号的可观测性，并有可能提供有价值的调试信息。由于错误往往发生在意想不到的设计区域和配置中，因此并不总能预测出哪些是最关键的待跟踪信号。理想情况下，我们希望有一种机制，只需跟踪少量信号就能重建几乎所有内部信号，从而在硅后调试期间提供媲美硅前验证的可观测性。

最近的研究[7]表明，即使在任意逻辑中，也可以通过正向和反向推导从少量可跟踪信号中推断出许多未被跟踪信号的信息。Ko 和 Nicolici[7]首次提出了一种自动跟踪信号选择方法，旨在从给定数量的可跟踪信号中尽可能多地恢复未跟踪状态。通过给定时间间隔内的状态恢复率来量化跟踪信号选择的质量，即在给定时间间隔内恢复的状态值与跟踪的状态值之比。这一衡量标准已被随后的研究者采用，用于量化比较。进一步的研究[4, 10, 12]提出了基于多种启发式算法的自动跟踪信号选择方法，以估计一组信号的状态恢复能力。这些解决方案具有相同的结构：

（1）用于估计一组状态元素的状态恢复能力的度量。

（2）在选择哪些信号应成为跟踪集的一部分的过程中使用该度量。

迄今为止，大多数解决方案都采用了贪心选择过程。

本章我们将探讨是否可以通过在电路上实际模拟少量周期内的状态恢复过程，并测量相应的恢复率，来获取一组信号的状态恢复能力的估计值。在此过程中，我们还观察到贪心选择过程存在边际收益递减的问题：随着跟踪信号数量的增加，增量恢复量会减小。本章提出了一种解决方案来纠正这一趋势，该方案通过一种基于消除的过程来取代之前的贪心算法。

4.2　相关工作

自动跟踪缓冲器信号选择是一个相对较新的研究领域。解决这个问题的最早方案之一[6]只考虑了电路组合逻辑节点的数据重构。Ko 和 Nicolici[7]提出了一种高效算法，将状态恢复作为对已记录的跟踪缓冲器数据的后分析过程。这项工作正式定义了状态恢复率，即恢复状态元素的数量与跟踪状态元素的数量之比。他们还提出了首个旨在最大化恢复状态数量的跟踪信号选择算法。该领域的后续研究致力于通过自动信号选择解决方案来提高状态恢复率[4, 10, 12]。

如前所述，这些解决方案具有共同的结构，包含用于估算特定一组状态元素的恢复能力的度量标准，以及由该度量标准引导以决定跟踪哪些元素的选择算法。这些解决方案的主要区别在于估算方法的不同。在最近的文献中，已经研究了三种估算度量方法：基于概率的方法、基于仿真的方法和两者结合的混合方法。本章将重点介绍基于仿真的度量方法。

文献［7］和［10］均采用一个概率度量：假设主输入端的0和1逻辑值呈均匀随机分布，来估计触发器输出值的稳态概率。基于这些假设，并利用跟踪信号值的已知信息，可以生成其他电路节点上0和1值可观测性的概率模型。该概率模型利用了个别门电路的电路拓扑结构和逻辑功能，估计过程在逻辑门之间进行前向和后向概率值传递。然后，将最终状态恢复容量估计表达为电路状态元素上预测的0和1值可观测性的总和。文献［7］中给出的概率模型缺乏理论基础，但在文献［10］中得到改进。与此相反，文献［4］仅考虑连接触发器的路径上的恢复率。计算触发器输出值控制另一触发器输入值的概率，称为相应路径的直接恢复能力。该算法基于此度量标准，以贪心方式逐步扩展触发器的覆盖区域，同时通过调整机制动态处理区域内已选中的触发器，并据此更新相关路径的概率。前文详细解释了基于概率的估算方法。本章4.3节将重点分析此类概率度量的准确性，深入探讨基于概率的估算结果与通过系统逻辑仿真得到的实际恢复结果存在差异的原因。基于该分析结果，我们将进一步评估通过短期仿真数据采集获取恢复比估计值的准确性。

作为概率度量与仿真度量的逻辑演进，结合两者优势的混合方法也已见诸文献［5］和［9］，这类方法结合了两种度量方法的优点：先通过概率度量（精度不高但计算速度快）快速生成一个短的跟踪列表，然后进一步使用基于仿真的分析（精度高但计算速度慢）对该列表进行细化。本文的后续章节将介绍其中一种混合解决方案。

另一条研究路线[13, 17]表明，并非所有状态元素或信号都对调试具有同等价值。因此，这些研究的作者不再追求最大化状态恢复率，而是专注于最小化对其他触发器影响的同时，最大化特定信号子集的可恢复性。具体来说，文献［13］采用了与文献［10］类似的概率估算度量，并遵循帕累托最优选择过程。通过在选择过程中为特定子集分配更高的权重系数，任何基于度量的选择方法均可扩展。

4.3 背景与动机

理想的硅后调试解决方案应能够实现硅前级别的可观测性，即在每个周期中，每个信号值都可以被观测到，且无须太多的设计工作和面积开销。然而，实际可行的目标是：通过跟踪少量关键信号实现部分可观测性，并据此定位故障根源。目前已有多种解决方案提出自动信号选择算法，以确定跟踪哪些状态单元可实现最大程度的恢复。评估恢复质量的一个直观的度量是状态恢复率，其定义为

$$SRR = \frac{N_{\text{traced}} + N_{\text{restored}}}{N_{\text{traced}}}$$

其中，N_{traced} 为被跟踪的状态元素数量；N_{restored} 为跟踪缓冲器的深度所决定的时间窗口内可恢复的状态元素数量。自动信号选择旨在最大化 SRR。

4.3.1 状态恢复过程

状态恢复过程基于以下特性实现：当逻辑门至少一个输入端的控制值已知时，就可以在不考虑其他输入的情况下推断出输出值，该特性被用于部分已知条件下的信号值前向推理。同样，如果在门的输出端观测到一个非控制值，就可以推断出该类型门的所有输入都具有非控制值，从而实现后向证明。此外，结合输入和输出信息的综合推理同样可行。对电路中所有门反复应用这些简单操作，即可重建除已跟踪状态元素之外的其他状态元素的值。该过程被用于对跟踪缓冲器获取的数据进行后分析，以恢复未被跟踪的信号状态。

图 4.1 通过文献［7］中的一个示例演示了这一过程。在这个例子中，触发

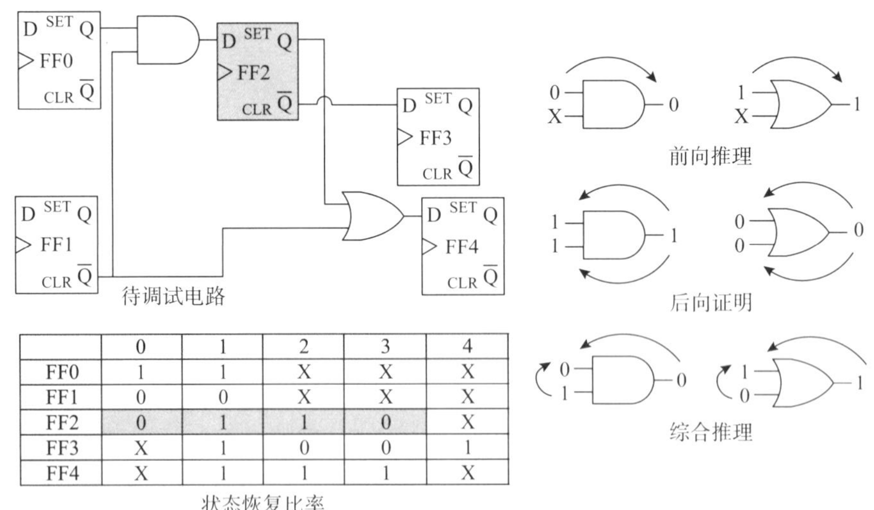

	0	1	2	3	4
FF0	1	1	X	X	X
FF1	0	0	X	X	X
FF2	0	1	1	0	X
FF3	X	1	0	0	1
FF4	X	1	1	1	X

图 4.1　状态恢复过程示例。图中左上角所示电路为待调试电路，FF2 寄存器被跟踪了 4 个时钟周期（以灰色显示）。表格列出了所有寄存器（无论是被跟踪的、恢复的还是未知的（X））的值。通过逻辑门（表格中以箭头表示向前和向后箭头）的前向推理和后向证明，可以恢复出一些未被跟踪的寄存器值。图中右侧展示了两种逻辑门的前向推理、后向证明和综合推理的基本规则

器 FF2 被跟踪了 4 个时钟周期，其余触发器的状态值可通过图中下方表格所示的推理方法予以重建。在这个特定的例子中，状态恢复率为：$SRR = 15/4 = 3.75$（$N_{traced} = 4$，$N_{restored} = 11$）。文献［7］提出了一种高效的位并行算法来执行此恢复过程，该算法已被后续研究广泛采用。值得注意的是，如果电路中门电路的逻辑功能符合结构化网表（没有固定故障或其他此类故障，这是由于 IC 已通过制造测试），则前向推理和后向证明操作才是正确的。为了避免时序错误，以实现正确的恢复，在调试操作期间应降低时钟频率。此过程的关键挑战在于如何从典型设计中的数千个状态元素中选择要跟踪的元素，从而尽可能好地恢复内部信号和其他状态元素。

4.3.2 信号选择算法结构

早期文献[4, 8, 10, 12]中的大多数信号选择算法都具有相同的结构：首先，设计一个度量来估计一组信号的恢复能力；然后，使用基于这个度量的贪心选择算法来收敛到局部最优选择。图 4.2 总结了这种通用结构。

```
input: circuit, width of trace buffer w,
restoration capacity metric fc(...)
Output: selected flip-flop set T

while (|T| < w) {
  maximum visibility maxV = 0
    for (each unselected flip-flop s in circuit){
    T = T ∪ {s}
    visibility V = fc(T)
    T = T \ {s}
    if(V > maxV){
      selected = s
      maxV = V }
  }
  T = T ∪ {selected}
 }
```

图 4.2 贪心选择算法的一般结构。集合 T 通过逐一评估加入某个信号相较于其他信号所获得的可见性增益来进行扩展，然后将提供最大增益的信号永久添加到已跟踪的集合中

要使这个通用算法成功，度量应该具有以下特性：

（1）应与给定信号集在多次运行中实际获得的平均 SRR 成正比。

（2）应尽可能地降低计算成本，因为最终选择过程需多次执行此类计算。

第一个特性对贪心选择过程的成功尤其重要，因为它引导后续的贪心选择算法朝着最优子集的方向进行。该贪心选择算法首先选取具有最大恢复容量的信号作为初始集，随后通过迭代评估“每次新增一个信号”生成的所有候选集的恢复能力，逐步扩展最优信号集。然而如后文所述，这种方法将导致恢复效益递减。

4.3.3 贪心选择算法中的收益递减问题

贪心选择算法过程在选择信号的质量方面还存在另一个关键问题。图 4.3 显示了 ISCAS89 基准电路 s38417 在三种不同的跟踪缓冲器宽度（8、16 和 32）下每周期平均恢复的触发器数量。同步绘制的还有每新增一个跟踪触发器时所获得的平均恢复触发器数量。这些图表与 Liu 和 Xu [10] 以及 Basu 和 Mishra [4] 报告的数据相对应。

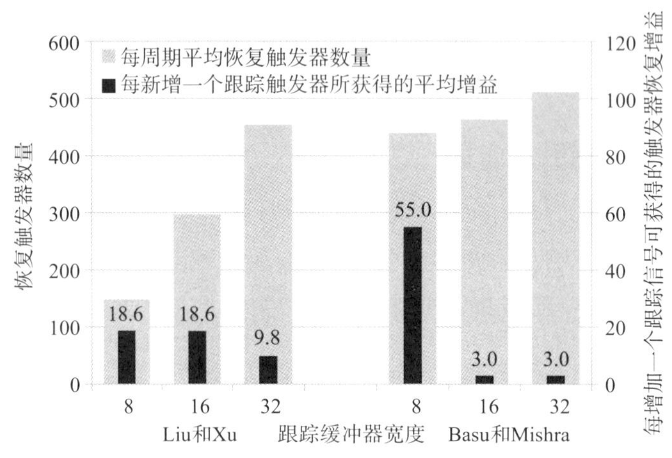

图 4.3 两种经典贪心算法在 s38417 电路中的收益递减现象：随着跟踪缓冲器容量的增加，可恢复触发器数量呈现边际效益递减趋势

需要注意的是，Liu 和 Xu 的研究结果表明，当跟踪信号从 8 个增至 16 个时，恢复触发器数量从 149 提升至 298，这意味着每增加一个跟踪信号，可获得 (298−149)/(16−8)=18.62 的增益。然而，当跟踪信号从 16 增加到 32 时，增益速度要低得多（9.8）。这种效应在 Basu 和 Mishra [4] 的结果中表现得更为明显，他们获得了更好的初始恢复效果，但随着跟踪信号数量的翻倍，改善却微乎其微，这是由估计度量不准确以及贪心选择的固有特性所导致的。实际上，当跟踪大量触发器时，通过贪心选择算法获得的恢复效果会趋于平稳。这种趋势是由于前 n 个触发器的选择限制了 $2n$ 个触发器的选择。相反，$2n$ 个触发器的最佳集合可能并不包括前 n 个触发器。因此，我们提出了一种替代方法，即采用贪心选择的逆向应用：从包含所有触发器的集合开始，然后不断减少这个集合，直到得到一个所需信号数量的集合。在下一节中，我们将阐述基于该方法的算法实现。

4.4 改进恢复能力指标

一个好的恢复能力指标应该在硅后分析阶段与实际的 *SRR* 高度相关，因为能力指标越准确，它所确定的信号集就越接近最优。为了评估恢复能力指标的质量，我们设计了如下实验：随机选择 1000 组各包含 8 个触发器的集合，在跟踪缓冲器深度为 4096 的条件下，测量每组集合的平均 *SRR*。*SRR* 基于 100 次仿真运行计算得出：采用 10 个随机种子进行初始化，每个种子对应 10 个不同的仿真起始时间。同时，设置适当的控制信号以确保电路在仿真过程中始终处于正常工作模式。图 4.4 将平均 *SRR* 与 Liu 和 Xu 基于概率的恢复能力指标进行比较。数据通过散点图呈现，以突出能力指标与实际测量的 *SRR* 之间的相关性。

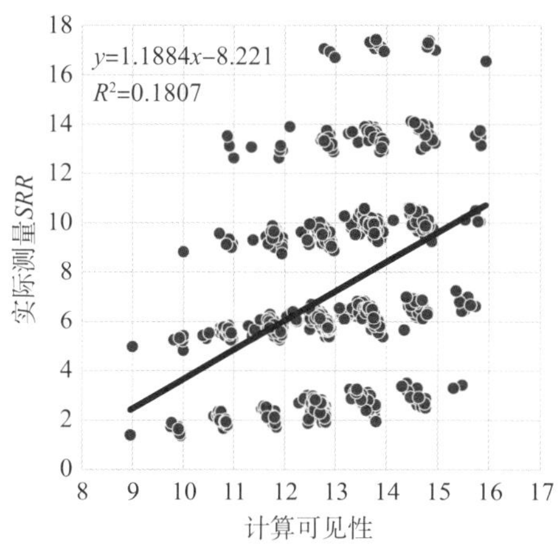

图 4.4 Liu 和 Xu 基于概率的恢复能力指标与 s35932 实际测量得到的 *SRR* 值之间的相关性。虽然该能力指标与测量的 *SRR* 呈正相关，但相关性较弱。我们还提供了数据的线性拟合曲线及相关系数的平方值。图中右下角的点代表那些具有较高的可见状态估计值，但实测 *SRR* 值较差的触发器。将这些触发器包含在内可能会导致贪心选择算法做出次优选择

从图中可以看出，尽管该能力指标与测量的 *SRR* 具有正相关性，但相关性较差（相关系数 *R* 值较小）。这种模式的根本原因在于基于概率的恢复能力估计的有损信息压缩。例如，考虑图 4.5 中的二输入 AND 门，已知输入值 1（V_1）的恢复率为 0.5，基于概率的估计方案将推断输出值 1 的恢复率为 $0.5 \times 0.5 = 0.25$。然而，如果在 6 个连续时钟周期内实际恢复的二输入值分别为 1*X*1*X*1*X* 和 *X*1*X*1*X*1，与估计的恢复率兼容，我们无法在任何周期内恢复输出。这一局限性普遍存在于所有基于概率的估算方法，其根源在于将多周期信息压

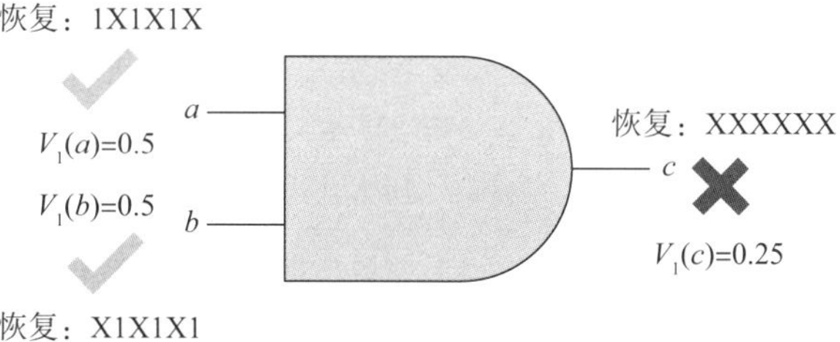

图 4.5 误导性的恢复率估计示例。经过 6 个循环后，没有实现任何恢复，而基于概率的估计却显示恢复率为 25%

缩为单一测量值。若能获取每个信号可恢复性的条件概率分布（尽管实际中这种精度要求难以实现），则该问题或可避免。总之，这个例子表明，恢复率估计不可靠，并且通常与实际恢复不相关。

在考虑恢复度量指标的理想特性后，我们研究了能否从仿真数据本身导出一个新的度量指标。实际上，对随机化输入值和跟踪起点进行大量仿真，然后对电路进行恢复处理，并最终对各次仿真的 *SRR* 值取平均，可以获得给定信号组和跟踪深度的更准确的 *SRR* 估计值。这相当于通过蒙特卡罗分析来估计一组跟踪信号的 *SRR*，但对于典型的跟踪缓冲器大小和深度来说，这是一个非常耗时的过程。相比之下，正如我们之前所指出的，信号选择算法需要进行大量的个体修复能力估算才能收敛到最终信号集，因此单个信号的恢复能力评估必须保持足够简单。

我们在寻找精确的 *SRR* 估算方法时获得了一个关键发现：状态恢复能力指标的估计值并不需要与 *SRR* 完全匹配，只需要与 *SRR* 高度相关，以便引导我们找到同一组跟踪信号。在基于仿真的估计中，一种常见的减少工作量的方法是执行多个较短的仿真并平均其结果。具体来说，我们可以使用较短的跟踪缓冲深度。这一观察结果促使我们研究 *SRR* 对跟踪缓冲深度的敏感性。电路 s35932 中 8 个触发器的选择结果如图 4.6 所示，图中绘制了不同跟踪缓冲深度下计算的 *SRR* 估计值，每个深度对应三个不同的随机跟踪起始点，每个起始点又对应三组不同的随机输入值。

该项研究得出的主要结论是：从跟踪信号的一组信号中获得的 *SRR* 对跟踪缓冲器深度的敏感度较低。从图中可以看出，跟踪缓冲器深度超过 64 字节之后，*SRR* 的变化可以忽略不计。我们在所有其他 ISCAS 电路以及使用更大规模随机样本时都观察到了类似现象。直观的推理表明，*SRR* 对一定大小以上的缓冲器深度的敏感度相对较低，因为大多数电路通常只处于可能状态的一小部分，而每种状态的恢复行为都具有相似性。因此，我们得出结论，在较小的缓冲器深度（约 64）上对仿真恢复过程进行的 *SRR* 测量能够提供对恢复度量的准确估计。

图 4.6　跟踪缓冲器大小对 *SRR* 的影响。对跟踪的 3 个随机起始点和每个起始点的 3 个随机输入值的分析表明，对于一组固定信号，*SRR* 对跟踪缓冲器大小的敏感度在 64 之后相当低

为了进一步验证我们的假设，即较短的跟踪缓冲器大小足以实现准确的 *SRR* 估计，我们使用新的估计度量进行了前面的相关性研究，如图 4.7 所示。*SRR* 估计值是通过快速模拟仿真计算得出的，该仿真使用64字节的跟踪缓冲器，并采用一组随机输入和跟踪起始时间，这也是本章后续所有实验采用的基准设置。研究证实，基于较小的跟踪缓冲器（约 64）的仿真恢复情况的 *SRR* 测量，可以提供可靠的恢复度量估计。图 4.7 中的 S38417 和 S35932 的曲线清楚地表明，基于仿真的度量估计与观察到的 *SRR* 具有极高的线性相关性。同样，在其他 ISCAS 电路中也观察到了强相关性。这些结果证实了基于小缓冲器恢复仿真的 *SRR* 估计的可行性。我们预计，更大的缓冲器和更多不同随机输入值和起始点的仿真将进一步提高估计的准确性，尽管其精度会有所降低。

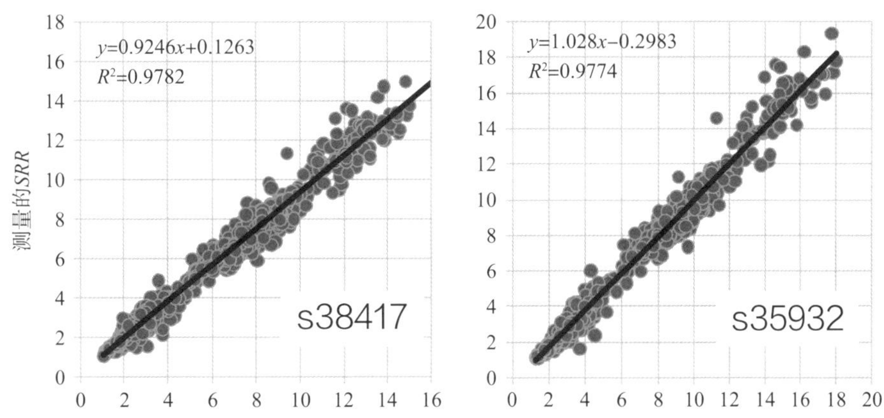

图 4.7 基于仿真的恢复度量与观察到的 *SRR* 之间的相关性示例，在仿真跟踪深度为 64 的条件下对 s38417 和 s35932 进行模拟

4.5 基于选择算法的设计

选择一组最优触发器的问题可以被看作保留电路中尽可能多的信息的问题。在我们的算法中，初始阶段会包含电路中所有触发器（这种配置能恢复几乎所有信号和状态），随后通过逐步移除触发器来减少这个集合。这个过程将确保早期的选择不会限制最终集合的质量，如 4.3.3 节所示。对恢复其他触发器贡献最小的触发器应该首先被移除。当剩余的触发器集合达到所需的规模时，该过程将终止。在算法的每一步中，我们使用提出的基于仿真的估计器来评估候选触发器集合的恢复度量。如果移除两个或更多候选触发器导致相同的恢复估计，则通过比较恢复的信号总数来打破平局。如果平局仍然存在，则考虑电路图中通过前向或后向路径连接的触发器的数量：连接较少的节点将会被淘汰，如果仍有平局，则通过随机选择来打破平局。

我们的算法流程如图 4.8 所示：该示意图展示了算法在对具有 5 个触发器且目标跟踪缓冲器宽度为 2 的电路进行操作时的每一步移除过程。请注意，如果初始候选池包含 N 个触发器，则需要 $O(N^2)$ 步才能收敛到最终集合。因此，对于大规模电路而言，可能产生过高的计算开销。为此，我们注意到，通常一些触发器可以从其他触发器中恢复过来，这意味着它们不携带任何额外的信息。基于此现象，在算法的初始阶段对大量触发器进行快速裁剪——在单个步骤中移除对恢复能力贡献较小的多个触发器，从而将初始集合规模缩减至 $O(N^2)$ 算法可处理的范围内。

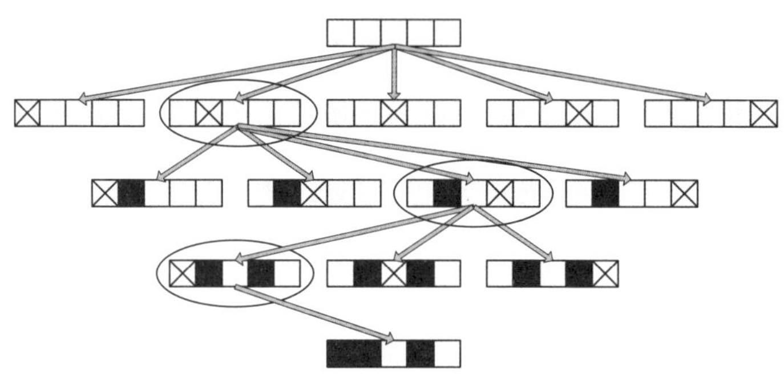

图 4.8 信号选择过程。每行代表算法的一轮迭代：根据估计度量标准，将移除后能最大程度保留可恢复状态的触发器（FF）在下一轮移除。黑色方块表示先前已移除的 FF，而叉号表示当前正在评估是否要移除的 FF。在此示例中，共有 5 个 FF 和一个 2 位的跟踪缓冲器，因此必须移除 3 个 FF

由图 4.9 所示的伪代码可知，我们按照 *SRR* 估计值的排序顺序（存储在 RCW[]）考虑所有可能的裁剪操作。将移除后能产生最高 *SRR* 估计值的触发器选入移除集，该集合的大小由步长参数 d 决定（本实验将为 50）。为了限制裁剪的程度，我们定义了一个裁剪终止参数 PT，如果在仿真中恢复的触发器的平均数低于 PT，则粗裁剪阶段结束。该参数决定了算法在选择质量与计算成本之间的权衡。在我们的实验中，我们将 PT 设置为 95%。

```
input: circuit, width of trace buffer w,
mock simulation based SRR estimator f_SRR(...)
Output: selected flip-flop set T
Parameter: step-size d, pruming termination parameter PT

while (V > PT) {
  for (each flip-flop s in T){
    T = T \ {s}
    visibility V = f_SRR(T) × |T|
    restoration capacity without s RCW{s} = V
    T = T ∪ {s}
  }
  T = T - {s | RCW{s} is within top d values}
```

图 4.9 我们所提算法的伪代码。通过逐步移除携带最少恢复信息的状态元素，构建一个待跟踪状态元素的集合 T。裁剪技术被用来在每一轮中移除多个具有相同恢复信息的元素，以快速生成一个较短的候选列表

```
    V = f_SRR(T) × |T|
} // end of pruning

while (|T| > w) {
    maximum visibility maxV = 0
    for each s ∈ T {
        T = T \ {s}
        visibility V = f_SRR(T) × |T|
        T = T ∪ {s}
        if(V > maxV){
            selected = s
            maxV = V
        }
    }
    T = T \ {selected}
}
```

续图 4.9

4.6 实验结果

我们通过比较该算法在六个 ISCAS89 基准电路上得到的 SRR 值与使用几种基于概率的度量解决方案得到的 *SRR* 值[4, 8, 10, 12]，来评估该算法的跟踪信号选择质量。此外，我们还对 OpenSparc 处理器核设计中的三个控制路径块进行了实验，这些块是从 RTL 描述中综合得到的，相关电路特性如表 4.1 所示。所有基准电路均使用 Synopsys Design Compiler 针对 GTECH 库进行了重新综合，以实现与工业网表相同的优化级别。综合工具会自动移除评估设计中的某些冗余触发器。

表 4.1 用于评估我们的信号选择算法的基准电路包含 ISCAS89 和 OpenSPARC

电 路	综合前触发器数量	综合后触发器数量	综合后门电路数量
s5378	179	164	1058
s9234	211	145	920
s15850	534	524	3619
s38584	1426	1426	12560
s38417	1636	1564	10564
s35932	1728	1728	4981
Sparc MMU	—	262	1977
Sparc EXU	—	327	2168
Sparc IFU	—	2755	19912

我们采用自主开发的 X- 仿真器来计算基于仿真的估计指标，并测量应用我们提出的算法后最终的 *SRR* 值。X- 仿真器会将设计以及跟踪的值一起带入，并恢复所有非跟踪信号和状态的所有可能值。对于三输入或更大规模的门，X- 仿真器会将其内部分解为基本的二输入门，以提高计算效率。由于跟踪信

号仅是触发器值，因此这种分解不会产生其他影响。我们采用文献［8］中所述的高效事件驱动型位并行传播技术实现了 X- 仿真器。所有实验均在主频为 2.4GHz 的四核 Intel 处理器上运行。在恢复过程中，位并行操作的位宽从文献［8］中所述的 32 位扩展到 64 位，以更好地利用处理器的 64 位整数运算能力。未来还可通过现代处理器的向量运算指令进行进一步扩展。在本研究中，跟踪缓冲器深度同样设置为 64 个周期，该项改进显著提升了估计阶段的性能。

在跟踪过程中，我们通过固定相关控制输入（包括复位信号）的取值，强制各设计电路工作于正常功能模式，同时为其他所有输入分配随机值，该设置在文献［4］和文献［8］中被称为“确定性随机”。在输入端施加这种限制对于评估跟踪信号选择质量至关重要。如果允许控制输入切换，电路可能会间歇性地进入复位状态，并且复位信号本身可能会被跟踪，从而导致大量状态恢复。然而，在调试过程中，这种情况不太可能发生，电路将在大多数情况下处于功能模式下运行，因此允许控制信号切换时获得的状态恢复率并不代表实际的跟踪信号恢复能力。这个问题在文献［8］和文献［10］中已被指出。

4.6.1 恢复的质量

表 4.2 将本研究所提技术与若干基于概率度量的解决方案所获得的 *SRR* 进行了对比。如文献［4］和文献［10］所述，实验中使用的跟踪缓冲器宽度分别为 8、16 和 32，深度为 4096 个周期。对于每个解决方案（如已知），报告了相应的 *SRR*。表格中列出了各解决方案对应的 *SRR* 值（已知数据），最后一列显示了本算法相对于最佳报告值的 *SRR* 提升百分比。

表 4.2 输入无限制状态下的状态恢复比对。该表格比较了我们的解决方案与一些基于概率的度量解决方案，这些解决方案仅基于跟踪状态元素进行恢复计算，最后一列显示了本算法相对于竞争方案所获最佳值的提升百分比

电 路	跟踪宽度	Ko 和 Nicolici[8]	Liu 和 Xu[10]	Basu 和 Mishra[4]	本研究方案	相对最优方案的提升（%）
s5378	8	—	14.67	—	13.24	-9.75
	16	—	8.99	—	7.83	-12.93
	32	—	4.72	—	4.89	+3.60
s9234	8	—	4.76	—	10.68	+24.36
	16	—	7.18	—	7.16	-0.27
	32	—	4.67	—	4.18	-10.49
s15850	8	—	19.93	—	39.54	+98.39
	16	—	24.22	—	24.85	+2.60
	32	—	13.30	—	13.60	+2.25
s38584	8	19.00	19.23	78.00	84.10	+7.82
	16	10.56	13.96	40.00	47.04	+17.60
	32	6.32	8.68	20.00	26.97	+34.85

续表 4.2

电　路	跟踪宽度	Ko 和 Nicolici[8]	Liu 和 Xu[10]	Basu 和 Mishra[4]	本研究方案	相对最优方案的提升（%）
s38417	8	19.62	18.63	55.00	45.21	−17.80
	16	11.22	18.62	29.00	30.77	+6.10
	32	6.73	14.20	16.00	20.25	+26.56
s35932	8	41.45	64.00	95.00	96.12	+1.17
	16	39.31	38.13	60.00	67.45	+12.41
	32	24.76	21.06	35.00	43.23	+23.51

每个恢复率均通过 100 次仿真取平均值获得：使用 10 个不同的随机种子（用于在非控制主输入处生成随机值），每个种子对应 10 个不同的初始复位后起始点。对于某些缓冲器大小，尤其是在小规模电路中，我们的解决方案获得的 *SRR* 不如一些竞争性解决方案，这主要是因为我们优化的 ISCAS89 电路具有更少的触发器。因此，尽管我们的技术实际恢复了更高比例的触发器，但其他解决方案报告的 *SRR* 在包括冗余触发器的恢复方面具有优势。例如，对于缓冲器大小为 32 的 s9234，我们的算法在每个周期平均恢复 $4.18 \times 32 \approx 134$ 个触发器（占 145 个触发器的 92% 左右），而目前报道的最好解决方案仅能恢复 $4.67 \times 32 \approx 149$ 个触发器（占 211 个触发器的 70% 左右）。对于更大规模的电路（更能代表实际的硅后调试情况），我们的解决方案在 *SRR* 上实现了高达 34.85%（对于 s38584）的改进。

我们在表 4.3 中报告了 OpenSparc 模块的 *SRR* 值。主要输入是由 OpenSparc 执行功能测试回归时记录的跟踪数据驱动的。对于这些设计，跟踪缓冲器的深度也保持在 4096 个周期。

表 4.3　仅使用跟踪状态元素的 OpenSparc 模块的 *SRR*，这些模块代表了典型的微处理器设计模块

电　路	跟踪宽度		
	8	16	32
Sparc MMU	12.22	8.03	4.67
Sparc EXU	4.53	3.46	4.02
Sparc IFU	99.10	62.01	35.67

4.6.2　裁剪的影响

我们研究了 4.5 节中讨论的裁剪优化对我们的基于移除的算法的影响。裁剪效果如图 4.10 所示，该些数据对应于在电路 s15850 上执行所提算法时的情况，其中 $f_{SRR}()$ 度量基于跟踪缓冲器深度为 32（为展示更精细的粒度特征，未采用常规的 64）且宽度也为 32 的仿真结果。因此，当跟踪集达到 32 个采样点时，

算法将终止。在估计器指标的仿真窗口中，总共有 524 × 32 = 16768 个触发器值（S15850 有 524 个触发器，请参阅表 4.1）。y 轴绘制了在执行信号选择算法的每次迭代中 $f_{SRR}(T) \times |T| \times 32$ 的值。请注意，由于每次仅移除一个触发器，因此未裁剪线是平滑的，并且在仿真中恢复的触发器总数逐渐减少。另一方面，裁剪采用步长（d）为 50 的触发器，因此在裁剪阶段，恢复触发器的总数会以阶梯函数的形式下降。在这个例子中，裁剪终止（PT）被设置为 93%，即 16768 × 0.93 = 15594，这个值使得集合的规模减少到大约 200。请注意，裁剪的质量仅略逊于精确版本（带有裁剪线的曲线略低于未裁剪线）。因此，裁剪以更快的执行速度为代价换取了一些准确性。

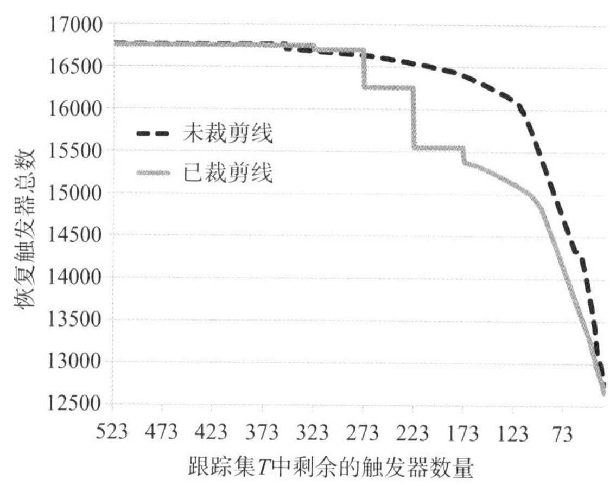

图 4.10 S15850 跟踪信号选择算法中裁剪阶段的效果示意图

4.6.3 附加跟踪信号的恢复增益

4.3.3 节曾指出，随着附加跟踪触发器数量的增加，贪信心算法的增益会逐渐减小，这是其一个缺点。我们的算法在很大程度上缓解了这一问题。图 4.11

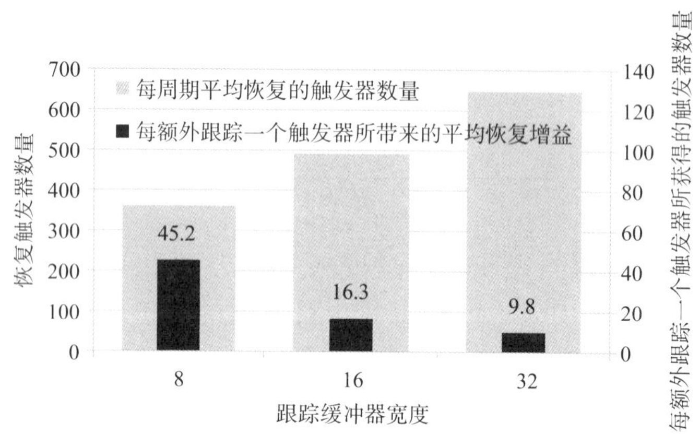

图 4.11 恢复的触发器与跟踪缓冲器大小的关系——电路 S38417 随着跟踪缓冲器大小的增加，恢复触发器的数量以相对稳定的速度增加

与图 4.3 相同，但使用了我们的算法。可以看出，对于 16 位和 32 位缓冲器大小，我们平均恢复的触发器数量比其他解决方案多。此外，与 Basu 和 Mishra[4]（到目前为止在总恢复方面最好的概率度量解决方案）相比，我们每增加一个跟踪信号所能恢复的触发器数量的稳定性要高得多。在其他基准电路测试中也观察到了类似的趋势。

4.6.4 算法执行性能

跟踪信号选择仅在电路模块设计阶段执行一次，以确定哪些信号将被纳入 ELA 信号列表。因此，选择算法的运行时间不如所选信号的质量重要。然而，即使是中等规模的电路块也需要大量的时间，性能仍会成为问题。在我们的算法中，裁剪阶段就是专门为此设计的。表 4.4 展示了文献中其他几种解决方案与我们方案在执行时间上的比较。需要注意的是，对于较小的设计，该算法的执行性能通常较差，这是因为我们的算法需要进行大量的仿真。然而，这些仿真仅用于计算估计指标，并且在选择算法的每次迭代中，它们彼此独立。如果需要，可以进一步利用通用处理器的向量能力或 GPU 平台的并行计算能力，在不同的数据集上执行相同的操作，以提高算法的性能。

表 4.4 算法的执行性能比较（所有执行时间均以秒为单位报告）

电 路	跟踪缓冲器宽度	Ko 和 Nicolici[8]	Liu 和 Xu[10]	Basu 和 Mishra[4]	本文方案
s5378	8	—	14	—	656
	16	—	36	—	634
	32	—	75	—	600
s9234	8	—	26	—	456
	16	—	75	—	441
	32	—	148	—	433
s15850	8	—	298	—	3877
	16	—	764	—	3823
	32	—	1656	—	3781
s38584	8	34440	388	1200	18143
	16	73500	802	2600	18091
	32	149580	2826	5500	18003
s38417	8	28200	2319	2200	24943
	16	69060	5285	4500	24819
	32	149940	11732	9100	24734
s35932	8	31440	1407	2200	19857
	16	68700	5251	4400	19832
	32	142800	10496	8900	19801

4.7 小 结

本章我们提出了一种基于仿真的度量引导式跟踪信号选择算法，旨在最大化状态恢复率。我们引入了一种基于仿真的恢复能力度量指标，与单纯基于概率的度量指标相比，能为信号选择算法提供更准确的指导。与贪心增量式跟踪信号集构建算法相比，本算法在恢复更多状态数量的同时，每增加一个跟踪信号都能实现更好的恢复趋势。

参考文献

[1] Abramovici M, Bradley P, Dwarakanath K, et al. A reconfigurable design-for-debug infrastructure for SoCs[C]// Proceedings of the 43rd Annual Design Automation Conference. New York: ACM, 2006: 7-12.

[2] Altera Corporation. SignalTap II Embedded Logic Analyzer[EB/OL]. 2006. http: //www. altera. com/products/ software/products/quartus2/verification/signaltap2/sig-index. html.

[3] ARM Limited. Embedded Trace Macrocells[EB/OL]. 2007. http: //www. arm. com/products/solutions/ETM. html.

[4] Basu K, Mishra P. Efficient trace signal selection for post silicon validation and debug[C]//2011 24th International Conference on VLSI Design. Piscataway: IEEE, 2011: 352-357.

[5] Basu K, Mishra P. RATS: Restoration-aware trace signal selection for post-silicon validation[J]. IEEE Transactions on Very Large Scale Integration(VLSI) Systems, 2013, 21(4): 605-613.

[6] Hsu Y C, Tsai F, Jong W, et al. Visibility enhancement for silicon debug[C]//Proceedings of the 43rd Annual Design Automation Conference. New York: ACM, 2006: 13-18.

[7] Ko H F, Nicolici N. Automated trace signals identification and state restoration for improving observability in post-silicon validation[C]//Proceedings of the Conference on Design, Automation and Test in Europe. New York: ACM, 2008: 1298-1303.

[8] Ko H F, Nicolici N. Algorithms for state restoration and trace-signal selection for data acquisition in silicon debug[J]. IEEE Transactions on Computer-Aided Design of Integrated Circuits and Systems, 2009, 28(2): 285-297.

[9] Li M, Davoodi A. A hybrid approach for fast and accurate trace signal selection for post-silicon debug[J]. IEEE Transactions on Computer-Aided Design of Integrated Circuits and Systems, 2014, 33(7): 1081-1094.

[10] Liu X, Xu Q. Trace signal selection for visibility enhancement in post-silicon validation[C]//Proceedings of the Conference on Design, Automation and Test in Europe. New York: ACM, 2009: 1338-1343.

[11] Nataraj N, Lundquist T, Shah K. Fault localization using time resolved photon emission and STIL waveforms[C]// Proceedings of the International Test Conference. Piscataway: IEEE, 2003: 254-263.

[12] Prabhakar S, Hsiao M. Using non-trivial logic implications for trace buffer-based silicon debug[C]//18th Asian Test Symposium. Piscataway: IEEE, 2009: 131-136.

[13] Shojaei H, Davoodi A. Trace signal selection to enhance timing and logic visibility in post-silicon validation[C]//2010 IEEE/ACM International Conference on Computer-Aided Design. Piscataway: IEEE, 2010: 168-172.

[14] Sun Microsystems. OpenSPARC[EB/OL]. http: //www. opensparc. net/.

[15] Vermeulen B, Waayers T, Bakker S. IEEE 1149. 1-compliant access architecture for multiple core debug on digital system chips[C]//Proceedings of the International Test Conference. Piscataway: IEEE, 2002: 55-63.

[16] Xilinx Inc. ChipScope Pro[EB/OL]. 2006. http: //www. xilinx. com/ise/optional_prod/cspro. html.

[17] Yang J S, Touba N A. Automated selection of signals to observe for efficient silicon debug[C]//2009 27th IEEE VLSI Test Symposium. Piscataway: IEEE, 2009: 79-84.

第5章　混合信号选择

阿扎德·达沃迪

5.1 引　言

跟踪缓冲器是一种集成在芯片上的专用硬件，可以简化集成电路的诊断和调试过程。芯片制造完成后，在实际运行过程中，可以在特定的“捕获窗口”[1]内使用跟踪缓冲器存储有限数量的内部状态，而这些内部状态在其他情况下是无法访问的。这些被称为跟踪信号的内部状态是针对特定设计在制造前进行选择的。

在芯片运行期间，触发信号的激活会启动对跟踪信号的捕获。捕获窗口内的跟踪信号值随后被存储在跟踪缓冲器中。跟踪缓冲器的容量有限，因此跟踪信号的数量（对应于跟踪缓冲器的宽度）和捕获窗口的大小（对应于跟踪缓冲器的深度）均受到限制，如图 5.1 所示。

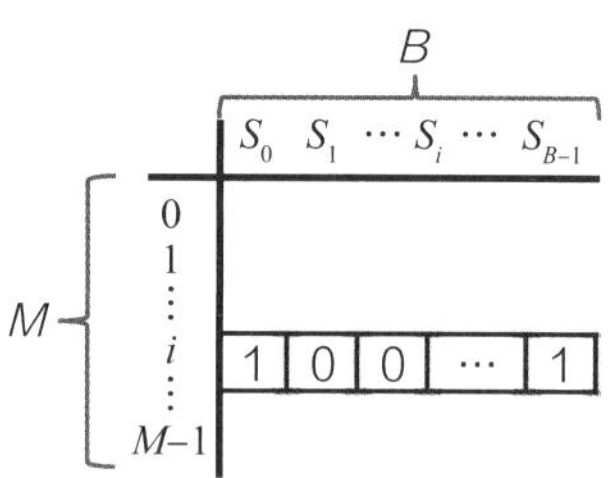

图 5.1　在跟踪缓冲器中，宽度（用 B 表示）对应于跟踪信号的数量。捕获窗口的大小对应于缓冲器的深度（用 M 表示）

目前已有多种自动化算法被提出，这些算法能够分析任意设计，并从中选择不超过固定数量的跟踪信号。对于给定的设计，所选跟踪信号应尽可能最大限度地提升对芯片上其他不可访问信号的可观测性。大多数现有算法使用 *SRR* 来衡量所选跟踪信号的质量。我们稍后将详述 *SRR* 的定义。通常情况下，*SRR* 值越高，意味着在恢复芯片内部其他不可访问信号的可观测性方面表现越优。

在确定待跟踪信号时，通常存在两种选择方案：一是快速估算 *SRR* 值（通常采用一些分析指标），二是使用更准确但耗时的仿真过程来评估一组跟踪信号的 *SRR* 值。前者（基于度量的选择）允许在跟踪信号候选者之间更积极地探索设计空间，但其优化决策仅基于 *SRR* 的粗略估算[2~6]。后者（基于仿真的选择）需要权衡仿真信号的执行时间与算法的执行时间[7, 8]，因此受到设计空间的限制。例如，典型的基于仿真的算法遵循一个简单的设计探索过程，依次选择跟踪信号。在每一步中，选择当前子集时能够最大化 SRR 的信号作为下一条跟踪信号。这需要在每一步中对每个跟踪候选信号的 SRR 进行评估。因此，算法的执行时间大部分都花在了对跟踪候选信号的 SRR 评估上。

在上述两类算法提出之前，还曾开发过基于整数线性规划（ILP）[9] 和电路可满足性[10] 等其他技术方案。然而，这些早期的技术随着设计规模的增大，在运行时的可扩展性方面存在不足。

本章将重点介绍混合型跟踪信号选择算法，旨在弥合基于度量和基于仿真的算法之间的差距。混合算法在频繁使用基于度量的 SRR 评估来积极探索搜索空间的同时，偶尔引入基于仿真的 SRR 评估来保证精度，从而实现两者的最佳结合。我们将以文献［11］提出的算法为例进行详细讨论。首先概述基础知识，重点解析利用跟踪信号恢复不可访问信号的过程，即所谓的“X- 仿真”过程。接下来，回顾 SRR 的正式定义及本章所考虑的跟踪信号选择的问题。

5.2 基础知识

如图 5.1 所示，跟踪缓冲器是芯片上的一个缓冲器，大小为 $B \times M$，其中 B 是缓冲器的宽度，M 是其深度（捕获信号所需的时钟周期数），我们将 $B \times M$ 称为“捕获窗口”。

为了利用已跟踪到的信号来恢复未跟踪到的芯片内部信号，通常会使用一种称为 X- 仿真的方法。图 5.2 通过一个例子解释了这一过程。触发器 f_2 是唯一的跟踪信号，用于在 4 个时钟周期的捕获窗口内恢复尽可能多的剩余信号。正如预期的那样，因为被跟踪，触发器 f_2 在每个时钟周期的值都是已知的。

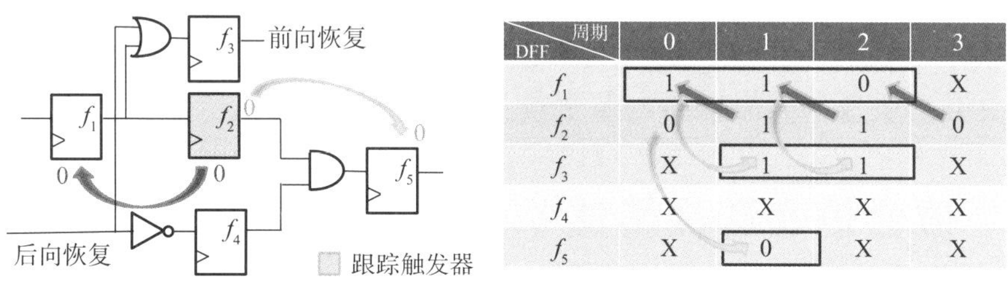

DFF \ 周期	0	1	2	3
f_1	1	1	0	X
f_2	0	1	1	0
f_3	X	1	1	X
f_4	X	X	X	X
f_5	X	0	X	X

图 5.2 通过 X- 仿真过程从跟踪信号中恢复其他信号

在 X- 仿真过程中，系统会在捕获窗口的每个周期内采用前向和后向恢复方法迭代恢复尽可能多的剩余信号，直到不再有信号可以恢复。在此示例中，首先，在周期 0、1、2 中，可以通过后向恢复恢复触发器 f_1 的值。显然，这得益于触发器 f_1 和 f_2 之间存在特定的电路连接（在我们的简单示例中为直接连接）。接下来，在给定这些已恢复的信号后，可以在某些时钟周期中恢复触发器 f_3 和

f_5 的值。不再有信号可以恢复时终止恢复过程。总体而言，使用此捕获窗口恢复了 6 个信号。

状态恢复过程的质量通过以下方程来衡量：

$$SRR = \frac{B \times M + \#restored\ signals}{B \times M} \quad (5.1)$$

在上述示例中，我们计算得出 $SRR = \frac{4+6}{4} = 2.5$。对于一个大小为 $B \times M$ 的跟踪缓冲器，跟踪信号选择问题的核心目标是：选择 B 个状态元素（本章中也称为触发器），使得 SRR 达到最大化。

在基于仿真的信号选择方法中，信号选择（或者换句话说，非跟踪信号被排除）是迭代进行的。在每次迭代中，执行 X- 仿真以对每个信号的 SRR 进行评估，并选择 SRR 最高的信号进行跟踪（或者选择 SRR 最低的信号进行排除）。这个过程需要对尚未被选中的每个候选信号进行多次 X- 仿真评估，并且需要在每次迭代中重复进行。因此，为了加快过程，X- 仿真在比捕获窗口小得多的窗口内进行。具体来说，每次 X- 仿真都可以在一个大小为 $B \times N$ 的“观察窗口”内进行，其中 $N<<M$。尽管进行了加速，但基于仿真的信号选择的运行时间仍然远高于基于度量的信号选择的运行时间，尤其是在采用信号消除策略的情况下，这主要是因为设计中信号总数通常远大于 B（所选信号数量）。

基于度量的信号选择方法完全依赖于（通常是概率性的）度量来近似 SRR 并选择跟踪信号。因此，其速度更快，可对搜索空间进行更彻底的探索。然而，在观察窗口内，使用度量来近似 SRR 的准确性可能远低于 X- 仿真。因此，尽管基于度量的方法具备更强的搜索能力，但在最终所选信号的 SRR 质量方面，基于仿真的方法表现更优（在捕获窗口内对最终选定的信号进行评估时）。

接下来，我们将讨论一种混合算法，该算法旨在达到与基于仿真的方法相当的解决方案质量，同时保持与基于度量的方法相似的执行时间。

5.3 混合信号选择算法

受基于仿真的算法的启发，混合信号选择算法依赖于 X- 仿真（在观察窗口内，该窗口比捕获窗口小得多），但在信号选择过程中进行的次数显著减少。此外，受基于度量的算法的启发，混合信号选择算法依赖于度量值（为混合探索设计的一套新度量值），以便在不使用 X- 仿真时更有效地驱动搜索空间的探索。

混合信号选择算法中定义这些指标的目的是，在每次迭代中确定最优候选者，以便这些最优候选者的数量显著少于需要跟踪的候选者的总数。这使 X-仿真仅用于这些少数最优候选者，从而以比纯仿真方法更为高效的方式选择下一个跟踪信号。

5.3.1 高层次概述

图 5.3 展示了文献［11］中的混合信号选择算法。首先，对度量进行初始化，然后依次选择跟踪信号，直到选择出 B 个目标信号。

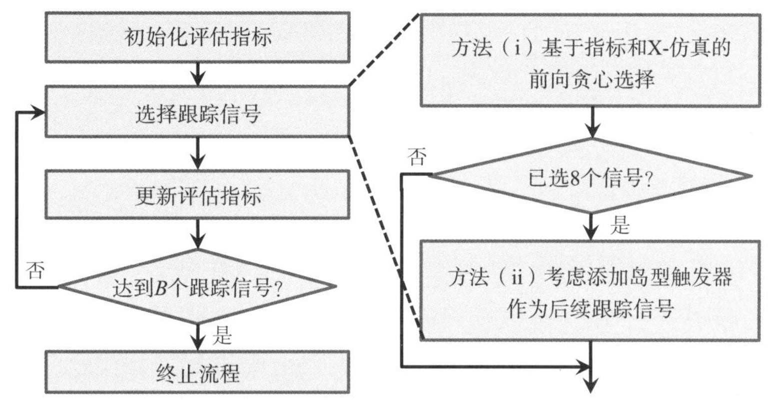

图 5.3 混合信号选择算法

每次选择一个跟踪信号时，都需要更新相关指标，以便在下一轮迭代中更准确地选择跟踪信号。由图 5.3 可知，跟踪信号的选择采用两种互补的方法之一。方法（i）首先被应用，并通过使用度量标准和少量的 X- 仿真来驱动。实际上，一些度量标准本身需要执行少量的 X- 仿真。具体来说，方法（i）首先使用度量标准从所有未选信号集中缩小出一个非常小的有希望的跟踪信号候选集，然后执行 X- 仿真来评估每个有希望的候选信号，并选择 *SRR* 最高的信号作为下一个跟踪信号。

使用方法（i）选择有潜力的候选跟踪信号时，忽略了一组将在稍后定义的"岛"触发器。方法（ii）的目标是专门考虑添加一个岛触发器作为下一个跟踪信号，以确保在算法执行过程中考虑了所有触发器的跟踪。因此，这两种方法互为补充。通过实践发现，方法（i）更为有效，因为相对于非岛信号，岛信号的数量较少。因此，混合算法被调整为在使用方法（i）选择 8 个跟踪信号之后，仅使用方法（ii）选择一个跟踪信号。一旦选定了 B 个目标信号，算法就会终止。

5.3.2 混合*SRR*的评价指标

本节讨论的度量旨在从需要评估的所有信号中识别出少量的顶级跟踪信号候选者。这一操作在混合信号选择算法的每次迭代中进行，使用度量可以使顶级候选者的识别速度大大快于仅使用X-仿真的情况。图5.4显示了这四种度量及其相互依赖关系。这意味着计算和任何度量更新都应根据这种依赖关系所规定的顺序进行。最终用于在每次迭代中识别少量顶级候选者的度量是“影响权重”。接下来，我们按照图5.4中所示的顺序依次讨论这些度量。

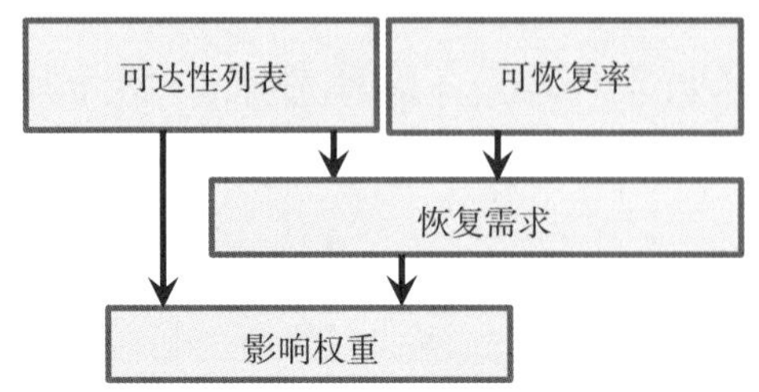

图5.4 混合算法所使用的度量指标概述及其依赖关系

1. 可达性列表

我们用L_f^v表示当触发器f被赋值为v时的可达性列表，其中v可以设置为0或1。这个表包含一组可以直接由f恢复的触发器，其中的恢复是指无须其他触发器的帮助即可完成。例如，对于图5.2所示的电路，我们有$L_2^0=\{f_1, f_5\}$和$L_2^1=\{f_1, f_3\}$。

计算可达性列表只需要进行少量的X-仿真。对于每个触发器，在f取值v（分别取0和1）时，仅在较小的观察窗口内对该触发器进行X-仿真，而其他触发器不取任何值。由于每个触发器只能通过自身最多恢复几个其他触发器，因此X-仿真可以在每个触发器上快速完成。在混合信号选择算法执行过程中，只需在计算度量值时一次性计算可达性列表，与选择的跟踪信号无关。因此，它仅占用算法总体执行时间的微不足道的部分。

2. 可恢复率

对于触发器f，我们用r_f表示可恢复率。该指标在混合信号选择算法的每次迭代中，都会为当前未被选作跟踪信号的触发器进行计算，它反映了利用已选跟踪信号恢复f的可能性。计算这个指标也需要进行少量的X-仿真：在每次迭代中，使用观察窗口（64个周期）而不是整个捕获窗口来计算所有r_f值。

图5.5给出了一个示例，它演示了图5.2示例电路中计算触发器f_3的恢复能力和可达性列表的计算过程。

为了简化说明，这里仅以4个时钟周期的捕获窗口为例。假设在该迭代中已经选择了触发器f_2作为跟踪信号，恢复触发器f_3的可能性为$r_3=0.5$，这是因为f_3可以在捕获窗口的4个时钟周期中的2个时钟周期内被恢复。

DFF \ 周期	0	1	2	3
f_1	1	1	0	X
f_2	0	1	1	0
f_3	X	1	1	X
f_4	X	X	X	X
f_5	X	0	X	X

$r_3 = \frac{2}{4} = 0.5$

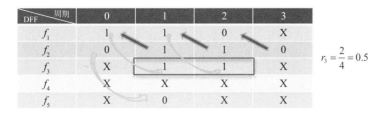

图 5.5 假设触发器 f_2 已被选为跟踪信号，计算触发器 f_3 的可恢复性概率

3. 恢复需求

该度量在算法的每次迭代中计算触发器 i 和 f 之间的关系，其中 f 是考虑用于跟踪的候选触发器，i 是属于 f 的可达性列表（即 $i \in L_f^0$ 或 $i \in L_f^1$）中的触发器。此外，截至当前迭代，i 尚未被选为跟踪信号，但其他信号在当前迭代前可能已被选为跟踪信号。

例如，在图 5.6 所示的电路中，假设选定了触发器 f_4 进行跟踪，并考虑将触发器 f_2 作为跟踪候选对象，i 为触发器 f_3，显然在 f_3 的可达性列表中。

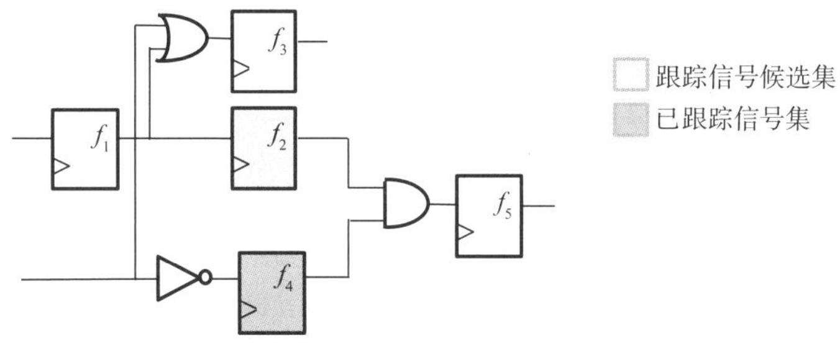

图 5.6 恢复需求的定义

恢复需求度量旨在计算从 f 中获取 i 所需的剩余恢复量，以便将 i 完全恢复。该指标会分别计算 f 被赋值为 0 或 1 两种情况，具体计算公式如下：

$$d_{i,f}^{v} \approx \min\left(1 - r_i, a_f^{v}\right) \tag{5.2}$$

其中，r_i 是之前引入的第 i 个恢复率，$1-r_i$ 表示 i 完全恢复所需的剩余恢复量；a_f^v 是 f 取值为 v 的概率，用来计算 f 能为 i 提供的恢复量的上限。

需要指出的是，上述方程只是对触发器 i 从 f 处恢复需求的一种快速近似计算。计算该度量的速度很快，因为 r_i 已经计算完毕。a_f^v 仅在算法开始时（作为预处理步骤）计算一次，通过执行标准仿真并计算每个触发器可能取 0 或 1 的概率。在图 5.6 的例子中，$d_{3,2}^1 = \{1-r_3, a_3^1\}$。

4. 影响权重

在每次迭代中，对于每个未跟踪的触发器，都会计算出这个最终的度量指标。一旦计算出影响权重，就会从触发器中选取前 5%（按影响权重排序）作为一组顶级候选者。请注意，X- 仿真将用于这些前 5% 的触发器，并且在该迭代中，*SRR* 值最高的那个触发器将被选为跟踪信号。

我们用 w_f 表示未标记的触发器的权重，其定义如下所示：

$$w_f = \sum_{v=0,1} \sum_{\forall_i \in L_f^v} d_{i,f}^v \tag{5.3}$$

基本上，对于触发器 f，这个度量值是所有落入其可达性列表的触发器 i 的恢复需求之和。显然，较高的影响权重反映了选择 f 作为下一个跟踪信号将更有助于剩余未跟踪触发器的恢复。

对于图 5.2 的例子，假设 f_2 是当前混合信号选择算法迭代中的一个未跟踪的触发器，则对于这个触发器，我们有以下可达性列表：$L_2^0 = \{f_1, f_5\}$ 和 $L_2^1 = \{f_1, f_3\}$。因此，我们可以计算 f_2 的影响权重为 $w_2 = d_{1,2}^0 + d_{5,2}^0 + d_{1,2}^1 + d_{3,2}^1$。

本节我们介绍了四种度量方法，用于在混合信号选择算法的每次迭代中筛选少量候选跟踪信号。这些度量方法相互依赖，其中最后一个度量方法近似计算每个未跟踪触发器对剩余未跟踪触发器的恢复能力。这使得在算法的每次迭代中能够快速筛选出数量明显减少的未跟踪触发器（即仅占总数的 5%），然后使用 X- 仿真精确评估这些顶级候选对象并选择其中 *SRR* 最高的作为该迭代的跟踪信号。

需要说明的是，文献［11］中给出的上述指标只是一种混合信号选择算法的例子，这种算法旨在弥合基于度量和基于仿真的跟踪信号选择算法之间的差距。例如，文献［12］提出了一些改进这些指标的扩展方法。

5.3.3 岛触发器

在图 5.3 中，方法（i）首先用于选择顶级候选者。使用权重度量选择顶级候选者的过程不允许考虑一类我们称之为“岛触发器”的触发器。

我们定义触发器 f 为岛触发器，如果它的可达性列表都是空的，那么我们就有：$L_f^0 = L_f^1 = \varnothing$。这种类型的触发器不会对权重产生任何影响，因为触发器的影响权重是通过将触发器的可达性列表中的触发器需求相加计算得出的，而可达性列表是在忽略其他所有触发器的情况下计算得出的。然而，选择岛触发器作为跟踪信号可能会由于其他跟踪信号的累积效应而改善最终解决方案的质量。请注意，可达性列表的定义只考虑了每次仅分配给一个触发器一个值的情况，因此忽略了其他触发器的累积效应。

因此，混合信号选择算法中的方法（ii）专门用于解决上述不足之处。首先识别所有的岛触发器，然后进行 X- 仿真以测量每个岛触发器的 *SRR*，并选择 *SRR* 最高的触发器作为下一个跟踪信号。如图 5.3 所示，方法（ii）会在每次方法（i）选择 8 个额外的跟踪信号时起作用，因为在实际应用中，岛触发器的数量仅占所有触发器总数的很小一部分。

5.4 小 结

我们探讨了基于仿真和基于度量的跟踪信号选择算法在两项关键评估指标上的优劣——即算法执行运行时间与以 *SRR* 衡量的解决方案质量。进而论证了如何通过混合式设计，在无须进行多轮耗时的 X- 仿真的前提下，既能利用两类算法的优势，又能基于更精确的 *SRR* 评估来驱动信号选择流程，同时保持算法运行效率。

我们重点研究了一种混合算法的典型案例。该混合实现方案的核心在于：通过精心设计的度量指标，在算法的每次迭代中从候选信号中筛选出极少量优质候选信号，继而仅对这些精选信号实施 X-S 仿真来精确计算各自的 *SRR* 值，从中选择最佳候选者作为该迭代中的下一个跟踪信号。需要说明的是，其他混合实现方案也可能存在——这些方案或可定义不同的度量指标来筛选优质候选，抑或采用完全不同的算法流程来选择跟踪信号。

参考文献

[1] Abramovici M, Bradley P, Dwarakanath K N, et al. A reconfigurable design-for-debug infrastructure for SoCs[C]//Proceedings of the 43rd annual Design Automation Conference. 2006: 7-12.

[2] Basu K, Mishra P. RATS: Restoration-aware trace signal selection for post-silicon validation[J]. IEEE Transactions on Very Large Scale Integration(VLSI) Systems, 2013, 21(4): 605-613.

[3] Chatterjee D, McCarter C, Bertacco V. Simulation-based signal selection for state restoration in silicon debug[C]//2011 IEEE/ACM International Conference on Computer-Aided Design(ICCAD). IEEE, 2011: 595-601.

[4] Ko H F, Nicolici N. Algorithms for state restoration and trace-signal selection for data acquisition in silicon debug[J]. IEEE Transactions on Computer-Aided Design of Integrated Circuits and Systems, 2009, 28(2): 285-297.

[5] Hung E, Wilton S J E. Scalable signal selection for post-silicon debug[J]. IEEE Transactions on Very Large Scale Integration(VLSI) Systems, 2012, 21(6): 1103-1115.

[6] Li M, Davoodi A. A hybrid approach for fast and accurate trace signal selection for post-silicon debug[C]//2013 Design, Automation & Test in Europe Conference & Exhibition(DATE). IEEE, 2013: 485-490.

[7] Li M, Davoodi A. A hybrid approach for fast and accurate trace signal selection for post-silicon debug[J]. IEEE Transactions on Computer-Aided Design of Integrated Circuits and Systems, 2014, 33(7): 1081-1094.

[8] Liu X, Xu Q. On signal selection for visibility enhancement in trace-based post-silicon validation[J]. IEEE Transactions on Computer-Aided Design of Integrated Circuits and Systems, 2012, 31(8): 1263-1274.

[9] Shojaei H, Davoodi A. Trace signal selection to enhance timing and logic visibility in post-silicon validation[C]//2010 IEEE/ACM International Conference on Computer-Aided Design(ICCAD). IEEE, 2010: 168-172.

[10] Yang J S, Touba N A. Efficient trace signal selection for silicon debug by error transmission analysis[J]. IEEE Transactions on Computer-Aided Design of Integrated Circuits and Systems, 2012, 31(3): 442-446.

[11] Yang Y S, Veneris A G, Nicolici N. Automating data analysis and acquisition setup in a silicon debug environment[J]. IEEE Transactions on Very Large Scale Integration(VLSI) Systems, 2012, 20(6): 1118-1131.

[12] Zhao K, Bian J. Pruning-based trace signal selection algorithm for data acquisition in post-silicon validation[J]. IEICE Transactions on Fundamentals of Electronics, Communications and Computer Sciences, 2012, 95(6): 1030-1040.

第6章　基于机器学习的硅后信号选择

阿里夫·艾哈迈德 / 卡姆兰·拉赫马尼 / 普拉巴特·米什拉

6.1 引　言

硅后验证的目标是确保在实际应用环境下进行大规模生产前的硅片运行功能正确。作为现代集成电路验证流程中成本占比超过 50% 的关键环节[1]，硅后验证需要在紧迫的时间周期内完成复杂验证活动。硅后验证面临的根本性约束在于有限的可观测性：输出引脚数量有限，再加上面积和功耗限制对内部跟踪缓冲器大小的约束，数百万个信号中只有几百个能在硅执行期间被跟踪。此外，为了能够观测到信号，必须事先在设计中添加适当的硬件，将信号连接到可观测点。因此，开发能在硅后验证可观测性约束下最大化设计可见性和调试信息的跟踪信号选择技术至关重要。

目前，工业界中硅后验证跟踪信号选择主要依赖于设计师的经验判断，通常没有客观的技术来衡量所选信号的可观测性质量。这种局限性往往在硅后调试期间才会显现出来——所选跟踪信号集难以有效诊断或定位故障。然而，此时对调试架构进行重新设计或选择新的跟踪信号（以及相关的硬件布线）已经为时已晚，因为这需要进行重大的硬件更改。因此，人们不得不面对昂贵的、复杂的临时解决方案，以及在许多情况下，更多的重新流片。

最近已有大量研究致力于通过自动分析硅前设计来实现信号选择，并在硅后调试期间恢复内部信号（图 6.1）来解决上述问题[2~12]。这些研究的核心目标是确定一组信号 S，以最大化状态恢复能力。信号选择技术的一类常见方法是基于设计结构定义一个度量标准，然后在（通常是贪心）选择过程中使用该标准来评估候选信号集[13~15]。这些方法速度快，但提供的状态恢复值相对较低。基于仿真的信号选择方法[11]提供了较高的恢复质量，但计算开销过于

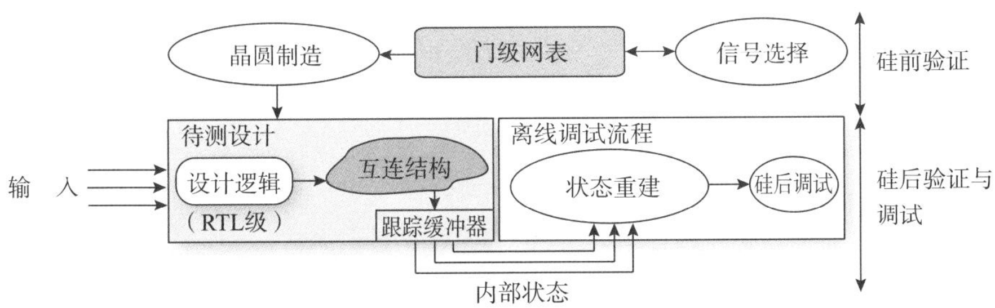

图 6.1　信号选择与恢复流程。在硅前阶段选择用于跟踪缓冲器的信号，在硅后阶段进行调试信号的恢复[8]

昂贵。目前已提出一种混合信号选择方法[12]，将基于度量的信号选择方法和基于仿真的信号选择方法结合在一起。然而，通过减少仿真次数来节省选择时间会牺牲恢复性能。

机器学习在信号选择中的应用正成为一种前景广阔的技术[7,8]。研究表明，该方法能以较小的运行开销提供卓越的恢复性能。本章将详细介绍两种这样的方法：

（1）基于学习的信号选择技术[8]。该方法在设计上进行 $O(n)$ 次仿真以训练一个代表性模型。在这里，n 是设计中触发器的数量。完成训练后，使用训练好的模型进行进一步探索。在模型上应用不同的选择算法，并选择能够提供最佳恢复性能的信号用于跟踪缓冲器。该方法比基于仿真的技术[11]更快，后者需要进行 $O(n^2)$ 次仿真。

（2）基于特征的信号选择技术[7]。对于大型工业设计，即使运行基于学习的信号选择技术所需的 $O(n)$ 次仿真也可能难以实现。基于特征的信号选择技术通过仿真小型设计（而非实际设计）来避免这个问题。这些小型设计应该具有与实际设计相似的特征。随后，通过此技术训练的模型采用与基于学习的信号选择技术相同的步骤。值得注意的是，通过此类小型设计训练，可为选择高价值信号提供更准确的预测。

6.2　背　景

信号选择算法的核心目标是从电路的 N 个触发器中选择 w 个触发器（对应跟踪缓冲器的宽度），以使总恢复 r_m 最大化。所选信号可通过输入向量 $v=<f_1, f_2, \cdots, f_N>$ 表示，其中当第 i 个触发器被选中时 $f_i=1$，否则 $f_i=0$。因此，信号选择问题可以表述为以下约束优化问题：

$$\sum_{k=1}^{N} f_k = w \tag{6.1}$$

恢复率（Restoration Ratio）是用来量化信号选择技术的恢复能力的术语，其核心是从一段时间内采样的一系列已跟踪信号中推断未跟踪信号状态的值，定义如下：

$$\text{恢复率} = \frac{\text{跟踪状态数} + \text{恢复状态数}}{\text{跟踪状态数}}$$

信号值通过前向恢复和后向恢复来进行恢复。前向恢复意味着从输入推断输出信号的值，图 6.2(a) 给出了一些前向恢复的例子，例如，对于 OR 门，若任一输入为 1，则输出必为 1。后向恢复意味着从输出推断输入的值，图 6.2(b) 给出了一些后向恢复的例子，例如，对于 AND 门，如果输出为 1，则两个输入都可以推断为 1。同样，对于 OR 门，如果输出为 0，则两个输入均为 0。

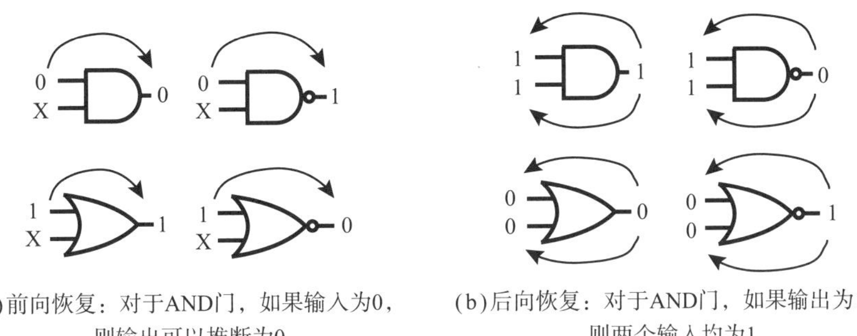

(a)前向恢复：对于AND门，如果输入为0，则输出可以推断为0　　(b)后向恢复：对于AND门，如果输出为1，则两个输入均为1

图 6.2 各种逻辑门的信号恢复示例[8]

6.3 探索策略

在大型设计中，可能存在数十亿个待选信号。高效探索这个庞大的空间对于选择最有价值的信号并保持低运行时间至关重要。本节将详细讨论当前信号选择方法采用的三种主流策略，其总体框架如图 6.3 所示。

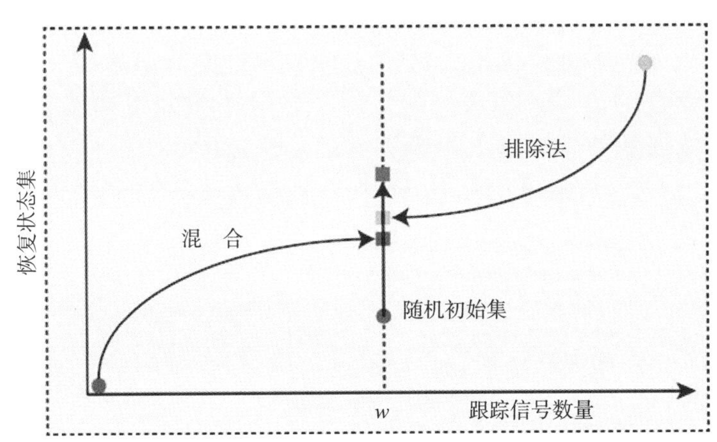

图 6.3 信号选择策略。排除法从所有信号开始，然后剔除效益最小的那个；增补法从不包含任何信号开始，并选择最有价值的信号；随机初始集从随机的 w 个信号开始，移除最无益的信号并添加最有价值的信号[8]

6.3.1 排除法

第一种策略是由 Chatterjee 等[11]提出的，并用于基于仿真的方法中。该策略采用排除法——从所有触发器开始，直到候选信号集(即 v 中的所有触发器)中剩余触发器的数量等于跟踪缓冲器宽度 w 时停止。该算法的步骤如下面的算法 1 所示：将所有触发器选入候选信号集（即在 v 中将它们设为 1）；在算法的每次迭代中，通过将 v 中的信号值设为 0 来移除对候选信号向量恢复率影响最小的信号；当候选信号集中剩余触发器的数量等于跟踪缓冲器宽度（w）时，该过程停止；算法的最终输出是 v 中选定的信号。

算法 1：基于排除法的信号选择

```
procedure Elimination (circuit, w, m)
  Create initial vector of v = <1, 1, ···, 1>, | v | = N
  remained Signals = N
  while remainedSignals > w do
    max Restorability = -∞
    max Index = -1
    for i = 1; i < = N; i ++ do
      if v[i] = 1 then
        v[i] = 0
        if r_m(v) > max Restorability then
          max Restorability = r_m(v)
          max Index = i
        v[i] = 1
    v[max Index] = 0
    remainedSignals = remainedSignals-1
  return v
```

6.3.2 增补法

另一种选择 w 信号的方法是增补法，它与 L_i 等[12]描述的方法类似，其步骤如下面的算法 2 所示：在每次迭代中，将最有价值的信号添加到候选信号集，而不是删除最无益的信号；当选择的信号总数等于跟踪缓冲器宽度 w 时，该过程停止；最终选择的信号向量 v 作为算法的输出返回。

算法 2：基于增补法的信号选择

```
procedure Augmentation (circuit, w, m)
  Create initial vector of v = <0, 0, ···, 0>, | v | = N
  for selected = 1; selected <= w; selected ++ do
    maxRestorability = -∞
    maxIndex = -1
    for i = 1; i <= N; i ++ do
      if v[i] = 0 then
        v[i] = 1
        if r_m(v) > maxRestorability then
          maxRestorability = r_m(v)
          maxIndex = i
        v[i] = 0
    v[maxIndex] = 1
  return v
```

6.3.3 随机初始集

这种探索策略是基于随机选择的，其步骤如下面的算法 3 所示：随机选择

w 个信号；在每次迭代中，移除最无益的信号并添加最有价值的信号。这个过程一直持续到移除一个信号并添加另一个信号不能再改善对 $\hat{r}_m(v)$ 的预测为止。

算法 3：基于随机初始集的信号选择

```
procedure RandomInitialSet (circuit, r̂_m(v), w)
  Create selected signals set S
  Create initial vector of v = <0, 0, ···, 0>, | v | = N × p
  Randomly set w elements of v to 1
  Set v_new as v
  do
    Set v as v_new
    Find signal with minimum effect on r̂_m(v_new) and set it to 0
    Find signal with maximum effect on r̂_m(v_new) and set it to 1
  while r̂_m(v_new) > r̂_m(v)
  for i = 1; i <= N × p; i ++ do
    if v[i] = 1 then
      Add i to S
  return S
```

6.4 基于机器学习的信号选择

本节将讨论 Rahmani 等提出的方法[8]。这是第一个用于解决信号选择问题的机器学习方法。与其他技术相比，该方法的主要优势是执行速度。基于仿真的方法需要 $O(n^2)$ 次仿真[11]，而该方法只需 $O(n)$ 次，与混合方法相当。此外，该方法的恢复率高于混合方法。

图 6.4 展示了基于机器学习的信号选择技术的概览，它可以分为以下几个步骤：第一步是通过运行仿真测试来创建设计模型；第二步是在已训练的模型上运行三种探索策略（见 6.3 节）；第三步是从中选择最优的策略用于跟踪缓存。

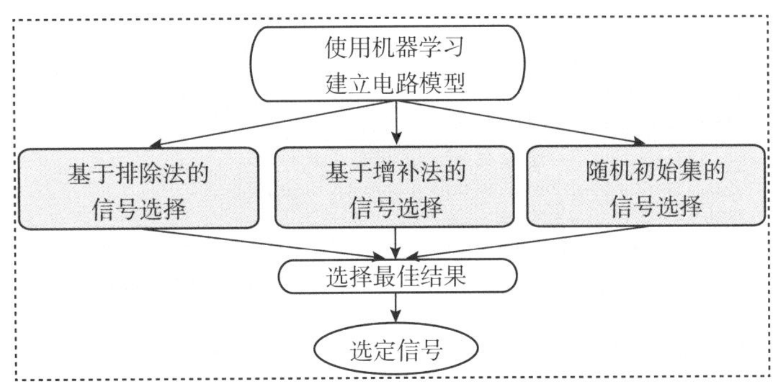

图 6.4　基于机器学习的信号选择技术概览[8]

6.4.1 选择模型训练

为了同时提高预测精度和减少大型电路的建模 / 预测时间，作者采用了两步建模方案。图 6.5 展示了该框架结构。在第一步中，应用线性模型以消除不重要的触发器并减小特征向量的大小。虽然线性建模的精度较低，但速度很快，可以用于快速剔除无益信号并通过简单的计算确定候选信号。在第二步中，在减少后的集合上应用非线性回归以生成剩余触发器的更精确的模型。减少的数量使得可以使用更少的训练向量来选择最终的信号集。

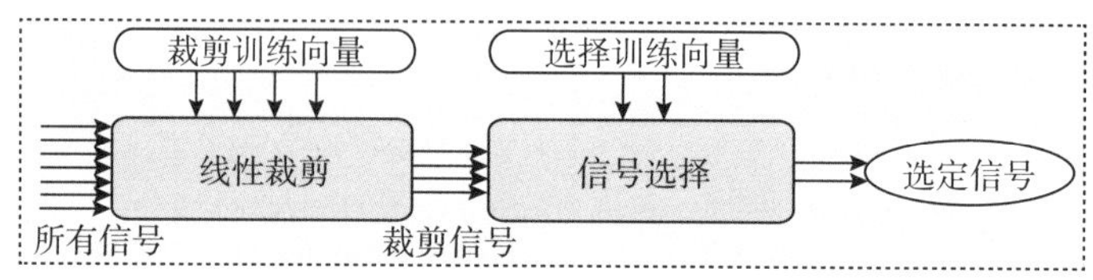

图 6.5 使用快速线性模型可以消除大部分无益的触发器。对于剩余的触发器，则使用更精确的非线性模型[8]

1. 生成训练向量

算法 4 给出用于裁剪和最终模型训练的向量生成伪代码。为了评估每个触发器对总恢复能力的影响，系统会生成两类向量：第一类是仅选择特定触发器的向量，第二类是除该特定触发器外的所有触发器的向量。此外，为了涵盖不同规模的触发器组合，算法还生成了 $N-1$ 个包含 2, 3, ⋯, N 个随机选择触发器的向量。该过程持续迭代，直至生成足够数量的 t 个特征向量为止。这种无偏的随机向量可以模拟不同触发器之间的相关性。为了计算对应的 $r_m(v)$ 值，算法会进行 m 轮仿真实验（假设训练向量的信号正在被跟踪），随后采用前向和后向恢复技术来获取恢复状态的总数。最后，输出 t 组 $<v_i, r_m(v_i)>$ 训练向量对用于回归分析。算法的输出是生成的训练向量集 trainingSet 以及与其对应的恢复值 R。

算法 4：训练向量生成

```
procedure GenerateVectors (circuit, m, t)
   Create training vectors set trainingSet
   Create restoration power set R
   totalGenerated = 0
   for each flip-flop f in circuit do
      Add a vector to trainingSet in which only f is selected
      Add a vector to trainingSet in which only f is omitted
      totalGenerated = totalGenerated + 2
   for i = 2; i <= N; i ++ do
      Add a vector to trainingSet in which exactly i random flip-flops are chosen
      totalGenerated ++
   while totalGenerated < t do
      length = a random number between 1 and N
      randomVector = a vector in which exactly length random flip-flops are chosen
      if randomVector ∉ trainingSet then
         Add randomVector to trainingSet
         totalGenerated ++
   for each vector trainingVector in trainingSet do
      R(v) = Restoration power of trainingVector using a mock simulation followed by a
         restoration process over m cycles
return trainingSet, R
```

2. 线性裁剪

线性修剪用于快速消除大部分无益的触发器（就恢复效果而言）。作者使用的是带线性核函数（linear kernel）的支持向量回归（support vector regression），这是该著名模型的最简单形式。当然，也可以使用其他线性回归技术。给定训练集 $<v_i, r_m(v_i)>$ 是一套用于预测新向量的支持向量回归解决方案，其中包含 j 个支持向量。将预测的 $r_m(v)$ 表示为 $\hat{r}_m(v)$，则有以下方程：

$$\hat{r}_m(v) = \hat{w}_0 + \sum_{k=1}^{j} \alpha_k k(v_k, v) \tag{6.2}$$

其中，v 是期望预测其可恢复性的向量；v_k 是第 k 个支持向量；α_k 是相应的系数。此外，$k(v_k, v)$ 是支持向量回归中使用的函数的输出。在线性模式下，线性函数的表达式为 $k(v_k, v) = v_k^T, v$。其中 v_k^T 是向量 v_k 的转置。式（6.2）可以改写如下：

$$\hat{r}_m(v) = \hat{w}_0 + \sum_{k=1}^{j} \alpha_k v_k^T \cdot v \tag{6.3}$$

$$\Rightarrow \hat{r}_m(v) = \hat{w}_0 + \hat{w}^T \cdot v \left(\text{where } \hat{w} = \sum_{k=1}^{j} \alpha_k v_k \right) \tag{6.4}$$

式（6.4）展示了使用线性函数时的简化预测公式。实际上，该模型是一个简单的超平面，其在训练集中的所有超平面中具有最小误差。虽然这个线性模型可能不适合非线性函数 $r_m(v)$，但它可以用于快速检测并移除那些 $\hat{w}$ 在向量中系数较小的无益的触发器。

算法 5 概述了线性裁剪过程。首先，生成一组训练向量，然后使用支持向量回归进行线性建模。接下来，根据式（6.4）计算预测函数的权向量 $\hat{w}$。对状态恢复影响最大的触发器，其对应权重向量索引值也最大。因此，仅保留权重向量中前 $p \times N$（N 为电路中触发器的数量，p 为裁剪因子）个最大值的索引所对应的触发器（这些触发器对状态恢复最有效），其余的则予以移除。p 值越小，意味着下一阶段特征数量越少，非线性建模将更准确、更快速。但由于线性模型本身精度限制，过小的 p 值也会提高误移除有效触发器的风险。该过程的输出是保留的触发器集合 S。

算法 5： 线性裁剪

procedure LinearPruning (*circuit*, *m*, *t*, *p*)
  Create selected features set S
  trainVectors = GenerateVectors (*circuit*, *m*, *t*)
  Model $\hat{r}_m(v)$ using support vector regression with *trainVectors* and linear kernel
  Calculate the weight vector $\hat{w} = \sum_{k=1}^{j} \alpha_k v_k$
  S = the index of top $p \times N$ values in vector $\hat{w}$
  return S

虽然线性模型的预测误差较高，但在裁剪阶段选择一个更大的信号集（与缓冲器宽度相比）可以弥补这一不足。后续将使用更精确的非线性模型，从该集合中选择最有益的信号。为证明在进行线性裁剪时不会移除最重要的信号，图 6.6 展示了在对 S38417 基准电路逐步降低 p 值的过程中，32 个最重要的信号中有多少被保留下来。正如我们所见，即使 p 值为 0.05 时，大多数有益的信号也被保留下来。

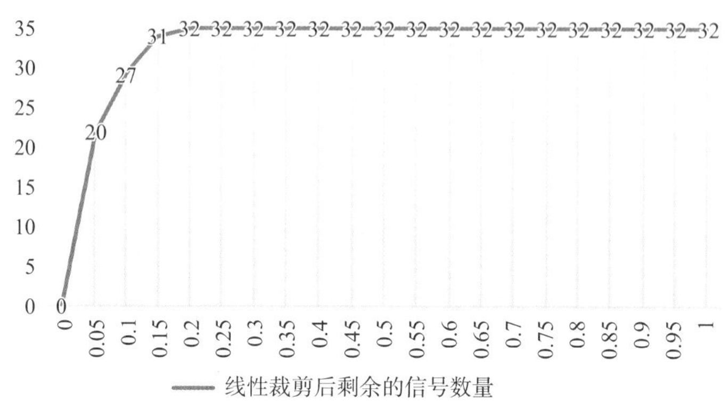

图 6.6 在 S38417 基准电路[8]中，对于不同的 p 值，经过线性裁剪（即 $p=1$ 时选择 32 个信号）后剩余的信号数量

3. 精确建模

特征向量中触发器数量的减少使得能够用更少的训练向量创建更精确的电路非线性模型。在该步骤中，所需的训练向量的有效数量减少了 $1-p$，其中 p 是裁剪因子。现有多种非线性模型可供选择，每种模型在特定领域均能表现出良好性能。平均预测误差（MPE）可用于衡量模型在大小为 n 的测试向量集上的质量，其定义如下：

$$MPE = 1/n * \sum_{k=1}^{n} \left| \hat{r}_m(v_k) - r_m(v_k) \right| \tag{6.5}$$

算法 6 描述了裁剪后的精确模型构建过程。首先，生成一组用于训练的向量 $t_{\text{selection}}$。为了在候选模型集中找到最佳的非线性模型，先进行快速训练，随后从更大的训练向量集中随机选取少量向量计算 MPE。需要注意的是，快速训练和测试（MPE 计算）使用的是不同的向量集，这使得模型选择过程无偏，并且对于新的输入向量能产生更好的结果。在选择具有最小 MPE 的最佳模型后，使用所有训练向量重新训练该模型。

预测的准确性在很大程度上取决于用于训练模型的算法。图 6.7 展示了 s38584 基准电路中不同模型的实际恢复状态与预测恢复状态的对比情况。作者发现，使用 Cubist 训练的模型提供了最准确的预测。需要注意的是，在 Cubist 中，

规模越大的基准测试，其 *MPE* 也越大，但它仍能保持恢复值之间的相对关系。换句话说，对于规模更大的基准测试，其误差百分比（| 预测值 – 实际值 |/实际值）并不会随着实际恢复绝对值的增加而线性增长。实际上，在大多数情况下，Cubist 中的预测值与实际值相吻合[8]，这使得无须进行额外实际仿真即可实现高质量的信号选择。

算法 6： 精确建模算法

---

procedure SelectFinalModel (*circuit*, *m*, $t_{selection}$, *w*, *candidateModels*)
  trainVectors = GenerateVectors (*circuit*, *m*, $t_{selection}$)
  quickTrainVectors =random 10% of trainVectors
  quickTestVectors =random 10% of trainVectors, exclusive with quickTrainVectors
  for each model *model* in *candidateModels* **do**
    Model $\hat{r}_m(v)$ with pruned features using *model* and *quickTrainVectors*
    Calculate MPE for $\hat{r}_m(v)$ on *quickTestVectors*
  bestModel = model with minimum MPE
  result = Model $\hat{r}_m(v)$ with pruned features using *bestModel* and *trainVectors*
  return result

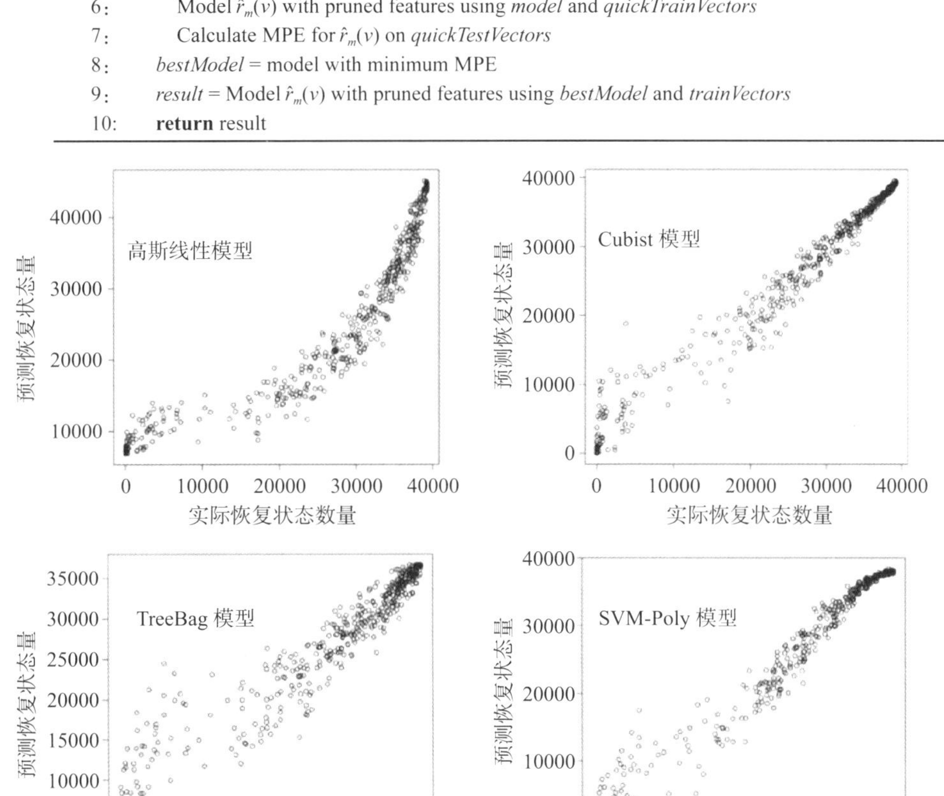

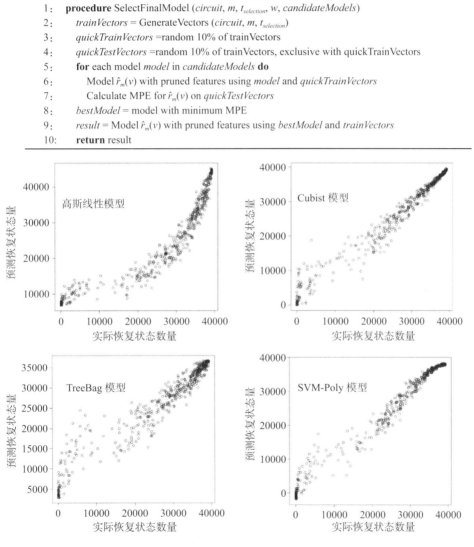

图 6.7 s38584 基准电路中不同模型的实际恢复状态与预测恢复状态对比。每个随机向量代表一组随机选取的跟踪信号，在图中以圆圈表示[8]

6.4.2 使用训练好的模型进行选择

上一节我们讨论了如何训练模型以准确预测所选信号的恢复性能。经过训练的模型可以替代实际仿真。若结合6.3节所述的探索策略，则能有效筛选出最具跟踪价值的信号。如图6.4所示，Rahmani等[8]在训练好的模型之上同步应用三种探索策略，最终遴选出最优跟踪信号集。由于实际设计仿真仅存在于训练阶段而非探索阶段，因此与文献[11]和文献[12]相比，运行时开销显著降低。另一方面，恢复性能取决于训练模型的准确性和探索的有效性。较短的运行时间使得此方法能够应用于多种不同的探索策略（传统方法无法实现），从而进一步提高恢复性能。表6.1和6.2详细对比了基于学习的技术与其他方法的性能指标，本章后续将深入讨论这些实验结果。

6.5 基于特征的信号选择

本节描述了文献[7]中提出的基于特征的信号选择方法。虽然6.4节中讨论的基于学习的信号选择很有前景，但由于其需要对实际设计进行$O(N)$次仿真（N为设计中触发器数量，见图6.8），因此在大型工业设计中仍无法应用。基于特征的信号选择技术解决了这一可扩展性问题，其基本思想是使用具有与实际设计相似特征的小型电路集训练机器学习框架，并将训练好的模型应用于更大的待测电路。这种策略避免了对大规模工业设计进行仿真。

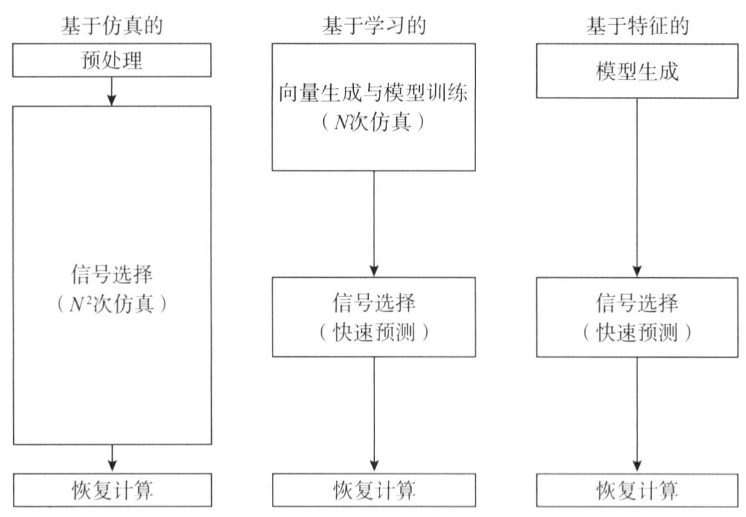

图6.8 不同信号选择技术的运行时间分布

6.5.1 概 述

图6.9展示了基于特征的信号选择方法的概述。首先，选择一组小型训练电路来构建选择模型。对于每个训练电路，分别应用基于排除法[11]和基于增补法[12]的改进版本，然后选择最佳结果。接着生成一组训练向量并添加到训

练向量集中。接下来，使用不同的机器学习回归技术利用此训练集创建选择模型，并选取精度最高的模型。在此步骤中，根据良好候选信号的标准及其与属性的关系来训练模型。该模型随后可用于在任何相关设计中进行信号选择，而无须进行昂贵的仿真。选择模型的训练是一次性过程。一旦完成，只要其他相关电路具有相同的属性（如连接性和编码准则），该模型即可用于选择这些电路中的跟踪信号。

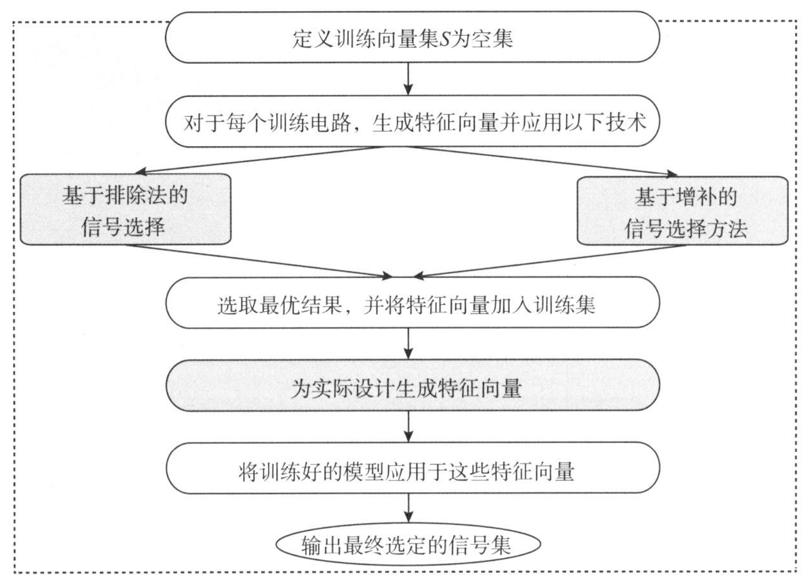

图 6.9 基于特征的信号选择技术概述[7]

6.5.2 模型训练

训练好的模型应当具有足够的通用性，以便能够应用于待测电路，并且要足够精确，以生成高质量的结果。在深入探讨建模技术的细节之前，先为具有 N 个触发器且仿真窗口为 m 的电路定义几个有用的术语：

· Fan-out$_g(x)$：对于触发器 f，连接到其输出端的 g 类型门（AND 门、OR 门等）的数量。

· Fan-in$_g(x)$：对于触发器 f，连接到其输入端的 g 类型门（AND 门、OR 门等）的数量。

· Connectivity(x)：对于触发器 f，通过组合门（AND 门、OR 门等）在前向路径和后向路径上与之相连的其他触发器数量。

· InputDistance(x)：对于触发器 f，其与主输入信号之间的最小距离（以门的数量来衡量）。

· OutputDistance(x)：对于触发器 f，其与主输出信号之间的最小距离（以门的数量来衡量）。

· ZeroProbability(x)：对于触发器 f，在 m 个周期的仿真中触发器为 0 的值所占的百分比。

· SingleRestoration(x)：对于触发器 f，在 m 个周期的仿真 / 恢复过程中，当 f 是唯一的跟踪信号时，恢复状态的数量。

· SelectionOrder$_g$(x): 对于触发器 f，应用技术 g 时选择的序列号。该数字对于第一个（最佳）选择的信号为 1，对于最后一个选择的信号为 N。

· Rank($g(x)$) 对于触发器 f，满足 $g(x) \leqslant g(f)$ 的触发器数量除以 N。换句话说，这是将函数 g 应用于触发器 f 后，其相对于他触发器的归一化相对秩位。当 $g(f)$ 为最大值时，该值为 1；当 $g(f)$ 为最小值时，该值为 $1/N$。

1. 特征选择

应选择与信号的结构特性及其状态恢复性能高度相关的特征进行训练。此外，这些特征应不受电路规模和结构的影响。这一点至关重要，因为我们希望使用一组小型电路训练模型，并将所学应用于待测的大型电路。最后，特征向量的生成不应计算成本过高。考虑到这些因素，文献［7］的作者建议采用以下特征向量：

· Rank（Fan-out$_g$(f)）：电路中所有类型为 g 的门扇出的秩。

· Rank（Fan-in$_g$(f)）：电路中所有类型为 g 的门扇入的秩。

· Rank（Connectivity(f)）：触发器 f 前向和后向连接的触发器数量。

· Rank（InputDistance(f)）：触发器 f 与主输入信号最小距离。

· Rank（OutputDistance(f)）：触发器 f 与主输出信号最小距离。

· Rank（ZeroProbability(f)）：触发器 f 在 m 个周期中 0 所占的比例。

· Rank（SingleRestoration(f)）：触发器 f 恢复状态的数量。

可以看出，所选特征大多基于电路结构且易于评估。此外，对所有特征应用了排序函数，使其成为相对值而非绝对值。这使得特征不受电路规模和门数量的影响。直观地说，特征向量捕捉了信号的扇入和扇出、其在电路中的相对位置和深度，以及当被选为跟踪信号时对恢复其相邻信号的影响。这些特征与触发器的恢复性能之间存在高度相关性[7]。

2. 生成训练向量

生成训练向量与基于机器学习的方法相同，此过程详见 6.4.1 节。

3. 模型构建

在本步骤中，通过在一组小型的训练电路上应用基于仿真的技术来构建选择模型。直观地说，该模型学习了良好跟踪信号的标准及其与之前描述的特征向量之间的关系。算法 7 概述了从一组小型训练电路创建选择模型所涉及的步骤。此算法类似于 6.4.1. 节中解释的基于学习的模型构建。对于这两种方法，均使用 *MPE* 来计算预测误差。然而，有一个小的差异。在基于特征的技术中，作者没有使用随机初始集探索策略，仅应用了基于增补和排除法的探索技术，并选择平均恢复率更好的那一个。这些策略的详细信息已在 6.3 节中讨论。

算法 7： 模型生成算法

```
procedure ModelGeneration (trainingCircuits, regressionModels, m)
  Create training vectors set trainingVectors
  for each circuit c in trainingCircuits do
    n = number of flip-flops in c
    apply AugmentationBased(c, n, m) and EliminationBased(c, 1, m) to c and pick the best
      one as g
  for each flip-flop f in c do
    Add < v, r >to trainingVectors where v is the feature vector for the flip-flop and r is
      Rank(SelectionOrder_g(f))
  apply all the models in regressionModels to trainingVectors
  return model m with minimum MPE
```

接下来，对于电路中的每个触发器 f，向训练向量集添加一对特征向量 v 和选择顺序等级 r。选择顺序等级有助于在所有电路中对训练数据进行标准化，并使其不受电路中触发器数量的影响。然后将不同的回归技术（如支持向量机、线性建模等）应用于训练向量，并返回最佳的一种。

6.5.3 信号选择过程

如前一节所述，一旦完成选择模型的训练，便可将其应用于任意电路以选择跟踪信号。文献［7］的作者采用 ISCAS'89 基准测试中最小的电路，通过 Cubist 回归技术训练模型。图 6.10 展示了 s38584 基准测试中一组触发器的实际选择排名与使用训练好的模型预测的选择排名（在此示例中，假设 s38584 为待选信号的实际设计）。可以看出，实际值与预测值之间存在高度相关性。这一优势意义重大，因为它使我们能够基于特征向量通过快速预测生成选择排名，从而在待测电路中选择高质量的跟踪信号，而无须进行昂贵的仿真。

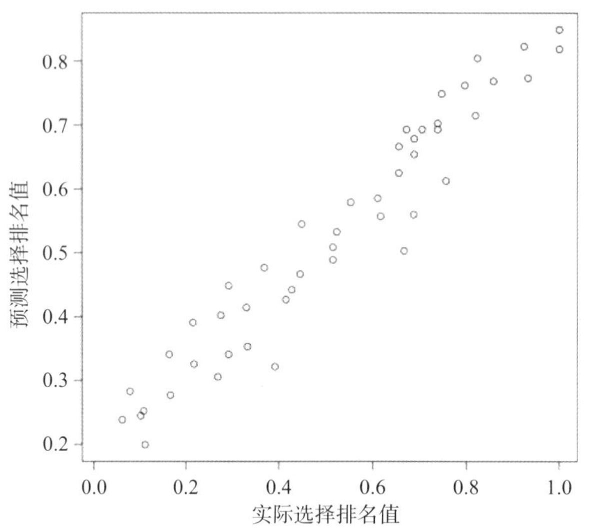

图 6.10 s38584 基准电路中实际选择排名值与预测选择排名值的对比，模型是使用小型 ISCAS'89 基准测试集[7]进行训练的

算法 8 描述了信号选择算法。首先，为电路中的所有触发器生成特征向量。然后，利用这些向量通过选择模型 *m* 预测触发器的选择排名。最后，返回预测选择排名最高的 *w* 个（跟踪缓冲器宽度）触发器作为结果。

算法 8：信号选择算法

```
procedure SignalSelection(circuit, m, w)
  Initialize predictionMap as an empty map
  for each flip-flop f in circuit do
    v = feature vector of f
    r = m(v), the predicted value of selection sequence rank of f using model m
    Add < f, r >topredictionMap
  Sort predictionMap based on r values
  return top w flip-flops with the highest values of r
```

6.6 不同信号选择技术的比较

本节从恢复质量和信号选择时间两方面对不同的信号选择技术进行比较。

6.6.1 恢复质量

表 6.1 展示了使用不同 ISCAS'89 和 ITC'99 基准测试[7]时，各种恢复技术的恢复率对比。标注为“N/A”的表示该技术在 24 小时的运行时间内无法完成。文献［7］中提出的基于特征的技术在 s38584 基准测试中修复性能提升最高，达 135.4%，平均提升 8.8%。与 Chatterjee 等[11]相比，基于特征的技术[7]在训练电路中进行移除操作时未进行任何裁剪，这减少了在选择之前移除有效

触发器的风险。同样，Li 等[12]仅对前 5% 的候选触发器进行了仿真，牺牲了选择过程的精度。此外，使用小型训练电路构建选择模型使得文献［7］能够同时使用基于排除和基于增补的技术，并为每个电路选择最佳方案。值得一提的是，文献［7］中的模型是使用一组训练电路（而非单个电路）上基于仿真的技术的最佳结果进行训练的，从而提供了全局更优的选择模型。尽管该模型是使用 ISCAS'89 基准测试中的小型电路进行训练的，但它在 ITC'99 基准测试（b15 和 b17）中的表现仍优于文献［16］。这表明特征向量和选择模型具有通用性，能够应用于具有相似特性的同一领域设计。

表 6.1 不同信号选择方法之间的恢复率[7]

电　路	触发器	缓冲器宽度	Simulation based[11]	Hybrid[12]	Learning based[16]	Feature based[7]
s5378	179	8	13.41	14.35	14.20	14.13
		16	7.35	8.36	8.40	8.92
		32	4.47	4.99	4.93	5.12
s9234	228	8.0	13.98	9.25	15.33	15.82
		16	8.30	6.13	8.76	9.10
		32	4.46	4.38	4.84	5.11
s15850	597	8	26.33	21.90	44.03	45.12
		16	19.89	14.78	23.13	24.37
		32	13.19	10.88	13.92	13.82
s13207	669	8	35.52	33.60	47.18	49.30
		16	20.13	23.22	29.00	31.21
		32	11.25	13.64	15.42	16.13
s38584	1452	8	N/A	27.00	54.25	127.72
		16	N/A	13.97	69.03	79.09
		32	N/A	7.50	43.66	44.02
s38417	1636	8	N/A	37.71	52.33	53.27
		16	N/A	23.80	27.12	26.97
		32	N/A	11.83	16.73	17.10
s35932	1728	8	132.00	144.00	186.80	186.90
		16	67.45	72.00	93.60	93.42
		32	34.63	36.00	46.98	47.15
b15	449	8	5.99	N/A	6.15	7.18
		16	3.56	N/A	4.83	4.98
		32	34.63	N/A	3.31	3.46
b17	1415	8	N/A	N/A	14.12	14.43
		16	N/A	N/A	13.19	13.31
		32	N/A	N/A	7.93	8.77
b18	3320	8	N/A	N/A	N/A	25.12
		16	N/A	N/A	N/A	21.60
		32	N/A	N/A	N/A	12.49

续表 6.1

电 路	触发器	缓冲器宽度	Simulation based [11]	Hybrid [12]	Learning based [16]	Feature based [7]
b19	6642	8	N/A	N/A	N/A	32.00
		16	N/A	N/A	N/A	24.64
		32	N/A	N/A	N/A	18.11

6.6.2 信号选择时间

表 6.2 展示了不同方法的运行时间。测试结果采集自配备 188GB 内存的八核 AMD Opteron 6378（1400MHz）设备[7]。运行时间是训练电路的训练向量生成耗时、建模耗时、待测电路特征向量生成耗时以及信号选择过程本身耗时的总和。报告的运行时间格式为“小时：分钟：秒”。与表 6.1 一样，“N/A”表示该技术在 24 小时内无法完成。正如我们所见，基于特征的技术相比其他方法展现出显著的加速效果——在 s38417 和 b17 基准测试中（缓冲器宽度为 32）速度提升最高达 37 倍，平均达 17.6 倍。这是因为文献［7］仅需在一组小型训练电路上进行仿真。一旦模型创建完成，就无须对待测电路进行任何仿真，因为选择过程仅使用快速预测而非实际仿真。

表 6.2 现有选择方法的运行时间比较[7]

电 路	缓冲器宽度	Simulation based [11]	Hybrid [12]	Learning based [16]	Feature based [7]
s5378	8	00:01:53	00:00:08	00:01:46	00:00:11
	16	00:01:52	00:00:10	00:01:52	00:00:11
	32	00:01:48	00:00:16	00:02:09	00:00:11
s9234	8	00:08:52	00:00:32	00:00:10	00:00:11
	16	00:08:43	00:00:40	00:00:10	00:00:11
	32	00:08:10	00:00:50	00:00:10	00:00:11
s15850	8	03:44:12	00:05:20	00:04:20	00:00:13
	16	03:44:04	00:06:00	00:04:35	00:00:13
	32	03:43:39	00:06:36	00:05:04	00:00:13
s13207	8	01:21:41	00:01:36	00:03:45	00:00:13
	16	01:21:35	00:02:00	00:04:01	00:00:13
	32	01:21:13	00:02:40	00:04:12	00:00:13
s38584	8	N/A	00:05:28	00:16:52	00:00:36
	16	N/A	00:06:06	00:17:09	00:00:36
	32	N/A	00:09:02	00:17:35	00:00:36
s38417	8	N/A	00:22:42	00:20:23	00:00:39
	16	N/A	00:33:04	00:21:07	00:00:39
	32	N/A	00:34:28	00:23:55	00:00:39
s35932	8	11:39:36	00:04:28	00:16:49	00:00:37
	16	11:39:09	00:05:56	00:17:33	00:00:37
	32	11:38:01	00:08:38	00:18:21	00:00:37

续表 6.2

电 路	缓冲器宽度	Simulation based [11]	Hybrid [12]	Learning based [16]	Feature based [7]
b15	8	06:12:09	N/A	00:06:49	00:00:12
	16	06:09:55	N/A	00:07:03	00:00:12
	32	06:06:40	N/A	00:07:11	00:00:12
b17	8	N/A	N/A	00:19:10	00:00:35
	16	N/A	N/A	00:20:30	00:00:35
	32	N/A	N/A	00:21:40	00:00:35
b18	8	N/A	N/A	N/A	00:06:11
	16	N/A	N/A	N/A	00:06:11
	32	N/A	N/A	N/A	00:06:11
b19	8	N/A	N/A	N/A	00:21:09
	16	N/A	N/A	N/A	00:21:09
	32	N/A	N/A	N/A	00:21:09

6.7 小 结

本章介绍了两种基于机器学习的信号选择问题解决方案。最先进的信号选择方法需要在设计上运行大量的仿真，这通常会导致实际工业规模设计中的信号选择时间不可行。这些基于机器学习的技术的基本思想是用轻量级的预测模型来替代昂贵的仿真。本章讨论的第一种方法仅需对实际设计进行少量仿真以构建模型。随后，该模型会采用更全面的探索策略来进行有利的信号选择。第二种方法通过使用小型设计而非实际大型设计来训练模型，从而进一步提高运行时间。最后，本章对信号选择方法的恢复性能和运行时间进行了比较。

参考文献

[1] Basu K, Mishra P. Efficient combination of trace and scan signals for post silicon validation and debug[C]//2011 IEEE International Test Conference. Piscataway: IEEE, 2011: 1-8.

[2] Basu K, Mishra P. Efficient trace signal selection for post silicon validation and debug[C]//2011 24th International Conference on VLSI Design. Piscataway: IEEE, 2011: 352-357.

[3] Basu K, Mishra P. RATS: Restoration-aware trace signal selection for post-silicon validation[J]. IEEE Transactions on Very Large Scale Integration(VLSI) Systems, 2013, 21(4): 605-613.

[4] Chatterjee D, McCarter C, Bertacco V. Simulation-based signal selection for state restoration in silicon debug[C]//2011 IEEE/ACM International Conference on Computer-Aided Design. Piscataway: IEEE, 2011: 595-601.

[5] Ko H, Nicolici N. Algorithms for state restoration and trace-signal selection for data acquisition in silicon debug[J]. IEEE Transactions on Computer-Aided Design of Integrated Circuits and Systems, 2009, 28(2): 285-297.

[6] Li M, Davoodi A. A hybrid approach for fast and accurate trace signal selection for post-silicon debug[C]//2013 Design, Automation & Test in Europe Conference & Exhibition. Piscataway: IEEE, 2013: 485-490.

[7] Liu X, Xu Q. Trace signal selection for visibility enhancement in post-silicon validation[C]//2009 Design, Automation & Test in Europe Conference & Exhibition. Piscataway: IEEE, 2009: 1338-1343.

[8] Mishra P, Morad R, Ziv A, et al. Post-silicon validation in the SoC era: A tutorial introduction[J]. IEEE Design & Test, 2017, 34(3): 68-92.

[9] Rahmani K, Mishra P. Efficient signal selection using fine-grained combination of scan and trace buffers[C]//2013 26th International Conference on VLSI Design. Piscataway: IEEE, 2013: 308-313.

[10] Rahmani K, Mishra P, Ray S. Efficient trace signal selection using augmentation and ILP techniques[C]//2014 15th International Symposium on Quality Electronic Design. Piscataway: IEEE, 2014: 148-155.

[11] Rahmani K, Mishra P. Feature-based signal selection for post-silicon debug using machine learning[J]. IEEE Transactions on Emerging Topics in Computing, 2017.

[12] Rahmani K, Ray S, Mishra P. Postsilicon trace signal selection using machine learning techniques[J]. IEEE Transactions on Very Large Scale Integration(VLSI) Systems, 2017, 25(2): 570-580.

[13] Rahmani K, Proch S, Mishra P. Efficient selection of trace and scan signals for post-silicon debug[J]. IEEE Transactions on Very Large Scale Integration(VLSI) Systems, 2016, 24(1): 313-323.

[14] Rahmani K, Mishra P, Ray S. Scalable trace signal selection using machine learning[C]//2013 IEEE 31st International Conference on Computer Design. Piscataway: IEEE, 2013: 384-389.

[15] Thakyal P, Mishra P. Layout-aware selection of trace signals for post-silicon debug[C]//2014 IEEE Computer Society Annual Symposium on VLSI. Piscataway: IEEE, 2014: 326-331.

[16] Thakyal P, Mishra P. Layout-aware signal selection in reconfigurable architectures[C]//2014 18th International Symposium on VLSI Design and Test. Piscataway: IEEE, 2014: 1-6.

第Ⅲ部分　测试和断言的生成

第7章　可观测性感知的硅后测试生成

法里玛·法拉曼迪 / 普拉巴特·米什拉

7.1 引　言

集成电路（IC）的硅后验证是指在实际操作条件下对制造完成的预生产硅片进行测试，以确保设计符合预期，并找出在硅前验证阶段遗漏的错误。硅后验证是一项极其复杂的活动，需要精心规划、架构支持以及测试开发[17]。此外，它还是一项成本高昂的工作，占验证成本的 50% 以上。而且，只有硅后验证成功了才能开始大规模生产。因此，硅后验证的有效性会影响产品上市、公司营收、赢利能力和市场定位[24]。

测试生成在集成电路的功能验证方面已得到广泛研究。大多数测试生成方法都是为硅前验证而设计的[1, 3, 4, 8, 9, 16, 20]。硅前测试生成已在不同的抽象级别上进行。绝大多数测试生成工作都集中在寄存器传输级（RTL）实现的验证上[9]。近来，针对事务级模型（TLM）验证出现了一些有针对性的方法[21]。近期的一些方法展示了如何将事务级测试复用于 RTL 验证[8]。随着硅后验证重要性的日益凸显，针对硅后调试的测试生成引起人们的极大兴趣。Sousa 和 Sen[21] 利用变异测试生成了事务级测试平台。HYBRO[16] 利用动态仿真数据以及对 RTL 控制流图的静态分析来生成覆盖分支的测试。Adir 等[2] 提出了一种统一的方法，用于硅前和硅后验证，该方法基于通用的验证计划以及用于测试模板和覆盖率模型的类似语言。Reversi[23] 生成随机测试程序，这对硅后验证很有益处。快速错误检测[11] 对现有的硅后测试进行了转换，从而显著降低了错误检测延迟。

Lin 等[14] 介绍了如何创建硅后验证测试，以快速检测多核片上系统的缺陷。Zokaee 等[25] 提出了一种基于 SAT 的 ATPG 方法，用于增强扫描转换延迟故障。转换延迟故障可以通过使用 8 值逻辑编码系统生成的一对测试模式来检测。这种编码有助于将 ATPG 映射为 SAT 问题，并提高故障覆盖率。一种基于概率的评分技术已被提出，以减少基于扫描的设计故障诊断的搜索空间[19]。该方法利用信号概率分析对故障候选进行排序。

基于断言的验证在硅前验证中被广泛用于创建潜在的行为场景，以提高覆盖率标准[6]。然而，在硅后验证中，很难确定一组断言是否已被覆盖。已经有很多努力致力于生成用于激活断言的测试[13, 15, 22]。Chen 等[8] 使用模型检查器通过 TLM 设计生成定向测试，以克服 RTL 设计的复杂性。然而，这些方法都没有考虑可观测性约束。

在硅后验证中，一个根本性的问题在于可观测性和可控性的缺乏——在芯片执行期间，数百万个内部信号中只有几百个能够被直接观测或控制。这使得从硅后测试中观测到的故障来诊断错误变得困难，甚至难以确定测试是否通过，例如，如果测试结果影响到一个不可观测的信号，就很难确定测试是否按预期执行。

为解决这一问题，关键在于硅后测试必须具备可观测性意识，即其结果的值能够从可用的可观测性中重建出来[10]。遗憾的是，由于多种原因，这很难实现。首先，在工业集成电路开发环境中，可观测性架构和（硅后）定向测试由不同团队在设计生命周期的不同阶段独立且并行地开发。在生成测试时，测试生成团队通常无法考虑硅片的可观测性，因为可观测性架构可能在生成测试时尚未完全开发。此外，在定义了可观测性架构之后，很难使用自动化工具来创建（额外的）对可观测性友好的定向测试。创建可观测性架构需要对 RTL 模型进行分析，以识别可跟踪的信号；然后将这些信号通过适当的测试设备传输到观测点，例如，输出引脚或内部存储器[5, 12, 18]。另一方面，直接对 RTL 模型进行分析以识别测试生成通常是不可行的。RTL 模型往往规模庞大且复杂（通常有数百万行代码），使得此类分析超出了测试分析工具的能力范围。RTL 模型还可能包含功能或设计错误。实际上，进行硅后定向测试的一个关键原因就是识别此类错误。因此，如果通过分析 RTL 来开发定向测试，那么测试的准确性以及其对可观测性影响的任何推断都可能受到质疑。

在本章中，我们提出了一种通过分析硅前设计相关材料来开发具有可观测性意识的硅后定向测试的方法。克服上述可扩展性和相关性挑战的关键方法是利用更抽象的 TLM 设计来进行分析。TLM 是一种对数字系统进行建模的高级方法，通过隐藏功能单元的实现细节或通信架构来实现。换句话说，与 RTL 相比，TLM 的定义更加抽象、结构化和紧凑，这使得探索技术能够有效地应用于识别高质量的定向测试。然而，一个关键的挑战在于，要在 TLM 和 RTL 之间绘制设计功能和可观测性相关材料的映射关系，以便在 TLM 中生成的测试能够转换为对 RTL 而言有效且具有可观测性意识的测试。我们将讨论如何在实践中开发这种映射。

基本思路是将 RTL 断言以及可观测性约束转换为带有可观测性约束的 TLM 断言。生成的 TLM 断言 / 属性将用于构建 TLM 测试。基于故障模型生成计算树逻辑或线性时序逻辑公式形式的测试属性。对属性取反后，使用模型检查器在形式化模型上生成所需的测试用例（反例）。换句话说，所提出的方法包含四个步骤：

（1）将可观测性约束作为测试目标的一部分进行映射。

（2）将测试目标从 RTL 映射到 TLM。

（3）使用 TLM 描述生成测试。

（4）将 TLM 测试转换为 RTL 测试。

最后，TLM 测试将被转换为便于调试的 RTL 测试。为了提高基于模型检查的测试生成方法的可扩展性，可以使用基于 SAT 的有界模型检查（BMC）开发属性和设计分解过程。

7.2 可观测性感知测试生成

我们将可观测性感知测试生成问题表述如下：首先，给出问题的公式化表述；接下来，概述假设条件和框架概览；最后，描述框架中的四个主要步骤。

1. 问题描述

假设我们有一个 RTL 模型 M、一组要在硅后阶段执行的检查器和覆盖条件 $\mathscr{A}$，以及一组可跟踪的信号 $\mathscr{S}$。目标是开发定向测试以执行 $\mathscr{A}$，使得测试结果可以通过观察 $\mathscr{S}$ 中的信号来推断。

2. 假设与可行性

该方法使用 TLM 模型进行硅后测试生成。为了使该方法可行，应在底层设计上施加一些关键约束条件。这些要求基于当前 SoC 设计中工业方法的经验，尽管有所抽象，但可以提供清晰的表述。关键要求是存在系统的 TLM 定义（除了 RTL 定义之外），其中假定 TLM 是“黄金”规范。尽管这一要求在工业流程中并未直接得到满足，但确实可行，原因在于：SoC 设计的探索和开发始于架构模型，该模型生成架构规范文档。这些规范可以轻松获取以生成 TLM 描述，实际上，此类方法常用于在 RTL 之前实现早期系统级架构验证。第二个要求是 TLM 和 RTL 模型必须具有相同的外部（输入 – 输出）接口。当然，TLM 和 RTL 的内部寄存器与控制变量预计会有所不同，并且 TLM 中的功能定义更为抽象。相应地，对于由多个硬件或软件 IP 模块组成的 SoC 设计，在每个 NoC 接口处，要求 IP 在 TLM 和 RTL 模型中具有相同的接口变量定义。这些约束条件也是可行的，因为在当前的工业实践中，TLM 和架构模型的一个主要用途是为软件和固件开发提供一个原型环境。因此，硬件接口的定义以及对固件和低级配置、控制和调试软件可见的寄存器的定义，会与架构规范一起定义，并集成到 TLM 模型中，从而在架构定义时就固定下来，即便 RTL 的内部功能尚未实现。最后，仅考虑来自 $\mathscr{A}$ 的那些对重复不敏感的断言，即对 RTL 的细化（其中单个转换被有限序列所替代）视而不见的断言。对重复不敏感的属性的一般类别是 LTL\X 属性（X 表示下一个操作符）。由于 TLM 模型是无时序的，因此对重复不敏感属性的测试是基于 TLM 生成的自然目标。

图 7.1 展示了该方法的整体流程。该方法包含四个重要步骤：

（1）将可观测性约束作为测试目标的一部分进行映射。

（2）将测试目标从 RTL 映射到 TLM。

（3）使用 TLM 描述生成测试。

（4）将 TLM 测试转换为 RTL 测试。

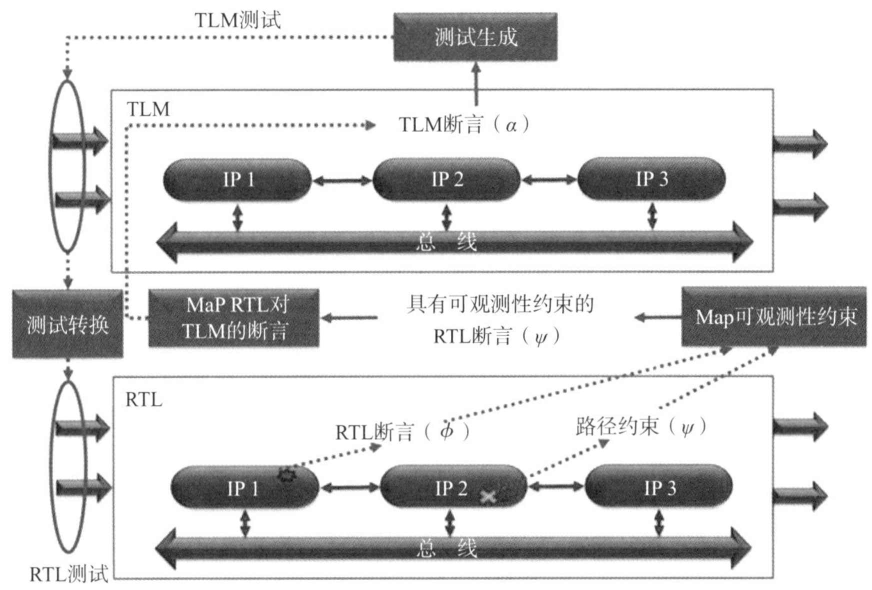

图 7.1　包含四个重要步骤的方法论

基本思路是将 RTL 断言（ϕ）和可观测性约束（ψ）进行转换，以创建具有可观测性约束的修改后的 RTL 断言（π）。修改后的断言需要映射为 TLM 断言（α）。TLM 断言 / 属性将用于构建 TLM 测试。最后，TLM 测试将被转换为 RTL 测试。在本节后续部分，我们将详细描述每个步骤。

7.2.1　映射可观测性约束

设 M_R 和 M_T 分别为 RTL 模型和 TLM 模型，其（共同的）主要输入 $I=<I_1, I_2, \cdots, I_n>$，主要输出 $O=<O_1, O_2, \cdots, O_m>$。设 $R=<R_1, R_2, \cdots, R_l>$ 为可观测的 RTL 信号集。考虑一个基于 I、O 和 R 的对重复不敏感的断言 ϕ。为便于后续讨论，可以将 ϕ 视为一个 LTL\X 公式。为 ϕ 生成可观测性感知测试需要执行以下步骤：

（1）跟踪影响范围计算：从 R 中的信号反向遍历 RTL 的控制 / 数据流，

直至 ϕ 中的变量。此跟踪影响范围计算是在 ϕ 成立的约束条件下进行的。所有跟踪影响范围计算中不包含 ϕ 中任何变量的 R 信号都将被丢弃。

（2）断言传播：利用特征仿真将 ϕ 中的变量沿步骤（1）中找到的跟踪影响向前传播。其结果是将 ϕ 重新表述为一个新的公式 ψ，该公式用可追溯变量（包括 R 和 O 中的信号）来表示。

（3）断言抽象：构造一个公式 π 使其包含 ϕ 和 ψ。若 ψ 是 ϕ 的结果，则 $\pi:(\phi \rightarrow F\psi)$，反之亦然。若 ϕ 和 ψ 可以同时满足，则 $\pi:(\phi \wedge \psi)$。

为了能够达成目标，首先对 RTL 进行分析，以找出 RTL 断言 ϕ 的激活对相关跟踪信号的影响。换句话说，从跟踪信号开始反向遍历控制和数据流图（CDFG），以到达 ϕ 条件为真的点。请注意，如果跟踪信号位于 ϕ 的某个条件之前，则建议正向遍历 CDFG，不过这种情况可在下一节的操作中涵盖。

【示例 1】图 7.2 展示了一个在 RTL 和 TLM 中的数据路由，它从输入通道接收一个数据包。路由器分析接收到的数据包，并根据数据包的地址将其发送到三个通道中的一个。F_1、F_2 和 F_3 分别接收地址为 1、2 和 3 的数据包。输入数据由三部分组成：奇偶校验（在 RTL 中为 data_in[0]，在 TLM 中

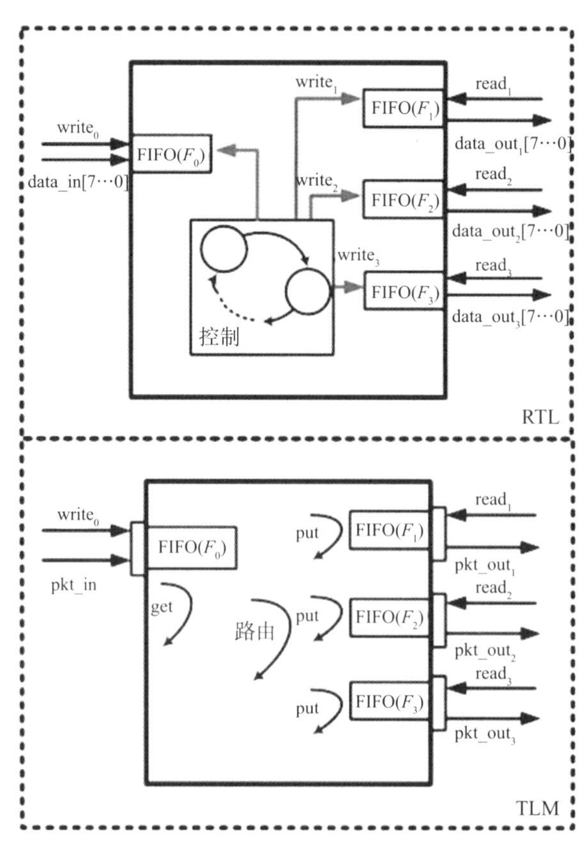

图 7.2 数据路由设计、RTL 和 TLM 实现

为 pkt_in.parity）、有效数据（在 RTL 中为 data_in[7..3]，在 TLM 中为 pkt_in.payload）和地址（在 RTL 中为 data_in[2..1]，在 TLM 中为 pkt_in.addr）。

该 RTL 实现包含一个连接到其输入端口（F_0）的 FIFO 和三个 FIFO（每个输出通道一个）。这些 FIFO 由一个有限状态机（FSM）控制。路由模块读取输入数据包，并使相应目标 FIFO 的写入信号（$write_1$、$write_2$ 和 $write_3$）有效。考虑生成一个测试，以检查来自 F_0 的信号 $read_0$（这是内部信号）是否不会一直保持为零。相应的断言，以（LTL\X）公式的形式写为 (ϕ: $Fread_0$)。假设选择 F_1 的输入数据的地址部分（F_1.data_in[2..1]）作为跟踪信号。为了通过 F_1.data_in[2..1] 观察 ϕ 的激活效果，在 $read_0$ 变为真后的两个周期，以下假设必须为真：ψ: $F_1.write_1 \wedge F_1.pkt\_in[2..1]=1$。因此，按照上述步骤，我们得到

$$\pi: Fread_0 \rightarrow XX\ (F_1.write_1 \wedge F_1.data\_in[2..1]=1)$$

7.2.2 从RTL到TLM映射测试目标（断言）

从 RTL 到 TLM 映射断言的关键挑战在于跨越这两种设计之间的抽象级别，这将通过接口的共性来实现。目标是找到 TLM 属性 α，使其与上一节构建的 RTL 断言 π 测试等价。这里所说的测试等价是指它们生成的测试或反例等价。该问题归结为将 π 转换为一个公式 α，使得 α 是关于 I 和 O 的 LTL\X 属性。如果测试 T 是 TLM 中 α 的反例，那么 T 也是 RTL 中 π 的反例。若 π 包含内部 RTL 变量，则需要将其转换为仅针对接口变量的 LTL\X 属性测试等效的 RTL。

断言 α 可以通过对 π 中的变量进行特征仿真来定义，类似于前一节所述，但这次是在 TLM 模型上进行。假设 π 是关于 $P_1, P_2, \cdots, P_n$ 的时态逻辑公式，其中每个 P_i 表示接口或内部变量的一个条件。对于传播到接口的变量，从 P_i 为真的点向后遍历 CDFG 以到达主要输入 1。结果，每个 P_i 都可以重新表述为关于 $Q_i=q_1, \cdots, q_m$ 的临时公式 θ，其中 q_j 表示接口变量的一个条件。请注意，θ 可能不是 LTL\X 属性，因为 π 不是。下一步是从 θ 中移除确切的时序符号。该方法基于原始断言 ϕ 具有添加或删除重复的符号不会改变语言的接受性。因此，应用分配性质，使其操作数是不可再分的（例如，$X(q_i \wedge q_j) \equiv X(q_i) \wedge X(q_j)$）。此外，还可以应用以下规则：

· $F(Xp)=Fp$，因此，操作符 F 可以包含 X。

· $p \rightarrow XX\cdots Xq$ 可以用 $p \rightarrow Fq$ 来替代。

· $p \wedge X\neg p$ 可以替换为 $p \wedge F\neg p$。

· 当 p_2 是关于集合 O 中变量的条件时，$p_1 \wedge X\cdots Xp_2$ 可以用 $p_1 \rightarrow F(p_2)$ 来替换。

修改后的断言是一个包含接口变量条件的 LTL\X，因此可以应用于 TLM。实际上，断言 π 被映射为一系列的 put 和 get 事务。接下来是当接口信号名称不一致时执行名称映射，最终得到的断言就是所需的断言 α。

【示例 2】考虑示例 1 中的断言 π，我们希望将其转换为 TLM 断言 α，该断言不依赖于时间，并且是基于接口变量来表述的。通过 CDFG 遍历，我们知道当 F_0 不为空时，信号 read_0（图 7.2 所示）会被置位。因此，$X(X\mathrm{read}_0=1)\equiv(\neg F_0.\mathrm{empty})$。$F_0$ 非空意味着 F_0 的写信号之前已被置位。因此，我们可以将公式重写为 $XX(F_0.\mathrm{read}_0=1)\equiv X(\neg F_0.\mathrm{empty})\equiv(F_0.\mathrm{write})$，利用知识 $(F_1.\mathrm{data\_in}[2..1]=1\wedge F_1.\mathrm{write}_1)\equiv(X(F_1.\mathrm{read}_1)\wedge XX(F_1.\mathrm{data\_out}_1[2..1]=1)$，得到以下公式：

$$\theta\text{：}\mathrm{write}\rightarrow \mathbf{F}XX(\mathrm{read}_1\rightarrow \mathbf{F}X\mathrm{data\_out}_1[2..1]=1)$$

最后，断言 α（经过名称映射后）可以写成如下形式：

$$\alpha\text{：}\mathbf{F}\mathrm{write}\rightarrow \mathbf{F}(\mathrm{read}_1\rightarrow \mathbf{F}\mathrm{pkt\_out}_1.\mathrm{addr}=1)$$

7.2.3 TLM级别的测试生成

断言 α 表示设计中成立的功能属性，其违反会表现出设计缺陷。基于断言的测试生成方法采用属性 $\neg\alpha$，并使用模型检查器为 $\neg\alpha$ 生成反例。换句话说，检查属性 $\neg\alpha$ 会导致生成能够激活属性 α 场景的测试。因此，适当的断言集可提高故障覆盖率，并保证基于属性的测试生成的成功。

SMV 模型检查器[7]用于在 TLM 的 SMV 模型中查找属性 $\neg\alpha$ 的反例，该反例对主要输入的赋值即为 TLM 测试用例。

【示例 3】考虑图 7.2 所示路由的 TLM 模型以及示例 2 中的属性 α。目标是生成满足属性 α 的 TLM 测试。因此，模型检查器在断言 $\neg\alpha$ 上运行。生成的测试用例如表 7.1 所示。TLM 测试在第一步对各种输入（奇偶校验、地址、有效载荷和写入）进行了赋值，并且相应的 read_1 在第四步被启用。

表 7.1 针对图 7.2 所示路由的直接 TLM 测试用例

	步骤 1	步骤 2 ~ 3	步骤 4
pkt_in.parity	1	…	…
pkt_in.addr	1	…	…
pkt_in.payload	11000	…	…
write	1	…	…
read_1	0	0	1

7.2.4 将TLM测试转换为RTL测试

最后一步是将 TLM 测试向量映射到 RTL 测试。由于 TLM 测试缺乏 RTL 实现中的时序信息，因此不能直接应用于 RTL。映射过程包括两个部分：映射

输入 / 输出变量；利用模板将 TLM 事务映射为 RTL 时序计算。模板能够添加时序关系，此过程是 RTL 到 TLM 断言映射的逆过程。模板中的时序关系可以由设计人员提供，也可以通过设计分析工具提取[8]。示例 4 展示了如何利用模板进行 TLM 到 RTL 测试的转换。

【示例 4】将表 7.1 中所示的 TLM 测试转换为 RTL 测试如表 7.2 所示。

表 7.2 与表 7.1 相对应的直接 RTL 测试用例

	周期 1	周期 2 ~ 6	周期 7
data_in[0]	1	…	…
data_in[2..1]	01	…	…
data_in[7..3]	11000	…	…
write	1	…	…
$read_1$	0	0	1

在第一步中，将所有名称进行映射，例如，将 pkt_in.addr 的十进制值映射为二进制值 data_in[2..1]。接下来，利用图 7.3 中的模板 SPEC 路由向 RTL 测试添加时序。在这种情况下，除了 $read_1$ 之外的所有 RTL 输入都在第一个时钟周期中初始化。根据图 7.3 中的延迟信息，$read_1$ 在第 7 个时钟周期启用。这是因为 SPEC 路由模板调用了 read(0, 1) 函数（消耗两个周期），接着是一个周期的等待，forward 函数消耗另外两个周期，最后一个 read 函数需要两个周期。换句话说，$read_1$ 在相应输入初始化后的六个周期被启用。

时 序	

Template read(int fifoNum, bool val)
 #2 read%fifoNum = val;
end
Template forward(int fifoNum, data)
 F%fifoNum.data_in = data;
 write%fifoNum = 1'b1;
 #1 -- wait to data places on FIFO
end
	SPEC route(pkt_in, write, read1)
	 Initialize();
	  write = write;
	 data_in = pkt_in;
	 read(0, 1);
	 #1 -- wait to data places on output of F_0
	 forward(pkt_in.addr, pkt.payload);
	 read(pkt_in.addr, read1);
	end

图 7.3 将 TLM 测试转换为 RTL 测试的时序示例

设计人员根据 TLM 和 RTL 之间的关系开发模板。例如，在图 7.3 中，由于以下事件，读取功能消耗了两个周期：当写信号在第一个周期有效时，F_0（图 7.2 所示）将在第二个周期接收输入数据包，而在第三个周期使能 F_0 的读取信号（$read_0$），因为此时已确定 F_0 不是空的。

这个问题可通过两个阶段来解决：

（1）为 TLM 级测试生成过程中被抽象掉的控制信号寻找对应值。例如，如果 RTL 模型中有数据使能信号而在 TLM 模型中不存在，那么每当输入数据获得有效值时，就应该将其置为有效。

（2）为测试向量添加时序约束。在这个阶段，每个测试向量都包含 RTL 模型主输入的所有有效值。然而，我们必须定义这些值应该被赋值的确切时钟周期。这类信息可以从设计的状态机和控制图中找到。

7.3 案例研究

我们通过两个案例研究来验证所提方法的适用性：一个 NoC 交换协议和一个流水线处理器。在这些实验中，我们利用有界 SMV 模型检测器[7]来优化测试生成时间。

7.3.1 NoC交换机中的Wormhole协议（跨链互操作性协议）

交换机作为 NoC 的基本构建模块，负责接收输入数据包，并将其转发到相应的输出端口。在本案例研究中，路由器使用 Wormhole 协议。我们针对以下五个关键属性生成测试：

（1）属性 1：涉及通道输出端口的预留机制。

（2）属性 2：关于同时填满两个内部 FIFO。

（3）属性 3：针对接收具有特定值的数据包。

（4）属性 4：与强制确认信号为真有关。

（5）属性 5 ：与死锁检测有关。

表 7.3 展示了本方法在为这五项属性生成可观测性感知测试方面的有效性。由于目前尚无针对硅后可观测性测试生成的研究，我们通过两种方式验证本方法的实用价值：

（1）与不考虑可观测性约束的定向测试生成相比，本方法（具有可观测性约束）所需的测试生成时间是合理的。

（2）随机测试生成可能无法激活有缺陷的场景，并将其影响传播至跟踪信号。我们还尝试在 RTL 存在缺陷时直接从 RTL 生成测试，但测试生成失败了，因为无法生成反例。这一观察结果突显了在黄金 TLM 中进行测试生成的重要性。

表 7.3 提供了针对另外四个选定属性的测试生成统计数据。“定向测试生成”显示了在不考虑可观测性约束的情况下生成直接测试所需的时间。其时间消耗与所提出的方法相当，但对跟踪信号的效果不可见，因此这些测试对硅后阶段没有用处。表 7.3 还表明，TLM 随机测试生成远不如我们的方法，而且在大多数情况下无法激活场景。

表 7.3 具有四个交换机的网络中安全属性的测试生成时间

属　性	随机测试生成（min）	我们提出的方法	
		定向测试生成（min）	具有可观测试约束的测试生成（min）
属性 1	＞ 600	4.83	6.11
属性 2	＞ 600	3.45	7.72
属性 3	205	0.49	2.45
属性 4	502.6	1.85	4.73
属性 5	＞ 600	8.54	13.49

7.3.2 流水线处理器

我们在一个 MIPS 处理器上应用了该方法。该处理器有五个阶段：取指（从内存中获取新指令）、译码（对指令进行译码并读取可能的操作数）、执行（执行指令）、MEM（负责加载和存储操作）以及回写（将结果存储到指令的目标寄存器中）。这些阶段在 RTL 和黄金 TLM 实现中均由一个或多个 IP 块实现。这些 IP 块通过 FIFO 连接在一起。

基于处理器取指、译码和执行单元相关属性的生成测试结果如表 7.4 所示。显然，具有可观测性约束的测试生成对于硅后验证最为有益。

表 7.4 流水线处理器中安全属性的测试生成时间

属　性	随机测试生成（min）	我们提出的方法	
		定向测试生成（min）	具有可观测试约束的测试生成（min）
属性 1	＞ 600	0.83	1.90
属性 2	92.10	1.12	1.17
属性 3	297.05	3.00	7.47
属性 4	416.02	1.12	1.36

7.4 小　结

本章介绍了一种基于设计黄金 TLM 的高级定向测试生成方法。所提出的方法在 TLM 级别生成定向测试，并将其映射回 RTL 以衡量生成测试的有效性。测试生成方式不仅激活了错误场景（尤其是难以激活的场景），而且还引导错误场景的影响到达可观测点，以帮助调试人员确定故障根源。该方法具有诸多优点：首先，由于测试是使用黄金 TLM 模型生成的，因此能够为有缺陷的 RTL 设计生成测试；其次，所提出的方法克服了 RTL 模型的大小限制，因为 TLM 模型比 RTL 实现复杂度低得多，所以在 TLM 级别应用模型检测器的复杂度更低；最后，测试生成考虑了可观测性，通过将有缺陷场景激活的结果强制到跟踪信号中。使用 NoC 路由器和处理器设计的案例研究证明了可观测性感知测试生成的有效性和可行性。

参考文献

[1] Adir A, Almog E, Fournier L, et al. Genesys-pro: innovations in test program generation for functional processor verification[J]. IEEE Design & Test, 2004, 21(2): 84-93.

[2] Adir A, Copty S, Landa S, et al. A unified methodology for pre-silicon verification and post-silicon validation[C]//2011 Design, Automation & Test in Europe Conference & Exhibition. Piscataway: IEEE, 2011: 1-6.

[3] Ahmed A, Mishra P. Quebs: qualifying event based search in concolic testing for validation of RTL models[C]//2017 IEEE 35th International Conference on Computer Design. Piscataway: IEEE, 2017: 185-192.

[4] Ahmed A, Mishra P. Directed test generation using concolic testing of RTL models[C]//2018 Design, Automation & Test in Europe Conference & Exhibition. Piscataway: IEEE, 2018.

[5] Basu K, Mishra P. Efficient trace signal selection for post silicon validation and debug[C]//2011 24th International Conference on VLSI Design. Piscataway: IEEE, 2011: 352-357.

[6] Bombieri N, Filippozzi R, Pravadelli G, et al. RTL property abstraction for TLM assertion-based verification[C]//2015 Design, Automation & Test in Europe Conference & Exhibition. Piscataway: IEEE, 2015: 85-90.

[7] Cadence Berkeley Lab. The Cadence SMV Model Checker[EB/OL]. http: //www. kenmcmil. com.

[8] Chen M, Mishra P, Kalita D. Automatic RTL test generation from SystemC TLM specifications[J]. ACM Transactions on Design Automation of Electronic Systems, 2012, 17(1): 11.

[9] Chen M, Qin X, Koo H, et al. System-Level Validation: High-Level Modeling and Directed Test Generation Techniques[M]. Berlin: Springer, 2012.

[10] Farahmandi F, Mishra P, Ray S. Exploiting transaction level models for observability-aware post-silicon test generation[C]//2016 Design, Automation & Test in Europe Conference & Exhibition. Piscataway: IEEE, 2016: 1477-1480.

[11] Hong T, Li Y, Park S, et al. QED: quick error detection tests for effective post-silicon validation[C]//2010 IEEE International Test Conference. Piscataway: IEEE, 2010.

[12] Ko H F, Nicolici N. Algorithms for state restoration and trace-signal selection for data acquisition in silicon debug[J]. IEEE Transactions on Computer-Aided Design of Integrated Circuits and Systems, 2009, 28(2): 285-297.

[13] Li T, Guo Y, Li S. Assertion-based automated functional vectors generation using constraint logic programming[C]//2004 ACM Great Lakes Symposium on VLSI. New York: ACM, 2004: 288-291.

[14] Lin D, Hong T, Fallah F, et al. Quick detection of difficult bugs for effective post-silicon validation[C]//2012 49th Annual Design Automation Conference. New York: ACM, 2012: 561-566.

[15] Liu L, Sheridan D, Tuohy W, et al. Towards coverage closure: using goldmine assertions for generating design validation stimulus[C]//2011 Design, Automation & Test in Europe Conference & Exhibition. Piscataway: IEEE, 2011: 173-178.

[16] Liu L, Vasudevan S. Efficient validation input generation in RTL by hybridized source code analysis[C]//2011 Design, Automation & Test in Europe Conference & Exhibition. Piscataway: IEEE, 2011.

[17] Patra P. On the cusp of a validation wall[J]. IEEE Design & Test of Computers, 2007, 24(2): 193-196.

[18] Rahmani K, Mishra P, Ray S. Scalable trace signal selection using machine learning[C]//2013 IEEE 31st International Conference on Computer Design. Piscataway: IEEE, 2013: 384-389.

[19] Sabaghian-Bidgoli H, Behnam P, Alizadeh B, et al. Reducing search space for fault diagnosis: a probability-based scoring approach[C]//2017 IEEE Computer Society Annual Symposium on VLSI. Piscataway: IEEE, 2017: 545-550.

[20] Sadredini E, Rahimi R, Foroutan P, et al. An improved scheme for pre-computed patterns in core-based soc architecture[C]//2016 IEEE East-West Design & Test Symposium. Piscataway: IEEE, 2016: 1-6.

[21] Sousa M, Sen A. Generation of TLM testbenches using mutation testing[C]//2012 International Conference on Hardware/Software Codesign and System Synthesis. New York: ACM, 2012.

[22] Tong J, Boule M, Zilic Z. Airwolf-tg: A test generator for assertion-based dynamic verification[C]//2009 IEEE International Workshop on High Level Design Validation and Test. Piscataway: IEEE, 2009: 106-113.

[23] Wagner I, Bertacco V. Reversi: post-silicon validation system for modern microprocessors[C]//2008 IEEE International Conference on Computer Design. Piscataway: IEEE, 2008: 307-314.

[24] Yerramilli S. Addressing post-silicon validation challenge: leverage validation and test synergy[C]//2006 IEEE International Test Conference. Piscataway: IEEE, 2006.

[25] Zokaee F, Sabaghian-Bidgoli H, Janfaza V, et al. A novel sat-based ATPG approach for transition delay faults[C]//2017 IEEE International High Level Design Validation and Test Workshop. Piscataway: IEEE, 2017: 17-22.

第8章　片上约束随机激励生成

史晓冰 / 尼古拉·尼科利奇

8.1　硅后受约束的随机验证

生成功能合规序列的独特要求使面向验证和确认的约束随机方法与传统的定向与随机测试方法区分开来。生成的激励信号必须受到约束，从而消除大量随机生成的无用激励信号。目前，约束随机验证方法已成为验证系统级功能的主流方法。对于硅前验证，嵌入在模拟器中的伪随机数生成器（PRNG）可通过约束配置生成符合用户定义的约束激励信号[11]。最先进的仿真工具，如文献［12］，其内置算法既能保证激励信号的随机性，又能满足约束条件，且通常仅带来可接受的仿真速度开销。

硅后验证过程需要大量的随机但功能合规的激励信号，以及长时间的测试，才能发现那些逃过硅原型验证的设计错误[7]。在硅原型中暴露设计错误需要耗费大量时间[7]。然而，这是一项具有挑战性的任务，因为在硅前验证中应用的方法无法直接用于硅后阶段，这是由硅后阶段的独特环境所致。

一方面，由于数据带宽限制，从仿真环境向硅原型传输约束随机激励是不切实际的。此外，在给定时间内能够生成的激励向量受到主机上运行的软件工具相对较慢的速度限制，难以满足硅后验证的实时约束条件。

另一方面，因算法的复杂性和硬件资源成本过高，在硬件中模拟仿真器算法的行为是不切实际的。此外，像 SystemVerilog 这样的硬件验证语言中形式化的约束条件，对于综合来说并不支持。

即使将约束条件的表达式转换为可综合逻辑，这些逻辑块也是固定的，在硅后验证过程中需要更改约束条件时，无法对其进行更新 / 重新编程。对于以微处理器为中心的设计来说，情况有所不同，因为微处理器本身可用于准备和应用激励，但需要采取预防措施来避免由于无效激励被拒绝而可能产生的长时间延迟。因此，对于那些没有可编程嵌入式微处理器或有许多微处理器无法直接访问的模块（例如高速外设或硬件加速器，如视频或图形）的设计，需要以系统的方式进行处理。对于此类情况，可以采用片上受约束的随机激励生成器结构，为硅原型生成全速的功能兼容的激励。这些激励要符合在应用环境中提供给待验证设计的数据包的规范和格式的约束条件。

鉴于在通用逻辑块的硅后验证期间生成激励的独特需求，本章介绍了片上约束随机激励生成的可编程解决方案。主要的构建模块是一个受约束的随机激励生成器（CRSG），它可以在设计时进行配置，并在验证时由用户编程。通过网络拓扑结构实现系统内的可编程性，这些网络拓扑结构可以从主机上的用户定义约束转换而来，然后加载到芯片上，以约束硬件中全速生成的随机序列。因此，CRSG 能够生成功能合规的激励信号，这些激励信号可以在每次硅后验证实验中进行修改和优化。其关键优势不仅在于能够全速生成功能合规的随机激励信号，还在于能够控制调试实验，并随着验证的推进对约束随机序列进行配置。

8.2 功能约束的表示

本节提供了激励约束的技术背景以及它们在硬件验证语言中的描述方式。此外，还概述了面向硬件的约束表示形式，即网络拓扑结构。

8.2.1 SystemVerilog中的功能约束

功能约束提供了一种指定硬件模块输入信号之间关系的方法。SystemVerilog[2]作为一种被广泛采用的硬件描述和验证语言，提供了多种编程特性来形式化输入激励的功能约束以及对其分布的要求。尽管 SystemVerilog 语言旨在用于硅前验证，但如本章所述，用它描述的功能约束也可用于硅后验证。

SystemVerilog 能够对信号之间的逻辑关系以及时钟周期之间的顺序关系进行形式化描述。逻辑约束能够捕捉静态特征和模式的格式，例如关系表达式、布尔表达式、if-else 推论或集合关系。图 8.1(a) 展示了一个简单的 SystemVerilog 代码，用于约束 $x \geqslant y$，其中 x 和 y 是 2 位无符号整数。另一个示例如图 8.1(b) 所示，它结合了不同类型的逻辑约束来随机生成指令，以对一个简单的微处理器进行功能验证，其中不同的指令对操作数字段有不同的约束。具体来说，左移（SLL）、算术右移（SRA）和逻辑右移（SRL）指令的第二

```
class GreaterEqual;
  rand bit [1:0] x;
  rand bit [1:0] y;
  constraint good {x>=y;
  }
endclass
```

(a)约束条件：$x>y$

```
typedef enum {ADD, SUB, SLL, SRL, SRA} OP_T;
class StimuliForALU;
  rand OP_T op;
  rand bit [7:0] opr1, opr2;
  constraint opr2_range {
    if (op==SLL || op==SRL  || op==SRA)
      opr2 inside {[0:7]};
  }
endclass
```

(b)用于生成ALU指令的类

图 8.1　SystemVerilog 逻辑约束示例

个操作数被限制为小于8。此约束反映了同一时钟周期内各字段之间的关系。请注意，对于此特定示例，在两个连续指令之间没有约束。

某些设计需要满足特定协议或标准的激励信号，即每个时钟周期的随机模式必须遵循预定的顺序和/或格式。顺序约束用于捕获连续激励之间的动态行为。图8.2中randsequence块的顺序约束用于在多个周期中生成一帧数据。该约束使用3个class块（head、tail和body）来定义slice（切片）的逻辑约束。

```
logic [15:0] stimulus;
task GenerateRandomFrame;
  parameter body_size=16;
  begin
    FrameHead head=new; // The class for the frame head
    FrameBody body=new; // The class for the frame body
    FrameTail tail=new; // The class for the frame tail
    randsequence (frame)
      frame: fhead repeat (body_size) fbody ftail;
      fhead: {head.randomize(); stimulus=head.o; @(posedge clk);};
      fbody: {body.randomize(); stimulus=body.o; @(posedge clk);};
      ftail: {tail.randomize(); stimulus=tail.o; @(posedge clk);};
    endsequence
  end
endtask
```

图8.2 使用顺序约束在多个周期中生成有效帧

8.2.2 等价性序列

为了在片上验证中复用功能约束，采用了一种基于序列的等效表示类型。序列是一个由“0”“1”和“X”（无关项）组成的*m*符号向量，它表示一组向量（即隐含空间）可通过将“X”替换为“0”或“1”得到。例如，4符号序列“1X0X”表示集合{1000, 1001, 1100, 1101}。

与之等效的一组序列恰好覆盖了符合用户定义逻辑约束的卡诺图中的所有真元素。图8.3展示了图8.1(a)中约束条件的卡诺图。与之等效的序列集（格式为$x_1x_0\,y_1\,y_0$）为{1X0X, 11XX, XX00, X10X, 1XX0}。

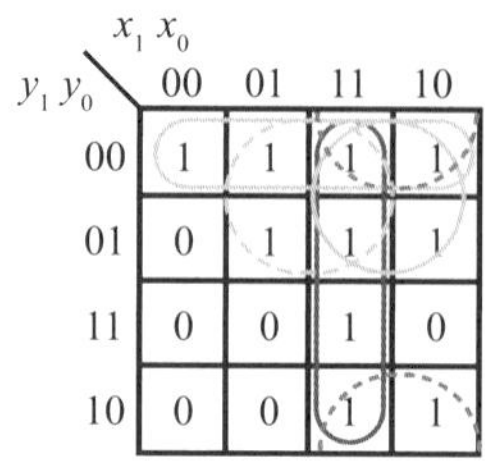

图8.3 符合$x \geqslant y$条件的有效元素的卡诺图（x和y是2位无符号整数）

图8.4的左半部分描绘了序列处理流程。卡诺图展示了基于布尔函数最小化将简单约束转换为序列的步骤。该步骤识别出乘积项（最小项），并减少能

够精确覆盖所有有效激励的最小项总数。对于复杂约束，可以使用第三方两层逻辑最小化工具，例如 Espresso[6]。序列转换的实现已在文献［8］中详细说明，这依赖于定制工具和硬件综合算法。

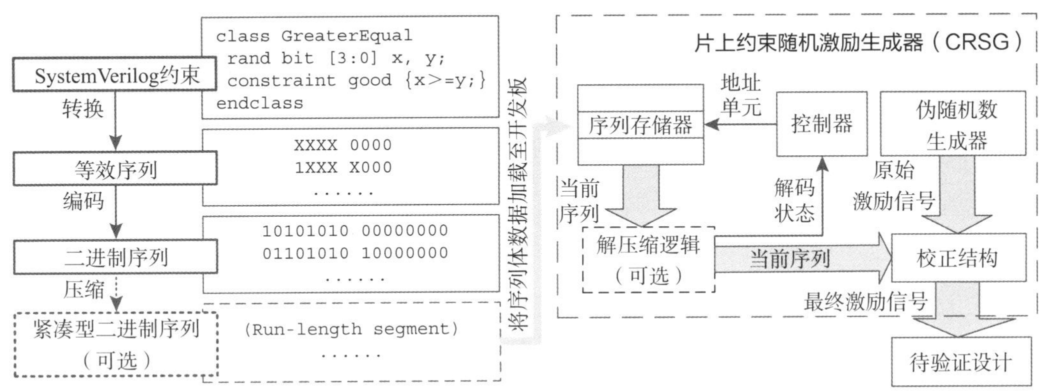

图 8.4　序列处理流程和片上生成器的顶层架构

然后将序列编码为二进制序列。“0”“1”和“X”分别被编码为 00、01 和 10。例如，4 符号的序列“1X0X”被编码为 8 位二进制序列 01100010。可选地，它们可以被压缩以减小片上序列存储器的大小，但代价是需要插入一个硬件模块（解压缩逻辑）在片上恢复二进制序列。关于具有低面积成本解压缩逻辑的序列长度压缩在文献［10］中有详细讨论。

8.3　片上功能约束生成器

在设计阶段，会选定片上生成器（图 8.4 右侧所示的 CRSG）的配置，例如，是仅支持逻辑约束还是同时支持顺序约束。在运行时，通过加载等效的序列来对 CRSG 进行编程。用户可以自由重新配置 CRSG 中的序列，以便在验证过程中应用具有不同（用户可编程）约束的功能。在激励生成期间，控制器从内存中获取一个序列（如果已压缩则进行解压缩）；同时，伪随机生成器每时钟周期生成一个原始激励。校正逻辑会修正原始激励，使其符合获取（或激活）的序列。因此，CRSG 可以持续为目标设计生成符合要求的激励。接下来，将根据所支持的约束类型详细阐述 CRSG 的细节和变化。

8.3.1　支持逻辑约束

图 8.4 右侧展示了 CRSG 的顶层架构，其中的模块经过定制以支持逻辑约束。

序列存储器还配备有用于寻址的控制器，用于存储二进制序列（或紧凑型二进制序列）。该控制器能够使一个序列保持激活状态任意数量的周期，以生成用户可控数量的有效激励。序列存储器既可以实现为通过隐式递增寻址的先进先出（FIFO）存储器，也可以实现为双端口随机存取存储器（RAM）。吞吐量可以灵活适应验证环境。当序列的数量非常大时，CRSG 仅需配置小容量片上序列内存来缓冲在有限时间窗口内用于激励应用的几个序列。随后的序列子集可以通过低带宽接口从主机上传，同时应用从当前序列子集扩展出的激励。

解压缩逻辑仅在加载紧凑型二进制序列时启用。该逻辑需要在面积成本方面保持高效，同时要确保低解码延迟。例如，用于行程长度压缩的解压缩逻辑[10]可以灵活配置多个字节级解码器以实现并行解压缩，从而平衡压缩效率、片上面积和解码延迟。

伪随机生成器由一个 m 位的最大长度线性反馈移位寄存器（LFSR）组成，该寄存器可配置为生成 2^k–1 种模式[4]。这种 LFSR 传统上一直被用作片上随机激励生成器。

校正结构是用于根据当前的序列将来自 LFSR 的每个原始激励修正为有效激励的基本逻辑，如图 8.5(b) 所示。它实质上强制从序列中指定的位，并用来自 LFSR 的随机值填充无关位。它由图 8.5(a) 所示的 m 个位选择器组成。每个选择器读取一个 2 位二进制代码（即 00 表示符号“0”，01 表示“1”，10 表示“X”），并决定是输出原始激励的相应位，还是将其修正为常量 0 或 1。二进制代码的高位可以直接用作选择信号，而低位则是修正后的常量输出。

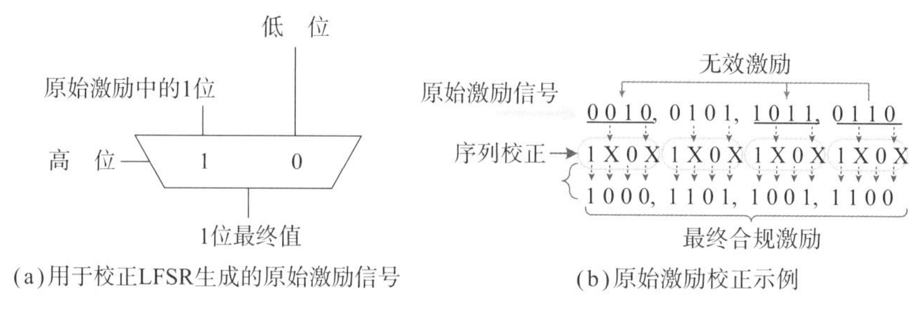

(a)用于校正LFSR生成的原始激励信号　(b)原始激励校正示例

图 8.5 使用 2 位二进制码对每个掩码位进行 LFSR 原始激励的校正

8.3.2 支持顺序约束

上述生成器仅考虑逻辑约束。然而，在许多应用中，使用顺序约束来指定相邻周期中信号之间的关系非常重要，如 8.2 节所述。因此，上述解决方案可扩展至支持顺序约束，其核心特征包括：带有时序信息的序列和 CRSG 变化。

带有时序信息的序列表达了一种顺序约束，这种约束可以被视为一系列特定顺序的局部逻辑约束。最终的序列按照顺序约束中指定的顺序组合从局部逻辑约束转换而来的局部序列，在激励生成期间可以在相邻周期内逐个在片上激活。请注意，如果使用可选的压缩方法，该方法应足够简单，以便于解压缩过程，从而满足顺序约束的时序要求。例如，在图 8.2 中，FrameBody 的激励应在生成 FrameHead 之后立即生成。因此，FrameHead 的局部序列必须在此之前生成。一种可行的压缩方法是使用松散耦合编码算法（loose-coupling run-length algorithm）[10]，它能使片上逻辑在一个时钟周期内恢复每个序列，从而满足需求（即在每个相邻周期内不断切换序列）。

CRSG 中的地址控制器与 8.3.1 节讨论的控制器有所不同，这是为了同时支持完整序列和部分序列——该特性源于在一个时钟周期内完成解压缩和校正。由于设计支持在一个周期内解码部分序列，因此单个序列的所有部分都在同一个时钟周期内一起处理。在每个周期中，从内存中获取一个二进制序列（如果已压缩则进行解压缩），以供其他逻辑块使用，如图 8.4 所示。图 8.6 中的时间线说明了在一个序列中调度部分二进制序列的典型流程。它在 T 个周期内生成一个完整的 n 位激励，在此期间，部分序列按顺序切换，并生成一个 m 位（$n=mT$）的激励。生成一个完整的 n 位数据包后，控制器可以向下一个序列发出地址，或者重复之前的序列。

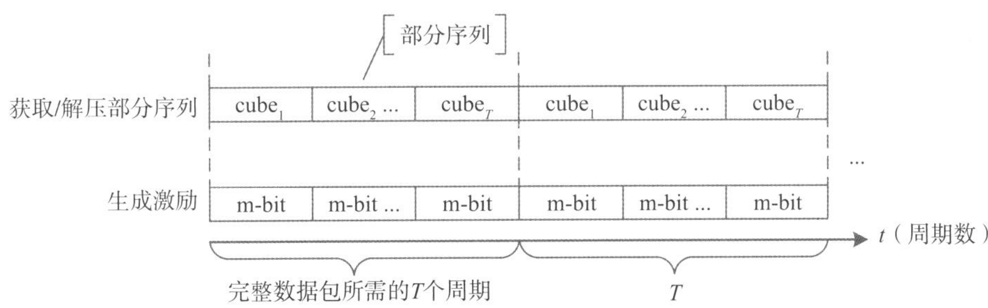

图 8.6　使用部分二进制序列生成激励的顺序约束

8.4　功能约束的实验评估

本节将对解决方案（包括 8.3.1 节和 8.3.2 节中讨论的 CRSG）在硅后验证期间广泛使用长约束随机序列时的性能和成本进行考察。

8.4.1　面积成本

图 8.7 中的综合结果表明，CRSG 的面积成本取决于应用于待验证设计的生成激励的最大位长（记为 n 位）。采用解压逻辑会影响总面积成本，这取决于所采用的压缩方法，基于行程编码（run-length coding）方法的解压逻辑在文献［10］中进行了评估。

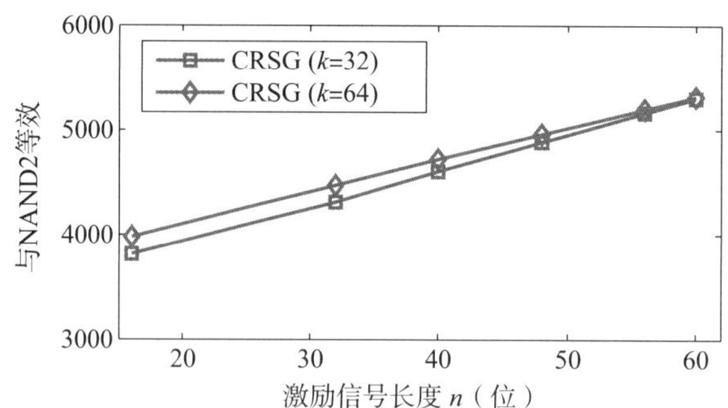

图 8.7 根据激励信号长度 n 计算出的所提议的 CRSG 的硬件成本（不包括随机存储器）。数据是从采用 90 纳米标准单元库的逻辑综合结果中收集的

8.4.2 片上存储

为了评估减少大型验证序列存储需求的有效性，CRSG 被配置为生成类似于图 8.8 所示的 H.264 实时传输协议（RTP）[13] 的 168 位数据包头的激励，以及类似于图 8.9 所示的 PCI Express（PCIe）3.0 事务层数据包（TLP）格式[3] 的 160 位数据包头的激励。

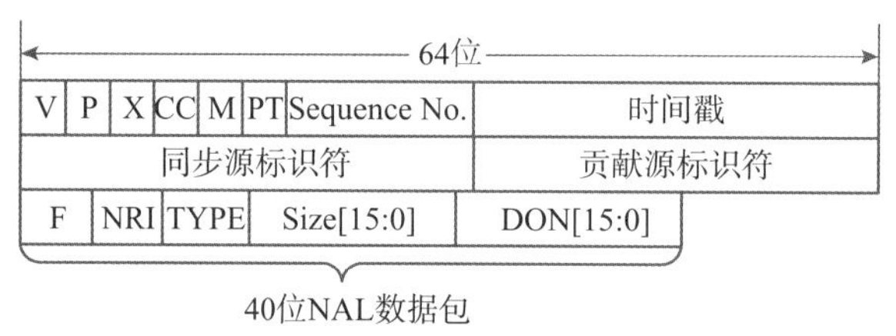

图 8.8 H.264 RTP 的典型数据包格式

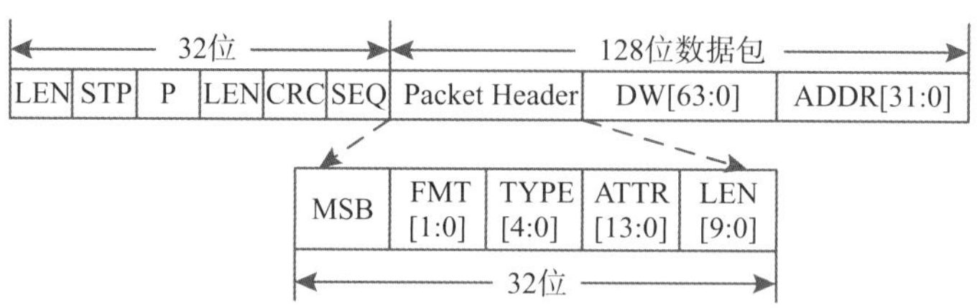

图 8.9 PCIe 3.0 TLP 的典型数据包格式

为了生成符合协议的激励信号，数据包头部的每个字段都必须满足规范中指定的要求，包括格式、定义 / 保留值以及字段之间的协调。可随机化的字段被提取出来用于设计约束条件，从而将非随机的 CRC 字段留给 CRC 计算逻辑来附加。使用 Espresso 工具[6] 按照图 8.4 左侧所示的序列处理流程将逻辑约束转换为序列的结果列于表 8.1 中。

只有二进制格式的序列需要加载到序列存储器中。考虑到仅使用一个序列即可应用于设计的约束随机模式的总数与该序列中的自由位数呈指数关系，只需加载少量的二进制序列，所产生的激励数量即可轻松满足持续数小时的实时执行验证需求。

表 8.1 H.264 RTP 和 PCIe TLP 的序列集编码结果

数据包头	空闲位	序列计数	二进制序列集大小	模式数量
H.264 RTP	158	335	14.91 KB	1.22×10^{50}
PCIe TLP	127	5119	204.76 KB	8.71×10^{41}

8.4.3 生成激励的质量分布

原则上，CRSG 生成的激励分布应部分依赖于与 LFSR 生成的激励相关的均匀分布，然而，该分布很大程度上也取决于每个序列中“0”“1”和“X”的位置。此外，当激活特定的序列时，分布也会受到 LFSR 状态的影响。以 4 位 LFSR 为例，如果 LFSR 有两个相邻的状态“1100”和“1001”，即 LFSR 向左移位一位，并在最右侧输入“1”，那么不受约束的 CRSG（即激活的序列为“XXXX”）将输出这两个二进制值作为两个连续的激励，因此 LFSR 输出端样本的分布将恰好包含每个样本“1100”和“1001”各一次。如果激活的序列为“XX10”，则生成的两个激励为“1110”和“1010”，因此它们在分布中各计数一次。然而，如果激活的序列为“X1X0”，则来自 LFSR 输出的两个激励都将被修正为“1100”，因此该特定样本在分布中将被计数两次。

关于片上生成的随机激励的质量，我们对 CRSG 生成的激励分布进行了评估。图 8.10(a) 展示了基于简单约束 $x \geqslant y$（其中 x 和 y 是无符号 8 位变量）生成的激励数量与独特激励数量之间的关系。如果随机值是从均匀分布中抽取的，那么在耗尽整个有效空间（由约束条件定义）之前，纵轴上的值应与横轴上的值基本吻合，此后，纵轴上的值将饱和至满足 $x \geqslant y$ 的有效数值对的最大数量 32896，而基于 SystemVerilog 标准仿真器[12]的软件随机生成器在生成 543085 个模式后达到此饱和点。

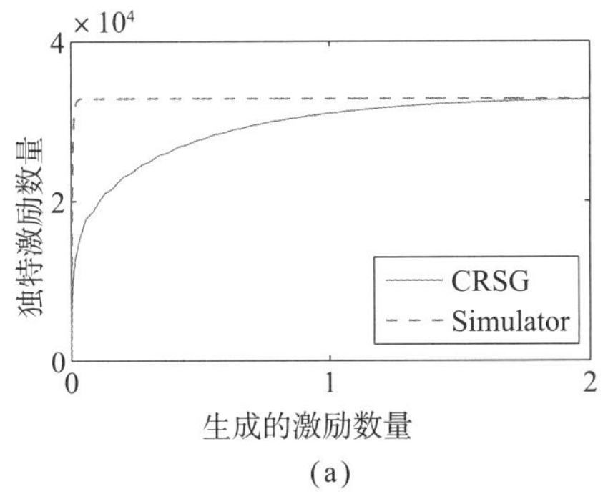

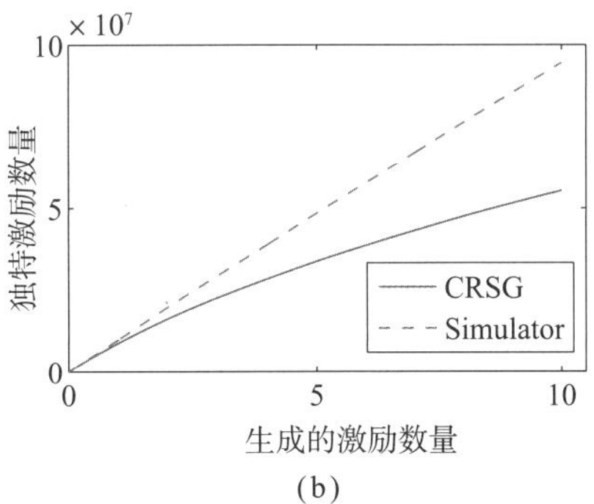

图 8.10 在约束条件 $x \geqslant y$ 下，生成的激励数量与独特激励数量之间的关系。无符号变量 x 和 y 在 (a) 中被设置为 8 位，在 (b) 中被设置为 16 位

应当指出的是，这些结果是使用软件随机生成器中 rand 随机变量获得的。随着生成模式数量的增加，硬件方法生成的独特模式数量大约是软件模拟器生成数量的一半(对于相同的总模式数量)。图 8.10(b) 更清晰地展示了这一趋势，其中 x 和 y 各设置为 16 位。值得注意的是，硅后验证阶段的时钟周期数通常比硅前验证多出至少四个数量级[5]，因此尽管硬件实现中约束随机激励的重复率较高，但硅原型的大规模时钟周期运行可有效补偿这种重复效应。

8.5 片上验证期间的激励分布

前面几节主要聚焦于功能约束，硅后验证中的激励分布也很重要，可充分借鉴本节的研究结论。

8.5.1 验证时进行分发控制的动机

图 8.10 中的结果表明，在系统中应用的独特模式大约是软件模拟器生成模式数量的一半。可以减少由于重复激励而产生的冗余周期，将节省下来的周期分配给之前未使用的符合要求的激励，从而将目标设计置于原本无法探索的有效状态。相应地，SystemVerilog[2] 提供了用于硅前验证的随机功能函数，即 rand 和 randc，以确保随机变量从均匀分布中采样，而只有 randc(称为随机循环)能保证随机变量在遍历完整个约束空间之前不会被赋值两次相同的值。

SystemVerilog 中另一种类型的分布约束是用于加权分布的，如图 8.11 所示，用于验证微处理器中的浮点运算单元(FPU)，它生成符合 IEEE 754 格式[1] 的实数。dist 语句引导分数部分的某些位在 [1 : 5] 和 [6 : 7] 范围内进行评估，比例为 2 : 3，例如，当浮点数(FPNumber)处于可疑区间内时，可通过该方法识别潜在的除法计算错误。

```
class FPNumber;
  rand bit sign;
  rand bit [7:0] exponent;
  rand bit [22:0] fraction;
  constraint number_range {
     exponent == 127;
     fraction [22:0] dist { [6:7]:/3, [1:5]:/2 };
  }
endclass
```

图 8.11 生成单精度浮点数 dis 时的一个限制条件 A

以下问题将激发后续各节的讨论：若要在系统内验证中支持符合指定分布的激励应用(且约束条件可动态重新配置)，需在内容(如序列)准备和片上硬件方面付出何种成本？为回答此问题，下文将提出对 CRSG 设计的改进方案。

8.5.2 探究激励重复的原因

激励重复的可能原因有两种：序列之间的重叠和来自同一序列的采样模式重复，下文将进行详细阐述。

重叠的序列将意味着重复的激励。例如，考虑图 8.1(a) 中由约束 $x \geqslant y$ 得出的两个序列“1X0X ”和“11XX ”。如图 8.12(a) 所示，这两个序列中的每一个都将同时暗示“1100”和“1101”模式，因此如果这两个序列都被加载，CRSG 将生成这两个模式两次。为了解决这个问题，8.6 节提出了一种算法来纠正序列之间的重叠，从而确保任意两个序列之间的交集为空，同时不会损失任何有效的模式空间。

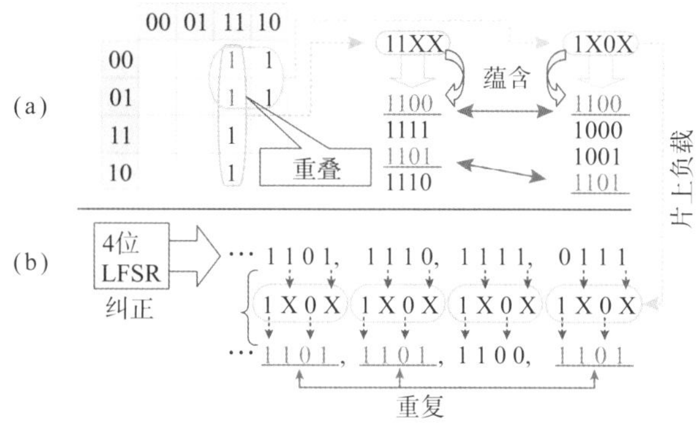

图 8.12 由 (a) 重叠序列和 (b)LFSR 以及校正策略导致的激励重复

来自同一序列的采样模式的重复是导致激励重复的另一个原因。此问题源于 LFSR 生成的自主序列与片上激励校正策略之间的相互作用。如图 8.12(b) 所示，对于一个序列“1X0X ”和一个 4 位无约束序列 {⋯, 1101, 1110, 1111, 0111}，校正逻辑会将最左边的第一位掩码为“1”，将第三位掩码为“0”。因此，激励序列将是 {⋯, 1101, 1100, 1101, 1101}。结果，尽管所有被屏蔽（修正）的激励都符合约束条件（基于“1X0X ”序列），但由于“X ”位置的 LFSR 值在多个时钟周期内恰好相同，模式“1101”多次生成。为了解决这个问题，将提出一种硬件生成器，包括一个动态 LFSR 和一个灵活的校正组件（向量组装器），能够避免同一序列的重复。片上校正过程确保在从任何给定序列实时生成受约束模式时，它们绝不会重复。

8.6 非重叠序列的生成

如图 8.4 左侧所示，在序列处理流程中引入了重叠的序列。所采用的逻辑最小化工具 Espresso 是为减少序列的数量而设计的[6]，因此不会识别或移除序列之间的重叠。例如，将给定的集合 {110X, 100X, 111X} 最小化为结果集

{11XX, 1X0X}，其中包含重叠的序列。为此，需采用附加算法（图 8.13）对逻辑最小化工具的输出进行后处理。

```
1: function RECTIFYSET(s_in)                         ▷Rectify all cubes in the give cube set
2:     s_out ← 0
3:     while s_in ≠ 0 do
4:         a ← FINDREFERENCECUBE(s_in)
5:         Replace each overlap cube b in s_in with the resule of RECTIFYCUBE(a,b)
6:         s_out ← s_out ∪ {a}
7:     end while
8:     return s_out
9: end function
```

图 8.13　用于校正 s_{in} 中重叠序列并生成等效集 s_{out} 的算法

给定一个序列集 s_{in}，该算法会生成修正后的集合 s_{out}，且不会丢失任何可推断的模式，其中任意两个序列都是相互排斥的（即不重叠的序列）。在每次迭代中，FindReferenceCube 从 sin 中选择一个参考序列 a（第 4 行），而 RectifyCube 会修正与 a 重叠的任何其他序列 b。图 8.14 将图 8.12(a) 中的 s_{in} = {1X0X, 11XX} 修正为 s_{out} = {1X0X, 111X}，这与 s_{in} 所表示的样本空间相同。

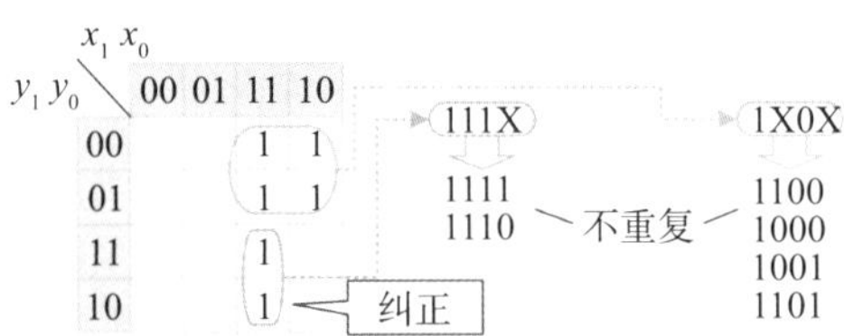

图 8.14　通过校正消除重复的序列

从概念上讲，FindReferenceCube 可以在 s_{in} 中选择任意一个序列。文献［9］中的讨论引入了序列权重来选择一个序列，以实现降低最终序列总数和指定位数的目标。

RectifyCube 通过推导一系列互斥的序列来重建 $b-a$ 的向量空间，从而生成 a 在 b 中的相对补集，即 $b-a$。该函数在 a 和 b 之间的重叠位置 i（即一个序列中指定的位为“0”或“1”，而另一个序列在相同位置的位为“X”）上对 b 迭代应用下式（香农展开式）：

$$f\left(b_i,b_0,b_1,\cdots,b_{m-1}\right) = b_i f\left(1,b_0,b_1,\cdots,b_{m-1}\right)+\overline{b_i} f\left(0,b_0,b_1,\cdots,b_{m-1}\right) \quad (8.1)$$

8.7　片上激励支持分布式控制的变体

本节讨论支持 8.5 节中介绍的分布控制（即随机循环分布和加权分布）特性的片上生成器的实现。特别强调了消除对同一序列重复采样的硬件模块。此外，还针对序列采样不均匀的问题提出了一种改进的片上序列调度策略。

8.7.1 片上随机循环激励生成器生成

与用于功能约束的 CRSG 相比，图 8.15 所示的用于支持分布式控制的设计由内容存储器、寻址控制器、解码逻辑（包括可选的解压缩逻辑）、作为伪随机生成器的动态 LFSR 以及向量组装器组成。内容存储器存储已在芯片上加载的二进制序列，并在进程需要时保存其他信息。解码逻辑计算当前序列中的空闲位数，记为 ξ_{cube}，该值由动态 LFSR 使用。如果加载的序列采用紧凑格式，则可选择集成解压缩逻辑。接下来，将讨论使用动态 LFSR 和向量组装器进行激励校正的过程。

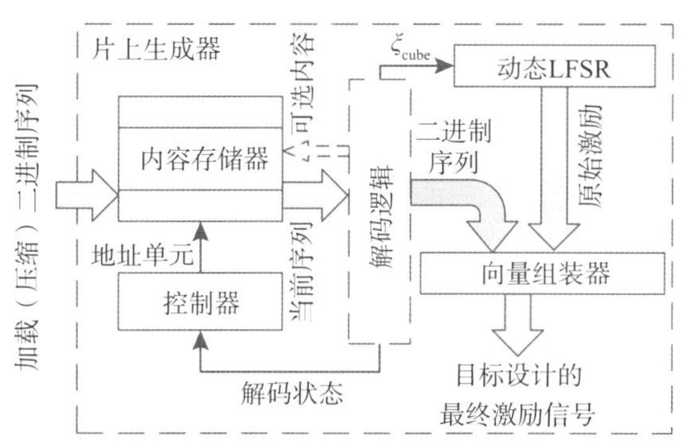

图 8.15 CRSG 的顶层生成

m 位 LFSR 可生成 m 位向量，它由 m 个 1 位寄存器和反馈中的 XOR 门组成，其行为可以通过特征多项式 $f_m(x)=1+c_1x+c_2x^2+\cdots+c_mx^m$ 来建模，其中，如果第 i 个寄存器用于反馈，则开关函数 $c_i\neq 0$（$1\leqslant i\leqslant m$）。注意，如果 $f(x)$ 是一个本原多项式，那么 LFSR 在 $T=2^m-1$ 个时钟周期内会枚举除全 0 向量外的 2^m-1 个不重复向量[4]。然而，这种固定长度的 LFSR 无法根据不同序列中“无关项”的数量来改变其输出大小，这会导致激励重复，如 8.5.2 节所述。

因此，动态 LFSR 将 c_i 从常量变为取决于序列中 X 的数量（记为 ξ）的变量。图 8.16 展示了一个 4 位动态 LFSR。当且仅当 $c_i(\xi)=0$ 时，第 i 个寄存器才与反馈相连接。特别是，如果 $c_m=c_{m-1}=\cdots=c_{m-k+1}=0$ 且 $c_{m-k}\neq 0$，那么 m 位 LFSR 就退化为 $(m-k)$ 位 LFSR。c_i 的集合是基于二进制本原多项式设计的，这样 LFSR 就能动态退化为 ξ 位 LFSR，同时保持 $f_\xi(x)$ 为本原多项式。例如，当 $\xi\in\{4, 9, 13\}$ 时，对于 16 位动态 LFSR，$c_4=1$。64 位动态 LFSR 的 c_i 列表见文献［9］。通过添加生成全 0 向量的额外逻辑，动态 LFSR 能够在连续的 2^ξ 个周期内，从输出的前 ξ 位中枚举出不重复的 2^ξ 个向量。例如，与图 8.12(b) 中的固定长度 LFSR 相比，图 8.17 中所示的动态 LFSR 在面对序列“1X0X”时退化为 2 位 LFSR，并且它会详尽地枚举出四个 2 位的原始激励。最终合规激励的组装步骤将在下文详细阐述。

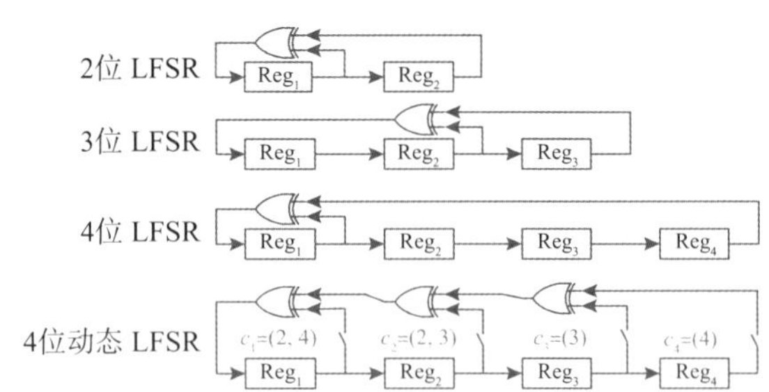

图 8.16 4 位动态 LFSR 草图，由固定长度的 LFSR 演变而来（c_i 是基于开启集的切换函数）

向量组装器使用动态 LFSR 的前 ξ_a 位以及序列 a 中指定的位来组装最终的合规激励。如图 8.17 所示，原始激励的每一位依次替换序列中的一个“X”。因此，向量组装器将 2 位的原始激励与序列中指定的 2 位组合在一起，形成一个完整的 4 位激励。上述特性能够实现实时生成均匀分布（更确切地说是随机循环）的激励。

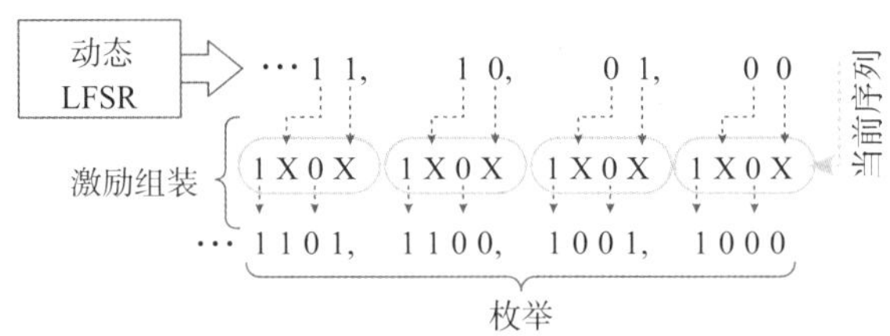

图 8.17 与图 8.12(b) 相比，通过动态 LFSR 进行的枚举及校正策略

8.7.2 支持加权分布的设计

具有加权分布的片上激励生成引入了需要支持的独特情况，包括将 dist 约束转换为等效的序列以及通过 CRSG 进行相应的片上激励生成。

重写 dist 约束已集成到图 8.4 所示的序列处理流程的转换步骤中，它将约束块重写为若干个逻辑约束块，并使用 inside 运算符来指定受约束变量应取样的范围集。新形成的块的总数等于要重写的 dist 运算符中指定的范围数。例如，图 8.18 展示了从图 8.11 中的 dist 约束重写得到的两个约束块。

因此，每个生成的约束块都可以通过现有流程转换为一组等效的序列。同时，每组序列的权重都源自原始的 dist 语句，该语句与相应的序列组一起加载到芯片上。片上生成器利用多组序列及其权重值来生成符合要求的激励。

支持多组序列的调度器嵌入在图 8.4 所示的 CRSG 控制器中，它以序列集为单位采用循环策略进行调度，同时遵循 SystemVerilog 中表述的约束条件，即每个组的总周期应与其权重成比例。例如，在一个 1000 个周期的运行期间，图 8.18 中块的两个序列组是交错的，两个组的总周期应分别收敛到 600 和 400，以符合 3∶2 的权重比。

```
class FPNumber_sub1;
  rand bit sign;
  rand bit [7:0] exponent;
  rand bit [22:0] fraction;
  constraint number_range {
    exponent ==127;
    fraction [22:20] inside {[6:7]};
  }
endclass
```

(a)权重分配=3

```
class FPNumber_sub2;
  rand bit sign;
  rand bit [7:0] exponent;
  rand bit [22:0] fraction;
  constraint number_range {
    exponent ==127;
    fraction [22:20] inside {[1:5]};
  }
endclass
```

(b)权重分配=2

图 8.18　使用 inside 运算符将图 8.11 中的约束重写为两个约束块

它通过使用寄存器组在序列集级别（当前周期应选择哪个序列集）和序列级别（当前序列集中应获取哪个序列）进行调度。图 8.19 展示了调度两个序列集 $\{a_i\}$（权重为 3）和 $\{b_j\}$（权重为 2）的时间线。在序列集级别，调度器会周期性地选择每个集，选择的周期数等于其权重。被选中后，序列集可以在序列级别独立安排序列。因此，该策略在运行时实现了 3∶2 的加权分配。

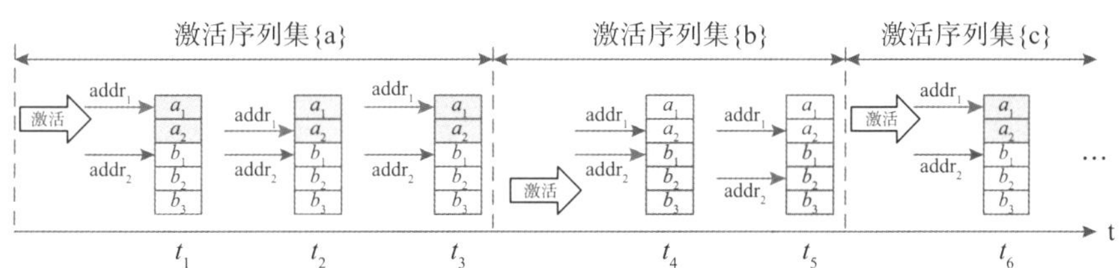

图 8.19　安排两组任务集 $\{a_i\}$（权重为 3）和 $\{b_j\}$（权重为 2）的时序

8.8　支持分布式控制的解决方案实验评估

本节将评估片上控制对激励分布的支持特性的解决方案，包括 8.5 节中讨论的随机循环分布和加权分布。

8.8.1　序列校正的运行时间

针对 8.6 节提出的重叠序列校正算法，我们基于不同类型约束的测试用例评估了其运行时间，如表 8.2 所示。

· 用例（1）~（4）：处理整数线性规划中的不等式（如第二列所示），这类约束通常通过一系列算术和关系约束来指定变量之间的数值关系。

· 用例（5）和（6）：分别生成 PCIe 3.0 TLP 和 H.264 RTP 的数据包头（参见 8.4 节）。

表中第三列给出了激励长度，第四列显示了约束空间维度（有效模式的采样范围），最后一列给出了运行时间。

表 8.2 评估图 8.13 运行时间的测试用例

用 例	约 束	激励长度	空间大小	运行时间
(1)	$1000 \leqslant x+2y \leqslant 8000$	24 位	1.2×10^{7}	1.3s
(2)	$y \geqslant 5x-6000$, 且 (1)	24 位	5.2×10^{6}	0.9s
(3)	$x \geqslant 600$, 且 (1), (2)	24 位	3.1×10^{6}	0.5s
(4)	$y \geqslant 2000$, 且 (1),(2),(3)	24 位	1.6×10^{6}	0.2s
(5)	PCIe TLP	160 位	8.7×10^{41}	3.5s
(6)	H.264 RTP	168 位	1.2×10^{50}	0.2s

8.8.2 随机循环分布的解决方案评估

图 8.20 展示了 8.7.1 节中所介绍的用于支持随机数生成器（randc）分布的 CRSG 的面积成本。随着每周期激励的增加，所需的硬件也增多，在这种情况下，向量组装器占据了主要面积。

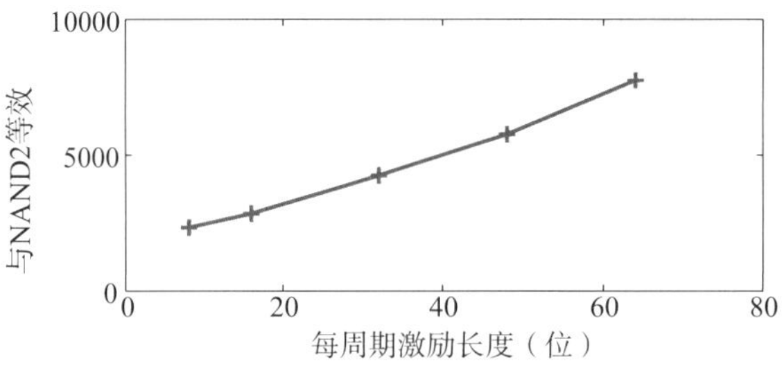

图 8.20 CRSG 支持根据每个周期激励长度进行随机循环分布的硬件成本（不包括 RAM）

图 8.21 展示了生成随机循环序列的能力，即片上生成器能够在 t 个周期内产生 t 种不同的激励。

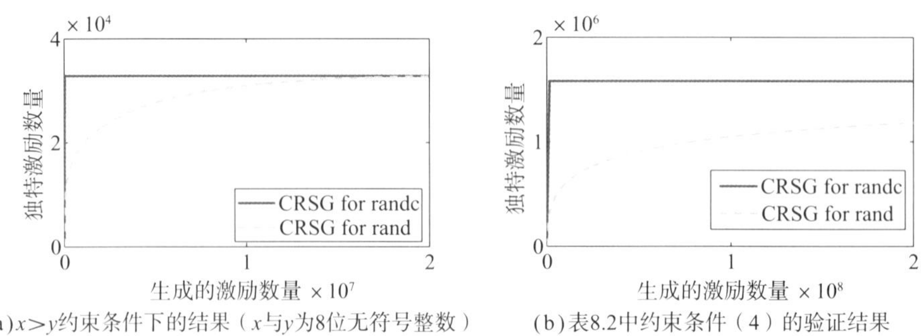

图 8.21 评估 CRSG 在支持随机循环模式（即通过 randc 指定）和不支持随机循环模式（通过 rand 指定）情况下生成的激励中的重复情况

8.8.3 评估加权的解决方案支持的分布

在加权分布支持下的 CRSG 面积成本取决于激励的最大长度（记为 *m* 位）以及所支持的最大序列集数量，如图 8.22 所示。对于具有相同 *m* 的每种情况，CRSG 的面积成本呈线性增加，因为寻址调度逻辑需要多一组寻址寄存器来调度额外的一组序列集。

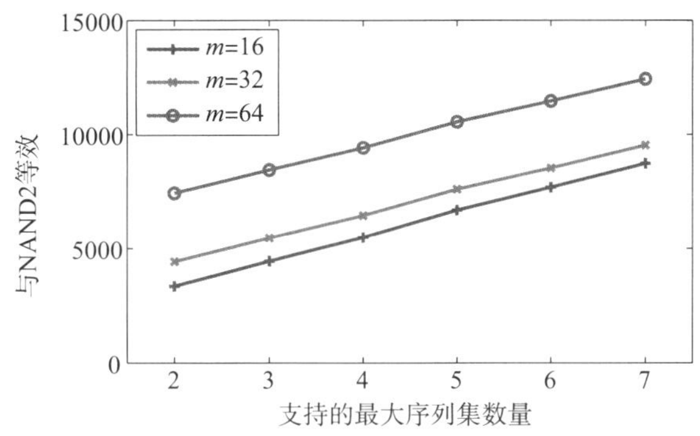

图 8.22 根据支持的序列集数量计算的生成器（不包括随机存取存储器）的面积成本，激励的长度为 *m* 位

分布质量的评估方式如下：将 CRSG 配置为生成类似 PCIe TLP 包头的激励序列（参见 8.4 节）。如果某些特定类型的数据包被判定为低出错概率（或之前已进行了更详细的验证），则可以组合这两个字段的约束条件，以引导片上生成器优先生成权重较高的数据包。表 8.3 展示了一个案例，该案例可利用加权分布来调整验证会话期间特定类型数据包的频率。

表 8.3 生成具有不同频率的特定类型 TLP 数据包的规范

FMT	TYPE	数据包类型	频　率	说　明
001	00000	存储器读请求	50%	最关心
011	00000	存储器写请求	30%	不太担心
000	01010	完　成	20%	支持的数据包
（其他值）		其他类型	N/A	当前会话不适用

用表 8.3 中带权重的约束条件生成 TLP 数据包时，对数据包的分布情况进行了评估。图 8.23 展示了数据包的比例。可以观察到，随着验证时间的增加，每种类型数据包的测量比例逐渐趋近于预期权重（分别为 0.5、0.3 和 0.2）。

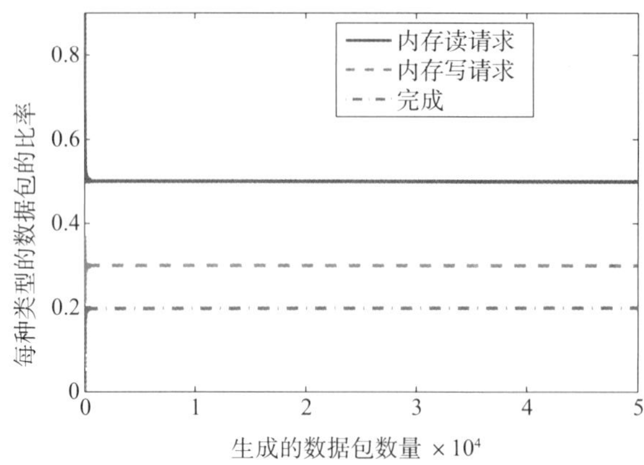

图 8.23 根据表 8.3 中的规格，在片上生成过程中已生产出的每种类型的数据包数量与总数据包数量之间的比例。

8.9 小 结

本章介绍了几种片上约束随机激励生成的解决方案。这些解决方案支持对功能和激励分布的约束。通过使用基于序列的激励约束表示法以及片上硬件结构来生成激励，可以在硅后验证阶段复用 SystemVerilog 约束的一个子集。其主要应用是生成功能合规的随机激励，这些激励可以在不同的验证实验中有所偏倚。

参考文献

[1] IEEE standard for floating-point arithmetic. IEEE Std 754-2008, 2008: 1-70.

[2] IEEE standard for SystemVerilog–unified hardware design, specification, and verification language. IEEE Std 1800-2012, 2013: 1-1315.

[3] Ajanovic J. PCI express 3.0 overview//Proceedings of Hot Chip: A Symposium on High Performance Chips, 2009.

[4] Bardell P, McAnney W, Savir J. Built-in Test for VLSI: Pseudorandom Techniques. Wiley-Interscience Publication: Wiley, 1987.

[5] Goodenough J, Aitken R. Post-silicon is too late avoiding the $50 million paperweight starts with validated designs//Proceedings of the ACM/IEEE Design Automation Conference (DAC), 2010: 8-11.

[6] McGeer P, Sanghavi J, Brayton R,et.al. Espresso-signature: a new exact minimizer for logic functions. IEEE Transactions on VLSI Systems, 1993, 1(4): 432-440.

[7] Nicolici N. On-chip stimuli generation for post-silicon validation//IEEE High Level Design Validation and Test Workshop (HLDVT), 2012: 108-109.

[8] Shi X. Constrained-random stimuli generation for post-silicon validation. Ph.D. Thesis. McMaster University, 2016.

[9] Shi X, Nicolici N. Generating cyclic-random sequences in a constrained space for in-system validation. IEEE Transactions on Computers, 2016, 65(12): 3676-3686.

[10] Shi X, Nicolici N. On-chip cube-based constrained-random stimuli generation for post-silicon validation. IEEE Transactions on Computer-Aided Design of Integrated Circuits and Systems, 2016, 35(6): 1012-1025.

[11] Spear C, Tumbush G. SystemVerilog for Verification: A Guide to Learning the Testbench Language Features. Berlin: Springer, 2012.

[12] Synopsys I. VCS - functional verification solution, 2015[2023-12-31]. http://www.synopsys.com/VCS.

[13] Wang Y K, Even R, Kristensen T, et.al. RTP payload format for H.264 video. RFC 6184, 2011.

第9章 测试生成和用于多核内存一致性的轻量级检查

李头远 / 瓦莱里娅·贝尔科塔

9.1 引 言

现代微处理器芯片集成多核，以在有限的功耗预算下，提供高计算能力。多核处理器广泛应用于消费电子和数据中心领域，且自多核架构问世以来，单芯片集成的内核数量持续增长。例如，在服务器领域，最新的 Intel Xeon Skylake-SP 处理器集成了 28 个功能强大的内核，每个内核支持 2 个线程。在移动 SoC 领域，高通最新的骁龙由 8 个单线程及多种面向特定应用的异构加速器组成。对于这些多核处理器，软件可以通过两种不同的方式利用多核资源：多个独立任务分别运行在每个单独的内核或单个任务（应用程序）上产生多个执行线程，每个任务都被分配到不同的内核。在后一种情况下，线程必须共享相同的存储空间（多线程）。近年来，多线程越来越受欢迎，因为它能协同推进单个应用程序从而大大减少应用程序完成的时间。

多核系统部署了一个复杂的存储子系统，通过处理数十或数百个处理器来实现高效的多处理和多线程计算并行内存操作。存储子系统通常包括多个缓存和内存通道。这些内存组件通过片上通信网络（如总线、交叉和网格）与进程或内核进行交互。在这种复杂的内存子系统体系中，许多内存访问请求可以以不同于程序代码中定义的顺序的任意顺序执行。一方面，这种内存级并行性是高性能多核系统的重要组成部分。另一方面，随之而来的是巨大的验证挑战。系统可能会表现出各种各样的内存访问交错模式，其中许多模式在设计阶段难以预见。

不同的微处理器供应商对正确的内存排序行为定义了自己的规范，称为内存一致性模型。内存一致性模型定义的范围很广，从弱模型（如使用的 ARM 和 IBM）到较强的（比如英特尔），再到最强的 MIPS 系统。弱内存一致性模型允许内存操作重新排序，这是较强的内存一致性模型所不允许的。从硬件验证的角度来看，必须检查实现可能表现出的每一种内存排序模式，以确定其是否符合内存一致性模型。然而，现代处理器的设计通常过于复杂，无法在相对有限的验证和确认时间内进行形式化验证。因此，与内存一致性相关的功能错误已渗入主流多核处理器，这在许多规格更新文档中均有报道[8, 28]。

9.1.1 内存一致性模型简介

内存一致性模型（MCM）是关于多核系统中内存顺序行为的规范，为硬件设计人员和软件程序员之间提供的一种协议[2, 46]。一个多核微处理器可以任意重新排序其正在执行的内存操作，只要这种重新排序符合 MCM 指定的内存排序规则。与此同时，程序员必须了解微处理器的重新排序行为，以编写正确的多线程项目。

此外，多线程程序的每次执行都可能表现出不同的内存访问交错模式，这取决于程序执行时的微架构状态。为了克服这种不确定性，程序员必须在必要时插入 fence（隔离）操作以确保正确的程序执行。fence 操作是一种特殊的操作，它限制内存的重新排序行为——在 fence 之前和之后的内存操作之间的顺序操作是严格执行的。换句话说，之前发出的 fence 内存操作必须在下一个 fence 操作之前完成。

在众多内存一致性模型中，有几种值得关注。此处我们仅简要介绍其中三种模型，更深入的讨论可参阅文献［2］和文献［46］。顺序一致性（SC）[31]是最直观、最强的存储模型，也是文献中研究最多的模型之一。这个模型不允许一个线程中的内存有重新排序，所有内存操作必须严格按照程序指定的顺序执行。然而，该模型仍允许不同线程的内存操作以任意方式交错执行——正是这种线程间内存交错操作，导致了该模型中内存操作结果的不确定性。

总存储顺序（total store order，TSO）[27, 50]允许在前面的存储操作之前执行加载操作，放宽了存储→加载的顺序要求。图 9.1 说明一个共享两个内存位置的双线程程序。在每个线程中的这个程序中，加载操作（第二步操作）可以在它之前执行之前的存储操作（第一步操作）。这种重新排序允许加载操作在存储操作时从缓存或主内存检索数据。释放→装载可以实现一些微架构的优化，例如存储缓冲，从而大大提高内存并行性。但是，请注意，最后一个存储操作（第三步操作）不能是在前面的任何操作之前执行，意思是存储→存储和加载→存储顺序仍然保留在此模型中。许多多核处理器，如 Oracle SPARC 和 Intel Core 和 Xeon 处理器，部署 TSO 内存模型或类似的模型变体。

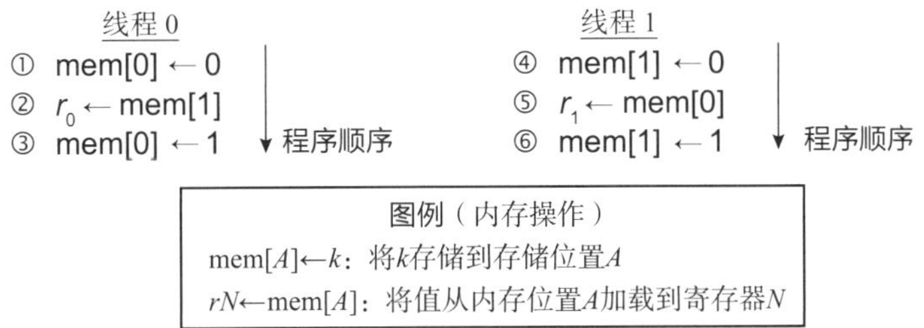

图 9.1　共享 2 个内存位置的双线程测试。在总存储顺序内存模型下，允许加载操作②和⑤在之前的存储操作①和④之前分别执行

弱序内存模型[10, 11, 25, 49]同样被众多处理器广泛采用，如 ARM Cortex 和 IBM POWER 处理器。在这类内存模型中，任何内存操作都可以在缺乏 fence 的情况下，越过其程序顺序中的前驱内存操作提前执行。多核处理器内存模型可以充分部署各种微体系结构，优化利用内存带宽并减少内存访问延迟，而不需要受制于内存排序规则。

在相同的 MCM 类别中，内存模型之间存在细微的差异。例如，Intel 处理器允许不同线程观察到的由存储操作写入的值以不同的顺序出现[27]，而 SPARC 处理器不允许这样不同的排序[50]。对于弱序内存模型，ARMv8 体系结构提供了许多内存屏障（DMB）的不同操作类型（load 和 store）和内存域（不可共享、内部共享、外部共享和全系统）的操作[11]。IBM POWER V2.07 支持几种不同类型的 fence 操作 (sync、lwsync、ptesync、eieio 和 mbar)，每个都服务于不同的内存排序功能[25]。

9.1.2 内存一致性校验和验证

确保所观察到的内存访问模式的内存一致性为所考虑的体系结构规定的模型，且可以通过不同方式实现校验和验证工作。在早期设计阶段，多核处理器的内存一致性模型由计算机架构决定，它们决定处理器的微架构应该如何执行内存排序规则从而遵循内存一致性模型。因此，内存一致性的目标是校验和验证处理器实现（例如，函数功能仿真器器、RTL 模型和硅片）是否遵守内存排序规则。

1. 内存一致性的形式化验证

在文献中，形式化方法已被应用于检测内存一致性违规。采用形式化方法，对待验证的内存子系统进行数学建模，从而捕捉内存子系统的行为。例如，Alglave[3, 6]利用 Coq 定理[47]来验证多个弱序的 MCM，成功揭示了 ARM Cortex-A9 处理器中存在的内存一致性错误[8]。基于该 Coq 框架扩展的 PipeCheck[34]详细指定了 happens-before 的微架构行为和流水线之间交互的图。RTLCheck[39]自动从微体系结构中生成 SystemVerilog 断言并执行，使用 JasperGold 进行正式的形式化验证。

现有研究常将 Litmus 测试[4, 5, 7, 36, 37]与前述形式化验证结合使用。这类测试是一个小的多线程程序集，当出现特定的内存一致性错误时触发它们。典型的 Litmus 测试包含几个带有执行线程的指令，专门针对特定的一致性违规场景进行检测。对于一个给定的 Litmus 测试和处理器设计的数学模型，会枚举所有可能的内存排序模式以检查目标违规场景。如图 9.2 所示，一个双线程 Litmus 测试成功检测到内存一致性违规。尽管 Litmus 测试在揭示一致性方面表现卓越，但它们通常不足以验证完整的多核系统[20]。部分原因是 Litmus 测试常常会漏掉一些没有被数学模型捕获的非常微小的边界情况。换句话说，一个不准确的模型可能导致假阳性（即被错误地证明是正确的）[44]。

2. 内存一致性的动态验证

动态验证方法指通过运行多线程程序检查处理器中观察到的内存排序模式。这种验证方法使用各种类型的测试程序，如 Litmus 测试、有约束的随机测试等。与形式化验证的主要区别在于它是动态地验证分析实际设计实现中具体执行的结果。换句话说，动态验证不涉及数学模型和符号执行，是详尽的枚举。

Hangal 等提出了一款名为 TSOtool 的工业内存一致性验证工具，用于验证 SPARC 多处理器系统[50]。Roy 等[43]尝试通过近似结果检查算法来加快内存一致性验证。Meixner 和 Sorin[40]在内存子系统中包含了一些小的附加硬件模块，以便跟踪观察运行时的内存排序行为。其他研究工作者也对内存子系统进行了类似的硬件改进[16, 38]。此外，Axe[41]提供了一种可应用于伯克利的 RISC-V 和剑桥的 BERI 内存子系统的内存跟踪发生器，该工具还配备了一个开源的内存一致性检查器，支持多种内存模型验证。

3. 约束图

为了检查内存排序的正确性，需通过 happens-before 关系来分析内存操作之间的顺序。每一个 happens-before 关系表示两个内存操作的部分顺序。通过收集所有 happens-before 关系，我们可以构造一个约束图（也称为 happens-before 图），其中每个顶点对应一个内存操作，每条边表示两个顶点之间的 happens-before 关系。如果约束图存在环路，则表明存在内存一致性违规。现有研究已对约束图构建方法进行了深入探索[3, 15 ~ 17, 34, 43]。

在图 9.2 中，右边的约束图呈现了左侧双线程 Litmus 测试的结果。该约束图是在假设系统采用 TSO 内存模型的情况下建立的。如图所示，四个内存操作存在一种循环依赖关系，因此执行违反了 TSO 模型。一般来说，检查约束图中的循环依赖，可以使用拓扑排序或深度优先搜索，其计算复杂度为 $\Theta(V+E)$，其中 V 和 E 分别是顶点和边的集合[18]。因此，结果检查可能很快成为整个内存的一致性验证过程中的关键瓶颈。

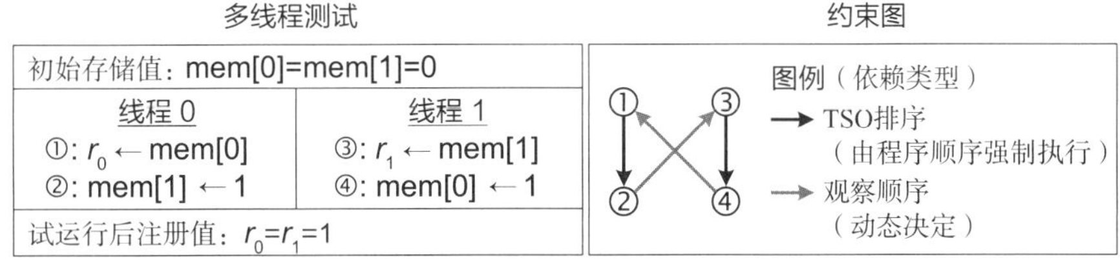

图 9.2 一个双线程的测试运行（左）及其相应的约束图（右）。TSO 模型允许各种内存操作结果，除了左下角的 $r_0=r_1=1$。右边的约束图用一个循环依赖关系标识了这种冲突

9.1.3 硅后微处理器验证

硅后微处理器验证旨在检测漏失的硅芯片细微错误。在这个验证阶段，通常结合使用约束随机测试与直接测试：约束随机测试用于验证和确认工程师未预见的异常用例，而直接测试则针对工程师所期望的边界用例进行针对性检测。这两类测试通常需要克服硅后验证中有限可观测性的挑战。其典型实现方式是使测试结果能在被测平台上直接校验（自检）。自检解决方案[1, 21, 33, 48]只需要观察最小测试结果以检查测试运行的正确性，从而减少将测试结果传送到主机的过程和开销。例如，QED[33]重复指令并比较原始和重复指令的结果；Reversi 技术[48]生成可逆指令序列，使最终结果简化为易校验值（如采用加减数相等的加减指令对）；Foutris 等[21]则利用指令集中多数指令可被其他指令序列替代的特性（如用连加替代乘法指令）实现验证。

内存一致性硅后验证

直接测试和约束随机测试同样广泛应用于内存一致性验证领域。Litmus 测试作为典型直接测试方案备受青睐，这类测试通常由工程师手工编写[7, 26]或基于内存子系统形式化模型自动生成[5, 36]。约束随机测试是量身定制的，通过密集访问跨多个线程共享的少量内存位置，展示罕见的内存排序行为。这些测试通常以每个存储操作都写入唯一值的方式存入内存，以便存储操作可以很容易地消除歧义。同样，在这些测试中，加载操作的部分顺序是根据所读取的加载操作的值确定的，由读取关系捕获。“reads-from”明确定义了加载和存储操作之间的 happens-before 关系：当加载操作读取某存储操作写入的值时，该存储操作必然先于加载操作执行。以图 9.2 为例，加载操作③读取了存储操作②所写入的数据，这意味着操作②在操作③之前完成。

在内存一致性验证中，Litmus 测试和约束随机试均需反复执行以触发多样化的内存访问交错行为。特别是包含更多内存操作的约束随机测试，存在许多不同的有效内存访问交错结果。换句话说，每次测试运行都可能导致一种独特的内存访问交错行为，这种行为可能是之前测试运行中未曾出现过的。因此，与其他硅后验证相比，结果验证过程需要更多的分析和计算（传统测试结果具有确定性且可自检）。所以，减少结果验证的计算量对于提高验证过程的整体效率至关重要。

本章后续部分我们将介绍 MTraceCheck——一个专为硅后验证设计的高效内存一致性验证框架[32]。

9.2 MTraceCheck：高效的内存一致性验证

MTraceCheck 是一种内存一致性验证框架，能够高效地检查多种不同的内存排序模式。该框架专为可观测性非常有限的硅后验证环境设计，但同样适用于硅前动态验证环境，如指令集仿真、RTL 设计仿真或 FPGA 原型。

图 9.3 展示了使用 MTraceCheck 框架的四步验证流程：

（1）使用若干测试参数生成约束随机测试。生成的测试包括多个执行线程，其中每个线程在一个小内存区域（所有线程间共享）上执行许多内存操作，方法见文献［20］和文献［24］。

（2）使用签名计算代码对生成的测试进行插装，该代码计算与运行时观察到的内存访问交错行为相对应的签名值，我们将在 9.2.1 节中解释这个代码检测过程。

（3）加载增强的测试到平台上进行验证，并在平台上反复执行。从在重复的测试运行中，收集签名并将它们存储在线程本地存储中。

（4）以集体方式检查签名，以最大限度地减少重复检查计算。检查过程详见 9.2.2 节。

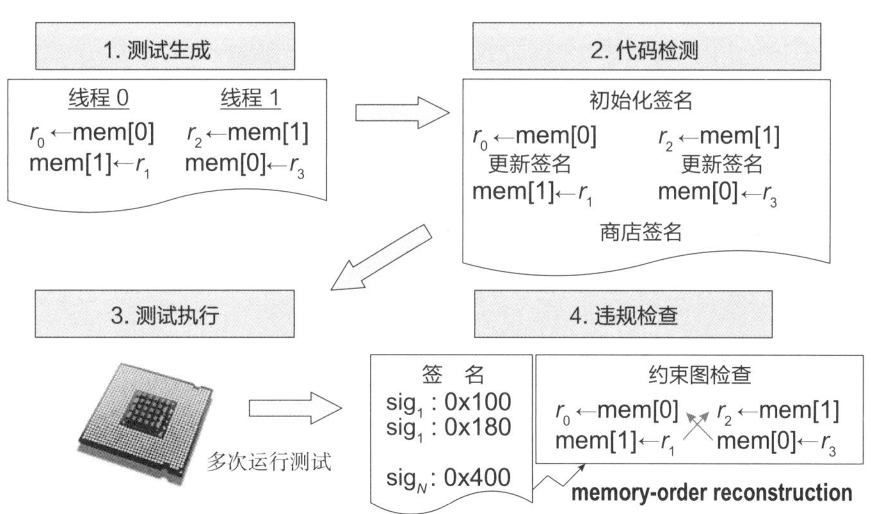

图 9.3 MTraceCheck 首先生成多线程约束随机测试；然后用我们的可观测性增强代码进行检测，检测代码在运行时计算内存访问交错并签名，每个检测测试运行多次，以获得签名值的集合；接着将这些签名值解码为重建约束图，捕捉内存访问之间的 happens-before 关系；最后对约束图之间的相似性进行集体验证

相比之前的硅后内存一致性验证相关工作，MTraceCheck 提供以下贡献：

· MTraceCheck 的代码插装过程会生成一个表征内存操作顺序的签名，该签名通过最小化传输量来实现高效的结果验证。

· MTraceCheck 的轻量级图检查算法通过挖掘重复执行内存一致性测试时约束图之间的相似性来优化验证效率。

9.2.1 通过代码插装增强可观测性

正如我们在 9.1.3 节中讨论的，内存一致性测试会产生各种内存排序模式。要捕获内存排序模式，我们需要跟踪每次加载操作读取的值。在测试中，加载值的集合可用于重建已执行的内存操作之间的 happens-before 关系。在验证过程中，可以使用硬件调试功能跟踪加载操作值。例如，ARM 的嵌入式跟踪 Macrocell（ETM）[9] 可以实时记录运行时的指令和数据。类似地，英特尔提供分支跟踪存储（BTS）功能[27] 可以跟踪分支的历史记录。然而，内存一致性验证需要动态跟踪大量的内存操作，而使用这些特性通常不足以做到这一点。

具体来说，ETM 的片上跟踪缓冲器通常很小，当跟踪缓冲器满时必须停止测试。同样的，BTS 为了存储分支的结果而共享内存子系统，这可能会扰乱测试运行时的内存顺序。因此，本研究致力于开发高效的内存操作跟踪方案，以服务于内存一致性验证。此外，我们提倡采用基于软件的技术来跟踪内存操作，这种技术也可以与这些现有的硬件调试功能搭配使用。

传统的基于软件的内存跟踪方法已在 TSOtool[24] 中实现。在 TSOtool 中，先将加载操作读取的值临时存入寄存器，再写回内存。注意，由于可用的体系结构寄存器数量有限，此寄存器刷新方法经常中断测试运行。此外，它必然会执行过多的存储操作来记录已加载值的历史记录。这些存储操作可能会干扰原始测试的内存访问行为，从而改变原始测试的意图。总之，我们需要将跟踪原始测试内存操作结果所需的存储操作量降至最低。

1. 计算内存访问交叉签名

在此，我们提出了一种创新的签名计算方法，将内存操作的结果封装在一个小的签名值中。该方法受 Ball 和 Larus[13] 提出的控制流方法启发，其核心思想是通过系统化累加各基本块执行值来生成紧凑的校验和。我们采用类似的方法来计算表示内存操作结果的签名。

如前所述，需要对加载操作读取的值进行跟踪，以确定内存操作之间的顺序或者内存访问的交错行为。在这项工作中，我们提出了一种内存访问交错签名，以压缩格式表示加载的值。内存访问交错签名中的每个不同值都表示多线程程序中唯一的内存排序模式。这种小型签名会为每次测试运行进行存储。与寄存器刷新技术（register-flushing technique）[24] 不同，我们的基于签名的解决方案仅引入少量存储操作以用于验证。这样做的目的是将内存跟踪的干扰降至最低，以便在运行测试时观察内存操作的结果。

为此，我们在运行内存一致性测试时计算签名。图 9.4 通过三个步骤概括了签名计算流程。

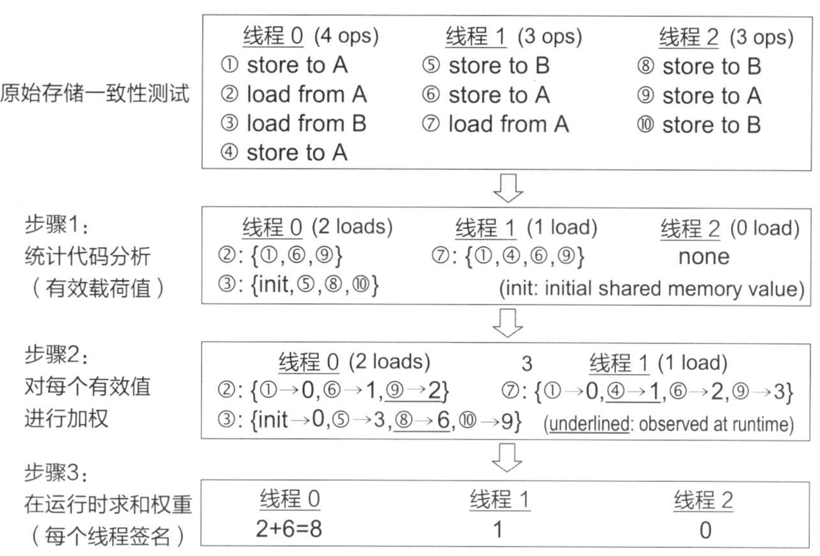

图 9.4 内存访问交叉签名。每个签名值代表一个唯一的内存在测试运行期间观察到的排序模式。为了计算签名，首先配置每次加载操作读取的所有的值，然后为每个值分配一个整数权重（上述两步均为静态分析阶段完成），接着独立累加各线程观测值的权重从而创建每个线程的签名，最后连接所有线程签名形成完整的执行签名

在步骤 1 中，对原始测试进行静态分析，以便收集所有可能的每次加载操作读取的值。图中最上面的框说明了一个由约束随机测试生成器创建的 3 线程测试程序，包括 10 个内存操作，它们共享 2 个内存地址（A 和 B），有 3 个加载操作（②、③、和⑦），每个操作都可以取第二个方框中所列的任意值。分析所有可能加载的值是一项要求很高的任务，具体取决于验证测试。对于约束随机测试，测试生成器通常具有所有生成的操作的信息，包括每个内存的地址操作。因此，内存地址很容易从测试生成器和静态分析中提取。然而，在真实的多线程程序中（例如，图形分析），我们的静态分析可能会受到一些内存地址的限制不能消除歧义。在这种情况下，为了消除内存地址歧义，我们可以使用二进制扩充工具尽可能多地进行剖析。我们还可以将具有未知地址的内存操作排除在签名计算之外，并像传统的寄存器刷新技术那样记录这些操作的结果。

在步骤 2 中，我们为加载操作读取的每个可能值确定一个整数权重。这一步骤在图中的第三个框中进行了说明，并在算法 1 中进行了总结。我们分别为每个线程执行权重分配，而前面的步骤是全局执行的，考虑到所有线程。关于图中的线程 0，第一个加载操作②有三个可能的加载值（或三种可能的读取关系），由①、⑥和⑨存储。我们分配这些权重值分别为 0、1 和 2。对于下一个加载操作③，我们赋值 3 的倍数，因为在之前的加载操作中有三个选项。我们分配权重的方式保证了签名和签名之间的唯一对应关系和内存操作的顺序。我们的权重分配类似于[13]为控制流图中的每条边分配一个整数值。

算法 1： 权重分配

```
Input: all possible reads_ fromrelationships
Output: weights, multipliers, reads_ from_maps
multiplier ← 1
for each load operation L from first to last in test program do
   multipliers[L] ← multiplier
   index_reads_from ← 0
   for each reads_from for the load operation L do
      weights[L][index_reads_from] ← index_reads_from × multiplier
      reads_from_maps[L][index_reads_from] ← reads_from
      index_reads_from← index_reads_from + 1
   end for
   multiplier ← multiplier × index_reads_from
end for
return weights, multipliers, reads_from_maps
```

在步骤 3 中，我们累加运行时与加载值相对应的权重。假设在图中的第三个方框中，第一次加载操作读取了由⑨（权重 2）写入的值，读取⑧（权值 6）写入的值通过第二次加载操作，如图中线程 0 的两个下划线值所示。作为这个线程的签名，在执行结束时我们得到两个权重的和，也就是 8。类似地，假设加载操作线程 1 中的⑦读取带下划线的值，其权重 (1) 成为这个线程的签名。线程 2 没有加载操作，所以它总是返回 0 作为它的签名。这些每个线程的签名在图的底部框中进行了说明。请注意，签名计算在运行时由各线程单独完成。测试运行结束时，将每次测试运行获得的所有线程签名进行连接，最终形成完整的执行签名。

2. 代码插装

图 9.5 展示了我们在图 9.4 的原始测试程序上完成代码插装后的测试程序。插装代码包含三个部分：首先，在测试开始时将 sig 变量初始化为 0；然后，在每个加载操作后增加条件分支链——根据加载值动态累加 sig 变量，每个分支链尾部均附加断言语句用于捕获无须约束图检查的明显错误（例如，可检测加载操作②从较新的存储操作④中读取值的程序顺序违规）；最后，测试结束时，将累加的签名 sig 存储在线程本地存储中。

根据内存交错的可能性，签名可能会超过单个寄存器的大小（通常是 32 位或 64 位），在这种情况下，我们在 sig 变量溢出之前将其保存下来，重新初始化它（即 sig=0），然后从那里开始重新累加。换句话说，我们将每个线程的签名拆分为多个字。为此，在代码插装过程中计算权重时，我们静态地识别任何签名溢出。在这种情况下，我们将当前签名（即在检测到溢出时已计算的签名）存储到线程本地内存区域，然后通过重置乘法器（即 multiplier=1）重新开始签名计算。通过这样做，之前的签名代表之前的代码段，而新的签名代表下一个代码段。

```
线程 0
  initialize: sig = 0
① store to A
② load from A
  // update signature for ②
  if (②'s value==①)         sig += 0
  else if (②'s value==⑥)    sig += 1
  else if (②'s value==⑨)    sig += 2
  else assert error
③ load from B
  // update signature for ③
  if (③'s value==①)         sig += 0
  else if (③'s value==⑤)    sig += 3
  else if (③'s value==⑧)    sig += 6
  else if (③'s value==⑩)    sig += 9
  else assert error
④ store to A
  finish: store sig to memory
```

```
线程 1
  initialize: sig = 0
⑤ store to A
⑥ store to B
⑦ load from A
  // update signature for ⑦
  if (⑦'s value==①)         sig += 0
  else if (⑦'s value==④)    sig += 1
  else if (⑦'s value==⑥)    sig += 2
  else if (⑦'s value==⑨)    sig += 3
  else assert error
  finish: store sig to memory

  线程2总是将sig=0存储到内存中，因为它
没有加载操作
```

图 9.5 代码插装。在每次加载操作之后对分支和算术指令进行插装，并且在测试运行期间这些指令会更新签名（sig），当测试结束时，计算得出的签名会被存储在本地线程内存区域中

虽然代码插装在某种程度上增加了代码的大小，但其对测试运行时的影响远小于代码大小增加的影响（具体量化评估见 9.3 节）。请注意，加载操作后插入的检测例程对原始测试的内存访问模式扰动最小，因为这些例程主要由分支和算术运算组成，不含额外的内存操作。有两种例外情况会影响内存访问模式：

（1）签名溢出，需要重置签名，在本例中，前一个信号在它之前被刷新到内存中。

（2）当程序执行遇到任何断言语句时（断言错误）。

请注意，现代微处理器配备了 out-of-order 执行引擎（具有高度精确分支预测器），因此我们的插装例程可以有效地与内存操作并行执行。

3. 内存操作顺序的重构

我们按照算法 2 中描述的伪代码对每个签名进行解码，重建由签名捕获的内存操作之间的顺序。在算法 1 中，解码过程基本上是一个与签名计算过程相反的过程。解码过程的目标是获得一组 reads-from 签名表示的关系。在应用算法 2 解码程序之前，首先将一个执行签名拆分为每个线程的签名。对于每个线程，从线程中的最后一次加载操作开始，一次一个地重建 reads-from 关系。重建过程回到线程中的第一个加载操作（算法中的第 3 行）。

Multipliers 数组具有用于计算每个加载操作权重的乘数。对于每一个加载操作，方法中指定的乘数除以每个加载操作的签名乘数数组（第 4 行和第 5 行）。商表示 read-from 的加载操作中观察到的索引关系（第 5 行）。余数表示签名

值，然后将此加载操作进行累加，因此它将替换重建下一个加载操作的签名（第 6 行）。read-from 关系的索引被用来查找 reads_from_maps 数组（提供索引和 reads-from 关系之间的映射关系，第 7 行）。

算法 2：签名解码过程

```
1： Input: signature, multipliers, reads_from_maps
2： Output: reads_from relationships observed at runtime
3： for each load L from last to first in test program do
4：    multiplier ← multipliers[L]
5：    index_reads_from← signature / multiplier
6：    signature ← signature % multiplier
7：    reads_from[L] ← reads_from_maps[L][index_reads_from]
8： end for
9： return reads_from
```

在分配权重的同时，我们会收集重构约束图所需的额外信息，除了 multipliers 和 reads_from_maps 数组外，还包括 MCM 所需的线程之间的内存排序（例如，图 9.2 所示的①→②），以及 write-serialization 顺序（例如，线程内对同一地址的存储操作必须按程序顺序观测，图 9.4 中的①和④）。

4. 签名大小

签名的大小与内存操作间 reads-from 关系的数量成正比。具体来说，我们的内存访问交错签名是为了捕获弱 MCM（不强制任何内存排序）下所有合法的访问交错模式。然而在允许更少内存访问交错模式的较强 MCM 中，本方案生成的签名可能包含该模型禁止的内存排序对应值，导致签名体积超出该模型的实际需求。这些无效的签名值最终会在 9.2.2 节的图检查中被识别为一致性违规。此外，我们通过考虑线程内程序顺序约束来试图压缩签名大小。例如，根据程序顺序规则，加载操作不能读取同一线程中早于最近存储操作的陈旧值——此类违规可直接由图 9.5 中的断言语句捕获。

这里，评估下在我们的实验测试环境中，约束随机条件下生成的测试的签名大小。在我们的测试环境中，有几个测试生成参数来指定测试的特征：线程数（T）、每个线程的存储数（S）、每个线程的加载数（L）和共享内存位置的数量（A）。我们以随机的方式创建内存地址。有了这些参数，每个线程签名的大小可以用下面的公式表示：

$$\text{线程签名} = \left\{1 + \frac{S}{A}(T-1)\right\}^{L} \tag{9.1}$$

等式中的花括号包含两个部分，用于每次加载操作：第一部分（等式中的 1）读取同一线程中最近写入的值，或者不存在对同一地址存储操作时读取内存初始值；第二部分（$\frac{S}{A}(T-1)$）表示从任何其他线程读取的情况，$\frac{S}{A}$ 表示与加载地址相同的存储操作的次数。花括号内的表达式的 L 次方用来计算线程中所有加载操作的所有可能组合。一个执行签名的大小是 T 乘以上面的方程，因为执行签名是所有每个线程签名的集合。

例如，我们使用的最小测试配置（表 9.2）具有以下测试生成参数：$T=2$, $S=L=25$, $A=32$。在这个测试配置中，每个线程的签名可以表示 $\left\{1+\frac{25}{32}(2-1)\right\}^{25}\approx1.9\times10^{6}\approx2^{21}$ 组的加载值，大约需要 21 位的存储空间。

9.2.2 图集合检查

为了检查在运行时观察到的内存排序的正确性，我们分析了在测试期间执行的所有内存操作之间的 happens-before 关系。happens-before 关系[3, 34]可以将观察到的关系分为以下三种类型：reads-from、from-read 和 write-serialization。除了这些观察到的关系，我们还考虑由 MCM 定义的线程内排序规则。如图 9.6 所示（基于 TSO 内存模型），存储操作①应该发生在③之前，如 TSO 排序关系所示。但①不一定会在②之前发生，所以这两个操作之间没有边。同样，假设加载操作②取存储操作 ❶ 的值，这种 happens-before 关系会被红色的 reads-from 边捕获。从这个 read-from 关系，我们可以推导出一个 from-read 关系到线程 1 中的下一个存储操作 ❸，因为存储操作到相同的地址必须满足 write-serialization。

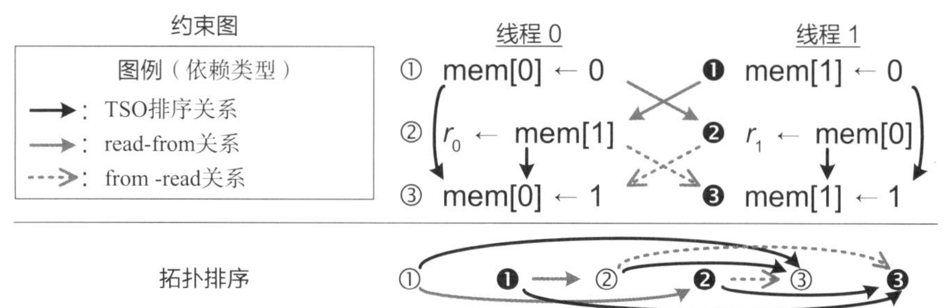

图 9.6 约束图（上）及其拓扑排序（下）。这个约束图中没有任何违背一致性的行为，因为图拓扑排序且都发生在 happens-before 之前

一旦我们构建了一个具有 happens-before 关系的约束图，就可以进行沿循环依赖关系的检查。例如，假设 3 个 happens-before 关系发生在以下三个内存操作（A、B 和 C）之间：

（1）A happens before 在 B 之前。

（2）B happens before 在 C 之前。

（3）C happens before 在 A 之前。

这三个关系可以概括为 $A \rightarrow B \rightarrow C \rightarrow A$，这是一个循环依赖关系，这种循环依赖是违反内存一致性的。

如 9.1.2 节所述，拓扑排序是通过为图中所有顶点寻找满足“不存在逆向边”的线性顺序来检测图中循环的方法。在正式定义中，拓扑排序是所有顶点的线性排序，如果图包含一条边 (u, v)，则在排序中 u 必须位于 v 之前[18]。约束图如图 9.6 所示按照图底部所示进行拓扑排序，因此我们找不到内存一致性违规。然而，图 9.2 中的约束图没有拓扑排序，表示存在内存一致性违规。

先前的研究工作是将拓扑排序应用于从硅后内存一致性测试中获得的每个单独约束图。然而，我们注意到许多测试运行实际上表现出彼此相似的内存访问交错模式。基于这一观察，我们提出了全新的集合约束图检验方案，该方案利用测试运行之间的相似性来优化验证效率。借助我们的收集检查解决方案，致力于减少验证内存一致性测试结果所需的计算量。在接下来的部分，我们将讨论如何估计约束图之间的相似性，然后介绍我们的拓扑重新排序技术。

1. 估算约束图之间的相似性

如前所述，我们需要减少检测约束图中循环依赖所需的计算量。为此，我们提出了一种增量验证方案：将待验证图与已验证图进行比较，分离出新图与旧图不同的部分，并仅对不同的部分应用我们修改后的拓扑排序来检查。

1）k-medoids 聚类算法评估图的相似性研究的限制

在设计增量检查方案过程中，我们首先评估了同一测试所得约束图之间的相似性。为此，我们进行了初步研究，从由两次受限随机测试反复执行而生成的整个约束图集中识别出一组小规模的代表性图。第一个测试包含 2 个线程（每个线程 50 次内存操作）和 32 个不同的共享内存地址。第二个测试有更多线程（4 个线程），其余参数与第一个测试相同。针对每个测试，我们对 1000 次测试运行中获得的约束图集进行 k-medoids 聚类分析[29]，以选择 k 个代表性图。在该分析中，我们的距离度量是两个图之间不同“reads-from”关系的数量。为了在这一初步实验中获得“reads-from”关系，我们使用了一个内部架构模拟器，该仿真器模拟了顺序一致性（SC）的行为[31]。这个仿真器随机选择内存操作，但不违反 SC。

图 9.7 展示了不同“reads-from”关系的总数，其中每个图表都与它最接近的中心点图表进行了比较。在第一个测试中，尽管 1000 次执行中有 172 次是独一无二的，但随着 k 值的增加，该数量迅速减少。相反，在第二个测试中，每次执行都产生了独一无二的交错行为，即使在最高的 k 值（$k=100$）下，该数量仍然很高。换句话说，所选的中心点图表与单个图表仍然有很大的不同。

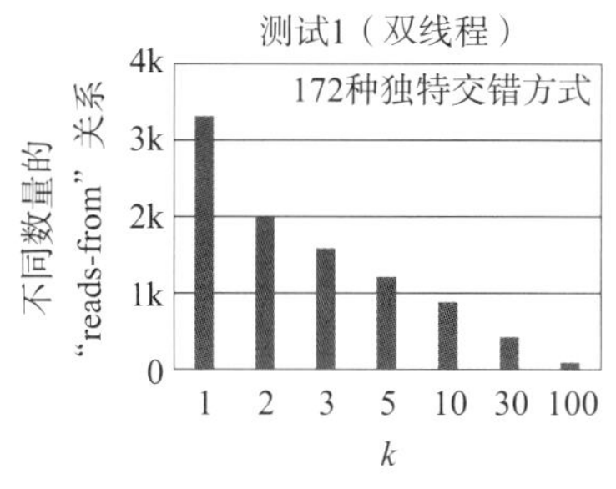

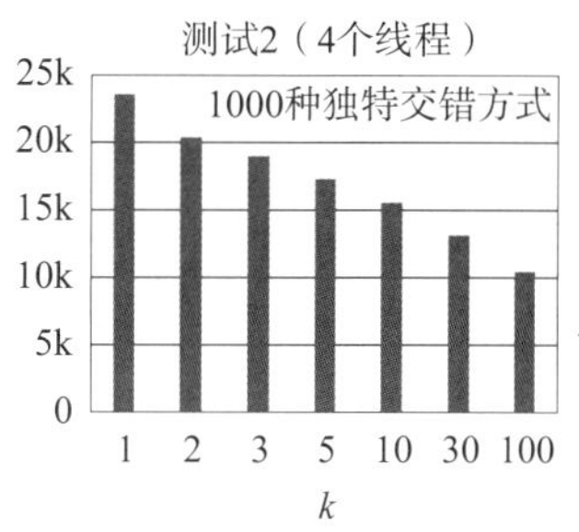

图 9.7 使用 k-medoids 聚类方法对两个测试中的约束图进行相似性测量。这些中转图是一组具有代表性的约束图。为了使中转图真正具有代表性，不同"reads-from"关系的数量应该非常少。我们发现，随着 k 值的增加，不同"reads-from"关系的数量会减少，这在两个测试中都有所体现。然而，在测试 2 中，许多"reads-from"关系仍然与中转图不同，即使在较大的 k 值下也是如此。换句话说，由于此测试中存在许多内存访问交错的机会，聚类紧密度非常低

通过实验我们得出两点结论，表明 k-medoids 聚类算法不适用：

（1）应用该聚类算法后会产生大量不一致的"reads-from"关系。

（2）k-medoids 聚类算法的计算复杂度非常高[29]，超过了拓扑排序的复杂度。因此，使用这种聚类算法会抵消利用图相似性进行快速拓扑排序所带来的潜在时间节省。

2）我们的解决方案——分类签名及对应图的差异分析

我们放弃 k-medoids 分析方案，转而采用轻量级计算来找到一个与待验证图充分相似的已验证图。为此，我们将内存访问交错签名（9.2.1 节）重新用作图的相似性度量。

具体来说，首先从一个测试的多次执行中收集所有的执行签名，并按升序排列这些签名。请注意，在这种排序方式中相邻的签名具有彼此相似的 reads-from 关系——两个相邻签名之间的差异很可能体现在低位，对应测试初期的 reads-from 关系变化。随后按照排序后的顺序为每个签名重建一个约束图。最后，这些图通过新颖的重新排序程序进行检查：该程序会比较相邻的两个图，将前一个图作为验证下一个图的基准。另外，这种排序还带来额外优势——所有重复的执行（即那些内存访问交错模式已被之前的执行观察到的执行）都可以在排序过程中轻松地被移除。

在排序过程中，我们将每个执行签名视为一个多字组成的整数值，因此本方法对如何在执行签名中放置签名词很敏感。从初步实验来看，我们确定采用以下整数布局方案：将第一个线程的签名放在最显著的位置，最后一个线程的签名放在最不显著的位置。如果每个线程的签名由多个字组成，则将每个线程签名的第一个单词放在前面提到的线程位置中的最显著位置，最后一个单词放

在最不显著位置。相比于另一种将相关代码段中的签名词并排放置的布局，本方案能有效减少相邻签名之间 reads-from 关系的差异性。

2. 拓扑顺序的重新排序

MTraceCheck 的图检查是以整体方式对约束图进行检查的。具体而言，MTraceCheck 会依次对每个约束图进行检查，按照其对应签名的升序排列。首先检查的图是按照拓扑排序的方式对图的所有顶点进行排序的常规图检查。从第二张图开始，MTraceCheck 执行部分重新排序，仅对排序顺序中与前一张图不同的部分进行处理。

MTraceCheck 的重新排序技术利用了对先前图进行拓扑排序的结果。基于先前的拓扑排序，它重新对由两个边界（前沿边界和后沿边界）所界定的区域进行排序。我们决定这两个边界的方式是，拓扑排序在这些边界之外的部分可以不受影响。为了实现这一目标，我们将前沿边界定义为当前验证图中与反向边相连的第一个顶点（在先前的排序中）。后沿边界则是以类似的方式决定的，即它是与当前图引入的反向边相邻的最后一个顶点。在决定前沿边界和后沿边界时，我们只考虑新的反向边，而不考虑正向边或已删除的边。在最佳情况下，如果不存在反向边，我们的重新排序可以跳过整个图。

图 9.8 展示了我们对双线程程序中获取的三个约束图所执行的重新排序操作。假设已按执行签名升序完成三个图的排序与重建。MTraceCheck 的图检查方案从第一个图开始——其首次的拓扑排序与传统的完整图检查相同。MTraceCheck 随后将首次排序的结果用于绘制第二张图，检查第二张图中新引入的每条边，即①→❷ 和 ❷→③，发现只有前者是反向的。这条反向边用下面第一轮拓扑排序图中的反向箭头来表示。从这条反向边出发，我们确定②为前沿边界，①为后沿边界。然后在拓扑排序中将这两个节点的顺序进行交换，

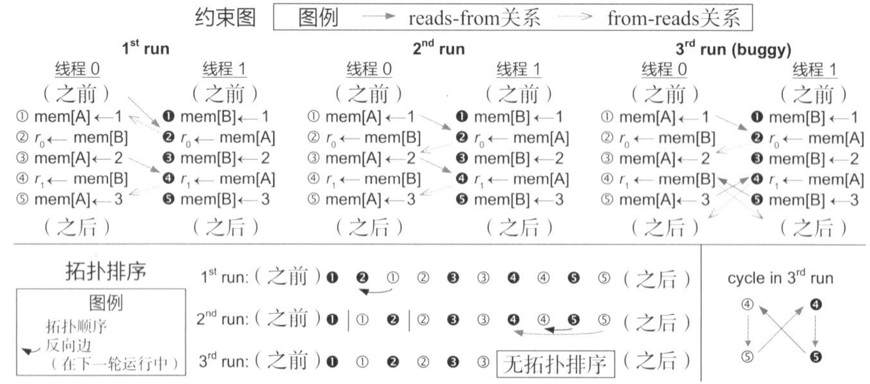

图 9.8 三次测试运行的拓扑重新排序过程：前一次运行的拓扑排序结果会部分重新排列以用于下一次运行。排序边界（前沿和后沿）是根据下一次运行引入的反向边来计算的。在两个边界之间的段落中如果没有拓扑排序，则表明存在一致性违规情况

如第二轮图所示。第三个运行演示了一个存在错误的场景：由反向边⑤→❹所包围的四个顶点之间不存在拓扑排序关系。该一致性违规同时通过图右下角的循环 happens-before 关系呈现。

9.3 实验评估

我们在两个实际系统中针对不同的测试配置对 MTraceCheck 进行了评估。首先，在 9.3.1 节中阐述了实验设置；然后，在 9.3.2 节中讨论了我们所设计的受约束随机测试程序的特点；接着，在 9.3.3 节中对基于签名的内存跟踪方法及其优点和缺点进行了量化评估；最后，在 9.3.4 节对我们的收集图检查方法进行了评估。

9.3.1 实验设置

我们在基于 x86 架构的台式机和基于 ARM 架构的平板两种不同的实际系统中对 MTraceCheck 进行了评估（系统配置详见表 9.1）。针对每个系统构建了不依赖操作系统的裸机运行环境，该环境专为验证测试设计，仅执行缓存、MMU（内存管理单元）和页表等最小化初始化任务，从而确保测试过程无上下文切换干扰。

表 9.1 验证系统的配置

系 统	基于 x86-64 架构的台式机	基于 ARM v7 架构的平板
处理器	Intel Core 2 Quad Q6600	Samsung Exynos 5422 (big.LITTLE)
MCM	x86-TSO	weakly-ordered memory model
工作频率	2.4GHz	800 MHz（降频）
内核数量	4（无超线程技术）	4 (Cortex-A7)+4 (Cortex-A15)
缓存结构	32+32 KB(L1), 8 MB(L2)	A7：32+32 KB(L1), 512 KB(L2) A15：32+32 KB(L1), 2 MB(L2)
缓存配置	回写 (both L1 and L2)	回写 (L1)，写通 (L2)

两套系统的裸机环境初始化流程存在差异：

（1）在 x86 环境中，引导处理器通过处理器间中断（IPI）唤醒辅助核，随后初始化缓存、页表与 MMU。初始化完成后，测试线程优先分配至辅助核运行，仅当无可用辅助核时（如本实验中的 4 线程测试）才分配至主引导核执行。

（2）在 ARM 裸机环境中，Cortex-A7 集群的主核运行 Das U-Boot 引导加载程序[19]，该程序负责加载我们的测试代码。测试启动时，主核首先唤醒其他辅助核：辅助核切换至监管模式 (supervisor mode)，而主核保持 hypervisor 模式以维持引导程序运行。测试开始前完成所有缓存、页表及 MMU

的初始化。线程分配策略优先使用 Cortex-A15 集群的大核，再调用 Cortex-A7 集群的小核——例如 4 线程测试会占满 Cortex-A15 集群的全部四个大核。

表 9.2 列出了生成受约束的随机测试程序时使用的三个关键参数，这些参数值的选择参考了前人的研究[20, 24]。

表 9.2 测试参数

测试生成参数	值
测试线程数	2, 4, 7
每个线程的静态内存操作数	50, 100, 200
不同共享内存位置的数量	32, 64, 128

如图 9.9 中两个图的 x 轴所示，我们通过组合这些参数值创建了 21 个具有代表性的测试配置，其命名规则为：[指令集架构]-[测试线程数]-[每个线程的静态内存操作数]-[不同的共享内存位置数]。例如，ARM-2-50-32 表示

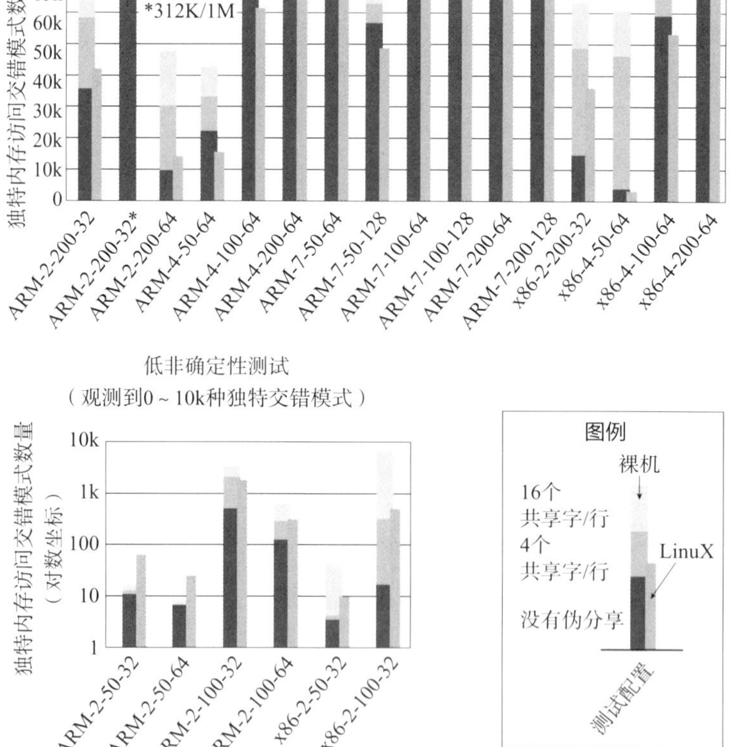

图 9.9 不同测试配置下观测到的独特内存访问交错模式数量。针对每个多线程测试，我们通过 65536 次重复运行统计了独特内存访问交错签名出现的次数。如底部对数坐标图所示，大多数双线程测试仅表现出少量不同的交错模式，而如顶部线性坐标图所示，7 线程测试在几乎所有迭代中都显示出独特交错模式。缓存行的伪共享有助于交错模式的多样化。与裸机环境相比，Linux 环境在双线程测试中产生了更多的独特交错模式，而在 4 线程和 7 线程测试中反而限制了交错模式

ARM 架构下双线程的测试配置，每个线程对 32 个不同的共享内存位置执行 50 次内存操作。每个测试配置生成 10 个不同随机种子的测试程序，各随机测试重复运行 5 次。为了消除 5 次测试运行之间的意外依赖关系，每次测试运行前均进行硬复位。所有内存操作均按相等的概率（即 50% 加载，50% 存储）随机生成，且每次传输 4 字节数据。

每次测试运行都会迭代一个包含生成的内存操作的测试例程循环。重复执行该循环旨在展示各种内存访问交错行为。除非另有说明，否则我们对该循环迭代 65536 次。此外，循环的开头包含一个同步例程，等待所有线程完成上一次迭代，然后进行共享内存初始化和内存屏障指令（x86 架构使用 mfence，ARM 架构使用 dmb）。此自定义同步例程采用传统的反转集中式屏障实现。

9.3.2 内存排序中的不确定性

本节对测试程序中观察到的内存排序模式的多样性进行了量化。图 9.9 统计了 21 种测试配置（每种测试配置平均进行了 10 次测试）产生的独特内存访问交错模式数量（通过计算独特的执行签名来衡量）。如前所述，除了 ARM-2-200-32* 迭代了 100 万次外，其余多线程测试均循环执行 65536 次。总体而言，顶部线性坐标图中的部分配置几乎没有重复项，而底部对数坐标图中某些测试配置仅呈现极少量的独特交错模式。图中深色柱状图表示基线地址生成方案（共享内存位置之间不存在伪共享）的测试结果，例如，ARM-7-200-64 展现出 65536 种（100%）独特内存访问交错模式，而 ARM-2-50-32 平均仅产生 11 种（0.02%）独特模式。

在表 9.2 的三个测试生成参数中，线程数是影响内存访问交错行为的最主要参数。例如，在 ARM-2-50-64 中我们观察到了约 7 种不同的模式，在 ARM-4-50-64 中观察到了 22124 种模式，在 ARM-7-50-64 中观察到了 65374 种模式。请注意，这三种配置中的内存操作总数是不同的。在操作总数恒定的情况下，我们再次观察到交错模式的显著增加：ARM-2-100-64 有 123 种模式，而 ARM-4-50-64 有 22124 种模式。

内存操作的数量是影响非确定性交错行为的第二个重要因素，但其重要性远不及线程数量。例如，在 ARM-2-50-32 中观察到 11 种模式，在 ARM-2-100-32 中观察到 508 种模式，在 ARM-2-200-32 中观察到 35679 种模式。此外，增加共享内存位置的数量会导致每个内存位置的访问次数减少，从而减少独特交错模式数量。在 ARM-2-200-64 中仅观察到 9638 种模式，远少于 ARM-2-200-32 中的 35679 种模式。

在大多数 7 线程配置中，几乎所有迭代都表现出截然不同的内存访问模式，这在一定程度上是因为我们使用的循环迭代次数相对较低（65536次）。作为敏感性研究，我们评估了ARM-2-200-32的迭代次数的影响，在其中我们比较了两种迭代次数的结果：65536次中有35679种独特模式（54%），而1048576次中有311512种独特模式（30%），如线性坐标图中两个最左边的柱状图所示。

此外，我们注意到两个系统在内存访问交错方面表现出不同的水平。具体来说，与基于ARM的系统相比，基于x86的系统表现出较少的独特交错模式，这在一定程度上是因为系统所采用的TSO模型实施了更严格的内存排序规则。为了遵循TSO模型，基于x86的系统需要限制某些内存重排序行为，而基于ARM的系统则允许此类重排序行为。我们认为，内存模型是造成这两个系统差异的主要因素，此外还有诸如加载存储队列（LSQ）大小、缓存组织、互连等其他因素。为了进行公平的比较，每个x86测试用例的生成方式都确保其内存访问模式与对应的ARM版本完全一致。

1. 缓存行伪共享的影响

现代多核系统在各核之间提供一致性的缓存。这些系统的内存一致性是基于底层的缓存一致性机制来实现的。在缓存一致性的系统中，缓存行是缓存之间数据传输的最小粒度。前文所述的实验结果（图9.9中的深色柱状图）均来自没有伪共享的测试。换句话说，每个缓存行中只有一个共享字，而缓存行的其余部分则完全未被访问。

在缓存行中放置多个共享字会增加线程间的竞争，并使内存访问交错行为多样化。图9.9中的深灰色和浅灰色柱状图分别展示了两种不同数据布局下独特的内存访问交错模式数量（每缓存行包含4个和16个共享字）。由于伪共享，x86-4-50-64的增长幅度最为显著：从3964种（无伪共享）增加到46266种（4个共享字），再到60868种（16个共享字）独特模式。我们观察到基于x86的系统比基于ARM的系统增长幅度更大。

2. 操作系统的影响

在先前的讨论中，我们仅使用了前文所述的裸机环境。除了裸机环境之外，我们的测试程序还可以针对Linux操作系统，该系统允许上下文切换，并会与共享内存子系统的其他并发任务产生干扰。操作系统还引入了另一个测试干扰源：通过分页机制对内存地址进行重映射，而我们的裸机环境始终保持虚拟地址与物理地址的直接映射。为了量化操作系统带来的干扰，我们将同一组测试重新定向到以下Linux系统：基于ARM的系统运行Ubuntu MATE 16.04，基于x86的系统运行Ubuntu 10.04 LTS。在这些Ubuntu系统下，测试线程通过

m5threads pthreads 库[14]启动，不过启动之后，测试线程之间的同步是通过我们自己的同步原语来实现的，就像在我们的裸机环境中一样。

图 9.9 中稍深色柱状图展示了在 Linux 环境下（无伪共享）的实验结果。我们观察到两个明显的趋势：

（1）在双线程测试中，与裸机测试相比，独特的交错次数有所增加。我们认为，在这些测试中，细粒度（即指令级）干扰占主导地位，从而增加了交错的多样性。例如，与测试线程无关的 OS 系统任务可以执行其内存操作，从而干扰测试线程的内存操作的时序行为。

（2）在 4 线程和 7 线程测试中，情况则相反。我们认为这种趋势源于粗粒度（即线程级）干扰。例如，某些测试线程可能会被 OS 预占，然后在所有其他线程都已完成之后才恢复运行，在这种情况下，这个被阻塞的线程经历的内存访问交错次数会少得多。

9.3.3 验证性能

我们测量了验证时间的两个主要组成部分：结果检查所花费的时间和测试运行所花费的时间。总的来说，MTraceCheck 在结果检查方面实现了显著的速度提升，但以测试运行时长略有增加为代价。我们将在下文提供详细的实验结果和见解。

1. 结果检查的加速效果

我们在一台配备英特尔酷睿 i7 860 2.8 GHz 处理器和 8GB 内存的主机上进行了约束图检查，该主机运行的是 Ubuntu 16.04 LTS 操作系统。这主机比我们正在验证的系统更强大（表 9.1），因为结果检查所花费的时间比测试运行要长得多。为了使结果具有可重复性，我们采用了著名的拓扑排序程序 tsort，它是 GNU 核心实用程序的一部分[23]。我们对原始的 tsort 程序进行了修改，以便能够高效地检查从测试中生成的多个约束图。具体来说，对于基线的单独检查和 MTraceCheck 的集体检查，顶点数据结构在所有约束图中都会被重复利用，而边数据结构则不会。我们排除了读取输入图文件所花费的时间，假设所有图都已事先加载到内存中。为了减少主机 Linux 环境中的随机干扰，我们对每个评估都运行了 5 次 tsort 程序。我们使用了在 Linux 环境中获得的签名（图 9.9 中稍深色柱状图），而不是在裸机环境中获得的签名。为了公平比较，我们对两种检查技术都只考虑了唯一的约束图。

图 9.10 展示了集体图检查方法中用于拓扑排序的时间，该时间已归一化为一个传统的基准方法，即分别检查每个约束图。我们观察到，集体检查方法将

总体计算量平均减少了 81%。此外，我们还注意到 ARM 和 x86 平台之间存在显著差异：该技术在 x86 平台上的优势较小，这种差异也体现在拓扑排序的实际耗时上（该时间未在图中显示）。对于从 ARM 平台获得的图，实时时钟时间从 ARM-2-50-64 的 2.4μs 到 ARM-7-200-64 的 1.2s 不等。而从 x86 平台获得的图，实时时钟时间范围从 x86-2-50-32 的 8.6μs 到 x86-4-200-64 的 4.6s。

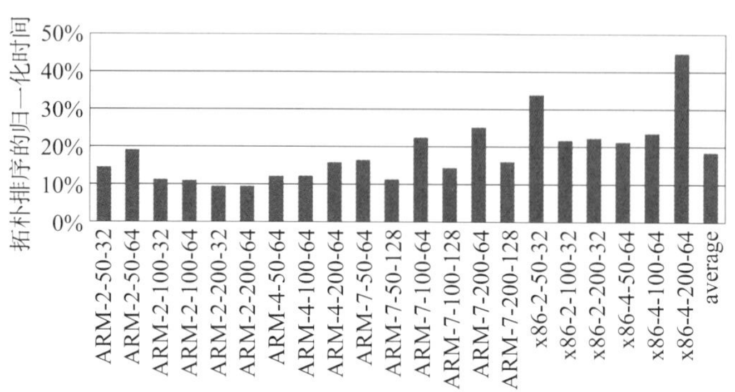

图 9.10 与传统的单个图检查相比，集体图检查将拓扑排序时间平均减少了 81%

我们进行了深入分析，以探究 ARM 和 x86 平台之间的差异。研究发现，集体图检查的速度提升来源于两个关键因素：

（1）许多约束图可以立即验证，无须修改之前的拓扑排序。这种情况在图 9.11 最左边的柱状图（ARM）中尤为突出，除了第一个图之外，大多数约束图都不需要重新排序。这是因为在 ARM 测试场景中，tsort 程序会自然地将存储操作置于加载操作之前（因为存储操作不依赖于任何加载操作）。但需注意的是，程序本身与 MCM 无关，并且在检查所有新边之前并不知道不存在反向边，因此集体检查仍需检查每条新边是否为反向边。所以，在检查 ARM 测试结果时，这种边的检查是主要的计算工作。

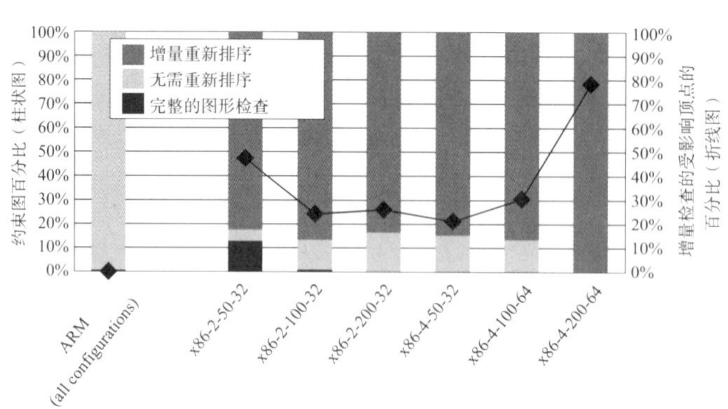

图 9.11 集体图检查中的加速来源。来自 ARM 测试的大多数图都被跳过，无须任何拓扑重新排序。来自 x86 测试的大多数图只需部分重新排序，重新排序影响最高达到 78%

（2）在 x86 测试中，我们也观察到一小部分约束图（最多占 16%）无须重新排序即可验证。但大多数 x86 图需要增量式重新排序，如图中稍深色部分所示，其比例从 x86-2-50-32 的 82% 到 x86-4-200-64 的近 100% 不等。对于这些图，我们计算了受重新排序影响的顶点百分比，如图中绘制的折线所示，该百分比从 x86-4-50-64 的 21% 到 x86-4-200-64 的 78% 不等。x86-4-200-64 的测试配置在这两项指标（重新排序图的百分比和受影响顶点的百分比）上都具有最大的重新排序部分。因此，如图 9.10 所示，此测试配置从我们的集体检查中获益最少。

2. 测试运行开销

我们报告了 MTraceCheck 在 ARM 裸机系统中测得的运行时间开销。利用 ARM 系统内置的硬件性能监视器[10]精确测量了运行时间。图 9.12 总结了 MTraceCheck 引入的两种运行时间开销：签名计算（即运行分支和算术操作链以及存储签名所花费的时间）和执行签名排序。我们使用 C 编程语言编写的平衡二叉树实现了签名排序例程，并在所有重复测试运行完成后，由 Cortex-A7 集群的主核运行该排序例程。

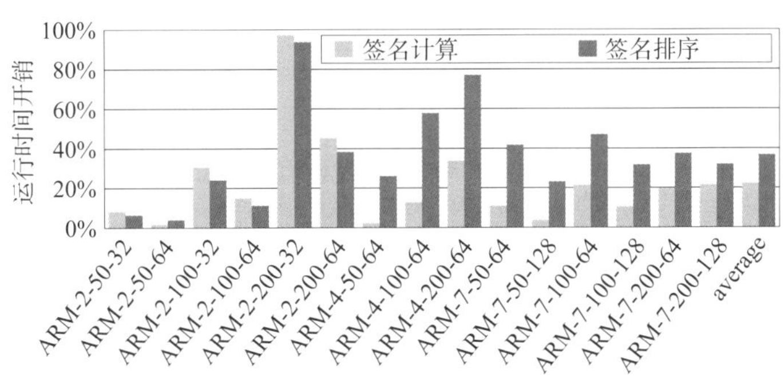

图 9.12 测试运行时间开销。由于加入了签名计算的插装代码，测试运行时间平均增加了 22%。此外，签名排序也使运行时间平均增加了 38%

原始测试运行 65536 次迭代需要 0.09 ~ 1.1s。在此基准之上，MTraceCheck 的签名计算会额外增加 22% 的时间，而其签名排序平均会增加 38% 的时间。具体而言，签名计算的开销从 ARM-2-50-64 中的低至 1.5% 到 ARM-2-200-32 中的高达 97.8% 不等，后者属于特殊情况。ARM-2-50-64 中的最低开销可以解释为在 65536 次迭代中仅有约 7 种独特的交错模式，因此分支预测器几乎能够完美预测插装代码中的分支操作方向。相反，ARM-2-200-32 几乎每次迭代都呈现出独特的交错模式，因此分支预测错误的代价变得十分显著。签名排序的开销从 ARM-2-50-64 中的 3.9% 到 ARM-2-200-32 中的 93.5% 不等。对于 ARM-2-200-32 的 100 万次迭代版本，我们发现签名排序的开销高达 140%，但该数据未在图中显示。

9.3.4 代码插装的侵扰性

为了量化 MTraceCheck 代码插装的侵扰性，我们首先测量为跟踪内存操作顺序而引入的额外内存访问。这些额外的内存访问并非原始测试的一部分，仅用于验证目的。正如 9.2.1 节所述，在硅后内存一致性测试中，跟踪内存操作结果时，减少额外的内存访问是一项关键挑战。

我们在图 9.13 中报告了这些额外访问的数量，将其归一化为一种传统的寄存器刷新技术[24]，在这种技术中，所有加载的值都必须刷新回内存。与传统技术相比，基于签名的技术平均仅需要额外 7% 的内存访问。额外内存访问的数量从 ARM-2-100-64 的 3.9% 到 ARM-7-200-64 的 11.5% 不等。在高竞争（即更多线程、更多内存操作和更少共享内存位置）测试中，签名占用的空间更大，因此需要传输更多的数据。

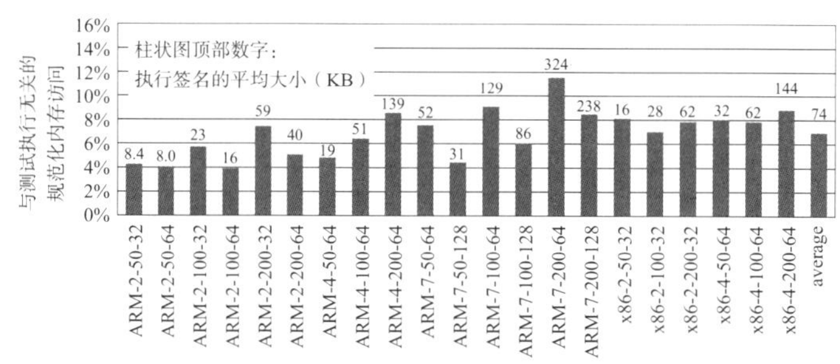

图 9.13 验证的侵扰性。与先前的寄存器刷新方法相比，基于签名的跟踪极大地减少了与测试运行无关的内存访问

图中每个柱状图顶部显示了执行签名的平均大小。在低竞争测试中，签名大小受寄存器位宽限制。在双线程、50 次操作和 32 个位置的测试中（ARM-2-50-32 和 x86-2-50-32），如 9.2.1 节所述，每个线程的签名大小几乎不超过 32 位。然而，我们使用寄存器的全部位宽来存储每个线程的签名（x86 系统使用 64 位，ARM 系统使用 32 位）。寄存器位宽的差异导致两个系统执行签名的平均大小存在显著差异（几乎两倍）：x86 系统为 16 字节，ARM 系统为 8.4 字节。在高竞争测试中，32 位和 64 位寄存器之间的差距变小，因为每个线程的签名确实需要不止一个字。在我们测试的配置中，ARM-7-200-64 的签名最大，其平均大小为 324 字节。

此外，代码插装会增加代码大小，这是为了验证目的而引入的另一个干扰因素。为了量化这一方面，我们测量了插装后的代码大小与原始测试例程（不包括初始化和签名排序例程）的大小之比，如图 9.14 所示。代码大小的比率从 ARM-2-50-64 的 1.95 到 ARM-7-200-64 的 8.16 不等。在图中每个柱状图的顶部，我们展示了所有线程的插装代码总大小。虽然这种增加相当显著，但代码仍然足够小，可以容纳在现代处理器通常为几十 KB 的 L1 指令缓存中。

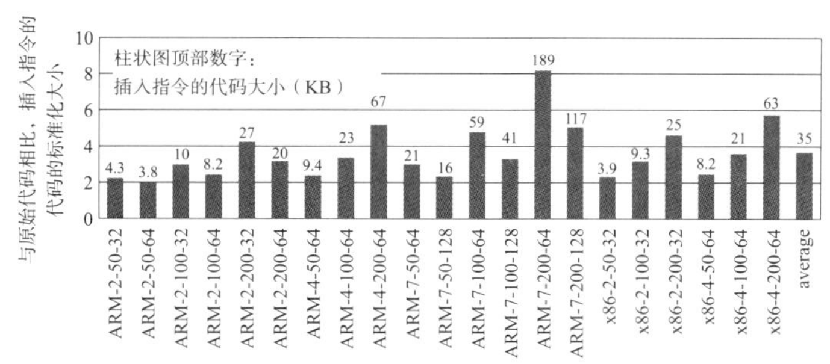

图 9.14 标准化代码大小。代码插装使代码大小平均增加了 3.7 倍

9.4 Bug注入案例研究

我们使用 gem5 全系统模拟器[14]进行了 Bug 注入实验。通过这些 Bug 注入实验，我们定性地评估了代码插装的侵入性，即插装后的测试是否仍能在全系统模拟器中触发细微错误。我们选择了三个近期在先前工作中报告的真实 Bug[20, 30, 34]，并一次注入一个 Bug。在注入这些 Bug 之前，我们确认这些 Bug 已在 gem5 模拟器的最新稳定版本（标签 stable_2015_09_03）中得到修复。为了重现每个 Bug，我们从 gem5 代码库[22]中查找相关的错误修复并撤销该修复。

我们的 gem5 配置为模拟 8 个乱序 x86 内核，通过一个 4 × 2 网格连接。缓存一致性通过基于目录的 MESI 缓存一致性协议来维护，目录位于网格的四个角上。对于 Bug 1 和 3，我们特意将 L1 数据缓存配置为 1KB 容量和 2 路关联（其余缓存参数参照最新版英特尔 Core i7 处理器），以在小工作集下强化约束随机测试引发的缓存驱逐效应。测试程序采用 9.3.2 节所述 Linux 环境中的 m5threads 库编译，并通过 gem5 的系统调用模拟模式运行。

9.4.1 Bug描述

Bug 1：缓存失效处理不当导致的 load → load 违规

此 Bug 基于文献［20］中提到的“MESI, LQ+SM, Inv”案例（2015 年 6 月修复），是“Peekaboo”问题[46]的一个变体。在 TSO 内存模型中，加载操作的执行时间早于其前一个加载操作时可能触发该 Bug：当缓存接收到缓存行正处于从共享状态转换为修改状态的失效消息时，此 Bug 会非常罕见地被触发。在缓存接收到失效消息后，针对该缓存行的后续加载操作本应在处理失效消息后重新执行，但由于该 Bug 的存在，缓存未能终止这些后续的加载操作，从而导致 load → load 违规。

Bug 2：缺乏 LSQ 重放导致的 load → load 违规

此 Bug 由两份独立的研究报告[34, 20]提出（2014 年 3 月修复），其表现形式与 Bug1 类似，但其成因是 LSQ 存在缺陷，当收到失效消息时，未能使后续加载失效。

Bug 3：缓存一致性协议中的竞争条件

此 Bug 基于文献［30］中详述的“MESIBug1”（2011 年 1 月修复），文献［20］也对其进行了评估。当 L1 写回消息（PUTX）与来自另一个 L1 缓存的写请求消息（GETX）之间发生竞争条件时，就会触发该 Bug。

9.4.2 Bug检测结果

针对上述三个 Bug，我们在分析 Bug 描述后，特意选择了表 9.3 第二列中的测试配置，并在相同配置下生成了 101 个不同的约束随机测试。迭代次数设置为 1024 次（较 9.3 节的 65536 次大幅减少），因为 gem5 仿真器的运行速度远低于表 9.1 中系统的原生执行速度。

表 9.3 Bug 检测结果

Bug	测试配置	检测结果
1	每缓存行有 4 个共享字的 x86-4-50-8	1 个测试，29 个签名
2	每缓存行有 16 个共享字的 x86-7-200-32	11 个测试，12 个签名
3	每缓存行有 4 个共享字的 x86-7-200-64	所有 101 个测试均失败

借助 MTraceCheck，我们成功检测出了所有注入的 Bug。表 9.3 的第三列汇总了 Bug 检测结果（显示有多少测试和签名能暴露 Bug）。在这三个 Bug 中，Bug1 最难发现——仅被一个测试检测到，该测试生成了 29 个无效签名。我们还尝试了其他几天的约束随机测试和手工编写的测试，但这些测试未能触发该 Bug。Bug2 在 11 个测试中显现：有 1 个测试产生了 2 个 Bug 签名，其余测试各生成了 1 个 Bug 签名。Bug1 和 Bug2 较为隐蔽，仅在某些测试和迭代中出现，但 Bug3 导致了更严重的故障——所有 101 个测试都因 gem5 的 ruby 内存子系统内部 Bug（协议死锁和无效状态转换）而提前终止。

图 9.15 展示了暴露 Bug1 的测试代码片段。为简洁起见，省略了线程 0 的前 20 次内存操作。在线程 0 中，直到带星号的指令★处才对内存地址 0x1 执行存储操作，尽管省略的代码包含了对同一缓存行中其他地址（即内存地址 0x0、0x2 和 0x3）的存储操作。线程 1 和 2 均如图所示对 0x1 执行了存储操作（灰色加粗操作）。线程 3 从内存地址 0x1 连续执行了三次加载操作。在这三次加载操作中，第一次和第三次加载操作读取了该内存位置的初始值，而第二次则读取了存储操作★的值。从第二个和第三个加载值中，我们识别出一个循环的

happens-before 关系，如图中箭头所示：★先于 2（一个读取来自关系），2 应该先于 3（一个 load → load 顺序），而 3 又先于★（一个 from-read 关系）。

线程 0	线程 1	线程 2	线程 3
(20 ops omitted)	load from 0x0	load from 0x3	load from 0x6
load from 0x2	store to 0x3	store to 0x6	store to 0x2
store to 0x0	store to 0x2	load from 0x6	store to 0x2
★ **store to 0x1**	store to 0x0	load from 0x2	① load 0x1 [load from init]
[This is 1st store to	load from 0x0	load from 0x0	② **load 0x1** [load from ★]
0x1 in *thread 0*]	store to 0x1	store to 0x1	③ **load 0x1** [load from init]
⋮	⋮	⋮	⋮

图 9.15　由 4 线程测试检测到的 load → load 排序违规。在 3 线程中，由于 Bug 1，加载②和加载③被错误地重新排序

9.5 讨　论

1. 通过修剪无效的内存访问交错模式来减小签名大小

在代码插装（9.2.1 节）中，我们做出一个保守的假设，以在统一框架中支持广泛的多核模块（MCM）。在我们的假设中，每个内存操作都可以独立交错，而不考虑 MCM 所要求的内存排序规则。这种保守假设导致了 9.3.4 节中讨论的两个主要开销：签名大小增加（图 9.13）和代码大小增加（图 9.14）。为了解决这两个开销，我们在代码插装期间利用微架构信息（静态修剪）。例如，通过考虑 LSQ 条目数量等因素来计算未完成内存操作的窗口（如文献［45］所述），这样我们就可以修剪加载值的不可行选项。不幸的是，在实际系统评估中，我们无法收集足够的微架构细节来应用这种静态修剪优化。

另一种可能的优化依赖于一种运行时技术（动态剪枝），即在强内存一致性模型（例如 TSO）中计算内存操作的前沿边界。在这些内存一致性模型中，读取早于该前沿边界的内存操作通常被视为无效。要实现这种优化，每个线程都需要跟踪其执行的近期存储操作集。然而，这种动态剪枝技术可能会使签名计算和解码过程变得复杂。

2. 提高可扩展性

随着测试程序规模的增大，签名大小和插装代码大小也会相应增加。虽然我们测试的配置中未遇到可扩展性问题，但对于存在大量内存访问交错机会的大型测试程序，代码插装可能会过分干扰。为了提高可扩展性，可以将多个独立的代码段合并为一个测试程序（如文献［42］所述）。这些独立的代码段共享缓存行，但在缓存行内不共享内存地址，从而仅在代码段之间产生伪共享。

3. 存储原子性

我们在 9.2 节中未对存储原子性（包括单副本原子性、多副本原子性和非多副本原子性）做出任何假设。然而，除了 9.2.2 节中讨论的极限研究外，我们尚未在实际的单副本原子性系统中对 MTraceCheck 进行全面评估。单副本原子性系统的约束图包含额外的依赖边[12, 35]，这些依赖边在多副本或非多副本原子性系统中可能并不存在。因此，较大的重新排序窗口可能会削弱我们集体检查方法的有效性。

9.6 小 结

多核处理器在运行多线程程序时会经历各种不同的内存访问交错行为。要验证此类非确定性行为，需要分析许多不同的内存顺序，前提是这些顺序遵循内存一致性模型。硅后的内存一致性验证旨在检查那些很少被观察到的非常细微的内存排序行为。为了提高内存一致性验证的效率，我们提出 MTraceCheck 方案以解决两大障碍：有限的可观测性和繁重的结果检查计算。第一个障碍通过我们创新的基于签名的内存跟踪方法得到缓解，该方法通过植入增强可观测性的代码来实现。这些植入的代码会计算一个紧凑的签名值，用于表示在运行时观察到的内存访问交错模式。同时它对原始测试中的内存访问干扰极小，因此仍然能够触发那些细微的内存一致性错误。第二个障碍通过集体图检查算法得到缓解，该算法利用约束图之间的结构相似性。我们的全面评估表明，MTraceCheck 能够迅速检测出细微的内存一致性错误。

MTraceCheck 的源代码可在我们的 GitHub 中获取：https://github.com/leedoowon/MTraceCheck。包含了内存一致性约束随机测试生成器、代码插装脚本、架构模拟器以及集合图检查器。当前版本支持三种指令集架构（ISA）：x86-64、ARMv7 和 RISC-V。

致 谢

在此，感谢 Todd Austin 教授、Biruk Mammo 教授以及 Cao Gao 教授，在本项目开发过程中给予我们的建议和指导。本研究工作得到了 C-FAR（STARnet 六个研究中心之一）的部分资助，STARnet 是由 MARCO 和 DARPA 赞助的半导体研究计划的一部分。此外，Doowon Lee 还获得了密歇根大学的 Rackham 预科博士奖学金支持。

参考文献

[1] Adir A, Golubev M, Landa S, et al. Threadmill: A post-silicon exerciser for multi-threaded processors[C]//Proceedings of the 48th Design Automation Conference. 2011: 860-865. DOI: 10.1145/2024724.2024916.

[2] Adve S V, Gharachorloo K. Shared memory consistency models: A tutorial[J]. Computer, 1996, 29(12): 66-76. DOI: 10.1109/2.546611.

[3] Alglave J. A formal hierarchy of weak memory models[J]. Formal Methods in System Design, 2012, 41(2): 178-210. DOI: 10.1007/s10703-012-0161-5.

[4] Alglave J, Maranget L, Sarkar S, et al. Fences in weak memory models[C]//Computer Aided Verification: 22nd International Conference, CAV 2010. 2010: 258-272. DOI: 10.1007/978-3-642-14295-6_25.

[5] Alglave J, Maranget L, Sarkar S, et al. Litmus: Running tests against hardware[C]//Tools and Algorithms for the Construction and Analysis of Systems: 17th International Conference, TACAS 2011. 2011: 41-44. DOI: 10.1007/978-3-642-19835-9_5.

[6] Alglave J, Maranget L, Tautschnig M. Herding cats: Modelling, simulation, testing, and data mining for weak memory[J]. ACM Transactions on Programming Languages and Systems, 2014, 36(2): 1-74. DOI: 10.1145/2627752.

[7] ARM. Barrier Litmus Tests and Cookbook[Z]. 2009.

[8] ARM. Cortex-A9 MPCore Programmer Advice Notice Read-after-Read Hazards, ARM Reference 761319[Z]. 2011.

[9] ARM. Embedded Trace Macrocell Architecture Specification[Z]. 2011.

[10] ARM. ARM Architecture Reference Manual, ARMv7-A and ARMv7-R edition[Z]. 2012.

[11] ARM. ARM Architecture Reference Manual, ARMv8, for ARMv8-A architecture profile[Z]. 2017.

[12] Arvind, Maessen J W. Memory model = instruction reordering + store atomicity[C]//Proceedings of the 33rd Annual International Symposium on Computer Architecture. 2006: 29-40. DOI: 10.1109/ISCA.2006.26.

[13] Ball T, Larus J R. Efficient path profiling[C]//Proceedings of the 29th Annual ACM/IEEE International Symposium on Microarchitecture. 1996: 46-57. DOI: 10.1109/MICRO.1996.566449.

[14] Binkert N, Beckmann B, Black G, et al. The gem5 simulator[J]. ACM SIGARCH Computer Architecture News, 2011, 39(2): 1-7. DOI: 10.1145/2024716.2024718.

[15] Cain H W, Lipasti M H, Nair R. Constraint graph analysis of multithreaded programs[C]//Proceedings of the 12th International Conference on Parallel Architectures and Compilation Techniques. 2003: 4-14. DOI: 10.1109/PACT.2003.1237997.

[16] Chen K, Malik S, Patra P. Runtime validation of memory ordering using constraint graph checking[C]//2008 IEEE 14th International Symposium on High Performance Computer Architecture. 2008: 415-426. DOI: 10.1109/HPCA.2008.4658657.

[17] Chen Y, Lv Y, Hu W, et al. Fast complete memory consistency verification[C]//2009 IEEE 15th International Symposium on High Performance Computer Architecture. 2009: 381-392. DOI: 10.1109/HPCA.2009.4798276.

[18] Cormen T H, Leiserson C E, Rivest R L, et al. Introduction to algorithms[M]. 3rd ed. Cambridge: The MIT Press, 2009.

[19] DENX. Das U-Boot – the universal boot loader[EB/OL]. 2016. http://www.denx.de/wiki/U-Boot.

[20] Elver M, Nagarajan V. McVerSi: A test generation framework for fast memory consistency verification in simulation[C]//2016 IEEE International Symposium on High Performance Computer Architecture. 2016: 618-630. DOI: 10.1109/HPCA.2016.7446099.

[21] Foutris N, Gizopoulos D, Psarakis M, et al. Accelerating microprocessor silicon validation by exposing ISA diversity[C]//Proceedings of the 44th Annual IEEE/ACM International Symposium on Microarchitecture. 2011: 386-397. DOI: 10.1145/2155620.2155666.

[22] gem5. gem5 mercurial repository host[EB/OL]. 2016. http://repo.gem5.org.

[23] GNU. GNU coreutils version 8.25[EB/OL]. 2016. http://ftp.gnu.org/gnu/coreutils.

[24] Hangal S, Vahia D, Manovit C, et al. TSOtool: A program for verifying memory systems using the memory consistency model[C]//Proceedings of the 31st Annual International Symposium on Computer Architecture. 2004: 114-123. DOI: 10.1109/ISCA.2004.1310768.

[25] IBM. Power ISA Version 2.07B[Z]. 2015.

[26] Intel. Intel 64 Architecture Memory Ordering White Paper[Z]. 2007.

[27] Intel. Intel 64 and IA-32 Architectures Software Developer's Manual[Z]. 2015.

[28] Intel. 6th Generation Intel Processor Family Specification Update[Z]. 2016.

[29] Wikipedia. k-medoids algorithm[EB/OL]. 2016. https://en.wikipedia.org/wiki/K-medoids.

[30] Komuravelli R, Adve S V, Chou C T. Revisiting the complexity of hardware cache coherence and some implications[J]. ACM Transactions on Architecture and Code Optimization, 2014, 11(4): 1-22. DOI: 10.1145/2663345.

[31] Lamport L. How to make a multiprocessor computer that correctly executes multiprocess programs[J]. IEEE Transactions on Computers, 1979, 28(9): 690-691. DOI: 10.1109/TC.1979.1675439.

[32] Lee D, Bertacco V. MTraceCheck: Validating non-deterministic behavior of memory consistency models in post-silicon validation[C]//Proceedings of the 44th Annual International Symposium on Computer Architecture. 2017: 201-213. DOI: 10.1145/3079856.3080235.

[33] Lin D, Hong T, Li Y, et al. Effective post-silicon validation of system-on-chips using quick error detection[J]. IEEE Transactions on Computer-Aided Design of Integrated Circuits and Systems, 2014, 33(10): 1573-1590. DOI: 10.1109/TCAD.2014.2334301.

[34] Lustig D, Pellauer M, Martonosi M. PipeCheck: Specifying and verifying microarchitectural enforcement of memory consistency models[C]//Proceedings of the 47th Annual IEEE/ACM International Symposium on Microarchitecture. 2014: 635-646. DOI: 10.1109/MICRO.2014.38.

[35] Lustig D, Trippel C, Pellauer M, et al. ArMOR: Defending against memory consistency model mismatches in heterogeneous architectures[C]//Proceedings of the 42nd Annual International Symposium on Computer Architecture. 2015: 388-400. DOI: 10.1145/2749469.2750378.

[36] Lustig D, Wright A, Papakonstantinou A, et al. Automated synthesis of comprehensive memory model litmus test suites[C]//Proceedings of the Twenty-Second International Conference on Architectural Support for Programming Languages and Operating Systems. 2017: 661-675. DOI: 10.1145/3037697.3037723.

[37] Mador-Haim S, Alur R, Martin M M. Generating litmus tests for contrasting memory consistency models[C]//Computer Aided Verification: 22nd International Conference, CAV 2010. 2010: 273-287. DOI: 10.1007/978-3-642-14295-6_26.

[38] Mammo B W, Bertacco V, DeOrio A, et al. Post-silicon validation of multiprocessor memory consistency[J]. IEEE Transactions on Computer-Aided Design of Integrated Circuits and Systems, 2015, 34(6): 1027-1037. DOI: 10.1109/TCAD.2015.2402171.

[39] Manerkar Y A, Lustig D, Martonosi M, et al. RTLCheck: Verifying the memory consistency of RTL designs[C]//Proceedings of the 50th Annual IEEE/ACM International Symposium on Microarchitecture. 2017: 463-476. DOI: 10.1145/3123939.3124536.

[40] Meixner A, Sorin D J. Dynamic verification of memory consistency in cache-coherent multithreaded computer architectures[J]. IEEE Transactions on Dependable and Secure Computing, 2009, 6(1): 18-31. DOI: 10.1109/TDSC.2007.70243.

[41] Naylor M, Moore S W, Mujumdar A. A consistency checker for memory subsystem traces[C]//2016 Formal Methods in Computer-Aided Design (FMCAD). 2016: 133-140. DOI: 10.1109/FMCAD.2016.7886671.

[42] Rabetti T, Morad R, Goryachev A, et al. SLAM: SLice And Merge - effective test generation for large systems[C]//Hardware and Software: Verification and Testing. 2013: 151-165.

[43] Roy A, Zeisset S, Fleckenstein C J, et al. Fast and generalized polynomial time memory consistency verification[C]//Computer Aided Verification: 18th International Conference, CAV 2006. 2006: 503-516. DOI: 10.1007/11817963_46.

[44] Seligman E, Schubert T, Kumar M V A K. Formal verification[M]. San Francisco: Morgan Kaufmann, 2015.

[45] Shacham O, Wachs M, Solomatnikov A, et al. Verification of chip multiprocessor memory systems using a relaxed scoreboard[C]//Proceedings of the 41st Annual IEEE/ACM International Symposium on Microarchitecture. 2008: 294-305. DOI: 10.1109/MICRO.2008.4771799.

[46] Sorin D J, Hill M D, Wood D A. A primer on memory consistency and cache coherence[M]. 1st ed. San Rafael: Morgan & Claypool Publishers, 2011.

[47] INRIA. The Coq proof assistant[EB/OL]. 2016. https://coq.inria.fr.

[48] Wagner I, Bertacco V. Reversi: Post-silicon validation system for modern microprocessors[C]//IEEE International Conference on Computer Design. 2008: 307-314. DOI: 10.1109/ICCD.2008.4751878.

[49] Waterman A, Asanovic K. The RISC-V Instruction Set Manual, Volume I: User-Level ISA, Version 2.2[R]. SiFive Inc., 2017.

[50] Weaver D, Germond T. The SPARC Architectural Manual (Version 9)[M]. Englewood Cliffs: Prentice-Hall Inc., 1994.

第10章　硅后验证硬件断言的选择

普亚·塔蒂扎德 / 尼古拉·尼科利奇

10.1　硬件断言

在详细阐述我们方法论中的主要步骤之前，首先说明使用硬件断言进行位翻转检测这一想法的动机。存在两种错误场景：隐性错误和屏蔽错误[1]。隐性错误是指错误传播到可观测点但因检查不足而被遗漏的情况。屏蔽错误是指产生的错误在到达可观测点之前被屏蔽掉的情况。由于在验证设计时深度嵌入其中的电路模块存在固有的实时可观测性不足，根据工作负载的不同，大多数位翻转不会在可观测输出处显现出来，尽管它们的存在证明了设计中存在潜在问题[2]。此外，即便这些间歇性的错误确实传播到了主要输出端口，但在硅后的验证过程中，依据预先计算好的“黄金响应”对其进行检查也是不可行的。这是因为对硅片原型施加的时钟周期数量极其庞大，这使得在仿真环境中预先计算出“黄金响应”变得不切实际。另一个关键问题在于，若未及时检测到位翻转，则由其引发的故障将因温度 / 电源噪声等电气现象的独特性而难以复现。因此，必须确保嵌入式跟踪缓冲器（其大小也有限制）采集的跟踪信号与所发生的错误高度相关[3]。这些记录的信息在故障根源分析过程中至关重要[4]。为了确保有意义的信息能够得到分析，错误检测延迟不得超过跟踪缓冲器的深度。因此，考虑低错误检测延迟的需求，在硅后验证期间采用断言机制主要基于以下几点考量：

· 断言能够进行属性检查，而无须依赖黄金响应。

· 诸如文献［5］这样的技术已被提出用于将断言映射到硬件上，从而使其成为硅后验证的理想选择。

· 传统上，断言需要由验证工程师精心设计后才能部署。这种方法的缺点在于会遗漏那些超出验证工程师认知范围的非显性断言。然而，最新研究已探索通过不同方法实现断言自动生成——包括文献［6］采用的静态或动态分析方法，以及文献［7］采用的数据挖掘技术。

尽管自动断言生成的初衷是为硅前验证提供帮助（例如，当设计实现迭代变更或者在不同环境中重复设计模块时），但我们认识到这些发现的断言对于硅后验证也有潜在的价值。因此，我们基于该领域的最新进展[5, 8, 9]构建图 10.1 所示的方法论。一个关键的观察是，位翻转与功能错误不同，它与设计网表相关联，这使得简洁地定义要覆盖的错误空间成为可能，同时也使得能够开发一种不依赖于设计功能而依赖于其结构的方法。这种特性进而实现了类似于电子设计流程中常见任务（例如，逻辑综合、布局布线或自动测试向量生成）的自动化处理。然而，为了使该方法论在实际中可行，必须考虑到独特的硬件约束。因此，需对硅前阶段产生的大量断言进行审慎筛选，再将其映射至硬件实现。

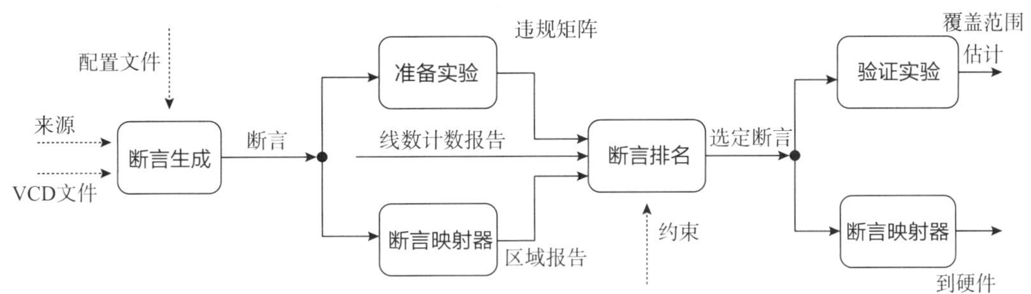

图 10.1 在片上布线约束条件下选择最合适的断言以嵌入其中的流程[2]

10.2 研究方法

本节将对图 10.1 所示方法论的不同步骤进行详细阐述。

10.2.1 断言生成

如图 10.1 所示，我们方法论的第一步是为给定的设计找到断言。尽管可以手动开发断言，但为了实现自动化，有必要依赖能够自动生成跨越时钟且跨模块的非显而易见断言的工具。换句话说，断言必须从给定的设计（无论是网表还是 RTL 代码）中提取出来，而不论电路的功能如何。

用于编写断言的两种常用语言是属性规范语言（PSL）和 SystemVerilog 断言（SVA）。下面展示一个 SVA 断言的示例：

```
assr1:((x==1) &&(y==0) |=> ##2(a==0))
```

其中，a 为目标信号，x 和 y 可以是触发器、输入信号或内部连线。

大多数现有的自动断言生成工具都是可定制的[6,7]，这意味着用户能够选择目标触发器。我们的目标是检测触发器中发生的位翻转，因此将触发器作为目标信号的断言被认为是最优选择，应加入已发现断言池中。例如，在上述断言语句中，如果 a 是一个触发器，并且在电路中发生了位翻转，其值从 0 变为 1（且所有其他条件都保持不变），那么这个断言就会被违反。如果在电路的操作过程中监测断言的状态，那么一旦断言被触发，这个位翻转就可以立即被检测到。

我们将至少有一个断言能对影响其至少一个位翻转做出响应的触发器称为潜在覆盖触发器（详见 10.2.5 节）。

10.2.2　实验准备工作

我们在 ISCAS89 基准电路[10]上的探索性实验表明，对于包含 1 ~ 2000 个触发器的电路设计模块，一个断言生成工具能够生成超过 20000 个断言。由于面积和布线约束的存在，将所有这些断言映射到硬件显然是不切实际的。因此，需要对这些断言进行加权，并从中选择一部分作为硬件映射的候选断言。由于我们的目标是提高在位翻转发生时可能被覆盖的触发器数量，因此在响应位翻转时更有可能违规的断言（在预定义的时间窗口内）比其他断言更受欢迎。例如，在位翻转注入实验中，如果 assr i 检测到 12 种不同的位翻转，而 assr j 检测到 5 种不同的位翻转，但 assr j 检测到的这些位翻转中有 4 种也被 assr i 检测到，那么选择 assr i 作为候选断言并忽略 assr j 是合乎逻辑的。除了违规次数之外，还有许多其他因素需要考虑（详见 10.3 节）。

由于每个断言检测特定位翻转的能力需要进行评估，以便据此确定排序顺序，因此在断言发现之后，需要先进行准备实验，以确定在所有触发器中随机但均匀地注入位翻转时每个断言的违规次数。如图 10.2 所示，以下步骤用于执行准备实验：

（1）起初，每个触发器都配备了二选一多路复用器（MUX）和一个反相器，以方便进行错误注入（位翻转）。多路复用器的选择信号决定了位翻转发生的时间和位置。除了对触发器进行设备化外，所有发现的断言都被添加到设计中。

（2）对于每一次模拟，我们都会将电路加载到一个随机状态中。我们等待一个用户定义的时间（例如 10 个时钟周期），在此期间，我们会监测断言以确保没有由于初始状态为不可达状态而发生的违规情况。

（3）如果在用户定义的时间段内没有出现违规，我们将每次针对一个触发器，注入位翻转并使用随机激励来仿真设计。每次仿真过程中，会在 k 个时刻注入位翻转，并在错误注入后按照用户定义的时长（例如 256 个时钟周期）对电路进行仿真，在此期间对断言进行监测并记录，如图 10.2 所示。因此，对于包含 m 个触发器的电路，总仿真次数将达到 $m \times k$。

（4）最后，整合每次仿真的违规报告，生成一个 $m \times n$ 的矩阵（m 是触发器的总数，n 是断言的总数）。该违规矩阵中的每个元素代表特定断言针对某个触发器在所有仿真中的总违规次数。例如，图 10.2 中的元素 (1, 2) 表示注入到触发器 1 的所有错误中，断言 assr1 已经被触发了 12 次。

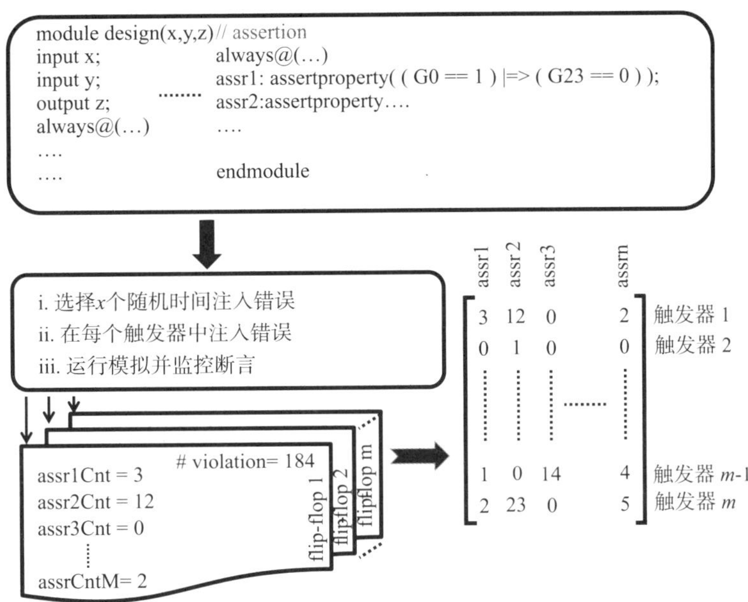

图 10.2 创建违规矩阵所需步骤的实验准备情况。该违规矩阵中的每个条目显示了在相应的触发器（由对应的行标识）中注入位翻转时，（来自相应列的）断言的违规总数

需要指出的是，违规矩阵所涵盖的错误空间是准备实验期间评估的断言所能够检测到的位翻转错误。由于准备实验具有随机性（这是为了考虑到硅原型设计上位翻转随机发生的必要条件），一个断言在一次位翻转注入中触发，而在同一触发器中进行另一次位翻转注入时，该断言可能不会被触发，这种情况的发生可能由多种原因导致。例如，很可能是电路处于不同的状态，这意味着该断言的信号具有不同的值。此外，由于输入序列的不同，位翻转的影响可能不会传播到断言检查器，这就是将违规矩阵中的触发器（在准备实验期间至少有一个断言触发）称为可能被覆盖的原因。具体在后续位翻转注入实验中包含或排除哪些触发器，则由该方法的使用者自行决定。因此，违规矩阵的行数由设计中触发器的数量及列数（即准备实验需考虑的断言数量）决定，例如，基于可用的计算资源，可以对其进行界定。还应指出的是，违规矩阵的质量对于断言排序算法的准确性至关重要。我们在准备实验期间运行的仿真次数越多，违规矩阵中所包含的信息就越具有揭示性。显而易见的是，仿真速度无法跟上实际硅片的速度。因此，为了加快我们方法中的这一步骤，我们在 10.5 节中提出一个基于 FPGA 的仿真平台，这将显著减少准备实验的运行时间。

10.2.3 将断言映射到硬件上

传统上，断言是为验证目的而开发的，并由逻辑和时间运算符以及正则表达式组成。这些断言可以在硅前验证阶段添加到源代码中，以便使用功能模拟器监测错误。然而，若要在硅后的验证中使用它们，则必须将其映射到硬件中，以便进行在线属性检查。PSL 和 SVA 断言默认情况下都是不可综合的。然而，正如之前所提到的，有一些工具，例如文献［5］，可以完成断言综合。此外，在第 10.4 节中，我们将介绍专为综合本章所用特定类型断言而设计的算法。一旦断言被发现，断言映射可与准备实验同步进行，这将为排名算法提供每个断言精确的面积估算（见图 10.1）。

10.2.4 断言排序

由于所设定的面积和连线限制，将所有断言都集成到芯片上是不切实际的。例如，对 s35932 电路所做的探索性实验[10]表明，如果将所有发现的断言都添加到电路中，与这些断言相关的面积就会很容易超过电路本身面积的 20 倍。因此，必须对可用的大量断言进行评估，随后只选择其中的一部分作为候选断言，并将其标记为要嵌入硬件中的候选断言。在本工作中，通过在 10.2.2 节中建立断言与它们可能检测到的位翻转之间的关系，我们调整了断言排序器，使其专注于最大化潜在覆盖用户定义约束下的触发器数量。

正如将在 10.3 节中详细说明的那样，该算法使用违规矩阵、面积估计、线连接数量报告和用户指定的约束条件。准备违规矩阵所需步骤在 10.2.2 节中进行了详尽描述；同样，断言的面积评估如 10.2.3 节所述。通过计算不同的值可以直接从断言池中提取每个断言语句所包含的线连接数量报告。最后，约束条件由用户设定。在我们当前的实现中，将线连接数量作为约束条件提供。

10.2.5 实验确认

我们方法论的最后一步是进行实验确认。在实验确认中，电路通过由特定算法在断言排序器中选定的断言进行检测。然后，使用随机输入激励对电路进行模拟，在此过程中每次注入一个错误（在确认性实验中，注入错误的分布将均匀地分布在所有触发器上），并记录断言的违规情况。在理想情况下，当向任意触发器注入位翻转时，只要设计中嵌入的选定断言有一个因此触发，就能检测到违规情况。然而，考虑到位翻转的随机性，尽管根据违规矩阵预测应有多个选定断言被触发，但某些位翻转注入却未能引发任何违规。此外，尽管可能性较小，但在确认性实验中，也可能出现一些在准备实验中未被识别为与特定触发器相关的选定断言在位翻转时触发的情况。无论如何，只要某个触发器中至少有一个位翻转导致至少一个嵌入式断言出现违规情况，那么该触发器就可能受到该断言的覆盖。此时，我们将触发器覆盖估计定义为一个用于评估我们算法有效性的度量，它也可以作为整个方法论的内部反馈。与准备实验类似，此步骤也可以使用 10.5 节中详细描述的架构来加速。

【定义 1】时序逻辑电路中的翻转触发器覆盖率估计值定义为：对于存在

至少一个断言能够检测到在该翻转触发器中注入的至少一个位翻转的情况而言，其数量与该电路中所有翻转触发器数量之比。

之所以在完成所有错误注入后才对特定触发器的潜在覆盖范围进行评估，是因为如 10.2.2 节所述，一个触发器中的错误注入会导致该触发器所关联的所有断言触发生效（若错误传播至其他触发器还会触发额外断言），而同一个触发器中的另一个错误可能会最终未被检测到。鉴于硅后验证通常会持续很长的时间，我们认为触发器覆盖估计是一个非常重要的指标，这是因为在长达数小时的实时验证实验中，只要检测到触发器上发生哪怕一次位翻转，就能揭示出检测点附近存在需要在大规模量产前修正的、由电气因素引发的细微错误。

需要指出的是，为何覆盖率指标被标注为“估计值”。位翻转（bit-flips）与硬缺陷（例如在逻辑域中为 stuck-at 故障）不同，它只会在某些出乎意料的时钟周期中发生，这取决于电路的逻辑状态、工作负载以及电气状态（例如电压升高 / 下降）。无法保证位翻转的易重现性，但只要验证序列足够长（就像在硅后验证中那样），潜在的电气问题终将在逻辑域表现为位翻转。毋庸置疑的是，我们的确认实验，即使是在使用仿真平台的情况下，其持续时间也是有限的（与硅后验证实验相比），然而，如果在确认实验中通过选定的断言子集检测到注入的位翻转，我们即可预估硅后验证实验同样能检测到该问题——硅后验证中应用的额外时钟周期数量巨大（分别比基于 FPGA 的仿真和模拟快约 3 ~ 6 个数量级）。

最终，这两项指标既能揭示嵌入式 DFD 逻辑的有效性特征，也能为所提出的方法论的不同步骤提供重要反馈。例如，如果确认实验表明对于某些触发器，未检测到位翻转，那么原始的断言集合可能需要扩大；如果准备实验的数量不足，确认实验将表明违规矩阵的质量需要提高。此外，当在硅原型上使用的选定断言的子集在经过长时间的硅后验证实验后没有出现故障时，该指标还可以作为尽职调查的证明——此时覆盖率估计值捕获的数据，可为投入大规模量产提供可信依据。

10.3 排名算法

正如前一节所强调的那样，由于面积和连线开销的限制，将从断言生成步骤中发现的所有断言映射到硬件中以实现低延迟位翻转检测是不切实际的。因此，必须基于最大化触发器覆盖估计这一目标来选择一部分已发现的断言。本节我们提出了一种新颖的算法，该算法在考虑布线约束的前提下，通过选择断言集合来最大化触发器覆盖率估计。其目标是在控制面积的同时，最大化每个触发器的潜在覆盖范围。此算法的伪代码见算法 1。在详细阐述该算法的主要步骤之前，我们需要定义一个用于断言一对一比较加权的指标——检测潜力（DP），其定义如下：

$$assr(i)_{\mathrm{DP}} = \frac{(\alpha \times FCov + TotalViolation)}{(\beta \times WireCnt) + Area}$$

算法 1：用于最大化触发器覆盖估计值的排序算法

```
input  : Violation Matrix, Wire and Area reports
output: Candidate Assertions
initialization;                                                     // 步骤 1
while Used Wires ≤ wire Budget do
  foreach assertion in assertion list do
    find TotalViolation;                                            // 步骤 2
    find FCov;                                                      // 步骤 3
    scale Area and TotalViolation;                                  // 步骤 4
    find α, β;                                                      // 步骤 5
    find DP;                                                        // 步骤 6
  end
  Possible Candidates = Assertions with DP within 1% of Max DP;     // 步骤 7
  foreach assertion_i in Possible Candidates do
    find σ_i;                                                       // 步骤 8
    DP_i = DP_i / σ_i
  end
  select candidateAssr ;                                            // 步骤 9
  usedWire += candidateAssr_wire ;                                  // 步骤 10
  usedArea += candidateAssr_area ;                                  // 步骤 11
  foreach FF_j in FlipFlops do
    if candidateAssr_vc of FF_j > 0 then
      cover FF_j ;                                                  // 步骤 12
    end
  end
  foreach assertion_i in assertion list do
    update assertion_i wires ;                                      // 步骤 13
  end
  if AllFlopsCovered then Break                                     // 步骤 14
end
```

DP 公式中的各项参数及算法各步骤说明如下述：

· 初始化：通过读取实验结果和连线及面积报告文件中的相关数据，构建构成违规矩阵基础的骨干数据结构（步骤 1）。

· 违规总数：在创建了违规矩阵之后，将计算每个触发器中每个断言的违规次数总和（列和）。对于特定触发器中的每个断言，其违规次数就是当在该触发器中注入位翻转时该特定断言被违规的总次数（步骤 2）。

· *FCov*：此标识符代表断言的翻转覆盖度量，即在违规矩阵中，与违规计数条目相关联且其值大于零的翻转触发器的总数（步骤 3）。

· 为了使 *Area*（面积）和 *TotalViolation*（总违规次数）这两个属性具有相同的比例尺，在每次迭代中，先测量这两个属性的最小值和最大值，然后对每个断言对应的面积和总违规次数进行线性比例缩放（步骤 4）。

· α、β：这些系数用于将公式中分子和分母的不同项调整至相同规模，以避免某一项被意外赋予超出必要范围的权重。若用户需要刻意调整方程中某一特定项（比如 *FCov*）的重要性，可通过为该项额外乘以一个系数来实现。为了便于理解，我们已省略该额外系数。α 和 β 的缩放因子定义如下：

$$\alpha = \frac{T_{\text{avg}}}{F_{\text{avg}}} \quad \beta = \frac{A_{\text{avg}}}{W_{\text{avg}}}$$

其中，T_{avg} 是所有断言的总违规计数的平均值，F_{avg} 是所有断言的总触发器覆盖的平均值，A_{avg} 和 W_{avg} 分别代表所有断言的面积和布线数量的平均值。正如稍后将阐明的那样，所有这些系数都是基于算法每次迭代（步骤 5）中剩余断言及其更新后的布线数量来计算的。

· 一旦完成所有先前步骤，即可根据式（10.1）计算每个断言的检测潜力（步骤 6）。请注意，每个断言的布线数量已在步骤 1 中确定。

· 此时，所有相关数据点（DP）在最大数据点的 1% 范围内的断言都被标记为“可能候选”，并留待后续评估（步骤 7）。所选断言在不同触发器的违规计数上不应存在显著差异，因为这表明它更有可能检测到与其相关的所有触发器的位翻转。因此，对于“可能候选”列表中的所有断言，必须计算其违规计数的标准差（σ），然后用各自的数据点除以这个标准差（步骤 8）。标准差越低，数据点就越大。

· 一旦所有断言的 DP 值都已确定，就选择具有最高 DP 值的断言作为候选断言（步骤 9），并将该断言语句中涉及的连线添加到已用线路列表中（步骤 10）。同时，该断言相关的面积也被添加到总面积使用量中（步骤 11）。

· 在选定候选断言之后，所有可能被其覆盖的触发器都会被标记出来，并不再进一步考虑。如果某个触发器的违规矩阵中对应的条目具有非零违规计数，则该触发器可能被该断言覆盖（步骤 12）。

· 该算法接下来执行一项重要任务，即更新每个断言的布线数量。这至关重要，因为在后续迭代中确定每个断言的动态规划值时，不应考虑已使用的连线。例如，在评估断言的动态规划值时，一个最初有五条线但其中三条线在已用线路列表中的断言，将被视为只有两条线的断言（步骤 13）。

· 最后，在进入下一轮迭代之前，尽管可能性不大，但明智的做法是检查所有触发器是否都有可能已被已选断言覆盖，从而无须再选择更多断言（步骤 14）。

在接下来的部分中，借助一个示例来回顾该算法的所有步骤。图 10.3 中的示例将说明算法中每次迭代中断言选择的过程。

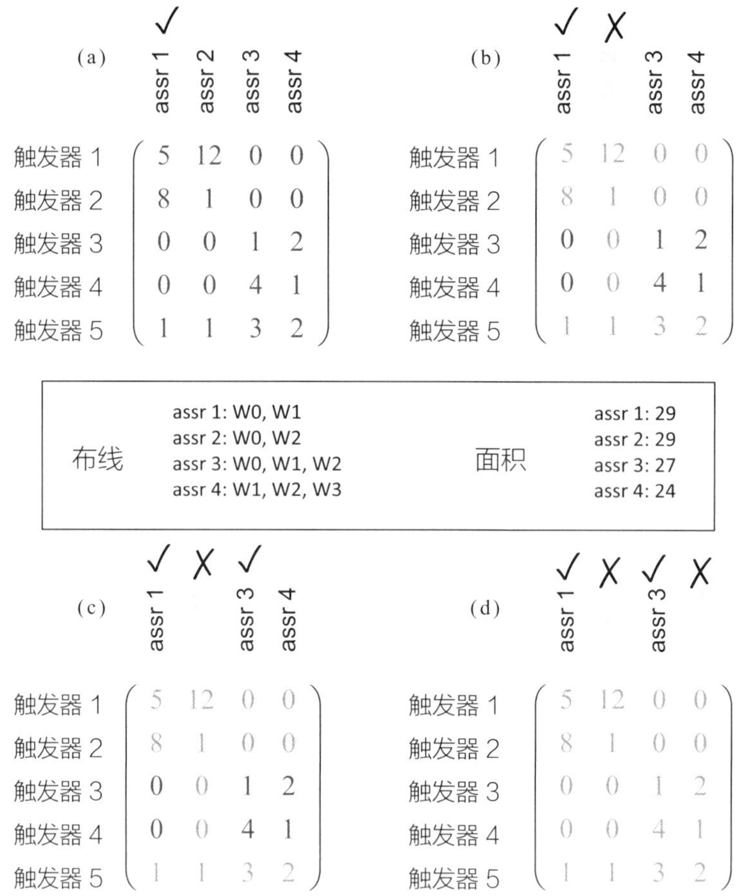

(a) ✓

	assr 1	assr 2	assr 3	assr 4
触发器 1	5	12	0	0
触发器 2	8	1	0	0
触发器 3	0	0	1	2
触发器 4	0	0	4	1
触发器 5	1	1	3	2

(b) ✓ ✗

	assr 1		assr 3	assr 4
触发器 1	5	12	0	0
触发器 2	8	1	0	0
触发器 3	0	0	1	2
触发器 4	0	0	4	1
触发器 5	1	1	3	2

布线
assr 1: W0, W1
assr 2: W0, W2
assr 3: W0, W1, W2
assr 4: W1, W2, W3

面积
assr 1: 29
assr 2: 29
assr 3: 27
assr 4: 24

(c) ✓ ✗ ✓

	assr 1		assr 3	assr 4
触发器 1	5	12	0	0
触发器 2	8	1	0	0
触发器 3	0	0	1	2
触发器 4	0	0	4	1
触发器 5	1	1	3	2

(d) ✓ ✗ ✓ ✗

	assr 1		assr 3	
触发器 1	5	12	0	0
触发器 2	8	1	0	0
触发器 3	0	0	1	2
触发器 4	0	0	4	1
触发器 5	1	1	3	2

图 10.3 选择一组次优断言以最大化触发器覆盖的不同步骤的示例

根据式（10.1）计算每个断言的检测潜力：

$$assr(1)_{\text{DP}} = \frac{(19.5\times 3)+100}{(26.04\times 2)+100} = 1.04$$

$$assr(2)_{\text{DP}} = \frac{(19.5\times 3)+100}{(26.04\times 2)+100} = 1.04$$

$$assr(3)_{\text{DP}} = \frac{(19.5\times 3)+33}{(26.04\times 2)+59.4} = 0.66$$

$$assr(4)_{\text{DP}} = \frac{(19.5\times 3)+1}{(26.04\times 2)+1} = 0.75$$

请注意，α 和 β 是基于总违规量和面积的缩放值计算得出的。如图所示，最大检测潜力为 1.04，与断言 1 和断言 2 相关。这是因为这两个断言的 *TotalViolation*、*FCov*、*WireCnt* 和 *Area* 都相似。参照排名算法（算法 1），必须计算这两个断言的标准差，并将其检测潜力分别除以各自的标准差。除法运算后，具有最高检测潜力的断言被选为候选断言，另一个则不再进行进一步评估。对于我们的示例，检测潜力值变为：

$$assr(1)_{DP'} = \frac{1.04}{2.867} = 0.362$$

$$assr(2)_{DP'} = \frac{1.04}{5.185} = 0.200$$

因此，具有更高 DP 的断言 1 被选为第一个候选断言。将标准差纳入考虑范围可确保避免选择覆盖了主要触发器（其对违规计数的贡献最大）的断言，从而避免遗漏其他触发器。在选择断言 1 之后，其相关线路必须添加到已用线路列表中。此外，所有可能被该断言覆盖的触发器也应被标记并从后续考虑中剔除，如图 10.3(b) 所示。假设连线预算为 6，且并非所有触发器都已被潜在覆盖，算法将进入第二轮迭代。在第二轮迭代期间，必须以这样的方式更新 DP 公式中的所有值，即已覆盖触发器的属性（连线、*FCov* 等）不应被计入。因此，第二轮迭代的 DP 为：

$$assr(3)_{DP'} = \frac{(25.25 \times 2) + 100}{(33.67 \times 1) + 1} = 4.34$$

$$assr(4)_{DP'} = \frac{(25.25 \times 2) + 1}{(33.67 \times 2) + 100} = 0.307$$

由于断言 4 的 DP 未在最大 DP（断言 3）的 1% 内，故无须计算标准偏差。因此，选择断言 3 作为第二个候选断言，将其对应的连线加入已用线路列表，并且将其覆盖的触发器标记为可能被覆盖。如图 10.3(d) 所示，通过选择断言 3，设计中剩余的所有触发器都可能被覆盖，因此算法停止。

10.4 断言综合

如前所述，RTL 断言以 PSL 或 SVA 格式编写，无法直接综合为硬件。尽管这些高级断言能够监控设计行为，并在硅前验证中提供有用的反馈，但为了在硅后验证和调试期间执行片上属性检查，必须生成其等效硬件并集成到待验证电路（CUV）中。

近年来，将硅前断言自动转换为等效硬件单元的问题已得到深入研究[5, 11, 12]，这些工具大多支持序列、重复、首次匹配、断言覆盖等复杂功能。然而，由于位翻转检测所用的断言具有简化的结构（前提条件蕴含结果），本节我们将提出定制化的 SVA 断言综合算法。需要注意的是，生成的电路仅包含用于位翻转检测的断言所需的那些操作符和结构，未考虑其他用途的功能。精简特性的首要目的是减少面积开销。此外，使用内部断言综合算法的另一个动机是，由于我们知道构建断言所需的触发器、反相器的确切数量以及 AND 门的大小，因此可以预估每个断言的面积开销。该排名算法会在断言之间进行相对面积比较，因此只要方法对所有断言都保持一致，就足以计算出预估的面积开销，就无须通过商用综合工具获取断言硬件单元的面积数据。

本节的重点在于断言综合，因此，为了完整性，我们快速回顾一下 SVA 断言的结构。这为理解我们断言综合流程中的不同步骤提供了必要的基础。图 10.4 展示了一种我们通常在位翻转检测中遇到的 SVA 断言类型。在 SVA 中，## 结构被称为周期延迟结构（cycle-delay construct）[13]，## 后面的数字表示相对于左侧布尔事件，右侧布尔事件必须发生的周期。此外，如图 10.4 所示，信号根据它们是在操作符的左侧（前提信号）还是右侧（结果信号）进行分组。SVA 提供了两个蕴含操作符 |-> 和 |=>，前者称为重叠蕴含运算符，其含义是如果左侧的前提序列成立，那么右侧的序列也必须成立；后者称为非重叠蕴含运算符，它与重叠运算符类似，只是右侧的序列在下一个时钟周期进行评估。因此，“a |=> b”和“(a |-> ##1 b)”是等价的。

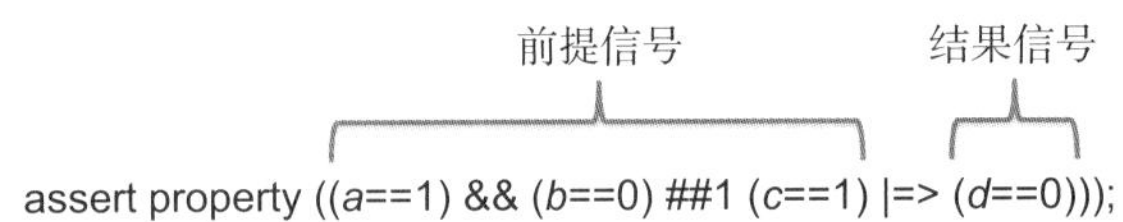

图 10.4 SystemVerilog 断言（SVA）示例

为简化说明，假设我们需要为时间深度为零（所有信号都在同一时钟周期）的断言生成硬件电路：assert property((a==1) &&(b==0) |-> (c==1))。这个断言可以理解为如果信号 a 为 1 且信号 b 为 0，则信号 c 被推断为 1。既然我们知道只要 a 为 1 且 b 为 0，信号 c 就为 1，那么当断言违规时，输出为逻辑 1 的硬件电路可以使用一个三输入 AND 门来构建，如图 10.5 所示。断言的输出应在同一时钟周期内，当信号 a 和 b 分别为 1 和 0 但信号 c 为 0 而非 1 时变为 1。因此，为了触发断言违规，必须将信号 c 的补码连接到 AND 门。只要 a、b 和 c 包含合法值，与断言相关的硬件电路的输出始终为 0。如图 10.5 所示，该电路相关真值表中仅有一项将输出评估为 1，该项被称为非法信号组合。

对于所有要综合的断言，必须确定：信号位置（位于前提侧还是结果侧）、极性（这决定了在连接到 AND 门时是否必须取反），以及最后的时间范围。例如，

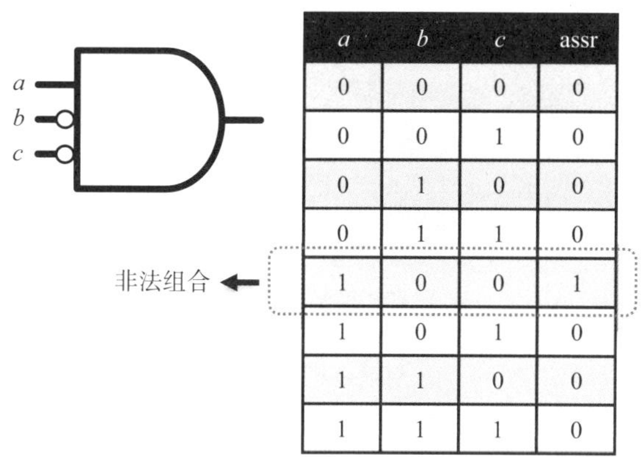

a	b	c	assr
0	0	0	0
0	0	1	0
0	1	0	0
0	1	1	0
1	0	0	1
1	0	1	0
1	1	0	0
1	1	1	0

图 10.5 SVA 中“assert property((*a*==1) &&(*b*==0) |->(*c*==1))”的等效硬件电路

对于刚刚讨论的断言，所需的综合信息可以编码为一个语句 $(a_0, -b_0, -c_0)$。信号前的符号决定了该信号在连接到最终的 AND 门时是否必须取反。同样，下标表示信号的时间范围。对于具有非零时间深度（跨越多个时钟周期）的断言，具有最高时间范围的信号直接连接到 AND 门，而其他信号则相应地进行缓冲。图 10.6 展示了三种断言（零时间深度 / 非零时间深度）的硬件电路生成示例，每个信号都根据其时间帧和极性连接至 AND 门。查找断言所需综合信息的算法包含以下步骤：

（1）对于断言语句中的每个信号 s_i（包括前提和结果两侧），确定其时间帧并生成时间帧列表 $T_S=\{t_{s1}, t_{s2}, \cdots, t_{sn}\}$，使得最左边信号的时间帧为 0。从第一个前提信号移动到最后一个结果信号时，每遇到一个循环延迟结构，时间帧就增加该循环延迟结构后面的值。请注意，“|=>”等同于“##1 |->”。例如，在图 10.6 的第三个示例中，*a* 的时间帧为 0，*b* 的时间帧为 2，后续信号 *c* 的时间帧也是 2。

（2）生成结果侧 $C=\{c_1, c_2, \cdots, c_n\}$ 和前提侧 $A=\{a_1, a_2, \cdots, a_n\}$ 的信号列表。

（3）对于其时间帧小于最大时间帧的每个信号 s_i，创建一个大小为 $(\max(T_S)-t_{si})$ 的移位寄存器。具有最大时间帧的信号直接连接到极性正确的 AND 门，该极性将在接下来的两步中确定。

（4）在结果侧确定信号的极性：$P_C=\{p_{ci} \mid \forall c_i \in C$，若 c_i==1，则 $p_{ci} \leftarrow$ false，否则 $p_{ci} \leftarrow$ true$\}$。如果极性为 false，则该信号必须取反；如果极性为 true，则直接连接。例如，图 10.6 中的第三个断言，后续信号 *c* 必须为 1，因此其极性为负，所以其补码连接到 AND 门。

assert property (@ (posedge clock) ((a==1) |-> (b==0)));

信号极性和时间帧 → a_0, b_0

assert property (@ (posedge clock) ((a==0) |=> (b==1)));

信号极性和时间帧 → $-a_0, -b_1$

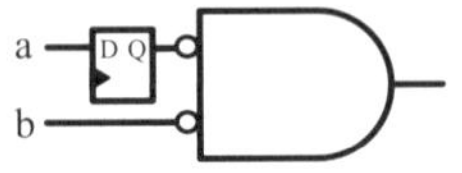

assert property (@ (posedge clock) ((a==1) ##2 (b==0) |-> (c== 1)));

信号极性和时间帧 → $a_0, -b_2, -c_2$

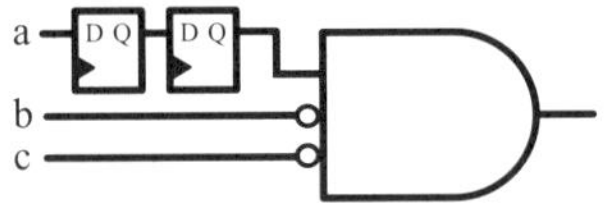

图 10.6 本研究中所用断言的等效硬件电路示例

（5）在前提侧确定信号的极性：$P_A = \{p_{a_i} \mid \forall a_i \in A$，若 $a_i == 1$，则 $p_{a_i} \leftarrow$ true，否则 $p_{a_i} \leftarrow$ false}。例如，图 10.6 中的第三个断言，前提信号 b 必须为 0，因此其补码连接到 AND 门。注意，每当 AND 门的输出变为 1 时，就意味着断言已违规。

每个断言的面积估计值是基于以下内容进行估算的：

$$assr(i)_{\text{area}} = (\alpha \times F) + (\beta \times In) + (\gamma \times Inv) \tag{10.1}$$

其中，F 表示触发器的总数，Inv 表示反相器的总数，In 表示 AND 门的输入数。α、β 和 γ 是与工艺无关的系数，反映了触发器、AND 门的输入和反相器面积的相对差异，这三个系数可以根据所采用的具体标准单元库由用户自定义。

最后，需要指出的是，计算面积估计值的根本目的在于为 10.3 节详述的启发式排序算法的成本函数提供必要的信息。这绝不是要提供断言的确切面积开销，不过快速计算估计值仍能捕捉到断言之间的相对大小，因此无须使用第三方商业综合工具来计算确切面积。

10.5 基于FPGA的仿真

在 10.2 节中我们详细阐述了生成和选择嵌入式硬件断言的不同步骤。由于功能仿真器相对于实际硅器件的速度较慢，若使用功能仿真器完成准备和确认实验，只能捕获设计行为的短暂快照，这将导致对断言检测位翻转潜力的评估不准确，并限制了可以执行的错误注入数量，进而间接影响植入硅器件的断言检查器的选择精度。现场可编程门阵列（FPGA）仿真器能够以至少比软件模拟器快三个数量级的时钟速度验证逻辑设计，因此广泛用于缩小仿真与硅器件速度之间的巨大差距[14]。此外，基于 FPGA 的仿真平台最近已被用于各种硅后验证，例如，文献[15]提出使用仿真来评估验证计划的关键路径时序覆盖率。本节我们提出了一种自动化方法，用于设计可直接用于仿真的硬件架构，该方法可与 10.2 节所述方法结合，提高片上检测断言的选择准确性。基于仿真的实验的一个重要优势在于能够提高违规矩阵的密度，如图 10.7 所示。我们观察到，在基于模拟的实验中，由于其速度较慢，错误注入的数量较少，这会影响违规矩阵的准确性。通过增加错误注入的数量，违规矩阵中的非零元素将会增加，这显然为断言排序器提供了更有意义的输入。

	assr 1	assr 2	assr 3	assr 4	assr 5
触发器1	0	2	0	0	0
触发器2	0	0	1	0	0
触发器3	0	0	0	0	0
触发器4	3	1	2	0	4

(a)基于模拟的实验

	assr 1	assr 2	assr 3	assr 4	assr 5
触发器1	0	3	1	0	1
触发器2	1	0	2	0	0
触发器3	0	0	0	1	0
触发器4	3	1	2	0	4

(b)基于仿真的实验

图 10.7　一个具有 4 个触发器和 5 个断言的电路的违规矩阵。灰色元素表示由于基于仿真的实验中错误注入数量增加而带来的准确性的提高

图 10.8 展示了整体架构框架，各功能模块的具体实现细节将在下文详述。需要说明的是，图 10.8 所示子模块的内部结构会根据实验类型而有所不同：准备实验阶段重点评估所有断言的等级，确认实验阶段则侧重测量覆盖率指标。

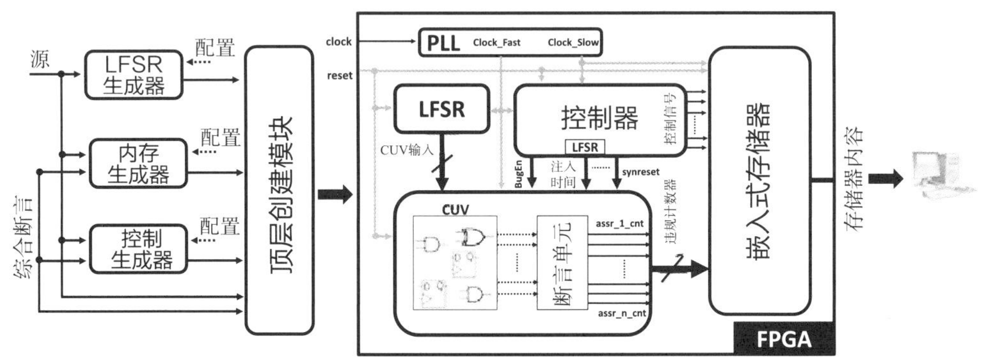

图 10.8　用于自动生成可仿真的硬件架构以加速硅后验证中的错误注入实验的工具流程

1. 锁相环

我们提出一种采用双时钟域运行的架构。选择使用锁相环（PLL）主要基于以下考量：

（1）使用 n 分频时钟容易出现时序收敛问题。

（2）利用大多数 FPGA 上预先制造的嵌入式锁相环可以节省实现 n 分频时钟分频所需的逻辑资源。

我们当前的实现将实例化一个锁相环，以生成快速和慢速时钟信号。快速时钟和慢速时钟之间的比率可由用户配置（取决于所使用的特定 FPGA 设备）。

2. 输入激励生成

由于在准备实验和确认实验中使用的输入激励都是随机的，因此我们的工具会创建一个 PI 位的线性反馈移位寄存器（LFSR），其中 PI 是设计中的总输入数。LFSR 的特征多项式是本原且不可约的，以支持最大长度序列。

3. 待验证电路与断言单元

在将 CUV 连接到断言单元之前，设计中的每个触发器都配备了一个二选一多路复用器，以方便错误注入。多路复用器的输入分别连接到触发器的 Q 和 $\overline{Q}$ 输出。多路复用器的选择信号由控制器根据 BugEn、注入时间和同步复位信号的逻辑值进行设置（详情见下文），以确定何时发生位翻转。请注意，所有注入的位翻转均为单时钟周期的位翻转。此外，断言单元（即 SVA 断言的综合硬件）与 CUV 的连接方式如图 10.8 所示。

4. 控制器

控制器的核心功能是：确定位翻转发生的时机与位置，监控位翻转注入后的断言状态，触发内存的批量写入操作。注入时间由控制器内的 20 位线性反馈移位寄存器（LFSR）决定，其初始状态在编译前由我们开发的工具随机配置。一旦整个平台开始运行，控制器将在第一个触发器中注入 E 个错误（E 为用户可配置参数），各次错误注入时间由 LFSR 确定。每次错误注入（单个周期位翻转）后，电路将继续运行预定义的时钟周期数（由用户给定），在此期间控制器激活断言单元以监测是否存在任何违规。鉴于准备实验与确认实验的目标差异，内存写入操作通过以下两种不同架构实现：

（1）准备实验架构：每个断言均配备一个违规计数器，用于记录该断言被触发的次数，一旦所有错误都被注入触发器中，控制器就会停止电路的运行。此时，控制器会检查每个断言的违规计数寄存器，若发现非零值则组织内存写入。控制器与内存的接口可以配置为两种不同的方式。第一种配置采用双时钟域架构，其核心是通过第二个有限状态机（FSM）以较慢时钟依次检查每个断言的状态，如图 10.10 所示。采用较慢时钟的主要原因可以解释如下：假设我们在某个触发器中注入 E 个位翻转，并且该设计有 M 个断言，完成所有注入后，控制器必须检查每个断言的违规计数器，由于 CUV 中插入了大量需要逐条检查的断言，而嵌入式存储器每次只支持一次写入操作，导致图 10.9(a) 所示的决定写入存储器的字的多路复用器规模显著增大，该多路复用器的长传播延迟可能会引发时序收敛问题。需要注意的是，用于检查每个断言计数器状态所花费的时钟周期数由断言的数量（在这种情况下为 M）决定，这远远少于错误注入所需的时钟周期数（$E\times$ 错误注入之间的时钟周期数）。因此，如图 10.10 所示，将错误注入模块（CUV 和断言检查单元）的时钟频率尽可能调高，调整断言检查有限状态机的时钟频率是明智之举。

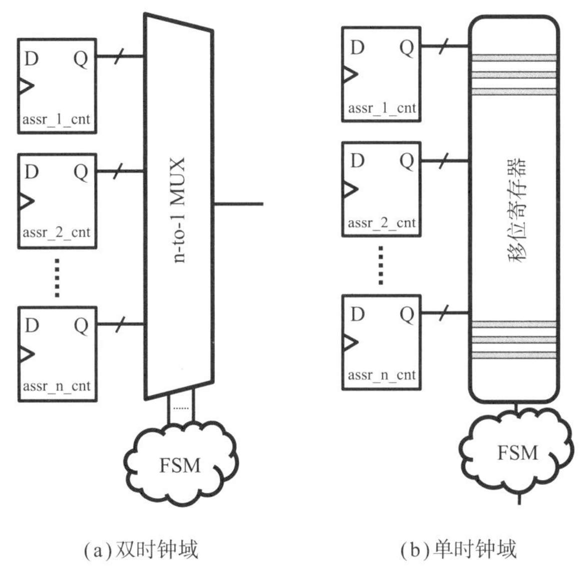

图 10.9 双时钟域和单时钟域架构在准备实验中的存储器接口设计。请注意，触发器 ID 和断言 ID 会连接到多路复用器的输出，然后写入存储器

以下示例表明，使用慢速时钟将断言计数写入内存对整体仿真时间的影响可以忽略不计。假设我们想要对一个具有 1000 个触发器（F）和 400 个断言（A）的电路进行仿真实验，并且计划在每个触发器中注入 1024 次错误（E）。插入时间由一个 20 位的线性反馈移位寄存器生成。假设平均每次错误注入需要 210 个时钟周期（CC）。因此，基于 50MHz 时钟（F_{50}）的错误注入总时间为：

$$T = F \times E \times CC \times \frac{1}{F_{50}} = 10^3 \times 2^{10} \times 2^{10} \times 20\text{ns} = 20.9\text{s}$$

现在，单个触发器完成错误注入后所需的断言检查时钟周期数取决于断言总数。因此，在 50MHz 和 1MHz 时钟下，对所有触发器（F）进行错误注入所花费的时间分别为：

$$T_{\text{clock50}}^{\text{assr}} = F \times A \times \frac{1}{f_{50}} = 1000 \times 400 \times \frac{1}{50 \times 10^6} = 8\text{ms}$$

$$T_{\text{clock10}}^{\text{assr}} = F \times A \times \frac{1}{f_1} = 1000 \times 400 \times \frac{1}{1 \times 10^6} = 400\text{ms}$$

根据上述示例的观察结果可以得出结论：使用较慢的时钟（本例中为 1 MHz 时钟）进行内存写入的性能损失仅为 1.8%。如果降低时钟频率以适应内存写入有限状态机中的慢路径，那么性能损失将随时钟周期的增加而线性增长。对于本示例规模的电路，我们观察到时钟周期可能会延长三倍。

值得一提的是，只要两个时钟之间的比率是自然数，那么这两个时钟域之间就不需要同步器。这是因为促进较快时钟有限状态机与较慢时钟有限状态机之间通信的握手信号（图 10.10 中的虚线箭头）只有在被较慢时钟有限状态机捕获时才会得到确认，反之亦然。有人可能会说，通过将这个多路复用器进行流水线处理，使得每个时钟周期执行一次写操作，就可以避免使用较慢的时钟。尽管这会加快内存更新速度，但采用这种方法会导致与流水线寄存器和逻辑相关的片上面积显著增加（回想一下，多路复用器的输入数量在数百个范围内）。因此，我们选择以较低的频率运行此有限状态机（从而避免流水线所需的寄存器）。

对于仅支持一个时钟域的应用，可采用图 10.9(b) 所示架构：当某个触发器完成所有错误注入后，各断言的违规计数器的内容就会被存入移位寄存器结构中，随后移位寄存器的内容会在每个时钟周期逐个加载到内存中。运行时间的小幅增加与移位寄存器的大小所带来的资源开销相比微不足道，而移位寄存器的大小必须考虑到最坏的情况（每次错误注入都有许多违规）。因此，作者更倾向于快 / 慢时钟方法，尤其是性能损失可以忽略不计。

（2）确认实验架构：如 10.2.5 节所述，确认实验的重点在于评估由排序算法所选中的断言。触发器翻转覆盖率估计被用作一种度量标准，以确定所选断言是否满足所需期望。

与准备实验不同（断言触发的次数会增加其位翻转检测潜力），计算触发器覆盖率时仅需关注断言是否被触发，而触发次数无关紧要。因此，确认实验移除了断言违规计数器，改为将断言输出连接至寄存器——只要目标触发器上的任意位翻转导致该断言违规，对应寄存器就变为 1（并保持为 1）。如果图 10.11 中的 OR 门输出为 1，则组织一次内存写入。当在一个触发器中注入了所有位翻转，所有断言的最长顺序深度已过且已执行内存写入时，寄存器的内容被重置。

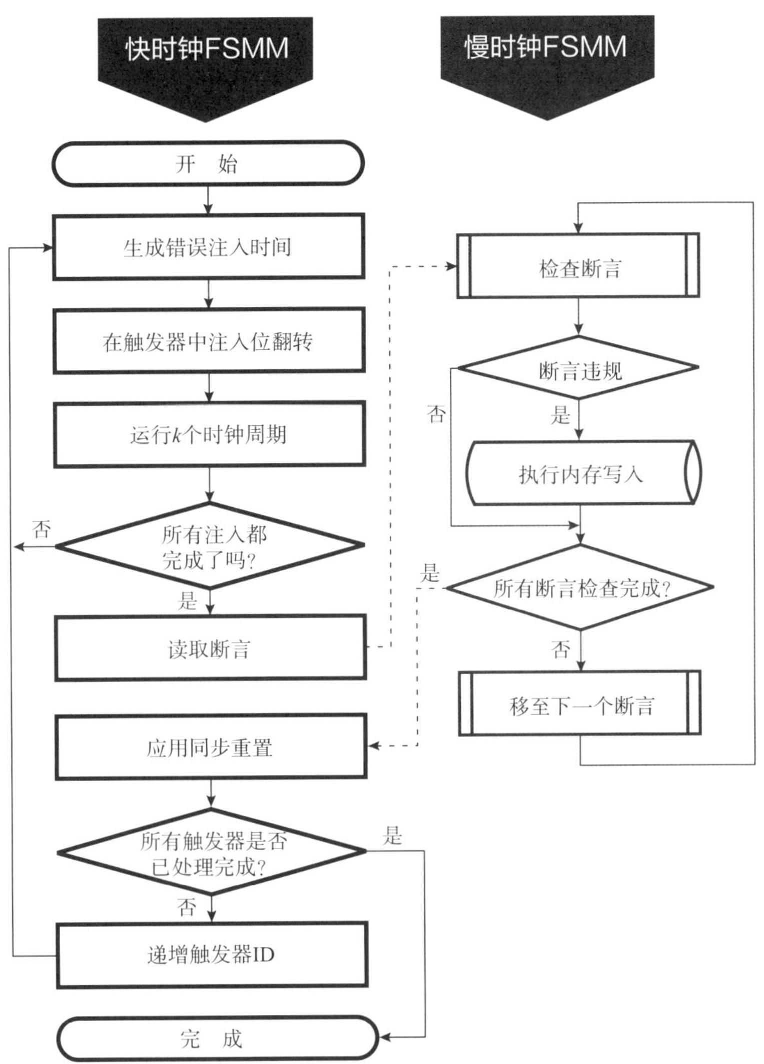

图 10.10 针对快时钟和慢时钟的两种不同状态机（请注意，*k* 由用户定义，表示每次位翻转）

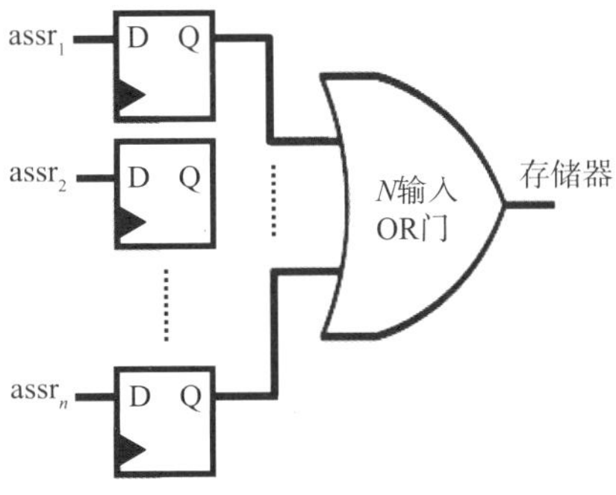

图 10.11 触发器的内存接口用于覆盖率估计（当写使能有效时，1 将被写入存储器）

5. 存储单元

在准备实验和确认实验期间，由断言检测到的位翻转相关信息都存储在嵌入式内存中。需要存储的最大信息量出现在准备实验中。这是因为，为了评估断言的质量，必须了解它们能够潜在覆盖的触发器（在该触发器中检测到位翻转）以及当同一触发器中发生多个错误时它们能够检测到的次数。因此，如图 10.12(a) 所示，内存中的每个字都包含触发器标识、捕获该触发器位翻转的断言 ID，以及该断言的违规次数。触发器 ID 和断言 ID 的宽度根据设计中的触发器总数和嵌入硬件中的断言总数进行配置。违规计数器的宽度由我们的工具根据最大错误注入次数确定。内存深度的确定基于仿真实验数据：我们将每次位翻转注入预期触发的断言数设为 10，据此系数计算物理内存空间。若调试会话包含大量断言且采用系数 10，将导致内存超出目标 FPGA 容量，此时应使用 1 ~ 10 范围内的较小系数。工具流程具有自动机制，如果在评估所有触发器之前出现内存溢出，会话将被分成多个会话，每个会话中的断言数量减少。显然，此系数以及单个会话中可映射到设备的断言数量取决于目标设备的容量。

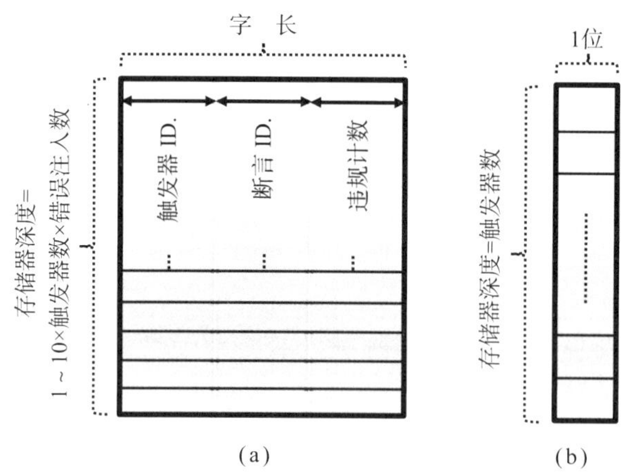

图 10.12 准备实验的内存布局以及确认实验中触发器覆盖率估计

在确认实验期间，仅存储确定位翻转覆盖率估计值和触发器覆盖率估计值所需的信息。对于位翻转覆盖率估计值，每当在触发器中注入位翻转且所有断言的最大顺序深度都已通过时，就会评估图 10.11(a) 中的 OR 门的输出，如果输出为 1，则意味着检测到了位翻转，并以顺序方式将 1 写入内存。在理想情况下，如果所有位翻转都被检测到，所需的内存深度等于触发器的总数乘以每个触发器中注入的错误数量。例如，对于具有 20 个触发器的设计，如果设置注入 5 个位翻转，则所需的内存大小将为 100 位。

另一方面，对于触发器覆盖率估计，在向一个触发器注入所有位翻转之后，如果图 10.11 中的 OR 门输出为 1，则将该触发器标记为潜在已覆盖。由于我们想要确定有多少触发器可能已覆盖，因此每次将一个触发器标记为已覆盖时，只需存储 1 即可。因此，所需的最大存储深度为触发器的总数。显然，写入 1 的存储器地址对应于已覆盖触发器的 ID。确认实验的存储器布局如图 10.12 所示。

10.6 结果与讨论

我们所提出的工具流程已在一台配备 32GB 内存的 Intel core i7 设备上实现，使用 GCC 4.8.4 编译 C++ 源代码，并使用 Tcl 8.5 和 Python 2.7.6 进行脚本编写。在断言发现方面，我们使用了 GoldMine[7]，这是一个自动断言生成工具，内置了多个数据挖掘引擎，用于查找可能的设计不变量。这些可能的不变量会通过一个商业形式化验证工具过滤掉错误的不变量，留下正确的不变量作为设计的最终断言。由于 GoldMine 是基于仿真运行的，因此已向 GoldMine 的引擎提供了随机输入（GoldMine 的默认设置）激励和弗吉尼亚理工大学的验证向量生成工具[16]生成的确定性向量的结果。这两种方法得到的断言以及来自 GoldMine 不同挖掘引擎的断言均已合并。关于 GoldMine 的具体细节超出了本工作的范围，感兴趣的读者可参阅文献［7］。

为了生成 SystemVerilog 断言（SVA）的等效硬件电路，我们按照 10.4 节中详述的算法进行了实现。首先，将使用 GoldMine 找到的所有断言添加到源代码中，并将其传递给我们的工具以生成其等效的硬件描述语言（HDL）描述以及面积估计（这是排名算法所必需的）。一旦通过排名算法选择了这些断言的一个子集，即图 10.1 中的选定断言，我们将把它们插入到原始设计中，并通过 Synopsys Design Compile 获取精确的面积开销数据——该过程会考虑断言之间的逻辑共享。相较于简单地将各个断言的面积开销相加的粗略方法，这种能反映断言间逻辑共享特性的评估方式，更能真实体现实际面积开销。

为了在硅后验证中支持随机出现的位翻转，我们在准备实验和确认实验的整个过程中都使用了随机输入激励。如 10.5.1 节所述，LFSR 单元被设计成产生位宽等于 CUV 输入数量的随机向量。

我们已在 Altera DE2 Cyclone IV 设备上部署了该架构，参考时钟为 50MHz。所有内存转储均通过 Quartus 系统的内存编辑器功能完成，该功能通过 JTAG 接口运行。最后，在准备实验中，控制器中的较快时钟为 50 MHz，较慢时钟为 1MHz（均来自锁相环单元），而确认实验则基于单个 50 MHz 时钟运行。

如前所述，在准备实验之后生成更准确的违规矩阵是使用基于仿真的实验而非基于模拟的实验的主要动机，这反过来又会改进要映射到硬件的断言的选择，最终提高覆盖率估计的准确性。为此，我们将 10.5 节中详细描述的工具流程和架构集成到图 10.1 所示的方法中，并对每个触发器进行了 256 次错误注入（稍后讨论）的准备实验。之后，我们将生成的违规矩阵传递给断言排序器，该排序器通过改变布线约束来选择不同数量的断言。接下来，我们对每组选定的断言进行确认实验，并将错误注入的数量从 5 次变化到 5000 次，这是基于模拟的实验无法做到的。此外，我们还进行了有限数量的基于模拟的实验，以证明基于仿真的实验的优势。在接下来的小节中，我们将具体呈现并分析这些实验发现。

10.6.1 实验准备

由于 FPGA 的容量有限，将 GoldMine 发现的所有断言都进行检测并映射到 FPGA 上以进行实验准备是不可行的。因此，假设只有一块 FPGA 板可用，根据断言的数量和 FPGA 的容量，实验准备被划分为多个仿真会话，如图 10.13 所示。值得注意的是，虽然可以使用容量足够大的单个 FPGA 板来容纳所有挖掘出的断言从而进行单个仿真会话，但使用多个容量较小的 FPGA 板并行运行实验更为实际，因为不同的仿真会话之间没有依赖关系。尽管在本工作中，我们使用了一块 FPGA 板，并且所有比较都是基于测量所有仿真会话所花费的总时间来进行的。

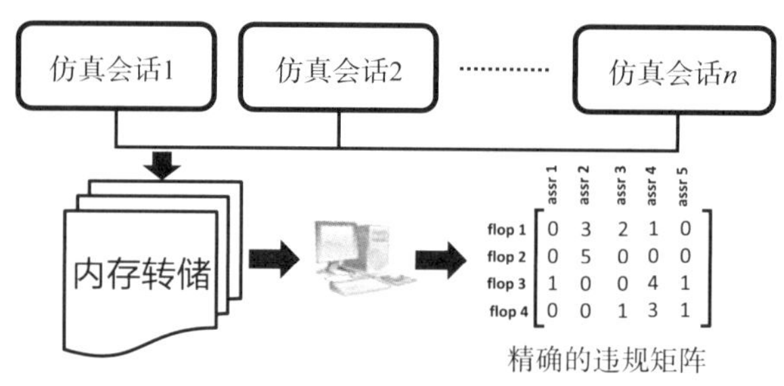

图 10.13 在多个仿真会话中运行准备实验

表 10.1 展示了 ISCAS89 s38584 基准电路在模拟和仿真两种模式下运行准备实验所花费的总时间的对比。选择此电路进行比较的原因在于，与 ISCAS 中其他两个拥有超过 1000 个触发器的电路相比，它的断言数量最多。因此，在基于模拟的（需要多仿真会话）和基于仿真的（需处理更多断言）实验中，它的运行时间都会是最长的。需要注意的是，ISCAS89 基准电路中的 s38417 和 s35932 电路，也存在类似的趋势[10]。

如前所述，对于相同的错误注入数量，与确认实验相比，准备实验的模拟器运行时间更长。这是因为在准备实验中，向设计中添加了大量的 SVA，而并发属性检查所带来的相关开销使得在设计中添加大量断言时模拟器运行速度大幅降低。然而，在仿真中这不是问题，因为断言被综合为等效的硬件电路，并且所有单元（CUV 和断言单元）都在相同的时钟速度下并行工作。不过，如图 10.13 所示，由于 FPGA 设备容量有限以及准备实验中需要评估的断言数量众多，实验分多个会话进行。对于 ISCAS s38584，整个实验被分为 45 个会话。报告的运行时间是每个会话所花费时间的总和。由于运行时间较长，作者在准备实验中针对每个触发器仅进行了不超过 20 次错误注入的基于仿真的实验。

表 10.1 ISCAS89 s38584 基准电路在模拟和仿真两种模式下运行准备实验所花费的总时间的对比

准备实验			
错误注入数量	运行时间		触发器翻转覆盖率估计（%）
	仿真时间（小时）	模拟时间（小时）	
2	26.3	45 × 0.001 = 0.045	79.6
8	105	45 × 0.12 = 5.4	86.15
64		45 × 0.89 = 40.05	88.56
256		45 × 1.64 = 73.8	88.94

除了显著的运行时间改进之外，还可以看到触发器估计覆盖率也增加了 9%。这意味着排序器将受益于触发器、断言及其错误空间（违规矩阵）之间更准确的关系，从而选择更准确的断言。表 10.2 表示在准备实验中使用 256 次错误注入时观察到的最大触发器覆盖率，这表明在所有断言都已植入设计的情况下实验所能达到的最大可能触发器覆盖率。由表 10.2 可知，ISCAS s38417 的最大触发器覆盖率最低，这是由于与其他基准电路相比，该电路可挖掘的断言数量低于通常水平。

表 10.2 三个最大规模的 ISCAS 基准电路在准备实验中观察到的最大触发器覆盖率

电 路	触发器覆盖率（%）
s35932	98.6
s38417	54.7
s38584	88.9

10.6.2 验证实验

在验证实验期间，仅将排序器中选定的断言连接到设计中。基于当前的设置和选定的 FPGA 设备，无须进行多次调试会话，因为整个架构可以容纳在一个调试会话中。请注意，如图 10.12 所示，确认实验的内存单元及其相关有限状态机比准备实验要简单得多。在验证实验期间，使用触发器覆盖率估计来评估选定断言的质量。图 10.14 展示了在不同布线预算下，当注入数量从 5 次错误注入增加到 5000 次错误注入时的触发器覆盖率估计。可以看出，当注入数量较少时，有可能某些断言从未被激活，从而导致无法覆盖由这些断言监控的触发器。当注入数量从 5 次增加到 20 次时，曲线陡峭上升，但随着错误注入数量的进一步增加，曲线的斜率逐渐减小。这是因为对于大多数触发器而言，位翻转在相应触发器的前 20 次出现中检测到一次位翻转。然而，由于位翻转检测取决于位翻转发生时电路的状态，对于某些触发器，可能需要更长的时间才能达到那些会导致断言检测到位翻转的极端状态。请注意，为硅后验证生成长验证序列是一个重要的问题，但超出了本研究的范围。我们依靠大量的随机验证序列进行实验，并且可以合理预期，有针对性的序列（更快地将电路推向其极端状态）将更快地检测到位翻转。

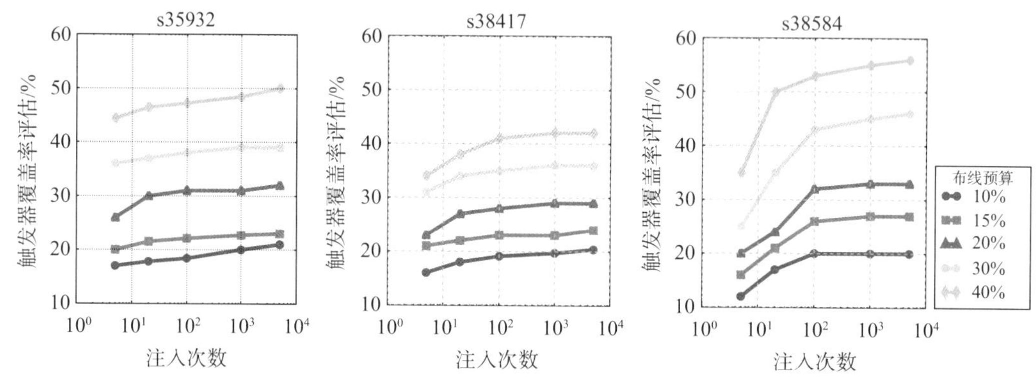

图 10.14 不同布线数量条件下随着错误注入次数增加验证实验中触发器覆盖率的评估

最后，最大化触发器覆盖率估计的断言面积开销如图 10.15 所示。正如 10.4 节所述，设计自定义综合工具的主要动机在于：（1）无须将所有发现的断言都通过商业综合工具来实现其面积估计；（2）从综合模型中剔除本工作不需要的冗余特性（例如，确认实验中用于断言的违规计数器）。作者需要强调，

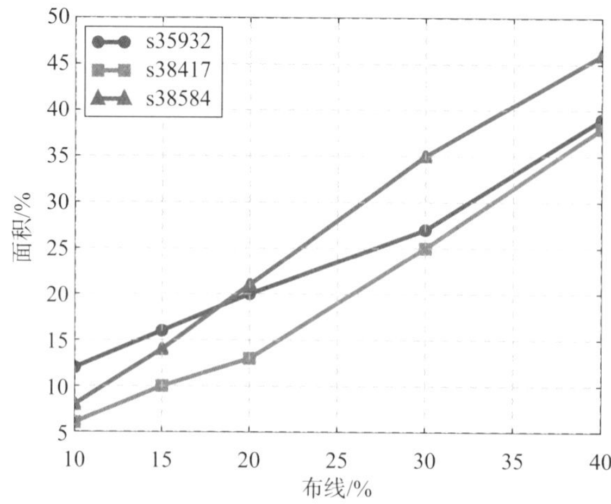

图 10.15 当排序器设置为最大化触发器覆盖率时，针对不同布线预算对最大 ISCAS 电路的面积开销评估

本工作的重点并非断言综合，因此我们的工具不支持 MBAC[5] 等通用断言综合工具所具备的大多数 SVA 和 PSL 特性（这些特性在本研究中并未使用）。

10.6.3　我们方法的不同步骤的运行时间

最后，我们将提供图 10.1 方法论各环节的运行时间数据。表 10.3 中的结果是针对 ISCAS s38584 的情况，其中排序受到 40% 连线使用率的约束，此时用于查找断言的总时间以及断言的总数最大（最坏情况）。至于断言生成，GoldMine 已配置为通过覆盖率引擎和决策引擎生成断言。使用了随机激励以及由文献［16］生成的确定性激励的组合，并且形式化验证器被设置为提供 6 ~ 10 个反例，这些反例被反馈给 GoldMine 以细化原始轨迹。对于准备实验和确认实验，分别评估了 28365 个和 633 个断言。至于断言映射器，报告的运行时间是使用 10.4 节中提出的算法进行断言综合的运行时间与使用 Synopsys Design Compiler 测量最终选定断言的面积开销的运行时间之和。

表 10.3　图 10.1 所示工具流程的不同步骤在 ISCAS s38584 上的运行时间评估

任　务	配　置	时间 / 小时
断言生成	Miner（单核），形式化验证（多核）	228
准备实验	FPGA（45 个会话），256 个故障输入	74
断言映射	单　核	0.04
验证实验	FPGA（1 会话），5000 个故障输入	16.2

10.7　小　结

本章我们探讨了在硅后验证中使用硬件断言来降低错误检测延迟和提高内部可观测性的想法。我们提出了算法和硬件架构，以方便选择最适合嵌入芯片的断言，从而在硅后验证期间对位翻转进行实时监测。

致　谢

感谢伊利诺伊大学厄巴纳 – 香槟分校提供的 GoldMine[7]（自动断言生成工具）、弗吉尼亚理工大学提供的验证向量生成器[16]（用于 GoldMine 的确定性激励）以及麦吉尔大学提供的 MBAC[5]（用于断言综合）。

参考文献

[1] Barton J H, Czeck E W, Segall Z Z, et al. Fault injection experiments using FIAT[J]. IEEE Transactions on Computers, 1990, 39(4): 575-582.

[2] Taatizadeh P, Nicolici N. Automated selection of assertions for bit-flip detection during post-silicon validation[J]. IEEE Transactions on Computer-Aided Design of Integrated Circuits and Systems, 2016, 35(12): 2118-2130.

[3] Ko H F, Nicolici N. Automated trace signals identification and state restoration for improving observability in post-silicon validation[C]//Proceedings of the Design, Automation and Test in Europe Conference and Exhibition. 2008: 1298-1303.

[4] Yang Y S, Nicolici N, Veneris A. Automated data analysis solutions to silicon debug[C]//Proceedings of the Design, Automation and Test in Europe Conference and Exhibition. 2009: 982-987.

[5] Boulé M, Zilic Z. Generating Hardware Assertion Checkers: For Hardware Verification, Emulation, Post-Fabrication Debugging and On-Line Monitoring[M]. Berlin: Springer, 2008.

[6] Hangal S, Narayanan S, Chandra N, et al. IODINE: a tool to automatically infer dynamic invariants for hardware designs[C]//Proceedings of the 42nd Design Automation Conference. 2005: 775-778.

[7] Hertz S, Sheridan D, Vasudevan S. Mining hardware assertions with guidance from static analysis[J]. IEEE Transactions on Computer-Aided Design of Integrated Circuits and Systems, 2013, 32(6): 952-965.

[8] Vermeulen B, Goel S K. Design for debug: catching design errors in digital chips[J]. IEEE Design & Test of Computers, 2002, 19(3): 35-43.

[9] Gao M, Cheng K T. A case study of time-multiplexed assertion checking for post-silicon debugging[C]//IEEE International High Level Design Validation and Test Workshop. 2010: 90-96.

[10] Brglez F, Bryan D, Kozminski K. Combinational profiles of sequential benchmark circuits[C]//IEEE International Symposium on Circuits and Systems. 1989, 3: 1929-1934.

[11] Fibich C, Wenzl M, Rssler P. On automated generation of checker units from hardware assertion languages[C]// Microelectronic Systems Symposium. 2014: 1-6.

[12] Wenzl M, Fibich C, Rssler P, et al. Logic synthesis of assertions for safety-critical applications[C]//IEEE International Conference on Industrial Technology. 2015: 1581-1586.

[13] Foster H D, Krolnik A C, Lacey D J. Assertion-Based Design[M]//Information Technology: Transmission, Processing and Storage. Berlin: Springer, 2004.

[14] Huang C Y, Yin Y F, Hsu C J, et al. SoC HW/SW verification and validation[C]//Proceedings of the ACM/IEEE Design Automation Conference.

[15] Balston K, Hu A J, Wilton S J E, et al. Emulation in post-silicon validation: it's not just for functionality anymore[C]//IEEE High Level Design Validation and Test Workshop. 2012: 110-117.

[16] Parikh A, Wu W, Hsiao M S. Mining-guided state justification with partitioned navigation tracks[C]//IEEE International Test Conference. 2007: 1-10.

第Ⅳ部分　硅后调试

第11章　调试数据缩减技术

桑迪普·钱德兰 / 普雷蒂·兰詹·潘达

11.1 疲于奔命

片上可调试性设计（DFD）硬件的核心目标是最大限度地提高芯片内部功能的可见性。然而，严格的面积和资源约束使得实现这一目标极具挑战性。为充分理解这一挑战的严峻性，我们考虑一个例子，某芯片在 3GHz 频率下运行 1 秒的定向测试即暴露出错误行为，这种接近原生的工作频率将产生 30 亿个时钟周期的数据量。假设采用简易的片上 DFD 硬件，每时钟周期生成 128 位（或 16 字节）的跟踪数据，则该测试将产生大小为 $16 \times 3 \times 10^9$ 字节（约 45GB）的跟踪文件——超过大多数计算机的 DRAM 容量。将这些数据传输到片外需要带宽高达 384Gbps 的传输链路。另一种选择是频繁地暂停芯片，以限制跟踪生成的速率，但这种做法并不可取，因为会带来诸多问题：干扰测试环境，难以保持执行一致性，丧失样本芯片所提供的接近原生的速度优势。显然，在严格的面积限制下管理如此大量的执行跟踪需要一些巧妙的设计。

我们总结了 DFD 硬件必须满足的目标，以便为设计决策提供支持：

· 最大限度地提高对芯片内部运作的可见度。

· 尽量减少 DFD 硬件导致的面积开销。

· 尽量减少 DFD 硬件对底层硬件功能的影响。若 DFD 硬件对底层架构透明，则效果最佳。

显然，这些目标相互独立，要平衡它们十分困难。例如，通过暂停芯片并每周期启用调试链路进行检测的 DFD 硬件，虽能提供高可见性且面积开销小，但侵入性强且会降低调试效率；而采用大容量的片上缓冲器记录所有内部活动的方案虽能提供良好的可见性且无侵入性，却会带来难以承受的面积开销。

这些因素导致现代芯片中的 DFD 硬件具有两大特征：极其有限的片上存储和低带宽的片外传输链路。本文讨论的技术通过实时处理生成的调试数据来降低总体数据量，从而提升此类架构的调试效率。

11.2 常见的调试方法

11.2.1 破解一个“缺陷”

芯片中对目标应用产生不利影响的错误行为通常被笼统地称为“缺陷”。这种行为上的错误要么源于芯片内某个模块的错误输入，要么源于其内部状态的损坏，要么是这两者的结合。系统的状态是芯片上所有存储元件的快照，是电路过去所接收的一系列输入的结果。

电路出现故障可能有以下几种原因：

（1）过去输入的序列不合法，而电路在遇到这种情况时未能处理异常。

（2）设计者未能预见电路可能遇到的所有极端情况，从而导致电路设计错误。

（3）由于制造缺陷而产生的错误。

从芯片内部捕获的任何能揭示芯片运行情况（内部状态以及在不同激励下随时间的变化）的数据都称为调试数据。不同的技术用于捕获不同的调试数据，例如，记录来自不同模块内部的少量信号，仅记录互连上的事务，捕获代表执行区域的签名，将状态转移到芯片外等等。然后，验证工程师会仔细分析这些调试数据，以定位错误并找出其发生的根本原因。

11.2.2 调试方法概述

传统上，扫描链被用于调试芯片，其中将关键触发器和寄存器的一个子集连接起来形成一个长移位寄存器。然后，这些链会被加载测试向量，即由 0 和 1 组成的字符串，最后在执行后卸载以作进一步分析。由于芯片必须针对众多向量进行测试，加载和卸载这些向量就成了瓶颈。这类似于 DFD 硬件在硅后验证中所面临的挑战——片外链路成为性能瓶颈。因此，研究者提出了多种技术来压缩这些输入向量：

（1）基于编码的压缩方案，使用各种方法对向量进行编码。

（2）基于线性解压缩的压缩方案，其中解压缩仅需要诸如异或之类的线性操作。

（3）基于广播扫描的方案，将多个向量中存在的值合并起来，仅发送一次[1]。

随着芯片复杂度的不断提升，扫描链难以有效调试硅后验证期间检测到的功能错误，但这些克服片外通信瓶颈的概念（如压缩），为现代硅后调试策略提供了重要启示。

为了满足复杂芯片的调试需求，诸如运行–暂停调试和全速调试等现代调试范式已被提出。在运行–暂停调试规范下，芯片被允许正常运行一段时间，然后暂停以收集其内部状态。而在全速调试规范下，不是捕获芯片的整个状态，而只是在有限大小的内部缓冲器中记录少数几个信号的连续轨迹。当缓冲器溢出时，其内容必须传输到芯片外保存下来，以便进一步分析。随着芯片复杂性的增加，每种规范下需要处理的调试数据量显著增加。因此，限制调试数据的大小至可管理的限度，使其不会妨碍硅后调试的效率，这一点至关重要。本章讨论了在尽量不降低捕获数据质量的前提下减少调试数据量的技术。

11.3　运行–暂停调试的简化方案

在运行–暂停调试方法中，芯片会执行一段特定的时间，然后暂停以检查状态，之后再继续执行。为了检查状态，包括寄存器文件、缓冲器和高速缓存在内的所有片上存储器的快照会定期传输到片外。末级高速缓存（LLC）的较大尺寸决定了将状态传输到片外所需的时间。以 8MB 的 LLC 为例，加上每个核心 1MB 的 L2 高速缓存，4 核设备将通过调试链路传输超过 12MB 的调试数据。若采用 100Mbps 的 JTAG 链路，捕获每个快照并将其传输到片外大约需要 120 毫秒，当内核以 1GHz 频率运行时，这相当于 1.2 亿个时钟周期。随着转储频率的增加，这种效率将急剧降低。因此，有研究者提出了多种技术来压缩 LLC 状态捕获时的调试数据量。

11.3.1　使用LZW进行压缩

图 11.1 展示了一种架构方案的概要[2]，该方案旨在通过在将末级缓存的数据传输至片外之前对其进行压缩来减小调试数据的大小。该方案从芯片上转移出去的调试数据包括标签数组、控制位以及纠错码（ECC），此外还有缓存中存储的数据。与对整个调试数据进行无差别压缩的暴力方法相比，该技术利用调试数据的缓存组织结构，实现了更优的压缩比。为充分发挥缓存结构的压缩潜力，缓存字段（如标签、控制位、数据和 ECC）均采用独立压缩策略。

在压缩标签数组的内容时，引用的空间局部性会使相邻缓存行的高位比特具有相似性，从而获得更好的压缩效果。同样，LLC 控制位的更新频率取决于其存储内容类型（代码或数据）。例如，包含代码的行的位不太可能被设置。数据数组是缓存中最大的元素，也是最多样化的。

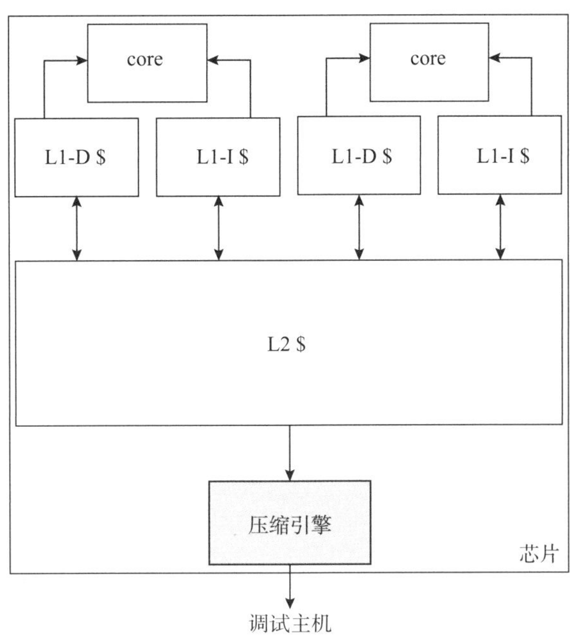

图 11.1 多核处理器的高层架构，其中 DFD 硬件是一个压缩引擎，用于压缩末级缓存（此处为 L2）的内容

为了压缩数据数组，需重点观察其存储值的数据类型：在主要处理整数数据的应用中，整数数据的高位字节通常变化频率较低，因此数据缓存中每个字的高位字节会先于最低有效位（LSB）被压缩，这就是列式压缩。对于以浮点数和图像数据为主的应用，字按顺序逐行分组并进行压缩，这被称为行式压缩。

图 11.2 通过一个示例解释了这两种方法。在此，缓存中的每个字节都用

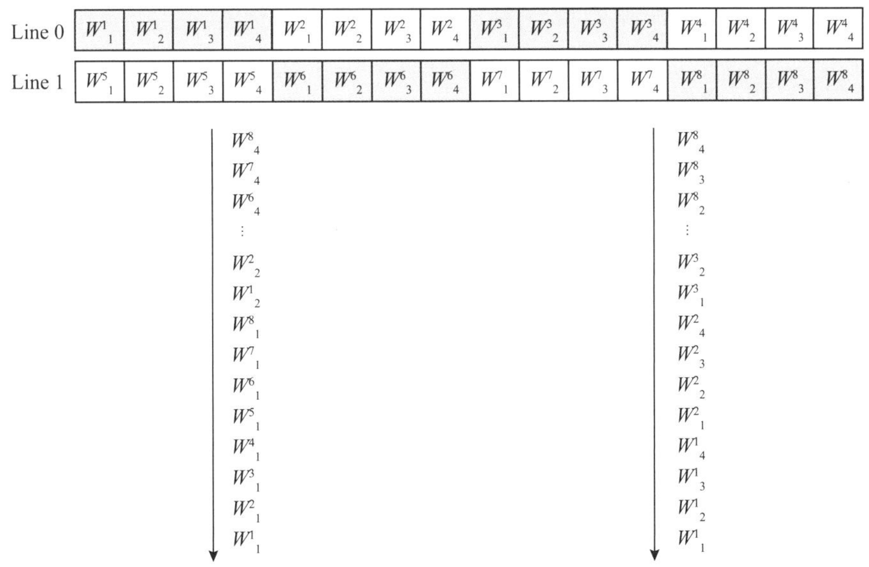

图 11.2 数据数组的列压缩和行压缩

W_y^x 表示，其中 x 表示该字节所属的字，y 表示该字节在每个字中的位置。因此，W_1^6 表示该字节是缓存中第六个字的最高有效字节。在列压缩方式下，每个字的高位字节先于低位字节进行压缩。因此，压缩的顺序为 W_1^1, W_1^2, W_1^3, …, W_2^1, W_2^2, W_2^3，以此类推，直到最后的最低有效位（W_4^1, W_4^2, W_4^3, …）被发送。在按行压缩的情况下，每个字依次发送，即 W_1^1, W_2^1, W_3^1, W_4^1, W_1^2, W_2^2, W_3^2, W_4^2 等。

为了压缩 ECC 位，利用了在任何给定点出现错误的概率极低这一特性：仅在特定缓存行确实存在错误时，才会将 ECC 位发送到芯片外。在转储阶段，会重新计算每个缓存行的 ECC，以查看该行是否存在错误。如果没有错误，则仅发送一个“0”位到芯片外，而不是整个 ECC 字段。如果确实存在错误，则将整个 ECC 字段发送到芯片外，并在前面加上一个“1”位。

这些单独缓存元素的内容会并行压缩以加快整个操作的速度。一旦完成这些数据转换，生成的数据流就会传递给片上压缩引擎，该引擎采用 LZW 压缩方案来实际减小整体大小。这些利用缓存数据组织的数据转换可将压缩比提升高达 31%，当使用多个并行压缩引擎压缩缓存产生的数据流时，传输时间会进一步缩短。

11.3.2 在线压缩方案

上述压缩方案在传输大型末级缓存的内容时仍需耗费相当长的时间。在此期间对缓存状态所做的任何更新，包括可能因读取访问而引起的最近最少使用（LRU）计数器的变化，都会导致快照不一致。因此，在此期间处理器会被暂停，而这涉及大量的处理器周期。

图 11.3 展示了一种克服此问题的技术，即在线压缩缓存[3]。芯片上存在一个额外的硬件单元，用于跟踪缓存中已转储和未转储的区域。当收到更新缓存状态的请求时，首先确定需要更新的缓存行属于已转储区域还是未转储区域。如果更新的是已转储区域，则允许其正常完成。然而，如果更新的是未转储区域，则在允许请求完成之前先转储该缓存行。当这样的缓存行异步传输时，除了缓存行本身，其路数编号也会被传输到芯片外，以便在芯片外重建状态时识别路数和行。

有可能在缓存行被转储之前，其状态会被多次更新，因此同一缓存行可能会被多次转储到芯片外。为了避免这种情况，会维护一个转储历史表。转储历史表为每个缓存行保留一位，以指示该行是否已转储到芯片外。对未转储区域的所有更新都参考此位。设置此位表示缓存行已由之前的更新操作移出芯片，因此当前更新可以照常进行。如果此位未设置，则在对缓存行进行更新之前先将其移出芯片，并在更新完成后设置此位。这种技术成功地将 L2 缓存转储的有效时间减少到之前所需时间的 0.01% 至 3.5%。

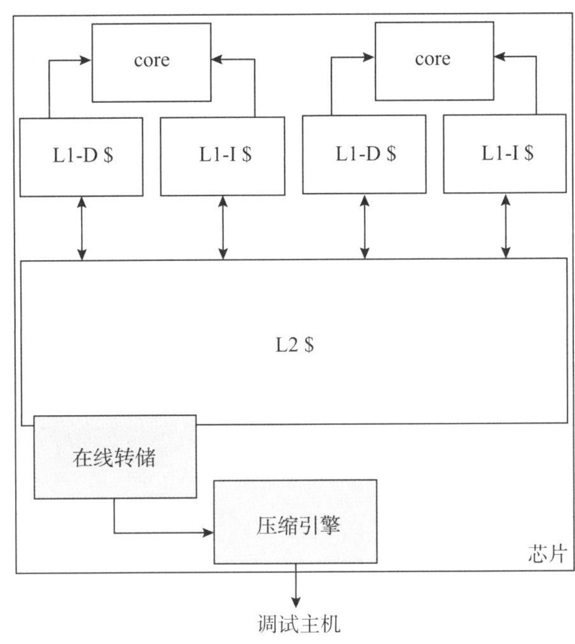

图 11.3 在线缓存压缩

11.3.3 利用转储历史表进行缩减

通过增量转储更新的缓存行，可以进一步减少要转储到芯片外的调试数据量[4]。无须转储所有缓存行，只需转储自上次转储以来更新的那些缓存行即可。自上次转储以来更新的缓存行的信息保存在更新历史表（UHT）中，其中为每个缓存行存储一个位。沿相似思路，可以使用一个位来跟踪多个缓存行的更新状态，而不仅仅是单个缓存行，这减少了跟踪更新信息所需的面积。在这种情况下，如果由特定位跟踪的任何缓存行被更新，则该位被设置，但如果该位被设置，则由该位跟踪的所有缓存行都将被转储。

在图 11.4 的示例中，自上次转储以来，缓存行 6、10 和 11 已被更新。在使用 UHT 且每个位跟踪单个缓存行更新的情况下，只有这 3 条缓存行被转储出芯片。然而，当 UHT 中的一个位跟踪两条缓存行的更新时，尽管缓存行 7 未被更新，但它也会被转储。

在此方案中，为了以在线方式清空缓存，会维护一个指向当前正在清空的缓存行的 UHT 条目的指针。该指针之前的条目对应于已清空的缓存区域，而之后的条目对应于未清空的区域。维护两个 UHT：当前更新历史表（UHT-C）和先前更新历史表（UHT-P），以支持缓存行的在线清空。与之前的技术类似，如果在缓存的未清空区域更新了一行，则首先将该缓存行离线转移，并清除 UHT-C 中对应的位。如果已清空的缓存行被更新，则允许更新请求完成，并将信息记录在 UHT-P 中。在清空阶段结束时，UHT-C 和 UHT-P 会相互交换。这两个表的这种循环在每次清空时都会继续。这种增量清空将清空的缓存行数量减少了 64%，清空时间减少到原始清空时间的 16%。如果增量清空以在线方式进行，清空时间将减少到原始清空时间的 0.0002%。

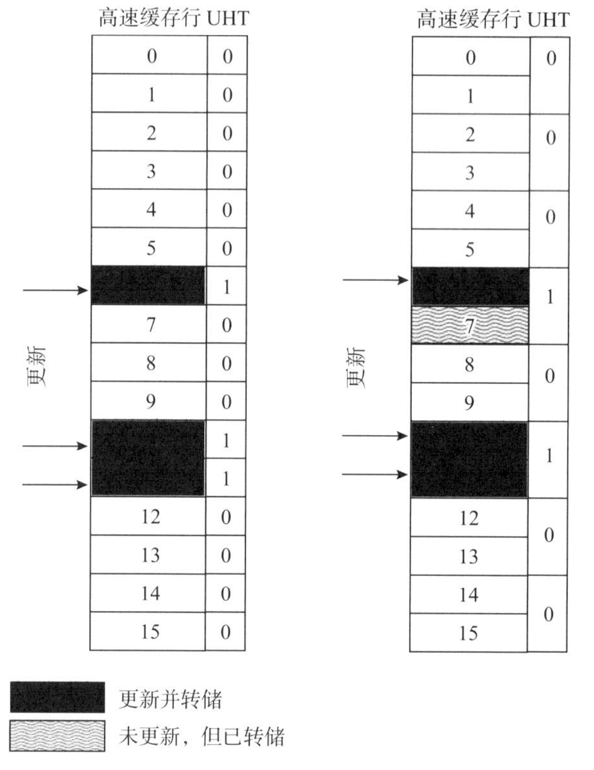

图 11.4 更新历史表，其中一位分别跟踪 1 和 2 缓存行

11.3.4 区间表化简

对于现代处理器中常见的大型 LLC（末级缓存），更新 UHT 可能会带来过高的面积开销。例如，一个大小为 2MB、每行 128 位且具有 8 路关联性的普通缓存，就需要一个 16K 位的 UHT。随着工艺尺寸的不断缩小，片上缓存的容量必然会进一步增加。

一种逐步转储缓存的替代技术是仅维护自上次转储以来状态已更新的连续缓存行范围的起始和结束地址，而不是单独维护每个缓存行的更新信息[5]。每一段相邻的已更新缓存行称为一个区间，一组固定的此类区间称为区间表。由于面积限制，区间表中可维护的区间数量存在上限。

在任何给定时间，实际更新的缓存行范围数量取决于到目前为止的缓存访问情况。有可能更新的缓存行范围数量会高于区间表所能存储的区间数量。由于更新的缓存行信息不能遗漏，因此区间表中相邻的区间必须合并为一个区间，以便将多余的范围容纳进区间表。一旦区间表中的两个区间合并，这两个区间之间的未更新缓存行就成为合并区间的一部分，并被视为已更新的缓存行并被转出芯片。将未更新的缓存行转出芯片会产生额外的开销。图 11.5 展示了三个更新的缓存行区间。当区间表只能存储两个区间时，两个相邻的区间（<0, 3> 和 <6, 6>）合并为一个区间 <0, 6>，以容纳所有更新缓存行的信息。

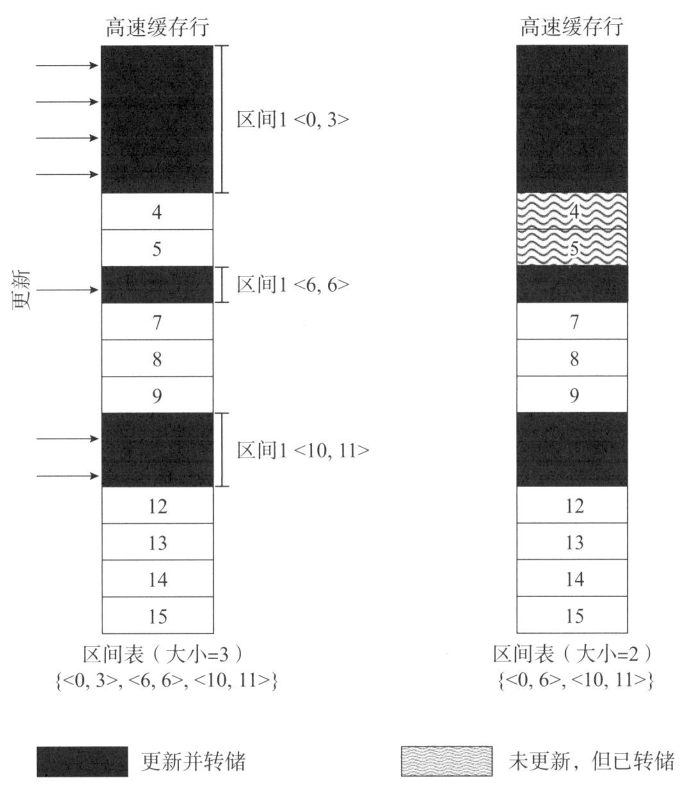

图 11.5 区间表

当缓存行被更新且区间表没有空间存储有关此次更新的信息时，相邻区间的合并必须在线进行。此外，应选择要合并的区间，以使因合并而被移出芯片的未更新缓存行的数量最小。这种选择并非易事，因为未来的访问序列可能会使先前的选择变得次优，就像任何在线决策问题（如页面替换）一样。在做决策时，采用一种贪心启发式算法，即合并相邻区间，选择在当时两者之间未更新缓存行数量最少的相邻区间。这种简单的启发式算法利用了缓存中相邻行很可能一起被更新的空间局部性。在线算法与理论最优值的最大偏差为 2 倍。与 UHT 相比，该技术多丢弃了 11.5% 未更新的缓存行，但占用的面积却不到其 10%。

区间表也可以由多个缓存共享，通过用缓存标识位标记每条缓存行的行号来捕获它们各自更新的缓存行的信息。

11.4 全速调试的缩减技术

一种用于硅后验证的替代范例是全速调试，其方法不是暂停芯片的运行来收集状态信息，而是在芯片中内置一个称为跟踪缓冲器的小缓冲器，将多个周期内的内部信号的变化记录在其中。由于 DFD 硬件存在严重的面积限制，这个跟踪缓冲器通常非常小（只有几 KB）。此外，该跟踪缓冲器通常被组织为循环缓冲器，并配置为在空间不足时覆盖较旧的条目。如果跟踪缓冲器中捕获的执行来自当前的执行区域，则会短暂停止执行，并在覆盖之前将跟踪缓冲器的内容传输到芯片外。与前述运行 – 暂停调试技术相比，执行暂停的持续时间要短得多。

通过存储在跟踪缓冲器中的执行跟踪所提供的可见性窗口由两个因素决定：宽度和深度，其中宽度是指在跟踪缓冲器中记录的信号数量，深度是指记录内部信号行为的时钟数。为了从有限大小的跟踪缓冲器中获得最大的可见性，在将其存储到缓冲器之前会对输入跟踪信号进行压缩，从而增加缓冲器的有效容量。

跟踪信号的压缩可以通过宽度压缩实现（即减少跟踪缓冲器中每个条目的宽度），也可以通过深度压缩实现（即增加跟踪缓冲器中存储的条目数量）。第 3 ~ 6 章讨论的跟踪信号选择技术就是宽度压缩技术的示例。差分编码（只有在输入发生变化时才将条目写入跟踪缓冲器）和事件触发（仅在由预定义事件标记的特定关注区域内记录执行跟踪）是两种流行的深度压缩技术。这两种压缩方案相互独立，因此可以组合使用以实现更优的压缩效果。例如，跟踪信号选择技术可以与差分编码结合使用。

压缩方案也可以分为无损压缩和有损压缩两类。无损压缩方案能够从压缩内容中还原出输入数据流。上文提到的深度压缩技术中的差分编码就是一个无损压缩方案的例子。同样，无法从压缩内容中还原出输入数据流的技术属于有损压缩技术。在事件发生时记录输入跟踪就是一个有损压缩技术的例子，因为在事件发生前被丢弃的跟踪无法被还原。

特定领域的考虑因素

由于输入数据流的性质事先已知，压缩技术可以利用这些性质来实现更高的压缩比。以下特定领域的考量因素能显著提升压缩效果：

（1）如果观察到的错误行为能够在多次执行中确定性地复现，那么可以实现的压缩比会显著提高。在这种情况下，芯片内部运行情况的可见性可通过多次运行逐步收集，每次仅需捕获一小段窗口。

（2）“黄金”输出可用作参考。若压缩引擎已知芯片的参考行为，则可通过有损压缩方法实现更高压缩率——只需丢弃与参考行为匹配的执行轨迹即可。

利用这些考虑因素的压缩技术存在一定风险：当错误行为不符合其预期时，其压缩性能将显著下降。验证工程师必须借助其他调试手段，先使系统行为满足这些技术的适用条件，方能发挥其价值。

11.4.1 无损压缩

无损压缩技术通过将输入流中的符号或符号序列编码为可能更短的符号来实现压缩[6]。这类技术的一个基本构建模块是在处理输入流的过程中构建的符号字典。不同之处在于每种技术构建和维护该字典的方式。压缩引擎使用内容可寻址存储器（CAM）来实现字典，以支持输入流的在线压缩处理。若经查找确定输入符号已存在于 CAM 中，则将与输入符号匹配的 CAM 条目的索引发送到输出流作为编码符号。当在输入流中发现新符号时，先将其原样发送到输出流，然后再将其添加到字典中。图 11.6 展示了无损压缩引擎的高级架构。由于索引 i_x 的宽度小于输入符号 S_x 的宽度，因此输出流的总体大小将小于输入流的大小。

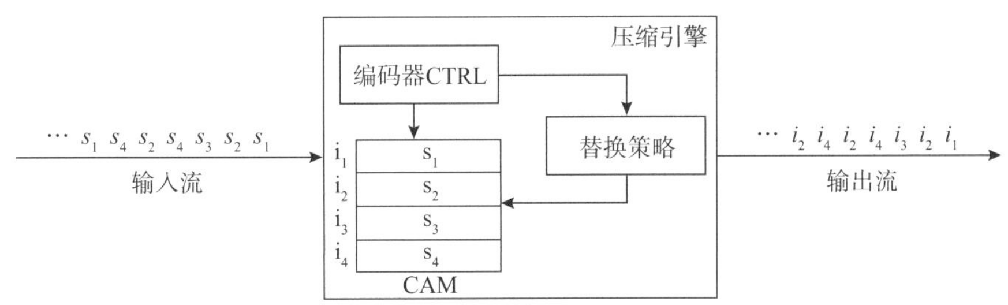

图 11.6 无损压缩技术

由于 CAM 中的条目数量有限，当 CAM 空间不足时，一些符号将不得不被新发现的符号所取代。替换方案决定了字典的质量，从而显著影响整体压缩比。这里我们简要讨论几种替换方案。

（1）FIFO 替换：在这种替换策略下，当 CAM 中的某个符号需要被替换时，最旧的符号将被替换。

（2）随机替换：在此，从 CAM 中随机选取一个符号进行替换。

（3）改进的 LRU（最近最少使用）方案：实现真正的 LRU 替换策略会因必须维护和更新的所有计数器而产生显著的面积开销。因此，需要采用一种近似方案来减少其占用面积和更新状态所需的时间。其中一种近似方案是将先进先出（FIFO）和真正的 LRU 相结合。在这种方案中，CAM 被划分为多个地址段，并且每个段的起始指针分别维护。指针数组中的第一个指针指向最近使用的段，最后一个指针指向最不常使用的段。当 CAM 中的一个条目被访问时，该段的指针会被移到前面，其他指针在下一个周期向下移动一个条目。在一个段内，条目遵循 FIFO 替换策略。这种 LRU 方案是有益的，因为在每次访问时，用于更新 LRU 状态的寄存器数量仅限于段指针，而不是 CAM 条目的总数。

（4）改进的 LFU（最少使用频率）方案：LRU 方案的缺陷在于它仅考虑了访问的近期性，而未考虑 CAM 中条目的匹配频率。因此，有可能出现这样的情况：一个频繁访问但近期未被访问（未在 CAM 的深度范围内）的条目被从字典中完全移除。LFU 策略通过为每个条目使用一个额外的计数器来跟踪匹配次数以避免这种情况。然而，与 LRU 方案一样，实现真正的 LFU 方案成本高昂，因此采用了与上述改进的 LRU 类似的改进来实现一种面积高效的改进型 LFU 策略。

一些压缩方案可以同时对连续的符号进行编码，而不仅仅是单个符号。这样做会对 CAM 的大小和结构产生若干影响，这些影响必须加以考虑。如果用于编码的连续符号数量是固定的，那么 CAM 中每个条目的大小就必须增加，这会增加每次查找的延迟。此外，随着考虑的连续符号长度的增加，其重复频率会降低，从而可能导致压缩比下降。因此，在考虑用于编码的连续符号数量与限制 CAM 查找延迟以提高压缩比之间找到恰当的平衡并非易事。

一种流行的压缩方案是 BSTW，它是以发明者的名字命名的，该方案使用固定宽度的多符号字典条目。为了适应硅后验证的面积限制，同时又不降低压缩比，提出了一种该方案的改进版本。根据此提议，每个 CAM 条目仍保持一个符号的宽度，连续的符号存储在连续的 CAM 条目中。现在，每个输出符号都带有标签，以指示输入流中与字典匹配的连续条目数量。例如，让我们考虑一种使用 2 位符号字典和输出流中 2 位标签的压缩方案。这 2 位标签可以编码以指示以下内容：

· 00：无匹配且输出符号与输入符号相同。

· 01：仅单个符号匹配，且输出符号为字典中匹配项的索引。

· 10：输入流中的两个连续符号与匹配索引中的条目完全相同。

· 11：输入流中的两个连续符号与 CAM 中连续的条目匹配，且输出符号为第一个条目的索引。

图 11.7 展示了一种通过使用“黄金”轨迹作为参考来静态离线构建字典从而改进上述技术所实现的压缩比的方法[7]。由于芯片经过了充分测试，仅存极少数功能错误，错误的影响范围可能非常有限。因此，可以静态离线为具有

代表性的轨迹构建一个优化的字典，并在运行测试用例之前将其加载到CAM中。这种静态构建的字典不需要替换策略，因为在构建字典时已经考虑了所有可能的输入符号及其预期频率。只有最频繁的符号被加载到片上CAM中，用于在线压缩执行轨迹。压缩比的最大可能恶化程度由观察到的错误率决定。

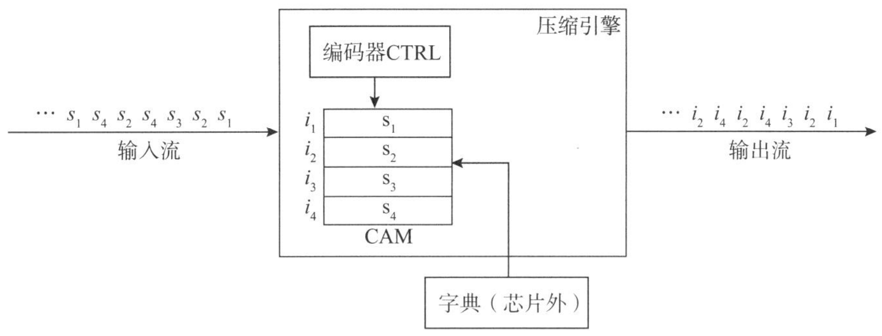

图 11.7　一种无损静态压缩方案

11.4.2　有损压缩

有损压缩方案需要提供一个参考行为，以便对输入数据流进行压缩。由于参考行为被设定为正确的，因此只需捕获执行轨迹中与所提供的参考行为不同的区域以供进一步分析。有损压缩方案根据其作为输入所采用的参考行为类型以及如何利用该参考行为来实现更好的压缩比而有所不同。

1. 使用 MISR 进行有损压缩

图 11.8 展示了一种针对确定性可重复功能错误提出的有损压缩技术[8]，该技术使用传统的事件触发器来划分预先指定的执行区间。多输入签名寄存器（MISR）生成此执行区间的签名，并将其存储在片上跟踪缓冲器中。然后将捕获的 MISR 转移到片外，并与从黄金跟踪中生成的相应 MISR 进行比较，以

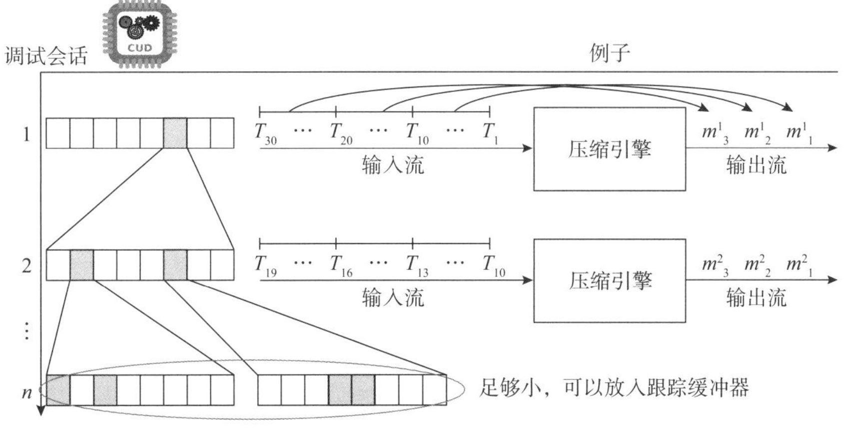

图 11.8　有损压缩方案

识别芯片实际功能与预期功能出现偏差的执行区间。黄金跟踪是通过仿真或在 FPGA 上进行仿真获得的，执行区间是通过事件触发器划分的。

在后续的调试会话中，与不匹配的 MISR 相对应的区间会被进一步细分为更小的区间，并为这些更小的区间生成 MISR 签名，这又会与相应的黄金 MISR 签名进行比较。因此，它会反复缩小到错误区域，直到获得一个区间，其中的执行轨迹完全适合于跟踪缓冲器，从而显著减少了需要传输到芯片外的跟踪数据量。

通过多种方法可以进一步提高整体效率。其中一种方法是使用可变大小的间隔而非固定大小的段，以便更好地捕捉功能错误的突发行为。在错误数量较多的段中，可以利用错误较少的段的空间来存储捕获的 MISR。对这种技术的另一种改进是，将黄金签名存储到跟踪缓冲器的空闲区域中，从而消除将实际 MISR 转移到芯片外的需求。因此，每当生成相应的 MISR 时，都可以通过将其与跟踪缓冲器中存储的签名进行比较来检查间隔是否存在错误。

2. 使用二维压缩的有损压缩

上述技术的一个缺点是，可能需要多次迭代才能充分放大执行过程中的错误区域。为克服这一问题，有人提出了一种技术，该技术仅需三个调试会话就能捕获错误执行区域的跟踪信息[9]。图 11.9 给出了该技术的概述。在第一个调试会话期间，计算每个输入跟踪（T_1 ~ T_9）的奇偶校验，并将其存储到跟踪缓冲器中。然后将其与从仿真数据生成的“黄金”奇偶校验进行比较，以离线确定错误率。这样计算出的错误率用于确定在第二个调试会话中应生成签名的区间大小。

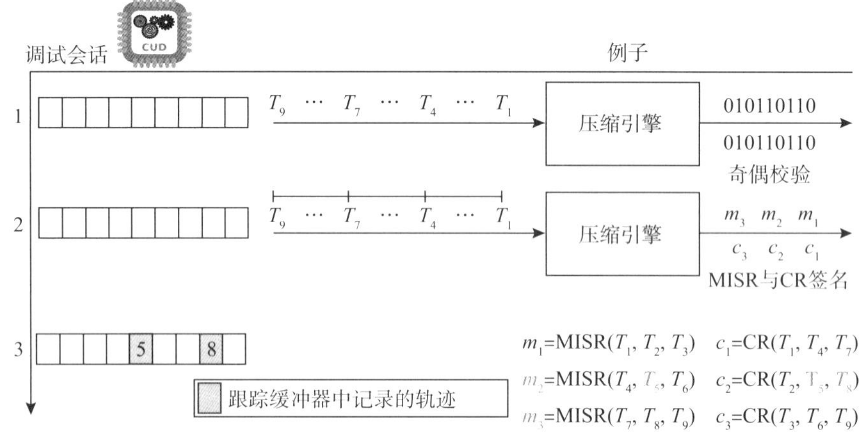

图 11.9 二维压缩方案

第二次调试会话采用二维压缩技术来确定确切的错误周期。在此方案中，生成两个签名——MISR 签名和循环寄存器（CR）签名。MISR 为 k 个连续的跟踪消息生成签名，其中 k 通过第一次调试会话以及芯片上存在的 MISR 数量来确定。图 11.9 展示了一个示例，其中 $k=3$。输入跟踪 $T_1, T_2, T_3, \cdots, T_9$ 在 9 个连续周期中生成。第一个 MISR 为 T_1、T_2、T_3 生成签名；第二个 MISR 为 T_4、T_5、T_6 生成签名；第三个 MISR 为 T_7、T_8、T_9 生成签名。然而，循环寄存器在生成其签名之前会循环遍历输入跟踪。因此，第一个 CR 为 T_1、T_4、T_7 生成签名；第二个 CR 为 T_2、T_5、T_8 生成签名；第三个 CR 为 T_3、T_6、T_9 生成签名。通过这种方法，在生成签名之前，输入跟踪流在两个维度上展开。因此，当跟踪在特定周期偏离芯片外可用的黄金轨迹时，恰好有两个签名（一个 MISR 签名和一个 CR 签名）不匹配。不匹配的 MISR 和 CR 签名的交集确定了在第三次调试会话中要跟踪的确切周期。

在第三次调试会话中，用于捕获执行轨迹的周期被加载到跟踪缓冲器中作为周期标签。跟踪缓冲器控制器利用这些周期标签来记录输入轨迹，从而实现更高的压缩比。

3. 多核系统的有损压缩

对来自多个内核的跟踪进行压缩的暴力方法是依次捕获每个内核的跟踪。而一种仅需三次调试会话即可捕获来自多个内核的错误轨迹的技术[10]，同样利用了首次调试会话中从行为模型的仿真或 FPGA 上的仿真获得的黄金轨迹生成的 MISR 来确定每个内核中的错误区间。黄金 MISR 已预先加载到系统中，用于在实际生成 MISR 时检测错误区间。在第二次调试会话中，将黄金数据流传输到跟踪控制器，以检测黄金数据与实际跟踪数据不匹配的时钟周期。由于大量传输调试数据会占用大量资源，因此该技术适用于具有片上 DRAM 且支持极高带宽的芯片。由于黄金数据需要传输到所有内核，因此这种方法有可能变得非常有侵入性。为了避免这种情况，在第一次会话中被认证为无错误的内核的跟踪数据被用作参考，以检查错误内核生成的跟踪数据。在第二次会话中，仅在所有内核的签名在第一次会话中不匹配的区间内，将黄金跟踪数据传输到内核。在第三次调试会话中，仅将实际跟踪消息与参考跟踪消息不匹配的那些周期所对应的跟踪数据记录到跟踪缓冲器中。

4. 基于不变量的有损压缩

上述所有有损压缩技术都需要将参考行为作为黄金轨迹给出，而通过模拟或仿真生成黄金轨迹可能会耗费大量时间。同样，依赖黄金轨迹的前提是功能错误必须具有确定性可复现特性。然而，在实际应用中，这些要求可能会造成诸多限制。例如，多线程测试用例往往难以实现确定性复现，因为其执行行为取决于获取和释放以及其他同步结构的顺序。针对该问题，有技术方案要求将参考行为定义为必须始终遵守的不变量[11]。只有当执行轨迹违反指定的不变量时，才会将其记录到跟踪缓冲器中。

该技术提出了一种名为存储规范语言（SSL）的规范语言，它借鉴了属性规范语言（PSL）子集操作符的语义，实现了一组专门用于记录执行轨迹的逻辑和时序操作符。这些通过各种信号之间的逻辑和时序关系定义的属性，在形式化验证工具和基于断言的验证方法中得到了广泛应用。该技术将其扩展到了硅后验证领域。

使用SSL指定的不变量在跟踪中的字段上运行，其中字段是一组捕获的位，以提供有关执行的有意义的信息。例如，指令跟踪中的程序计数器（PC）是跟踪中的一个字段示例。当指定 SSL 仅存储跟踪中的选定少数字段时，即可实现宽度压缩。验证工程师根据当前调试会话中观测到的错误及其所需信息，确定需要记录到跟踪缓冲器的字段子集。此外，当字段取预设值时会触发事件。跟踪可以基于各种事件之间的逻辑或时间关系记录到缓冲器中。

图 11.10 展示了一个工作示例，其中 SSL 语句仅在 PC 取值为 0xaa 两个周期后，且 LDST 字段变为 1（表示存储操作）时才记录跟踪。在此示例中，after 构造属于时序表达式。此 SSL 语句同时对输入跟踪执行宽度和深度压缩。

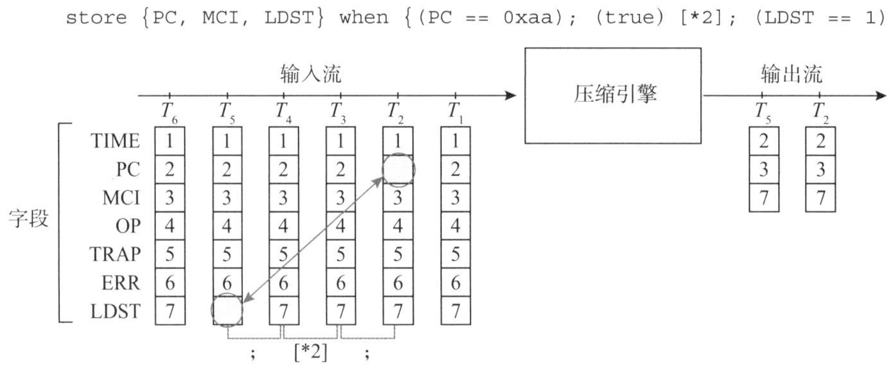

图 11.10 通过不同不变量实现压缩的概述

实验结果表明，仅使用宽度压缩时，传输时间最多可减少 70%，而通过适当指定属性实现宽度和深度压缩时，传输时间几乎可以忽略不计。

11.5 小 结

片上 DFD 硬件需要处理大量调试数据，以最大限度地提高对芯片内部功能的可见性。然而，为控制面积开销，DFD 硬件可用资源往往受限。因此，在硅后验证期间观察到功能错误时，捕获和传输有关内部状态的信息成为高效调试的瓶颈。通过将调试数据在片外存储或传输前进行压缩，可以缓解这一问题。根据硅后验证方法捕获的调试数据的性质，目前已提出多种压缩技术方案。

在采用运行－暂停调试方法的情况下，片外传输时间主要受大型末级缓存中数据的影响。针对此场景，采用一种经过修改的 LZW 压缩算法——并行地分别压缩标签、数据、控制和ECC位，可在面积敏感的环境中实现更优的压缩比。此外，还提出了一些技术，以增量方式仅传输缓存状态的变化，从而减少调试数据的量。

在全速调试方法中，现有压缩方案通过两种途径优化：减少每次执行轨迹的宽度，增加可存储在片上跟踪缓冲器中的跟踪数量。目前已提出多种无损压缩方案，其核心机制是将执行轨迹中的输入符号替换为小型字典的索引。不同技术的差异主要体现在测试用例执行过程，以及符号字典的创建与维护策略上。当执行轨迹来自特定关注区域时，此类方案尤为适用，因此，轨迹中捕获的所有信息都是有价值的。

针对错误影响范围未定位至特定执行区间的场景，现有研究还提出了多种有损压缩方案。这些方案依赖于提供一个黄金行为作为参考输入，将实际行为与之进行比较。只有在实际行为与参考行为出现偏差的执行区域的跟踪信息才会被捕获，其余部分则被丢弃，从而显著减少了调试数据的量。相关技术采用了不同的参考输入，例如，从行为仿真和 FPGA 仿真生成的跟踪记录、必须遵循的不变量规范以及先前已确定无故障的其他内核的跟踪记录。

随着现代系统架构的不断发展，DFD 硬件上的一些资源限制可能会得到缓解，从而为硅后验证效率的提升开辟新的空间。其中一个研究方向是将诸如缓存和片上 DRAM 等架构元素作为跟踪缓冲器的后备存储进行复用。

参考文献

[1] Touba N A. IEEE Design & Test of Computers, 2006, 23(4): 294. DOI: 10.1109/MDT.2006.105.

[2] Vishnoi A, Panda P R, Balakrishnan M. 2009 Design Automation & Test in Europe Conference & Exhibition[C]. 2009: 208-213. DOI: 10.1109/DATE.2009.5090659.

[3] Vishnoi A, Panda P R, Balakrishnan M. 2009 46th ACM/IEEE Design Automation Conference[C]. 2009: 358-363. DOI: 10.1145/1629911.1630007.

[4] Panda P R, Vishnoi A, Balakrishnan M. 2010 18th IEEE/IFIP International Conference on VLSI and System-on-Chip[C]. 2010: 55-60. DOI: 10.1109/VLSISOC.2010.5642623.

[5] Chandran S, Sarangi S R, Panda P R. IEEE Transactions on Very Large Scale Integration (VLSI) Systems, 2016, 24(5): 1794-1807. DOI: 10.1109/TVLSI.2015.2480378.

[6] Daoud E A, Nicolici N. IEEE Transactions on Computer-Aided Design of Integrated Circuits and Systems, 2009, 28(9): 1387-1399. DOI: 10.1109/TCAD.2009.2023198.

[7] Basu K, Mishra P. 29th IEEE VLSI Test Symposium[C]. 2011: 14-19. DOI: 10.1109/VTS.2011.5783748.

[8] Daoud E A, Nicolici N. IEEE Transactions on Computers, 2011, 60(7): 937-950. DOI: 10.1109/TC.2010.122.

[9] Yang J S, Touba N A. IEEE Transactions on Very Large Scale Integration (VLSI) Systems, 2013, 21(2): 320-333. DOI: 10.1109/TVLSI.2012.2183399.

[10] Oh H, Choi I, Kang S. IEEE Transactions on Computers, 2017, 66(9): 1504-1517. DOI: 10.1109/TC.2017.2678504.

[11] Chandran S, Panda P R, Sarangi S R, et al. IEEE Transactions on Very Large Scale Integration (VLSI) Systems, 2017, 25(6): 1881-1894. DOI: 10.1109/TVLSI.2017.2657604.

第12章　硅后故障的高级调试

藤田昌宏 / 王钦浩 / 木村勇介

12.1　动机与所提出的硅后方案调试流程

随着超大规模集成电路（VLSI）设计复杂性的增加以及缩短产品上市时间的需求，设计流程需要从更高的抽象层次（例如用C语言设计描述）开始。高级综合技术的发展使得系统能够自动将给定的C语言行为描述转换为其对应的寄存器传输级（RTL）结构实现。这种高层次设计方法具有仿真速度更快、设计描述代码量更少、设计描述的可读性更好等优势，能够显著提高设计效率。

业界普遍认为，在复杂的大规模芯片设计中，确保设计正确性所投入的精力远超过综合与优化工作。通常来说，在较高层次上验证流程会更高效，因为需要分析的描述量会比实现描述量小得多。因此，必须尽可能在较高层次上进行错误调试，以使较少的错误遗留到设计的后期阶段。然而不幸的是，即便采用了包括高层次设计和RTL设计阶段形式化验证在内的各种验证手段，某些逻辑错误仍可能逃过所有检测。有些错误只有在芯片制造出来并在实际运行中才会被发现。由于实际芯片运行速度远高于高层次逻辑仿真，那些需要很长错误跟踪序列的错误可能只有在实际芯片运行时才能被发现。因此，在假设可获得某些高层次设计描述的前提下，为芯片建立高效的硅后验证与调试环境显得至关重要。

基于C语言的设计还有另一个问题：由于工具缺陷或使用不当，综合与优化过程可能导致设计在流程前后出现逻辑不等价的情况。这实际上是无法完全避免的，因此设计流程必须对此类情况做好预案。随着设计规模和复杂度的提升，要完全验证最终实现与高层次设计之间的等价性变得非常困难。理想的设计流程应具备硅后阶段修改物理实现的能力。也就是说，在设计中引入一定程度的可编程性至关重要。本章将围绕这些机制展开讨论，并假设设计始于高层次描述。

本章其余部分的结构安排如下：12.2节将介绍并讨论基于C语言的设计流程，12.3节将讨论如何在给定的设计中引入少量可编程性的问题，12.4节和12.5节将讨论如何利用这种可编程性在芯片硅后阶段进行分析和调试，12.6节将介绍如何重现与实际芯片实现等效的C语言设计描述的方法，12.7节给出总结性评论。

12.2 支持硅后分析与调试的基于C语言的设计流程提案

图 12.1 展示了我们所提出的设计流程。该流程从 C 语言的高层次设计开始，在进入下一个设计阶段之前，应尽可能对其进行充分验证。经过验证的高层次设计在我们所提出的设计流程中被视为黄金模型，后续所有设计阶段都应与其保持行为等价——尽管由于综合与优化过程中可能引入的逻辑错误，某些后期设计可能无法完全满足这一要求。

在我们提出的综合设计流程中，当从高层次设计综合出更低层次且更具体的设计时，会如图所示在设计中引入一定量由查找表（LUT）实现的可编程性，这将在下一节中进行讨论。我们所提出的综合设计流程中的实现设计具有一定的可编程性，通过这种可编程性可以在一定程度上修改实现的功能。

在分析实现方案或实际芯片时，我们将充分利用这种可编程性。借助实现方案中的可编程性，我们能够以更高效率、更有效的方式定位错误根源。例如，LUT 中使用的触发器连接到芯片扫描链，以便在硅后阶段重新编程 LUT，从而可以动态监测和修改 LUT 的功能和值，以进行高效分析，这将在 12.4 节中进行详细说明。

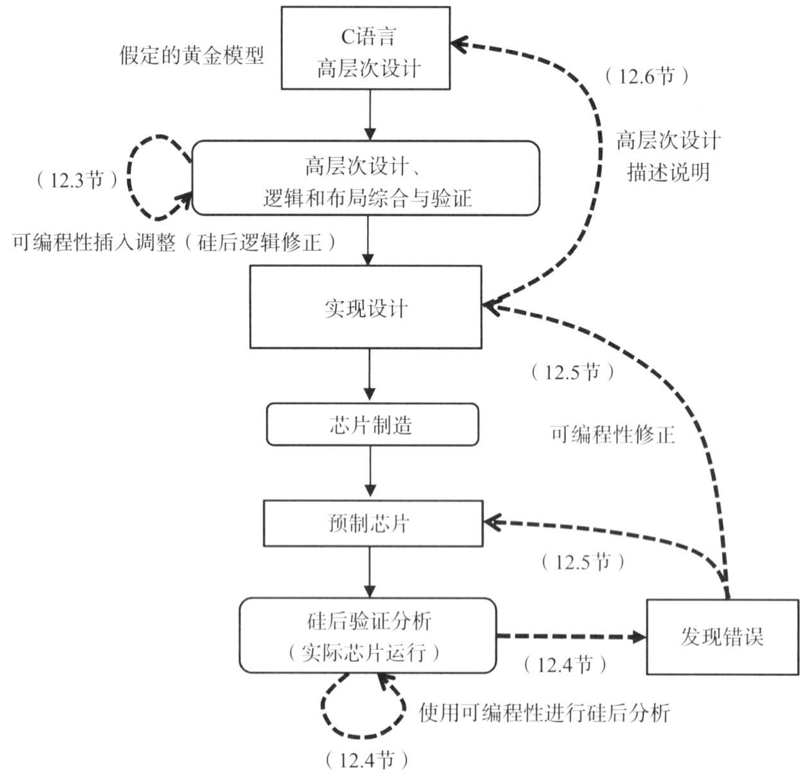

图 12.1 支持硅后分析与调试的基于 C 语言的设计流程示意图

在确定了错误或故障的根源之后，将尝试进行实际的设计修正，这将在12.5节详细说明。如果修正所需的设计改动较小，则可能无须重新流片，仅通过重新编程LUT即可实现修复。然而，如果错误修正需要对实现进行较大改动，仅更改LUT功能可能无法满足需求，此时就必须修改设计并重新流片。

最后，在对设计实现进行修正之后，将基于模板化设计和CEGIS[1]方法重新生成对应的C语言高层次设计，具体流程见12.6节。这些模板可由实际参与实现设计错误修正的设计师高效创建，因为他们清楚高层次设计需要做何种修改。一般而言存在两种情形：一是高层次设计与实现设计保持等价的情况；二是两者不等价的情况（即在综合与优化过程中引入了错误）。无论是哪种情形，C语言高层次设计的重建都具有重要意义。

12.3 在设计中引入少量可编程性

在我们提出的方法中，通过两种方式在实现中引入可编程性，一种是针对控制部分，另一种是针对数据通路。在HDL中，RTL设计的控制部分通常用FSM表示，这些FSM可以由逻辑综合工具自动编译成同步时序电路。在此，我们在高级综合和逻辑综合的过程中向综合后的时序电路中插入一组LUT。对于数据通路，不仅插入LUT，还插入带有多路复用器的额外或备用功能单元（图12.2）。

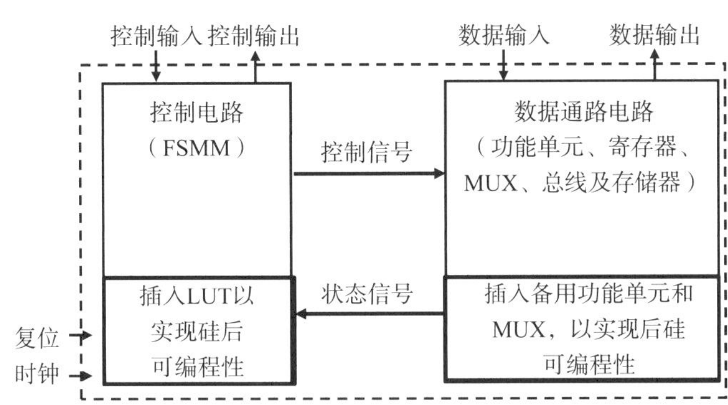

图12.2 RTL设计中控制部分和数据通路的局部可编程性

以图12.3上半部分所示的时序电路为例，其下半部分展示了用LUT替换门电路的具体实现方式——图中采用两个LUT分别替换了1个门和一组3个门。需要替换的门电路选择主要依据设计人员的建议确定。这些插入的LUT同时连接到芯片扫描链上，从而可以通过芯片的扫描链从芯片外部进行编程，并从芯片外部监控和修改LUT数值。

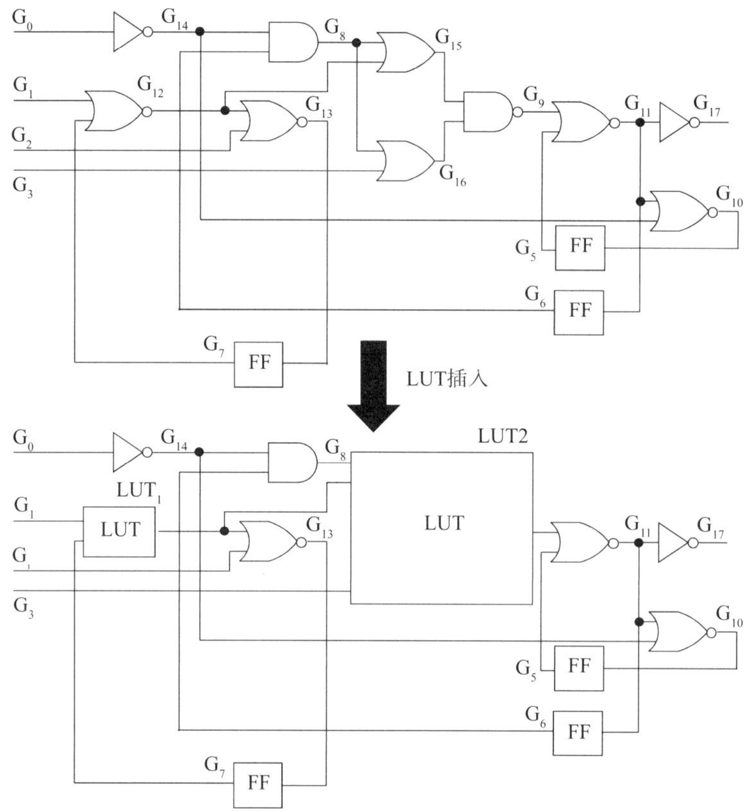

图 12.3 在硅后阶段，用 LUT 替代门以实现部分可编程性

图 12.3 电路中的 LUT 具体连接方式如图 12.4 所示，扫描链（图中以虚线表示）同时贯穿了触发器和 LUT 组件。对于 LUT 而言，其扫描链包含专门配置的触发器组，用于存储和更新该 LUT 的真值表数值。

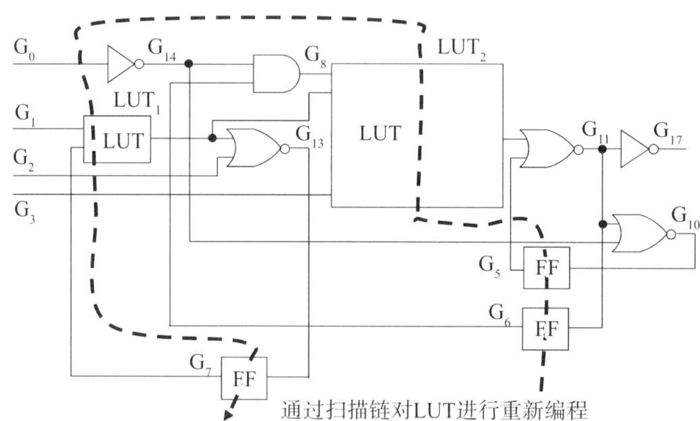

图 12.4 插入的 LUT 与芯片的扫描链相连，以实现可控性和可观测性

通常，RTL 设计中数据通路的传输操作由 FSM 控制。图 12.5 是一个数据流图及其包含控制单元和数据通路的 RTL 实现示例。此类数据流图可从 C 语

言高层次设计转化获得。将控制信号 p、q、r、s、t 和 u 的值设置为图中所示，即可利用数据通路实现数据流图指定的目标计算。该计算需要两个周期。在周期 1 中，p、q 和 r 为 1，因此 $a*b$ 的值被传输到 reg_1，同时，t 和 u 为 1 且 s 为 0，因此 $c+d$ 的值被传输到 reg_2；在周期 2 中，p 和 q 为 0，因此 reg_2+e 的值被传输到 g，同时，s 为 1 且 t 为 0，因此 reg_1 和 reg_2 的值被传输到 f。

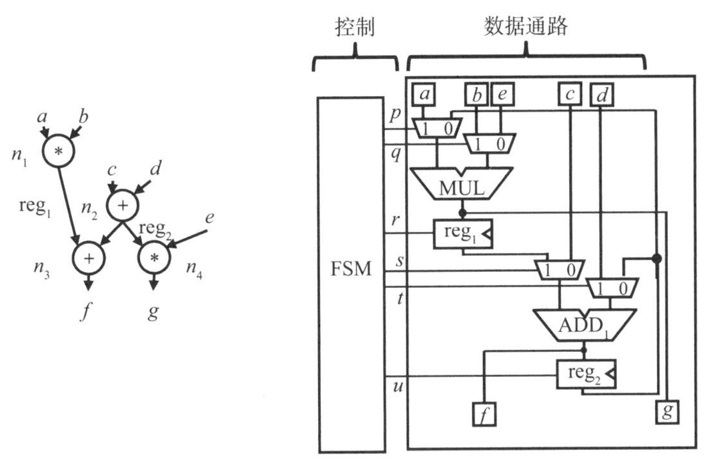

图 12.5 数据流图及其 RTL 实现的一个示例

如图 12.6 所示，假设 RTL 设计从 RTL_1 变为 RTL_2。RTL_1 中的节点 n_4 变为节点 n_5 并执行加法运算而非乘法运算。此时图 12.5 所示的数据通路无法在两个周期内完成修改后的计算，而图 12.6 所示的数据通路却能同时支持 RTL_1 和 RTL_2 的运算需求（均可在两个周期内完成）。虽然该数据通路对于仅需执行图 12.5 运算的情况存在一定冗余，但如图 12.6 所示，这种冗余结构恰好可被利用来实现 RTL_2 的计算需求。

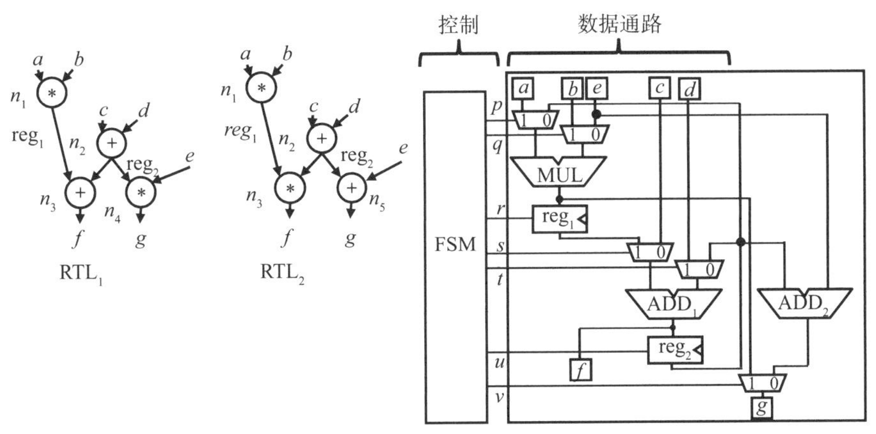

图 12.6 一个 RTL 更改的示例

我们的设计方法是在数据通路中设置一些冗余，并在控制部分设置一组 LUT，以便在保持少量执行周期的情况下，也能整合一些修改后的 RTL 设计。

12.4 利用实现设计中的可编程性进行硅后分析

在此，我们提出利用嵌入电路控制部分的可编程性实现高效且有效的硅后分析、验证和调试方法，其核心在于定位错误位置并分析错误原因。我们将嵌入电路控制部分的可编程性称为“补丁逻辑”[2]。借助补丁逻辑，可在实际应用场景中实现多种硅后验证和调试方法。例如，我们可以跟踪控制部分的所有状态转移信息，并定期跟踪寄存器，从而能够通过计算机仿真监测和复现芯片错误。一旦我们通过某种仿真成功复现错误，分析和调试过程就会变得容易得多。本质上，我们可以通过反复修改补丁逻辑来持续跟踪和分析 / 调试，直到最终定位错误部分。这种跟踪和分析的重复性本质上与其他硅后支持方法相同，但每次跟踪时，补丁逻辑可能会改变电路功能，这有助于更精确和有效分析寄存器和存储单元。

借助补丁逻辑，我们还可以动态比较重复计算的结果，以查看是否存在任何电气错误。这是一种断言检查——若能在实际应用中动态调整重复计算的部分（可轻松通过补丁逻辑实现），将成为检测电气错误的高效手段。

利用补丁逻辑，我们可以在那些将数据通路的内部值以及控制状态传递到芯片外部 / 或在某些内部存储器的字段中添加额外的跟踪机制。触发跟踪的时机也可以作为补丁逻辑的一部分来定义。因此，可以在这些字段中定义和修改断言，以便在适当的时间对适当的寄存器组进行跟踪。这种补丁机制可以在芯片硅后验证和调试过程中反复使用。

例如，在第一轮中，寄存器 R_1 和 R_2 被设置为在断言 A 满足时进行跟踪。获取相应的跟踪信息并进行分析后，在第二轮中，寄存器 R_2 和 R_3 以及另一个断言 A_1 成为跟踪的目标。这个过程会谨慎地持续进行，直到在错误方面得出某种结论。

在此，我们假设待分析 / 调试的目标设计以控制器部分和数据通路部分能够清晰分离的方式实现（图 12.5）。换句话说，我们认为目标设计可以用 FSMD（带数据通路的有限状态机）来表示，这是一种 RTL 设计的表现形式。本文采用文献［3］中所述的 FSMD 定义。图 12.7 展示了一个用 FSMD 表示的设计示例。在 FSMD 中，每个时钟周期都会执行从一个状态到下一个状态的转移。

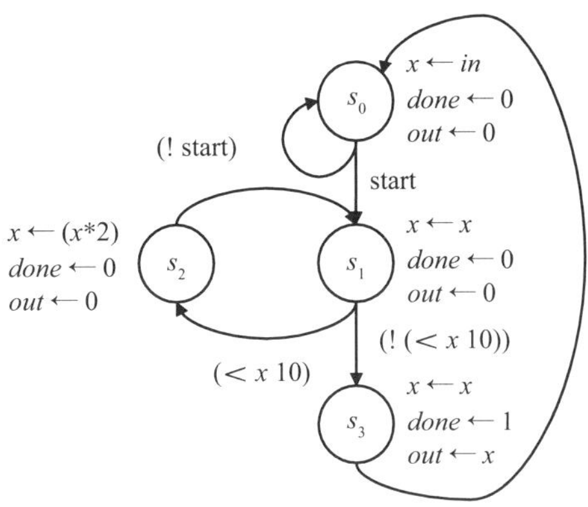

图 12.7 FSMD 的一个示例

为了通过仿真复现芯片错误轨迹，控制状态信息（即加速器控制 FSM 中的状态转移序列）是必不可少的，因此最好始终进行跟踪。基本上，如以下所示，需要 1 位数据来存储每个状态转移。从高级描述综合得到的控制 FSM 中，每个状态基本上要么只有一个后继状态，要么最多有两个。如果一个状态在状态转移中存在分支及其直接后继，则该状态可能有第二个后继状态。所以，只要已知初始状态，仅需记录每周期 1 位数据即可完整跟踪所有状态转移——该位标识“转移至下一状态”或“转移至分支状态”。

因此，从跟踪缓冲器的容量来看，记录 100 万次状态转移可能并非难事。此外，可通过编程方式配置补丁逻辑，使内部跟踪缓冲器在存满时将内容转存至片外存储器。若存在电气错误的，建议定期记录当前状态标识符（名称或编号）及状态转移信息，这样即使发生某些电气错误，我们也能更准确地跟踪执行序列。若状态名称与根据状态转移推算的结果不一致，则表明可能存在电气错误。综上所述，我们提出的硅后验证和调试的整体流程如图 12.8 所示。

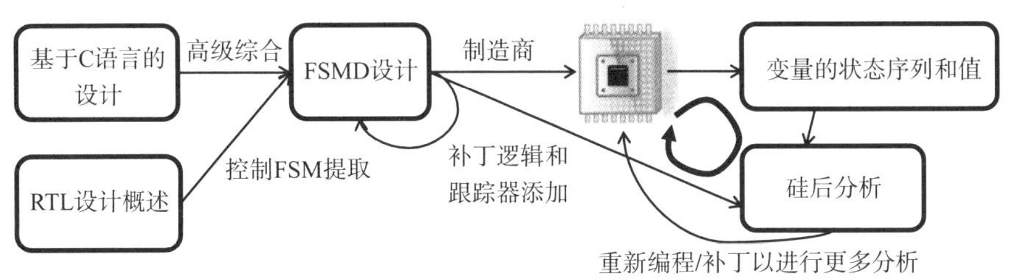

图 12.8 所提出的硅后验证与调试流程

表 12.1 展示了多个高级综合基准电路中高级综合硬件所使用的状态数量。从图中可以看出，控制部分的状态数量在数百个左右，而且大多数状态转移仅为顺序跳转至下一状态。这表明，若假设大多数转移仅为顺序跳转，那么状态转移信息可以进一步压缩。通过利用轻量级的数据压缩方法，可大幅降低跟踪状态转移序列所需的内存容量。

表 12.1 综合加速器控制部分的状态数量

示 例	所有的状态数	下一个状态唯一的状态	具有分支转换的状态
idct	72	70	2
mpeg_pred	160	149	11
bdist2	102	100	2
adpcm_decoder	80	75	5

尽管状态转移序列非常有用，但它并未提供电路中信号值的信息。图 12.9 展示了基于图 12.7 中 FSMD 的执行序列。第一个表格显示了一个正确的执行过程：在第 1 个周期，“in”上的值被变量“x”接收，随后在第 7 个周期将其翻倍两次以生成输出。

state	s_0	s_1	s_2	s_1	s_2	s_1	s_3	s_0	…
x	3	3	6	6	12	12	12	2	…
in	3	2	1	0	−1	−2	−3	2	…
out	0	0	0	0	0	0	12	0	…

正确状态序列

正确输出

state	s_0	s_1	s_2	s_1	s_3	s_0	s_1	s_2	…
x	3	3	6	14	14	−2	−2	−4	…
in	3	2	1	0	−1	−2	−3	2	…
out	0	0	0	0	14	0	0	0	…

错误状态序列

调试策略：

$x \leftarrow x + 8$（位翻转）

错误状态序列输出错误

state	s_0	s_1	s_2	s_1	s_2	s_1	s_3	s_0	…
x	3	3	6	6	12	14	14	2	…
in	3	2	1	0	−1	−2	−3	2	…
out	0	0	0	0	0	0	14	0	…

正确状态序列

$x \leftarrow x + 2$（位翻转）

正确状态序列输出错误

图 12.9 图 12.7 中 FSMD 的执行示例

如果在“x”的值的第 4 个周期发生电气错误，且其第 4 位被翻转，则执行过程如第二个表格所示（与第一个正确表格存在差异），并在第 5 个周期生成错误的输出值。此时，仅通过跟踪状态转移序列即可初步判断存在电气错误的电路行为。

然而，在某些情况下，即使出现电气错误，状态转移序列也可能完全不受影响。图中的第三个表格就展示了这样一种情况：电气错误发生在第 6 个周期

"x"的第二位。尽管生成的输出值是错误的，但状态转移序列没有变化。在这种情况下，跟踪内部信号的值也至关重要，这可通过补丁逻辑轻松实现。

检测电气错误的一种方法是对某些部分进行多次计算，并比较这些结果。通过对相同的寄存器传输语句（可能包含算术运算）进行两次计算并比较结果，即可判断是否发生了电气错误（或某些软错误）。为了不使硬件性能大幅下降，建议仅对寄存器传输操作中极小部分进行重复计算。借助补丁逻辑，可根据图 12.8 所示硅后验证和调试周期中的前期分析结果，动态决定需要重复计算的部分，这对于提高效率至关重要。我们已针对基准电路 8×8 IDCT 实现了基于补丁逻辑的重复计算错误检测。下文将展示两个重复执行的典型案例。

第一个示例就是复制一条寄存器传输语句，如下所示：

原始计算：`x8=565 *(x4+x5);`

复制之后: `x8=565 *(x4+x5); x8_=565 *(x4+x5); check(x8==x8_);`

为此，我们只需对目标硬件的控制部分进行较小修改，这可通过改变插入控制部分的 LUT 的功能来实现。

第二个示例如下所示，对一次内存访问的计算序列进行了两次计算：

```
Memorystoring(blk[8 * i])sequence :
x1 = blk[8 * i + 4] << 11; x2 = blk[8 * i + 6]; x3 = blk[8 * i + 2];
x4 = blk[8 * i + 1]; x5 = blk[8 * i + 7];
x6 = blk[8 * i + 5]; x7 = blk[8 * i + 3];
x0 = (blk[8 * i + 0] << 11) + 128;
x8 = W7 * (x4 + x5); x4 = x8 + (W1 - W7) * x4;
x8 = W3 * (x6 + x7); x6 = x8 - (W3 - W5) * x6;
x8 = x0 + x1; x1 = W6 * (x3 + x2);
x3 = x1 + (W2 - W6) * x3; x1 = x4 + x6; x7 = x8 + x3;
blk[8 * i]= (x7 + x1)>> 8;
```

上述所有操作均通过重复计算实现。为了实现复制，我们需要在硬件控制部分使用 20 个额外的状态。这些额外的状态本质上利用了原始设计中不可达的闲置状态，通过修改控制部分 LUT 的功能配置来实现。

从上述内容可以看出，对于部分复制而言，补丁逻辑所需的更改量并不大。通过反复应用图 12.8 所示流程中的部分重复计算，有望实现电气错误的高效定位。

12.5 实施具备可编程性的设计修正

本节将介绍针对逻辑错误的自动修正方法，其核心原理是通过修改电路中

LUT 的功能实现修正。如前所述，我们在流片后的芯片中插入了一定程度的可编程性，本节正是利用这种可编程性来进行硅后调试。该调试方法基于从常规设计中生成的模板，这些模板通过预留部分功能空缺区域而创建。

调试和纠错问题可以表述为量化布尔公式（QBF）问题，具有部分可编程性的控制电路的组合部分如图 12.10 所示。这里，*In* 是一组输入，*Out* 是控制电路组合部分的输出。尽管存在多个输出，但为了简化，我们假设为单输出电路。通过将函数解释为函数向量，很容易扩展到多个输出的情况。

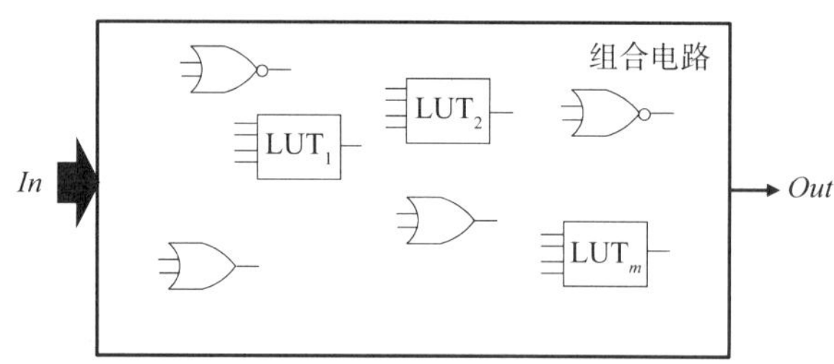

图 12.10　待调试的目标电路

电路的大部分结构在流片后已完全固定，但仍有少量在设计阶段插入的 LUT 被实际集成到硅片中。在图 12.10 中，有 m 个这样的 LUT。k 输入 LUT 的行为可以用真值表完全描述，真值表有 $2k$ 行。在我们的公式中，$x_1, x_2, \cdots, x_{2k}$ 表示真值表中的值。也就是说，通过给它们赋值，k 输入逻辑函数就被完全定义了。由于总共有 m 个 LUT，所以对应有 m 组变量：$x^1_1, x^1_2, \cdots, x^1_{2k}, x^2_1, x^2_2\cdots, x^2_{2k}\cdots, x^m_1, x^m_2\cdots, x^m_{2k}$。当前调试或修正问题的实质就是通过给上述变量赋值，使图 12.10 所示整体电路与其设计规范完全等效。

设 Spec(*In*) 是给定的电路规范，Circuit(*In*, *X*) 代表该组合电路实现的逻辑功能，其中，X 为变量向量 $x^1_1, x^1_2, \cdots, x^1_{2k}, x^2_1, x^2_2\cdots, x^2_{2k}\cdots, x^m_1, x^m_2\cdots, x^m_{2k}$，则待求解问题可表述为 $\exists X.\forall In.Spec(In) = Circuit(In, X)$。

这是一个 QBF 问题，可以通过反复应用 SAT solvers 来解决[4]。为了用 SAT solvers 解决该问题，需要给全称量化的变量赋予常量值。一旦给全称量化的变量赋予了常量值或一组常量值，条件就变成了一个必要条件而非充分条件。通过用 SAT solvers 解决这样的必要条件，可以生成一个候选解。如果 SAT 问题变为不可满足（UNSAT），那就意味着无法通过改变 LUT 的功能来修正电路，因此我们必须放弃修正，重新设计电路。

一旦生成了一个候选解，就可以用 SAT solvers 对其进行形式化检查，看其是否与规范等价。请注意，两个组合电路的等价性检查可以通过用异 OR 门连接其输出来表述为一个 SAT 问题。如果它们是等价的，我们就找到了一个解并完成了任务。如果它们不等价，就会生成使两个电路产生不同行为的反例，这些反例将转化为新增约束条件。根据反例对全称量化的变量进行赋值，电路必须在该输入条件下是正确的。这个过程会一直持续下去，直到我们找到一个正确的解，或者证明不存在解为止。

上述求解过程的基本思路如图 12.11 所示，这是一个迭代过程，每次迭代都会添加一个新的约束条件，即对于某一特定输入而言输出必须是正确的。在该图中，对于一次迭代而言，有三个输入 - 输出值约束，即输入分别为 (0, 1, 0)、(0, 0, 0) 和 (1, 1, 0) 的情况。基于这些约束条件，SAT solvers 会检查是否存在满足条件的 X 变量赋值。若不存在解（即 UNSAT），则说明无法使电路功能符合规范，流程以失败终止；若存在解，则按照该解对电路进行编程配置，并验证其与规范的等价性——该等价性验证被转化为寻找反例的搜索问题。若未找到反例，则当前电路即为所求之解；若存在反例，则将其作为新约束加入并继续迭代流程。

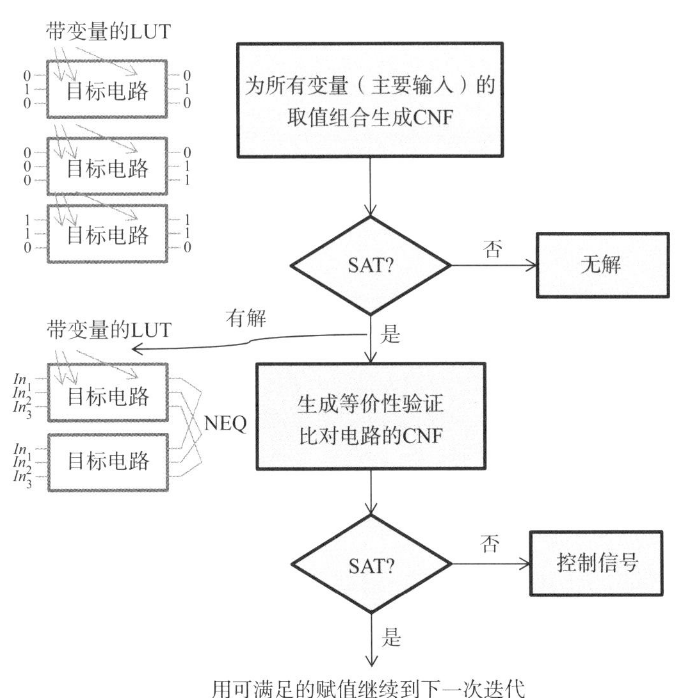

图 12.11 通过反复应用 SAT solvers 来解决 QBF 问题

只要 LUT 的数量相对于电路中总门数而言不大，上述所讨论的修正方法就可以扩展至包含数十万门规模的电路[4]。在我们已进行的所有实验中，迭代次数始终保持在较低水平——即使电路包含超过 500 个主输入，迭代次数也仅需数百次即可完成。

12.6 当出现硅后缺陷时自动调整高层次设计

前文各节围绕已实现电路的可编程性，探讨了硅后验证、分析与调试方法。本节将提出并阐述一种从电路实现复现 C 语言描述的方法。当实现设计与高层次设计存在差异时，通过调整原始的 C 语言高层次设计来保持各抽象层级（如高层次设计、逻辑设计等）的一致性至关重要。该方法还能从高层次设计描述的视角，帮助我们更清晰地理解硅后阶段的实际运行情况。通过此类分析，可以从高层次视角理解失败原因及错误根源。

基于修改后的电路实现和原始 C 语言高层次设计，本方法能够生成功能等效于硅后分析与调试后修正实现的 C 语言新描述。经调试修正后的实现方案（即调试结果）仅需进行少量仿真或实际芯片运行，而无须对实现设计进行形式化分析。这意味着整个还原过程仅需依赖少量仿真或芯片运行数据，因此该方法可适用于较大规模的设计。

需要特别说明的是，当综合与优化过程中产生的错误导致实现设计与原始高层次设计逻辑不等价时，这种将高层次设计描述以 C 语言的形式进行复现将极具价值。通过本方法，可以获得与实际实现功能等效的高层次设计描述。在此类情况下，仅需对实现设计进行少量仿真或实际芯片运行，即可生成对应的 C 语言高层次设计描述。

本文提出的这些方法基于模板的综合技术[5]，该技术已广泛应用于硬件和软件的局部综合[1, 4, 6, 7]。在本方法中，我们利用模板综合技术通过反复仿真实现设计或实际运行芯片来生成新的高层次描述（C 语言）。

基于模板的方法复现（修改后的）实现中的 C 语言描述的整体流程如图 12.12 所示。

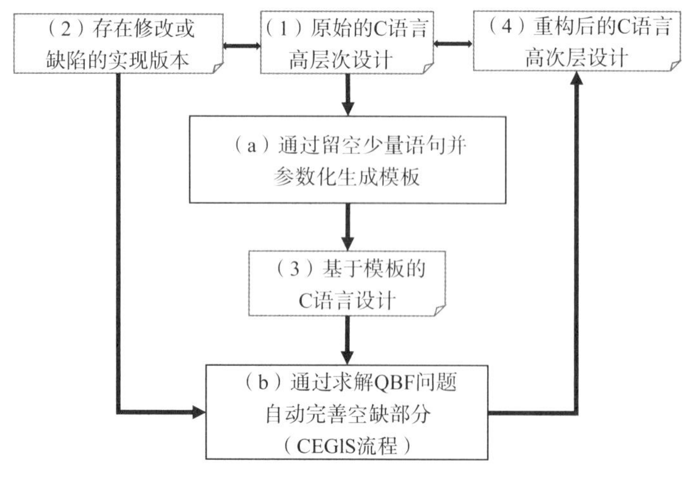

图 12.12 提议的流程

给定一个 C 语言高层次设计（1）及其修改后的实现（2），目标是生成修订后的 C 语言高层次设计（4），使其在逻辑和行为上均与（2）等效。本方法首先通过在原始设计（1）中选取若干代码片段空置，生成基于模板的设计（3）。此过程是一个交互式的流程，用户 / 设计师需指定哪些部分应被空置，以及在这些空置部分应使用何种参数化语句。关于如何生成模板的细节，即应在哪部分进行空置以及应放置何种参数化语句，将在下一小节中进行讨论。如何精确填充空置部分的问题被表述为 QBF 问题，并采用反例引导归纳综合（CEGIS）方法进行模板缺失部分的重构[4]。

在 CEGIS 过程中，修改后的实现（2）完全不需要形式化分析，仅需进行多次仿真即可。若通过 CEGIS 找到有效解，则表明我们已成功对模板进行了细化，使其与（2）等效。如果未通过 CEGIS 找到解，则说明当前模板无法表征（2）的行为特征，此时需要生成并分析其他候选模板。

12.6.1 模板定义

此处的模板是 C 语言中的一种描述，其中少量的语句被有意地从完整的程序中剔除掉。这些被剔除的部分可以用带有符号变量或表达式的参数化语句来替换。这些符号化的语句可能包含常量、程序变量以及一组算术或逻辑运算符。请注意，设计者 / 用户需要具备理解实现方案的能力，这样才能为模板选择合适的运算符和变量，否则模板可能无法覆盖目标行为。如果无法对当前模板进行细化以使其与目标行为等效，那么模板生成和细化的过程将重复进行。该方法的实际推理机制基于 SAT solvers 的迭代调用。

为了说明本方法，我们给出一个简单的示例，如图 12.13 所示。图 12.13(a) 为原始 C 语言代码，其功能是计算大于给定整数的最小 2 的幂；图 12.13(b) 是基于模板生成的描述，通过将图 12.13(a) 中部分代码段空置获得。在此模板中，num 的初始值被替换为 `block1`（含符号常量 `const0`），`num` 的下一个值的计算被替换为 `block2`（含 >> 和 | 运算符、变量 num 及常量 `const1`）。`block2` 由多个多路复用器和各种运算符组成，其连接由多路复用器的控制信号控制——这些本质上都是参数化电路。

```
uint32_t largest_power(uint32_t x){
 uint32_t num = 0xffffffff;
 while(num!=0){
  if(num<x)break;
  num = num>>1;
  }
  return num;
}
```

(a)原始C语言代码

```
uint32_t largest_power(uint32_t x){
 uint32_t num = /***block1(const0)***/;
 while(num!=0){
  if(num<x)break;
  num = /*** block2(>>,|,num,const1)***/;
  }
  return num;
}
```

(b)参数化模板

图 12.13 一个原始的高层次设计以及从该设计生成的一个模板

例如，图 12.13(b) 中的块 1（见图 12.14）是一个简单电路，其输入为 const0，输出为 num。在块 2 中，输入端有两个多路复用器，输出端有一个多路复用器，如图 12.14 所示。输入部分的多路复用器选择来自 const1 和 num 的输入信号，被选中的信号将作为两个功能单元（分别执行按位 OR 运算和右移运算）的实际输入。输出端的多路复用器则决定哪个功能单元的输出最终连接到参数化电路的输出端。多路复用器的控制信号值与常量值共同构成模板综合的优化目标。

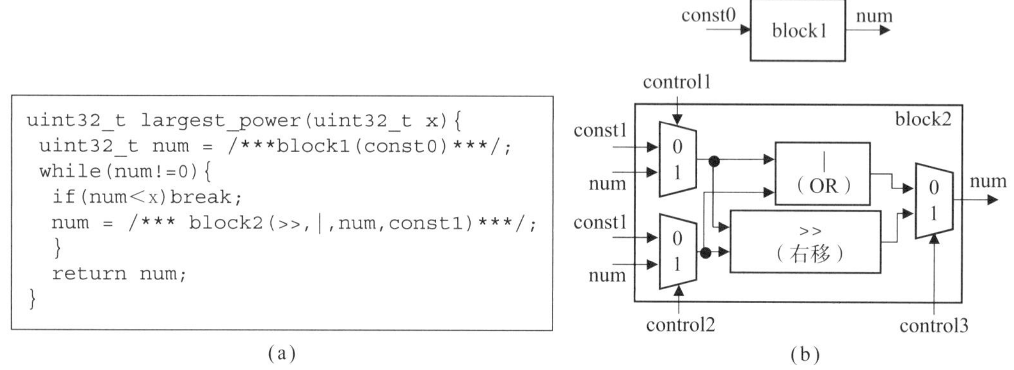

图 12.14 由图 12.13(a) 生成的模板及其示意图

本方法中，单个模板可表征多种行为模式。模板的细化被表述为一个 QBF 问题，并通过接下来要讨论的基于 CEGIS 的算法来解决。

12.6.2 基本算法

上一节已经介绍了基于模板的方法来复现 C 语言描述及模板生成的方法。本节将重点介绍基于 CEGIS 的方法。

给定一个带参数的预定义模板和一个正确的实现仿真器，如何通过填充模板中未填的部分（P）来优化模板，可表述为一个 QBF 问题，如下所示：

$$\exists P\ \forall in.\ Tprogram(P, in) = Simulator(in) \tag{12.1}$$

其中，P 表示模板中的参数，in 表示输入变量，$Tprogram$ 是模板的输出，$Simulator$ 则呈现了实现的仿真结果。请注意，此方法无须进行逻辑规范。此 QBF 问题可通过增量 SAT solvers 高效地解决，因为该问题可以像 citeProcFujita 中所示那样进行增量推理。

图 12.14 展示了寻找最终解的算法流程。Out 中存储了一组输入值和输出值。ii 和 oo 分别表示一组输入值和输出值。$inOut$ 初始为空。首先，找到满足 $inOut$ 中关系的两组参数值 P_1 和 P_2。若能找到两个解，则生成一个新输入 in_0 使 P_1 和 P_2 产生不同输出值。若整个条件为 SAT，则将 in_0 及其对应的输出值

out_0 添加到 Out 中。重复此过程直至条件变为“不可满足”（UNSAT）。最后，检查 P_0 是否满足以下公式中对 $inOut$ 所有可能输入输出的 $Tprogram$ 约束：

$$\exists P_0, Tprograsm(P_0, ii) = oo. \tag{12.2}$$

若满足 SAT 条件，则说明存在解 P_0；否则流程终止且无解。此时可尝试其他模板方案。

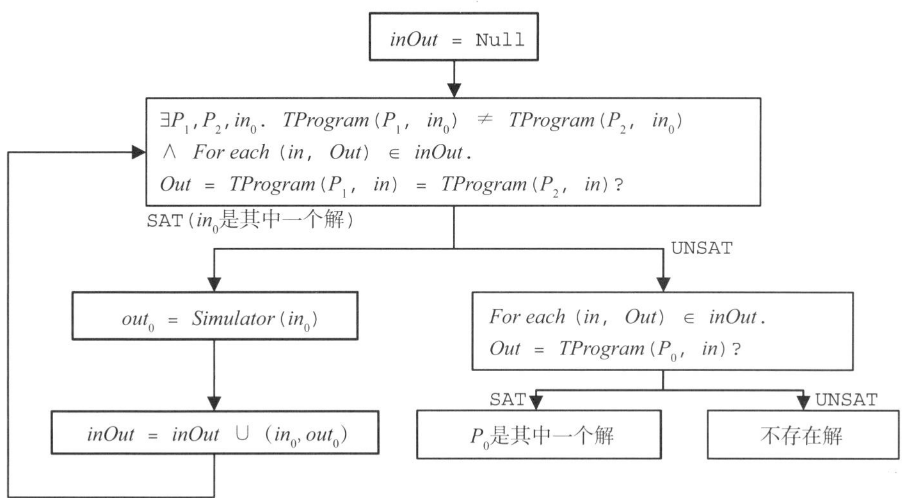

图 12.15　本方法中使用的 CEGIS 流程图

12.6.3　实验研究

我们已实现所提方案并进行了一系列实验。实验中，CBMC [8] 被用作 C 语言的约束模型检查器，主要用于将模板描述转换为 CNF 公式。所有实验均在 Core i7-3770（3.4GHz）处理器、16GB 内存、Linux4.6.4 内核环境下运行。CBMC 工具版本为 5.4。超时设置为 24 小时，示例中出现的所有变量均为 32 位整数。

第一个实验是将 ECO 应用于图 12.13(a) 所示的例子。我们假设原始实现中存在一个错误——如图 12.16 所示，由于人工设计或自动综合过程中的错误，导致运算符“|”被误写为“&”。图 12.16(a) 是一个有错误的实现，其第 3 行错误使用了“&”，正确形式应如图 12.16(b) 所示使用“|”。

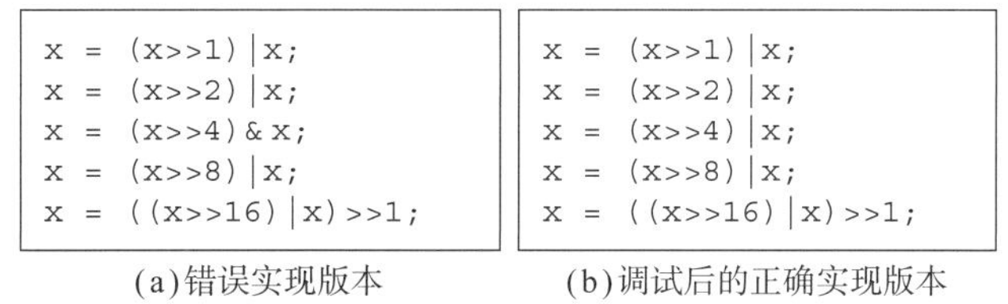

```
x = (x>>1)|x;
x = (x>>2)|x;
x = (x>>4)&x;
x = (x>>8)|x;
x = ((x>>16)|x)>>1;
```

(a) 错误实现版本

```
x = (x>>1)|x;
x = (x>>2)|x;
x = (x>>4)|x;
x = (x>>8)|x;
x = ((x>>16)|x)>>1;
```

(b) 调试后的正确实现版本

图 12.16　错误和调试（修正）后的设计图（图 12.13 的设计图）

依照前文所述方法，我们从原始高层次设计中生成一个模板，该设计以图 12.14(a) 所示的 C 语言形式进行描述。将上一节展示的方法应用于此模板后，经过 4 次迭代在 23.7 秒内为两处空白处找到 0x7fffffff 和 num>>1 的填充方案，如图 12.17 所示。请注意，第一个空格处的表达式 0x7fffffff 与图 12.13(a) 中 C 语言描述的 0xffffffff 略有不同，但这也是在模板下的一种正确实现。通过检查图 12.13(a) 中的 C 语言描述与优化后模板的等价性可确认这一点——在此案例中，CBMC 能够完成该等价性验证。

```
uint32_t largest_power(uint32_t x){
 uint32_t num = 0x7fffffff;
 while(num!=0){
  if(num<x)break;
  num = num>>1;
  }
  return num;
}
```

图 12.17 图 12.13(b) 的优化模板

在第二个实验中，我们使用了四个 C 语言设计，其基本功能是计算给定整数值中 1 的数量。图 12.18(a) 展示了原始的 C 语言设计，该程序中变量 *x* 是一个 32 位整数。与通过 32 次逐位扫描整数值的方式不同，12.18(b) 展示了一种更易于硬件实现的方案。

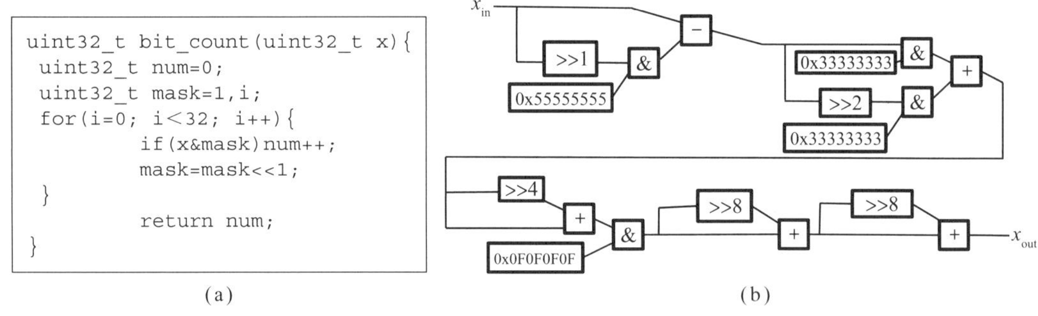
uint32_t bit_count(uint32_t x){
 uint32_t num=0;
 uint32_t mask=1,i;
 for(i=0; i<32; i++){
 if(x&mask)num++;
 mask=mask<<1;
 }
 return num;
}
(a)
x_in
>>1
&
0x55555555
−
0x33333333
&
+
>>2
&
0x33333333
>>4
+
&
0x0F0F0F0F
>>8
+
>>8
+
x_out
(b)

图 12.18 计算 1 的数量的高层次设计及其可能的实现方案

根据高层次设计和上述实现步骤，我们进行了四项实验。在第一项实验中，假设故障存在于实现过程中，但这些故障已被调试。调试后的实现情况如图 12.18(b) 所示，这与之前的实验情况相同。在第二项实验中，正确的实现应计算整数值中 0 的个数而非 1 的个数。在第三项实验中，应实现一个仅计算前 16 位中 1 的个数的函数。在最后一项实验中，实现应计算前 16 位中的 1 的个数以及后 16 位中的 0 的个数。这些实验对应的修改实现如图 12.19 所示。可以看出，图 12.18(b) 和图 12.19(c) 中插入了一个反相器。

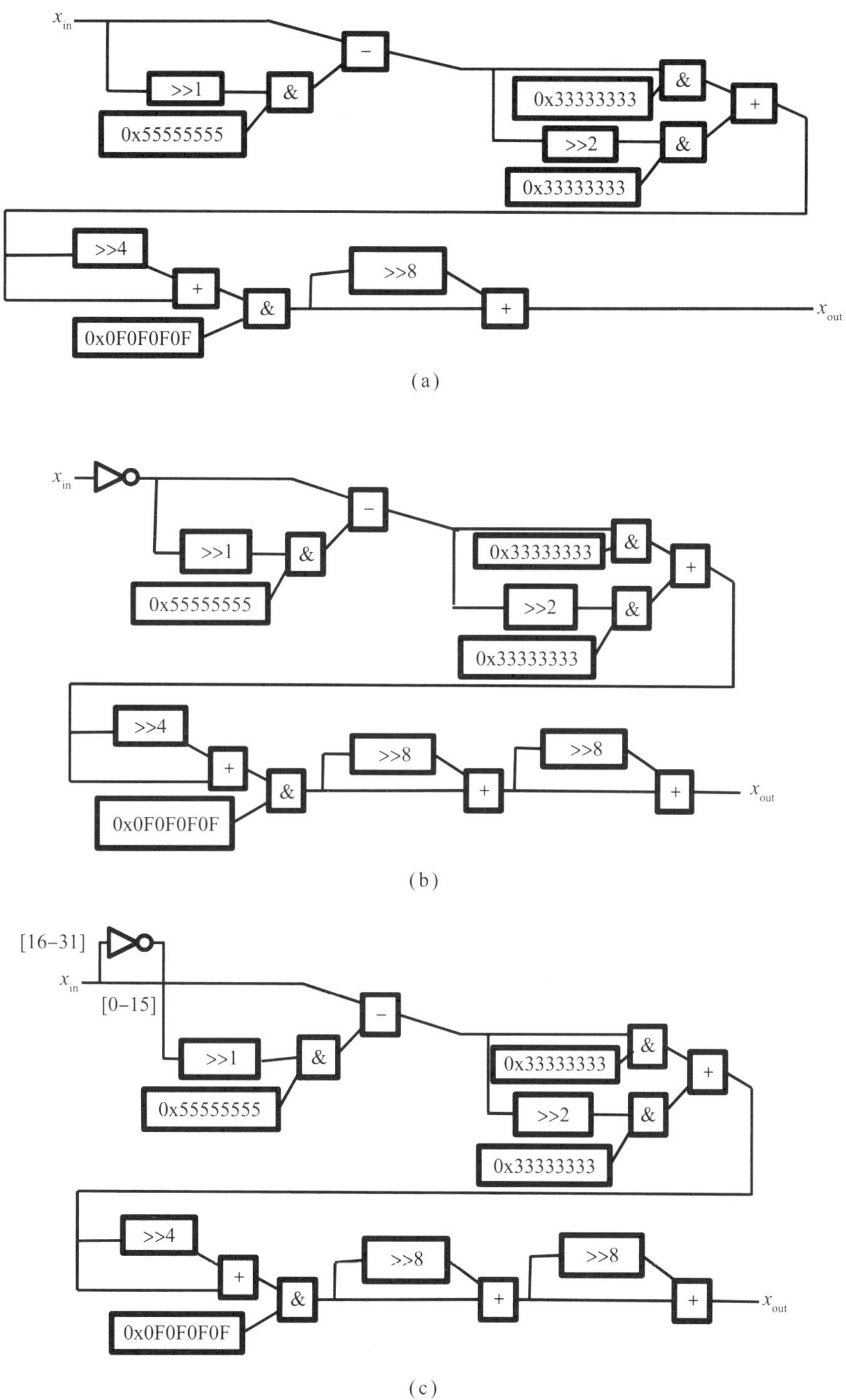

图 12.19 不同功能的实现方式

根据所提出的方案，从图 12.18(a) 中的高层次设计生成一个模板，如图 12.20(a) 所示。为了生成该模板，选择了三个变量并用参数化且可编程的表

达式替换它们。在这个模板中，A 只是一个符号常量。条件语句中的 B 是一个由 x、掩码和常量组成的符号表达式，包含三个可选运算符“&”、“|”和“>>”。C 是一个包含 num 和一个常量的符号表达式，包含四个可选运算符“+”、“-”、“&”和“|”。

```
uint32_t bit_count(uint32_t x){
 uint32_t num=0;
 uint32_t mask=1,i;
 for(i=0; i<[ A ]; i++){
        if( [ B ] )num++;
        mask=mask<<1;
 }
        num=[ C ]
        return num;
}
```

(a)

```
uint32_t bit_count(uint32_t x){
 uint32_t num=0;
 uint32_t mask=1,i;
 for(i=0; i<[ A1 ]; i++){
        if( [ B1 ] )num++;
        mask=mask<<1;
 }
 for(i=0; i<[ A2 ]; i++){
        if( [ B2 ] )num++;
        mask=mask<<1;
 }
        num=[ C ]
        return num;
}
```

(b)

图 12.20 根据图 12.18(a) 中的 C 语言描述生成的两个模板

实验结果如表 12.2 所示，表中的各列分别代表上述所解释的示例编号、符号表达式、迭代次数以及以秒为单位的运行时间。

表 12.2 第二项实验中的实验结果

	A	B	C	迭代（次数）	时间（秒）
示例 1	32	x&mask	num	4	0.6
示例 2	32	x&mask	(32-num)&63	6	2.2
示例 3	16	x&mask	num	4	0.6
示例 4	N/A	N/A	N/A	0	0.2

在示例 1 中，$A=32$，$B=$x&mask，$C=$num，优化后的模板与图 12.18(a) 中的描述完全一致。在示例 2 中，通过 6 次迭代仅用 2.2 秒就找到了 $A=32$，$B=$x&mask，$C=$(32-num)&63 这种解法。此外，还生成了另一个解法 $A=32$，$B=$! mask，$C=$num，其模板与上述相同，也是正确的解法。在示例 3 中，仅通过 4 次迭代在 1 秒内就找到了 $B=$x&mask，$C=$num 和 $A=16$ 这种解法。在示例 4 中，该模板未能得出任何解决方案，这意味着该模板无法被进一步优化以形成与修改后的实现设计相一致的描述。也就是说，我们需要另外一种模板来重现正确的 C 语言描述。

可以定义并使用多个模板。在这种情况下，我们通过添加更多的符号变量或表达式来重新定义模板，如图 12.20(b) 所示。这里，A_1 和 A_2 是符号常量，B_1、B_2 和 C 是符号表达式，它们与模板 1 中的 A 和 C 的定义相同。在这种情况下，在 1.3 秒内通过 4 次迭代成功找到了 $A_1=16$，$A_2=16$，$B_1=$x&mask，$B_2=$! x&mask，$C=$num 这些值。值得注意的是，可能存在多个解，其中一些解可能是冗余的，例如，num−1+1。在这里，这样的解可以被视为我们结果中的同一个解。

在第三项实验中，我们选取了一个典型的高级基准测试——AES 加密算法，来研究我们所提出方法的可扩展性。原始的 C 语言代码大约有 200 行，运行加密过程时需要执行超过 10000 条语句。经过高层次设计综合后，生成的实现方案大约有 10 万个门电路。我们假设原始实现中存在错误，并可以通过某些方法进行调试。在此，我们尝试通过基于模板的方法复现 C 语言描述。

该模板是通过将原始 C 语言描述中某些基本函数中的常量替换为符号变量而生成的。在这种情况下，对模板进行优化处理，对于函数中的三个空行而言，大约需要 960 分钟。运行时间长的原因在于，CBMC 必须针对每个输入和输出值分析和处理更多的语句，因此，SAT solvers 会接收到约 1000 万个 CNF 子句。

12.7 小 结

我们从基于 C 语言等高层次设计的角度探讨了处理硅片失效后的相关问题。探索研究了在硬件设计的控制部分和数据通路中使用可编程电路（如 LUT）的应用方案。在硅后阶段利用硅片中嵌入部分的可编程性进行分析和调试。借助这些可编程模块，设计错误能够被高效分析和修正。我们还讨论了在应用硅后调试过程中，对等效的高层次设计描述进行复现的方法。在硅后调试之后，被调试的实现的功能与原始的高层次设计描述不同，必须进行调整。我们提出了一种自动方法，通过模拟被调试的实现来生成高层次描述，将其作为对原始高层次描述的修改。

未来的研究方向包括对所提出的方案进行更多基于大规模和工业环境的实验分析、建立用于硅后的分析与调试的模板库以及其他方面的工作。

参考文献

[1] Solar-Lezama A. Program synthesis by sketching[D]. Berkeley: University of California, 2008.

[2] Fujita M, Yoshida H. Post-silicon patching for verification/debugging with high-level models and programmable logic[C]//Proceedings of the Asia and South Pacific Design Automation Conference(ASP-DAC). IEEE, 2012: xx-xx.

[3] Gajski D D, Dutt N D, Wu A C H, et al. High-level synthesis: Introduction to chip and system design[M]. Dordrecht: Kluwer Academic Publishers, 1992.

[4] Fujita M. Toward unification of synthesis and verification in topologically constrained logic design[J]. Proceedings of the IEEE, 2015, 103(11): 2052-2060.

[5] Fujita M, Kimura Y, Wang Q. Template based synthesis for high performance computing[C]//IFIP WG10. 5 International Conference on Very Large Scale Integration(VLSI-SoC). IEEE, 2017: xx-xx.

[6] Subramanyan P, Vizel Y, Ray S, et al. Template-based synthesis of instruction-level abstractions for SoC verification[C]//Formal Methods in Computer-Aided Design(FMCAD). IEEE, 2015: xx-xx.

[7] Matai J, Lee D, Althoff A, et al. Composable, parameterizable templates for high-level synthesis[C]//Design, Automation & Test in Europe Conference & Exhibition(DATE). IEEE, 2015: xx-xx.

[8] CBMC: Bounded model checking for C and C++programs[EB/OL]. [2023]. http: //www. cprover. org/cbmc/.

第13章 基于可满足性求解器的硅后故障定位

格奥尔格·魏森巴赫 / 沙拉德·马利克

13.1 引 言

由于召回和更换有缺陷电路的成本高昂，因此在硬件设计中，验证和确认具有特别重要的意义[1]。芯片制造商率先在其开发过程中采用诸如模型检验之类的自动化验证技术[2]。这些验证算法可以很容易地应用于硬件设计（以硬件描述语言如 VHDL 或 Verilog 提供）或逻辑网表，从而在早期的硅前开发阶段确保设计的正确性。

然而，高层次硬件设计的功能正确性并不能保证芯片原型或最终集成电路中不存在错误。在制造过程中引入的电气故障无法在高层次模型中反映出来，需要在硬件开发的硅后阶段捕获。著名的 Rowhammer 安全漏洞就是一个高层次模型无法反映的错误的典型例子。该漏洞是集成电路密度不断增加导致的：单个 DRAM 单元的物理邻近性导致了信号之间出现意外的相关性（所谓的桥接故障）。因此，DRAM 电路中一行的信号会影响相邻行的单元，从而使攻击者能够推断出本应无法访问的内存区域。

硅后验证的成本非常高：一款新芯片开发周期的 35% 都被用于调试硬件原型[3]。与高层次模型仿真或模型检查不同，硬件原型能够全速执行测试场景的特性虽然支持全面测试，但可能产生超长的错误执行轨迹。由于硬件信号可观测性有限，在此类轨迹中定位故障尤为困难——通过跟踪缓冲器和扫描链仅能记录错误执行所遍历状态空间的很小一部分[4]。

本章我们将探讨基于可满足性求解器的故障定位技术[5]。可满足性求解器（简称 SAT 求解器）是用于确定给定命题逻辑公式是否可满足的高效工具。现代 SAT 求解器能够处理包含数百万个变量的公式，使我们能够分析大型硬件设计。

13.2 节提供了故障定位过程的抽象视角，描述了如何利用电路的“黄金模型”以及在电路原型执行过程中所记录的观察结果来推导故障候选对象。13.3 节介绍了使用符号编码和可满足性求解器来实现这种定位技术的方法。此外，13.3 节还讨论了基于 SAT 的基本故障定位方法的一些变体和优化措施。

13.2 硅后故障定位

为了在集成电路的原型中定位故障，我们将电路的形式化模型与实际物理芯片执行过程中的记录信息进行对比。该形式化模型被视为“黄金模型”，即一个功能上正确的参考模型，表征芯片应有的正确行为。该电路原型本身可能在制造过程中引入了故障，我们的目标是确定故障在电路（执行过程中的）时间与空间上的位置。

图 13.1 展示了数字电路的开发流程。开发人员使用 HDL 创建设计，并随后生成电路的 RTL 模型。该电路的 RTL 模型包含寄存器的声明以及这些寄存器之间信号流动的组合逻辑的描述。组合逻辑使用熟悉的编程语言结构进行描述，例如，条件语句和算术指令。然后，综合工具将 RTL 描述转换为更低级别的表示，并最终转换为以逻辑门和导线形式实现的设计。

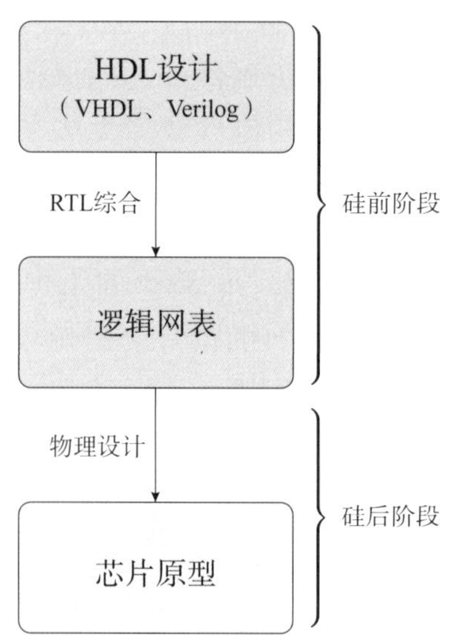

图 13.1 硬件开发流程

在本研究中，我们假设 HDL 和 RTL 的表示形式已经通过诸如仿真和模型检查等技术进行了充分的测试和验证[1]，这部分验证过程被称为硅前验证。硅前验证的局限性在于，仿真和模型检查均属于计算密集型技术，会产生显著的开销。一旦数字电路的原型被制造出来，验证过程就会进入其硅后阶段，在这个阶段可以全速执行测试用例，从而允许执行更长、更复杂的测试场景。速度的提高是以可观测性降低为代价的——虽然仿真允许开发人员随时停止和恢复测试，并因此能够随时检查电路模型的完整状态，但硅后调试依赖于日志机制（例如跟踪缓冲器和扫描链[4]），这些机制提供的只是对执行历史的有限访问。

在硅后阶段发现的缺陷要么是逻辑缺陷（由在硅片制造前的验证阶段中未被发现的逻辑设计错误所导致），要么是制造过程中引入的电气缺陷（由物理电路中元件的非预期行为所引起的），这些行为在 HDL 和 RTL 抽象层中并未体现出来，例如串扰、电源噪声、热效应或制造工艺变化等。因此，通过分析 HDL 和 RTL 描述无法发现电气缺陷。本章所介绍的技术专注于定位物理电路中电气缺陷的原因，即制造电路的行为偏离其 RTL 规范（即“黄金模型”）的时空位置。

接下来，我们假定电路的黄金模型由转移关系 T 来给出，该关系将状态 s_i 与下一状态 s_{i+1} 相关联，如图 13.2(a) 所示。状态表示电路中的锁存器或寄存器中存储的数据（即寄存器名称到值的映射，如 $x\mapsto 1$，$y\mapsto 0$）。转移关系对应于一个与输入、输出和状态及其下一状态相关的组合电路。T 的每次迭代对应于电路单个周期的执行（为了简便起见，我们仅考虑只有一个时钟的同步电路）。我们用 s_0 来表示电路的起始状态。转移关系 T 的 n 步操作将生成状态序列 $s_0, \cdots, s_n$（其中对于 $0 \leqslant i < n$，$T(s_i, s_{i+1})$ 为真），如图 13.2(b) 所示。如果在任何时刻，转移关系 T 生成的状态序列与物理电路执行时所观察到的结果存在差异，即可判定电路实现存在缺陷。

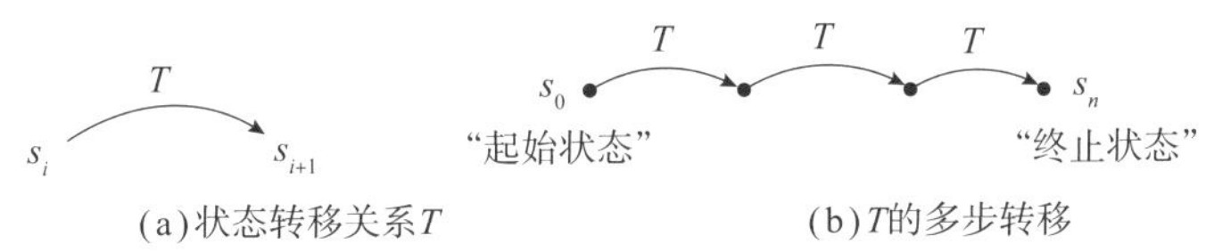

图 13.2 转移关系 T 的步骤

要准确无误地定位这种差异出现的确切位置在实践中可能颇具挑战性，部分原因在于错误检测延迟时间较长，从而导致需要分析的执行轨迹长度较长，还有部分原因在于运行时对电路的可观测性有限。跟踪缓冲器和扫描链之类的调试机制使我们能够在执行过程中记录电路状态的部分信息。通常，我们只能获取执行终止状态的完整信息：与跟踪缓冲器相比，扫描链和基于扫描的调试提供了更好的可观测性（其大小通常以 KB 计，仅能记录电路寄存器内容的一小部分），但需要暂停系统来进行扫描转储。因此，我们无法对特定执行周期中电路的确切状态做出明确判定，最多只能将可能状态范围缩小至与当前执行节点的部分观测结果相符的状态集合。请注意，并非该集合中包含的所有状态都必然会被访问或可达，因为我们无法对于未记录在跟踪缓冲器中的寄存器的值做出任何假设。

虽然转移关系 T 的具体执行轨迹对应于上述所描述的一系列状态 $s_0, \cdots, s_n$，但将执行过程推广至状态集合更具实际意义。与其分别考虑状态及其后继状态，不如考虑状态集合以及它们在转移关系 T 下的后像：

$$S_{i+1} = T\left(S_i\right) \overset{\text{def}}{=} \left\{s_{i+1} \middle| T\left(s_i, s_{i+1}\right) \wedge s_i \in S_i\right\} \tag{13.1}$$

S_i 在 T 下的后像如图 13.3[①]所示。同样地，我们可以定义 S_{i+1} 在 T 下的前像为：

$$S_i = T^{-1}\left(S_{i+1}\right) \overset{\text{def}}{=} \left\{s_i \middle| T\left(s_i, s_{i+1}\right) \wedge s_{i+1} \in S_{i+1}\right\} \tag{13.2}$$

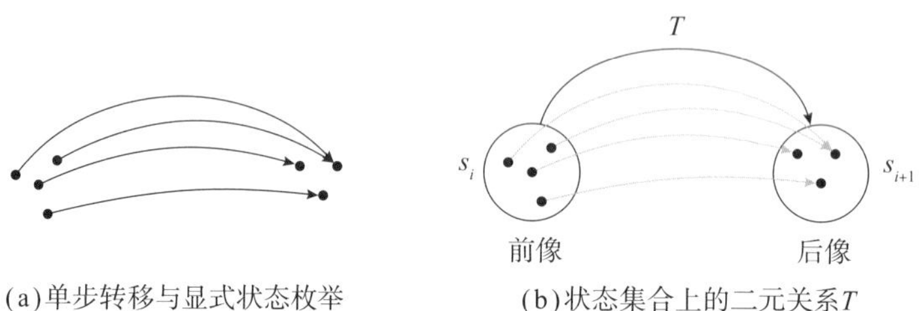

图 13.3 显式状态与图像计算之间的关系

在这种设置下，从初始状态集合 I 开始对 T 的后像进行的一系列计算构成了一个具体的执行序列。这种集合表示形式使我们能够考虑一组起始状态集合 I（而非单个状态 s_0），当 RTL 模型中某些寄存器的值在上电时不确定，这一点就很有用。图 13.4 展示了状态空间在 k 个执行步长范围内的探索过程：每个集合 R_i 都代表经过恰好 i 步后可达到的状态或转移关系 T。

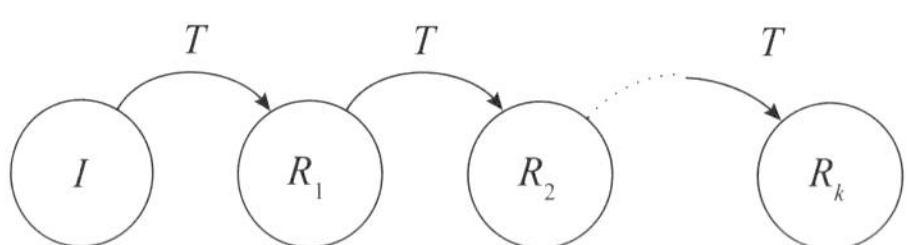

图 13.4 可达状态集合的 k 步探索

相反，我们也可以从逆向的角度来推理关于转移关系 T 的执行情况，即从一个终端状态开始计算前像，如式（13.2）所示。在考虑逆向执行时，由于给定状态 s_{i+1} 可能有多个潜在的前驱状态 s_i，所以会出现状态集合的情况。以赋值语句“`x <= x && y`”为例，目标状态 s_{i+1} 中的给定 x 值，并不能唯一确定其对应起始状态 s_i 中 x 与 y 的取值组合。

虽然物理电路不可能逆向执行，但从一个终端错误状态出发对转移关系 T 进行逆向分析在实际应用中具有重要价值，因为错误的原因往往更接近执行轨迹的末端。如图 13.4 所示，从一组初始状态 I 出发的正向分析会得出 i 步内可到达的状态集合 R_i。相反，在图 13.5 中，E_k 表示一组终端状态，E_{k-i} 则是通过 T 的 i 步内可到达的 E_k 的状态集合。

---

① 需要注意的是，S_i 和 S_{i+1} 不一定是互斥的，因为 T 的定义域和上域是重合的。

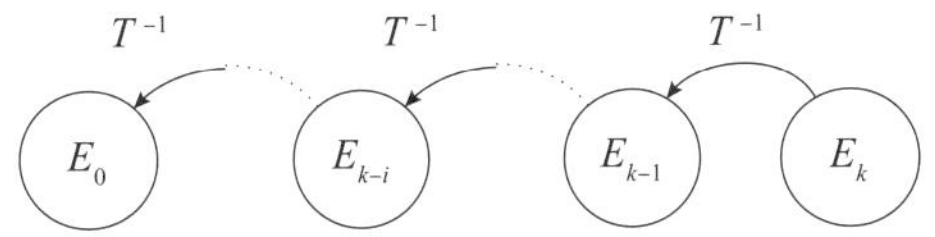

图 13.5 从状态 E_k 开始的 k 步逆向探索

假设被测物理电路执行 k 个时钟周期后，最终观测到错误状态 s_k。由于 s_k 是一个错误状态，它不可能包含在假设无错误的黄金模型 T 经过 k 步所能到达的状态集合 R_k 中。同样地，从 E_k 开始对 T 进行 k 步的逆向分析，$E_k \overset{\text{def}}{=} \{s_k\}$ 得到的集合 E_0 不会与初始状态集合 I 重叠——否则 s_k 就应该是黄金模型中的一个有效可达状态。更一般地，给定 T 的正向执行序列 $R_0, R_1, \cdots, R_k$（其中 $I_0 \overset{\text{def}}{=} R_0$）和逆向执行序列 $E_0, \cdots, E_k$（其中 E_k 是错误状态的集合），对于所有 $i \in [0, k]$，有 $R_i \cap E_i = \varnothing$。显然，从初始状态 I 出发通过 T 不可能到达 E_i（特别是 E_k）中的任何状态。因此，当在制造原型中观测到 s_k 时，可判定电路行为已偏离黄金模型 T。故障定位的目标就是确定在哪一个时钟周期（k 个步长中哪一步），电路中哪个元件的行为偏离了转移关系 T 的规范。

我们将问题的第一个方面称为故障的时间定位，将第二个方面称为故障的空间定位。

故障可以是永久性的（即在每个周期中都会发生），也可以是暂时性的或间歇性的（仅在某些周期中发生）。为了确定触发单个故障的周期，我们需要确定电路行为何时偏离 T，或者换句话说，在第 i 个周期中从“正确”状态 R_{i-1} 转变为“错误”状态 E_i 的转换何时发生。存储在跟踪缓冲器中的观察结果有助于定位。如果我们能获得物理芯片执行情况的完整信息（即如果所有状态都是完全可观测的），那么时间定位就相当于简单地确定在观察状态序列 $s_0,\cdots, s_k$ 中哪一个位置 i 的 $T(s_{i-1}, s_i)$ 的计算结果为假。然而，通常情况下，我们的观测是不完整的，即在任何周期 i 后，我们只知道电路处于一系列潜在状态 S_i 中的一个状态。跟踪缓冲器器记录的信息越少，这个集合就越大。设 $S_0, \cdots, S_k$ 为从制造的电路执行过程中记录的状态观察中推导出的状态集合。如果我们假设错误的最终状态是由在单个特定周期内触发故障所导致的（这一假设被称为单故障假设），那么在该周期之前的所有执行步骤都是无错误的（与 T 一致）。通过结合我们的观察结果 $S_0, \cdots, S_{i-1}$ 以及规范 T，可以得到一个由状态集合 $C_0, \cdots, C_{i-1}$ 构成的递归序列，其定义如下：

$$C_0 \overset{\text{def}}{=} I \cap S_0 \text{ and } C_j \overset{\text{def}}{=} T\left(C_{j-1}\right) \cap S_j \tag{13.3}$$

其中，对于 $0 \leqslant j < i$，$C_j \subseteq R_j$ 成立。同样地，第 i 个周期之后的所有执行步骤

也都与 T 一致，但会持续传播错误直至到达终端错误状态 $s_k \in E_k$。由此我们可以得到一系列“不良”状态 $B_i, \cdots, B_k$（$i<j\leqslant k$）：

$$B_k \stackrel{\text{def}}{=} E_k \cap S_k \text{ and } B_{j-1} \stackrel{\text{def}}{=} T^{-1}\left(B_j\right) \cap S_{j-1} \tag{13.4}$$

其中，对于 $i<j\leqslant k$，$B_j \subseteq E_j$ 成立。在转移关系 T 的第 i 步触发的故障使得从 C_{i-1} 转移到 B_i 成为可能。实际上，i 是未知的，但上述见解使我们能够缩小故障发生的时间范围：如果 C_i 为空集（即可达状态与观测数据无交集），那么故障必定在第 i 个周期或更早周期被触发。如果 B_i 在给定的周期 i 中是空集（即观测数据排除了第 i 个周期存在故障状态的可能性），则说明故障尚未被触发。观测数据 $S_0, \cdots, S_k$ 越精确，就越容易缩小故障触发的确切周期。

为了实现空间定位，我们需要明确“电路中的元件”到底指的是什么，并且要弄清楚此类元件可能出现故障（即偏离其在 T 中所规定的行为）的方式。对于定位电路电气故障而言，最合适的粒度是单个门的级别。然后，使用故障模型（即一个关于组件可能失效的形式化模型）来表示集成电路中单个门（或导线）的制造缺陷。例如，单个 stuck-at 是一种简单且广泛使用的门级故障模型，它描述了门的一个输入或输出保持在某个逻辑值（0 或 1）上的情况。设 T_f 是通过将故障 f（影响单个门）注入黄金模型 T 中而得到的转移关系。如果状态 B_i 中的一个状态能通过 T_f 从 C_{i-1} 达到，那么在第 i 周期触发的故障 f 就是与观测数据相符的候选故障，该候选故障能够合理解释制造电路观测到的异常行为。多种故障模型及大量潜在故障实例均需纳入考量，因此该方法会生成一个（可能规模较大的）候选故障集合。和之前一样，空间定位的准确性取决于在执行物理电路过程中所进行观测的数量和质量。

实际上，上述方法的有效性会受到诸多因素的阻碍，包括潜在故障候选数量庞大、硅后验证执行轨迹的长度以及信号可观测性的局限性。接下来的部分将介绍如何利用符号编码和可满足性求解器来缓解这些问题。

13.3 基于SAT的故障定位实践

前文所描述的基于集合的推理的成功取决于对状态集合的紧凑表示，以及能够让我们对这种表示进行推理的高效决策程序。接下来，我们将介绍转移关系的符号编码、基于一致性的故障诊断，以及 SAT 求解器在诊断中的应用。

13.3.1 符号编码与执行

符号模型检查[6, 7]是一种显著提升硬件模型检查算法可扩展性的突破性方法，它使用二进制决策图（BDD）[8]（一种基于图的数据结构，用于表示命题公式）来编码状态集。同样地，一阶判断项为程序状态集提供了一种紧凑的符号表示形式[9]，这种表示形式在软件的模型检查以及电路的字级表示（如文献［10］和文献［11］）中经常被使用。设计中变量（或寄存器）V 的预设条件 P 对应于所有使 P 的值为真的状态，例如，$(x\neq 0)$ 代表 $\{s\mid s(x)\neq 0\}$。也就是说，在状态集合 s 中，使得 x 不等于零且所有其他寄存器具有任意值的情况。因此，一个单一的预设条件可以编码一大类状态。

转移关系 T 被编码为变量 V_i 和一组变量 $V_{i+1}\stackrel{\text{def}}{=}\{v_{i+1}|v_i\in V_i\}$ 所构成的关系，这些变量代表了后续状态。例如，对于一个具有单个寄存器 $V\stackrel{\text{def}}{=}\{x\}$ 和输入 d 的简单指令，语句“x <= d”的编码方式如下：

$$\underbrace{\left(x_{(i+1)}=d_i\right)}_{x<=d}\text{represents}\left\{\left\langle s_i,s_{(i+1)}\right\rangle\middle|s_{(i+1)}\left(x\right)=s_i\left(d\right)\right\}$$

如果 V 不是一个单元素集合，则对所有剩余寄存器添加约束条件 $\wedge_{y\in(V\backslash x)}(y_{i+1}=y_i)$，以确保不受语句“x <= d”影响的变量的值保持不变。

图 13.6(b) 是图 13.6(a) 中简单代码片段的符号编码，该编码可直接从源代码中获取。图 13.6(b) 中的每个蕴含关系都编码了图 13.6(a) 中条件语句的一个分支，前提条件决定了选择哪条分支。赋值语句更新寄存器的状态。初始状态可以编码为 V 上的一个预设条件。

```
reg x;
always@(posedge clk)
begin
  if (set)
    x <= d;
 end
```

(a) Verilog代码

$(set_i)\Rightarrow\quad(x_{i+1}=d_i)$

$(-set_i)\Rightarrow\quad(x_{i+1}=x_i)$

(b) 符号编码

图 13.6 代码片段及其符号编码

由于我们的目标是在门级进行定位，因此我们需要电路的 RTL 表示形式。通过 RTL 仿真可以得到门级表示形式（图 13.1），从而得到图 13.7 所示的布尔电路。

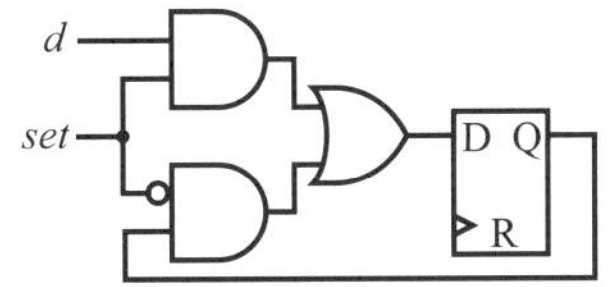

图 13.7 一个简单的时序电路

如图 13.7 所示的简单时序电路（其中下一个状态 Q 由当前状态 Q 及当前

输入信号 set 和 d 所决定）在编码方式上与图 13.8 类似。V 既代表触发器，也代表电路的输入和输出信号。

$$Q_{i+1} \Leftrightarrow ((\neg set_i \wedge Q_i) \vee (set_i \wedge d_i)) \tag{13.5}$$

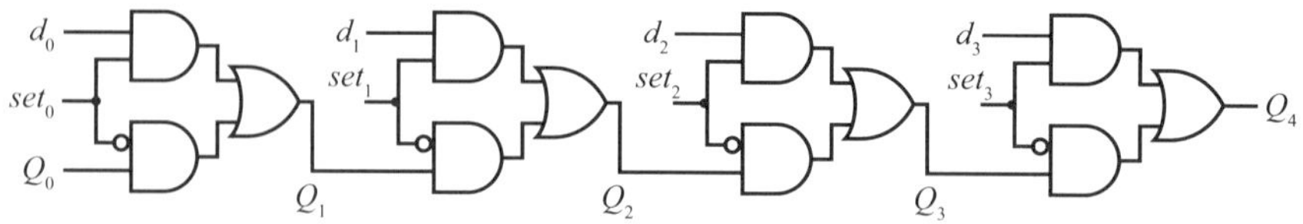

图 13.8 图 13.7 所示电路的 4 周期展开图

请注意，输入信号的对应项 d_{i+1} 和 set_{i+1} 是不受约束的，因为下一周期的输入是外部确定的，而非由电路自身决定的。

与之前相同，一个转移 $T(V_i, V_{i+1})$ 表示电路执行一个单周期的过程。k 个周期的执行可以通过 k 个变量 V 的 $k+1$ 个副本的转移关系 T 来编码：

$$I(V_0) \wedge \left(\bigwedge_{i=1}^{k} T(V_{i-1}, V_i) \right) \tag{13.6}$$

由此得到的式（13.6）表征了长度为 k 的所有执行过程（图 13.4）。图 13.8 展示了对应图 13.7 时序电路的"展开"情况。这种所谓的迭代逻辑阵列（ILA）[4] 是将图 13.7 中的时序电路的 4 个执行周期表示为组合电路的一种方式。本章我们将交替使用迭代逻辑阵列及其对应的公式。

现代命题逻辑判定方法 [2, 5, 12] 能够确定式（13.6）的可满足赋值——即对变量集 $\cup_{0 \leqslant i \leqslant k} V_i$ 的赋值，使得式（13.6）成立。每个这样的赋值都直接对应一个正确的执行序列 $s_0, \cdots, s_k$，从而实现电路的符号执行能力 ①。

【示例 1】假设存在一种执行情况，触发器被初始化为 0 并保持该值两个时钟周期，在第三个时钟周期被设置为 1 并在最后一个时钟周期保持为 1。图 13.8 所示迭代逻辑阵列对应的可满足赋值为：

$$\begin{aligned} &\underbrace{Q_0 \mapsto 0, d_0 \mapsto 0, set_0 \mapsto 0,}_{\text{周期1}} \quad \underbrace{Q_1 \mapsto 0, d_1 \mapsto 1, set_1 \mapsto 0,}_{\text{周期2}} \\ &\underbrace{Q_2 \mapsto 0, d_2 \mapsto 1, set_2 \mapsto 1,}_{\text{周期1}} \quad \underbrace{Q_3 \mapsto 1, d_3 \mapsto 1, set_3 \mapsto 0, Q_4 \mapsto 1.}_{\text{周期2}} \end{aligned} \tag{13.7}$$

请注意，d_0、d_1 和 d_3 的数值无关紧要。

① 将转移关系展开为命题逻辑公式并输入 SAT 求解器的方法，随着有界模型检测（BMC）[13] 的成功应用而得到广泛推广。

13.3.2 基于一致性故障诊断

展开后的公式或 ILA（如式（13.6）和图 13.8 所示）可能具有大量的可满足赋值，是图 13.4 中可达状态集合的一种紧凑表示形式。正如 13.2 节所解释的那样，从错误电路执行中获取的观测数据与黄金模型的正确执行轨迹不符，因此不可能与任何展开公示的可满足赋值相一致。

【示例 2】以图 13.7 所示电路的故障制造原型为例，下方 AND 门处于 stuck-at-0 的状态，并且输入与示例 1 相同。经过 4 个执行周期后，触发器存储的值为 0（尽管在第 3 个周期中它被设置为 1，参见式（13.7）），这表明触发器存在故障。该观察结果与图 13.8 中 ILA 的任何可满足赋值都不一致，也就是说，对于图 13.7 所示电路，在给定输入条件下不存在能使 Q4↦0 的可达状态。

$$d_2 \mapsto 1,\ set_2 \mapsto 1,\ set_3 \mapsto 0,\ Q_3 \mapsto 1,\ Q_4 \mapsto 0 \tag{13.8}$$

图 13.9 展示了典型故障场景，其中 s_k 是制造原型执行时观察到的错误状态，T 是黄金模型的转移关系。这些观测数据与黄金模型不一致。结合观测数据对黄金模型进行分析，我们可以确定这种不一致的潜在原因——该方法被称为基于一致性诊断[14]，下文将通过示例具体演示。

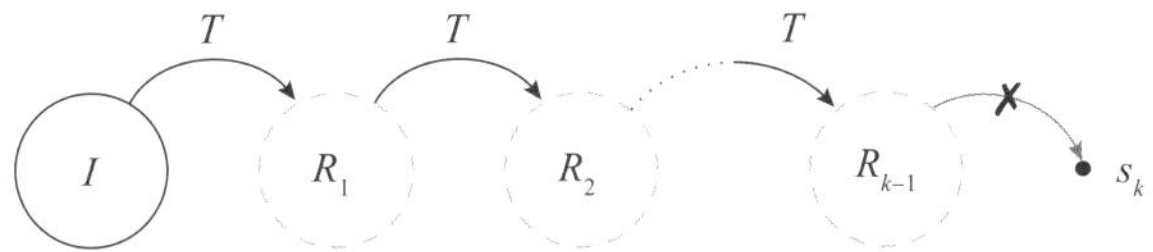

图 13.9 模型与实际情况之间的差异

【示例 3】我们继续在示例 1 和示例 2 所设定的环境中开展工作，并假定所制造的电路中存在一个单一的故障门电路。

在第一步中，我们缩小导致不一致性的周期范围。请注意，式（13.8）中的观测值仅限于周期 3 和 4。由于在周期 3 中，触发器的值被 d_2（1）的值所覆盖，因此先前的执行历史对后续周期没有影响。实际上，即使从图 13.8 中移除前两个周期，剩余的 (sub-)ILA 仍与输入 d_2、set_2 和 set_3 以及式（13.8）中的观测值 $Q_4 \mapsto 0$ 不一致。事实上，使用观测值 $Q_3 \mapsto 1$ 我们可以进一步缩小故障范围到最终周期，因为基于式（13.5）和观测数据推导而来的以下公式不存在可满足赋值：

$$\underbrace{Q_4 \Leftrightarrow \left(\left(\neg set_3 \wedge Q_3\right) \vee \left(set_3 \wedge d_3\right)\right)}_{T(V_3,V_4)} \wedge \underbrace{\left(\left(\neg set_3 \wedge Q_3 \wedge \neg Q_4\right)\right)}_{\text{观测数据}} \tag{13.9}$$

接下来，我们将对可能出现的故障进行案例分析。假设故障是由最后一个周期中的上部 AND 门引起的。根据单故障假设，其他所有门都必须正常工作。

由于 set_3 为 0 而 Q_3 为 1，因此，在第 4 个周期下部 AND 门的输出必须为 1。鉴于 OR 门也是无故障的，所以即使上部 AND 门出现故障，Q_4 也不可能为 0。

在排除了上部 AND 门的故障可能性后，接下来就需要考虑剩下的那些门了。很明显，故障 OR 门（尽管在最后的周期中其中一个输入为真，但它仍输出 0）会导致观察到的错误行为。此外，故障下部 AND 门（尽管 Q_3 为 1 且 set_3 为 0，但它仍输出 0）也是一个可能的故障候选。

请注意，在示例 3 中故障候选集合确实包含了示例 2 所描述的“stuck-at-0”故障。然而，该分析同时也表明 OR 门可能存在故障。这个示例表明，在一般情况下，并非总是能够准确判定错误的根本原因。

提高诊断准确性的方法有很多。需要指出的是，在示例 3 中我们并未提及故障模型。若能对门电路失效方式施加额外假设，可进一步缩减故障候选集。例如，若假设目标故障是永久性的 stuck-at，那么我们就可以排除 OR 门的故障可能性：若 OR 门处于一个恒定值的状态，那么它在第 3 个周期无法输出 1，在第 4 个周期无法输出 0。这种方法被称为基于强故障模型的诊断[15]。然而，在没有故障假设的情况下，如果允许任意瞬态故障，我们就无法对故障门的行为做出具体假设。在这种情况下，我们必须仅基于系统正常行为的描述来进行诊断（即使用弱故障模型[16]）。强故障模型包含对异常行为某些方面的描述，但代价是计算复杂度的增加。在接下来的部分中，我们将讨论弱故障模型。

通过增加纳入考量的观察次数和执行次数，可提高诊断的准确性。如 13.2 节所述，基于模型的诊断的准确性取决于观察的数量和质量。例如，在示例 3 中，如果 Q_3 的值未知（因为触发器的值在运行时无法观测到），那么我们就无法将故障范围缩小到第 4 个周期，并且必须考虑到它可能在第 3 个周期被触发。由于 Q_3 在第 4 个周期中可能是 0，因此，我们不能排除上部 AND 门在第 3 个周期发生故障的可能性。

如果我们基于多种不同的测试场景和错误执行情况来做出诊断，那么就可以将各个分析的结果结合起来，从而减少潜在故障候选者的范围。然而，这种方法会因以下事实而变得复杂：瞬时故障在重复执行中未必会一致地出现。在多次运行中重现错误行为的一致性可能具有挑战性[17, 18]，因此，我们专注于对单次执行的分析。

13.3.3 将SAT solvers应用于故障诊断

13.3.2 节所描述的诊断方法需要进行繁琐且易错的案例拆分。下面我们将介绍如何利用现代的可满足性 SAT solvers[5] 来完成这一任务，这些 SAT solvers 在自动进行案例拆分方面表现极为出色。

大多数现代 SAT solvers 要求输入为 CNF 形式的命题公式，也就是由若干子句构成的并列关系，其中每个子句都是一个命题变量或其逻辑项的相斥。虽然像式（13.5）中那样对编码进行一种简单的转换（如将其转换为 CNF 形式）可能会导致公式规模呈指数级增长，但可以直接从电路中推导出一个 CNF 形式的公式，因为电路中的每个逻辑门在 CNF 中都有对应的表示形式。为此，我们引入一个新的命题变量来表示每个门的输出。例如，式（13.5）和图 13.7 中的 AND 门的输出 w_1 可以定义为公式 $w_1 \Leftrightarrow (\neg set_i \wedge Q_i)$，这个公式可以通过几个简单的步骤转换为 CNF 形式：

$$
\begin{aligned}
&\left(w_1 \Rightarrow \left(\neg set_i \wedge Q_i\right)\right) \wedge \left(\left(\neg set_i \wedge Q_i\right) \Rightarrow w_1\right) \equiv \\
&\left(\neg w_1 \vee \left(\neg set_i \wedge Q_i\right)\right) \wedge \left(\neg\left(\neg set_i \wedge Q_i\right) \vee w_1\right) \equiv \\
&\left(\neg w_1 \vee \neg set_i\right) \wedge \left(\neg w_1 \vee Q_i\right) \wedge \left(set_i \vee \neg Q_i \vee w_1\right)
\end{aligned}
\tag{13.10}
$$

同样地，对于图 13.7 中的第二个 AND 门，我们定义 $w_2 \Leftrightarrow (set_i \wedge Q_i)$，而对于 OR 门，我们定义 $Q_{i+1} \Leftrightarrow (w_1 \vee w_2)$。使用与式（13.10）中类似的变换，我们得到了式（13.5）的 CNF 表示形式。任何满足该 CNF 公式的赋值都对应于原始公式（在我们的例子中是式（13.5））的一个可满足赋值。此外，所得到的 CNF 公式仅比原始公式大一个常数因子[19]。

因此，ILA 的每个门都由一个或多个子句进行编码，并且每个子句都能恰好归属于一个门。如果我们再对 ILA 的 CNF 编码施加在制造原型执行过程中观测到的变量值的约束（类似于示例 3 中式（13.9）的形式），我们就会得到一个不可满足的公式。

【示例 4】我们再次审视示例 3，以下公式是式（13.9）的 CNF 编码形式：

$$
T\left(V_3, V_4\right)
\begin{cases}
\left(\neg w_1 \vee \neg set_3\right) \wedge \left(\neg w_1 \vee Q_3\right) \wedge \left(set_3 \vee Q_3 \vee w_1\right) \wedge \\
\left(\neg w_2 \vee \neg set_3\right) \wedge \left(\neg w_2 \vee d_3\right) \wedge \left(set_3 \vee \neg d_3 \vee w_2\right) \wedge \\
\left(\neg Q_4 \vee w_2 \vee \neg w_1\right) \wedge \left(\neg w_1 \vee Q_4\right) \wedge \left(w_2 \vee Q_4\right) \wedge \\
\underbrace{\left(\neg set_3\right) \wedge \left(Q_3\right) \wedge \left(Q_4\right)}_{\text{观测数据}}
\end{cases}
\tag{13.11}
$$

辅助变量 w_1 表示图 13.8 中第 4 个执行周期中下部 AND 门的输出，w_2 表示上部 AND 门的输出。不存在能使式（13.11）的所有子句都为真的满意赋值。

请注意，通过增加额外的执行周期来扩充编码并不会改变其不可满足性：示例 4 中的式（13.11）是图 13.8 中 CNF 编码的一个所谓的不可满足核心，并且是从示例 3 中得出的观测结果。要使式（13.11）恢复可满足性，唯一的办法是删除其中的一个（或多个）子句。特别值得注意的是，我们关注的是能使公式重新可满足所需移除的最小子句集。

为了使 CNF 公式具有可满足性而需要删除的这样一个最小的子句集合被称为最小修正集（MCS）[20]。需要注意的是，MCS 并非唯一，一个 CNF 编码可能具有许多不同的 MCS。

删除包含状态转移关系 $T(V_3, V_4)$ 门电路编码子句的 MCS 相当于允许该门电路行为偏离黄金模型。其余的公式则对应于与观测结果一致的 ILA 部分。因此，被删除的门电路是一个有效的故障候选对象。

正如示例 3 中所讨论的那样，基于模型的诊断要求我们考虑 ILA 中的每一个门，每一个可行的故障候选都对应一个 MCS。

【示例 5】考虑示例 4 中式（13.11）中的编码。从式（13.11）的第一行删除子句 $(set_3 \vee \neg Q_3 \vee w_1)$，使得 w_1 可以取值 0，从而使该公式具有可满足性。因此，仅包含子句 $(set_3 \vee \neg Q_3 \vee w_1)$ 的集合是一个 MCS，它代表了在第 4 个周期中下部 AND 门出现故障且输出为 0 的情况，尽管其两个输入均为 1。

同样地，从式（13.11）的第三行删除子句 $(\neg w_1 \vee Q_4)$ 使得即便 w_1 为 1，Q_4 也能为 0（请注意，w_2 已经为假）。这对应于在第 4 个周期中 OR 门出现故障的情况。

只要我们坚持单故障假设，跨越多个门的 MCS 就不会对应于故障候选集，例如，在文献［21］中讨论了基于 SAT 的技术来分析多个故障。此外，包含编码观测结果的子句的 MCS 不会对应于故障候选集，因为这些观测结果代表的是无法改变的硬约束。

SAT solvers 的扩展[22~24]使我们能够枚举一个 CNF 编码的所有可能的 MCS。将对应于单个门的子句进行分组，并将那些无法被舍弃的观察结果视为“硬”约束，这样就可以避免枚举那些并非故障候选者的 MCS。

上述基于 SAT 的故障定位方法的可扩展性受限于需要枚举 MCS 的 ILA 的规模。鉴于在硅后验证过程中出现的错误执行可能包含数千个周期，由此产生的 ILA 可能会变得难以管理，并且很快就会超出现代 SAT solvers 的可扩展性限制。接下来的部分我们将讨论一种分而治之的策略，该策略提高了可扩展性（可能以牺牲准确性为代价）。

13.3.4 基于窗口的故障定位

由于在硅后验证过程中存在较长的错误检测延迟（即从故障触发到检测到可观测到的故障所经过的时间），需要分析的执行长度可能会达到数百万个周期[25, 26]。基于 SAT 的方法（参见 13.3.3 节）的可扩展性仅限于较少数量的周期（在数千个周期的范围内）。因此，一个完整执行过程的 CNF 编码（由 ILA

表示）通常会变得极其庞大。幸运的是，正如示例 3 所展示的那样，可能只需要一小部分执行来定位故障。设 $S_i(V_i)$ 为编码第 i 周期观测数据的 CNF 公式（参见 13.2 节），只需要找到一个从第 m 周期开始、长度为 n 的执行窗口，使得以下公式变得不可满足即可：

$$\left(\bigwedge_{i=m+1}^{m+n} T\left(V_{i-1},V_i\right)\right)\wedge\left(\bigwedge_{i=m}^{m+n} S_i\left(V_i\right)\right) \tag{13.12}$$

如果式（13.12）是可满足的，则表明：要么从第 m 周期开始、长度为 n 的窗口未包含故障触发点，要么该窗口内的观测数据不足以定位故障。

【示例 6】以示例 3 中的 ILA 为例，但假设触发器的值仅在最后一个时钟周期内是可观测的（即 Q_2 和 Q_3 的值是未知的）。

图 13.10 展示了针对此场景的执行窗口示例，该窗口足够长，能够实现故障的定位。

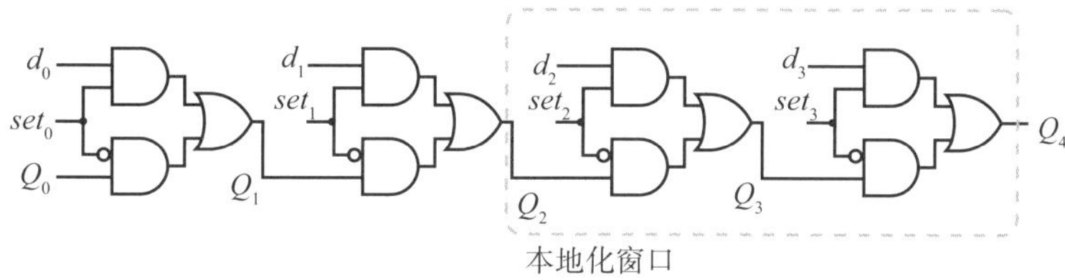

图 13.10 从图 13.8 中提取的 ILA 的局部化窗口

请注意，如果在第 3 个周期之后触发器的值是已知的，那么仅需分析仅包含最后一个（第 4 个）周期的窗口就足够了。然而，如果没有关于 Q_3 的信息，那么受观测值 $d_3 \wedge set_3 \wedge Q_4$ 限制的最终周期的转移关系 $T(V_3, V_4)$ 是可满足的。

13.2 节介绍的形式化方法使我们能精确表征固定执行窗口中所含的故障定位关键信息。设总执行长度为 k、故障触发于起始周期为 m、长度为 n 的执行窗口（$0 \leqslant m < (m+n) \leqslant k$），则从执行观测数据推导的状态集合 $S_m, \cdots, S_{m+n}$ 需要满足以下条件：

$$\begin{aligned} &C_m \stackrel{\text{def}}{=} S_m \quad \text{and} \quad C_i \stackrel{\text{def}}{=} T\left(C_{i-1}\right)\cap S_i \\ &B_{m+n} \stackrel{\text{def}}{=} S_{m+n} \quad \text{and} \quad B_{i-1} \stackrel{\text{def}}{=} T^{-1}\left(B_i\right)\cap S_{i-1} \\ &C_i \cap B_i = \varnothing \end{aligned} \tag{13.13}$$

直观地看，C_m 表示一组“正确”的状态，B_m 表示被错误“感染”的“不良”状态，该错误会传播并最终导致可观测故障（详见 13.2 节）。在窗口中的任何时刻，我们需要足够好的观测结果来确保正确的状态不会与不良状态相交（这是式（13.13）中的最后一个条件）。如果由观测所得出的约束条件（如 $S_m, \cdots,$

S_{m+n}）不够严格，或者执行窗口（即触发故障并使其传播至可观察的锁存器或信号所需的时长）不够长，那么这种条件就可能被违反。

实际上，观测值 $S_m, \cdots, S_{m+n}$ 的数量和质量取决于日志机制（例如跟踪缓冲器和扫描链）。另一方面，执行窗口的长度上限受可满足性求解器的可扩展性（求解器能够处理的最大编码规模）的限制，下限则受错误检测延迟（从故障发生到其传播至可观测信号或锁存器所需的周期数）的限制。现有研究已提出多种参数优化技术：

· BackSpace[17, 18] 通过反复运行失败的测试并将其错误状态的前序状态（这些状态是通过符号计算得出的）设置为新的断点来累积多次执行过程中的观察结果。至少从理论上讲，BackSpace 能让我们记录任意长度的跟踪信息。但在实际操作过程中，错误行为在多次运行中的一致重现可能会颇具挑战性[17, 18]。

· 识别那些容易导致错误传播的寄存器和触发器，可有效指导跟踪缓冲器信号的选择[27]，从而降低错误检测延迟，并提升所记录信息对故障定位的贡献度。该技术基于故障注入方法，通过生成能揭示故障传播路径的测试模式[28]来定位关键寄存器。

· 快速错误检测（QED）方法系统地生成了一系列硅后验证的测试用例，其错误检测延迟时间较短[25]，从而减少了对较长窗口大小的需求，并使基于 SAT 的故障定位变得可行[26]。

· E-QED[26] 与 BackSpace[17, 18] 通过记录签名（即信号序列随时间变化的有损表征）实现故障诊断。例如，E-QED 使用移位寄存器，将设计模块的输入 / 输出信号与特定反馈位进行异或运算后移位存储[26]。该移位寄存器还会作为执行窗口的一部分以符号形式进行编码，并受记录的信息约束。

· IFRA（指令足迹记录与分析）方法[29] 依赖芯片架构信息进行足迹记录。与 E-QED 等不依赖于架构的方案不同，IFRA 需要对电路的设计有相当深入的了解。

上述技术旨在改进记录的信息并缩短所需的窗口长度。基于滑动窗口的技术（例如文献 [30]）通过将窗口拆分成更小的可满足公式，放宽了式（13.12）必须不可满足的要求。为了说明其工作原理，我们将式（13.13）中的约束使用式（13.12）中所使用的符号进行表达。在执行窗口内的任意时间点 i（$m \leqslant i \leqslant (m+n)$），都必须存在式 $C_i(V_i)$ 和 $B_i(V_i)$，使得以下条件成立：

$$\overbrace{\left(\bigwedge_{j=m+1}^{i} T\left(V_{j-1},V_j\right)\wedge\bigwedge_{j=m}^{i} S_j\left(V_j\right)\right)\Rightarrow \quad C_i\left(V_i\right)}^{\text{part}A}$$

$$\underbrace{\left(\bigwedge_{j=i+1}^{m+n} T\left(V_{j-1},V_j\right)\wedge\bigwedge_{j=i}^{m=n} S_j\left(V_j\right)\right)\Rightarrow \quad B_i\left(V_i\right)}_{\text{part}B} \qquad (13.14)$$

$$C_i\left(V_i\right)\Rightarrow\neg B_i\left(V_i\right)$$

直观而言，$\neg B_i(V_i)$ 可被视为需要传播的信息的下界，$C_i(V_i)$ 则被视为该信息的上界，以确保执行窗口的编码不可满足。从形式上讲，任何由 $C_i(V_i)$（对应式（13.14）A 部分）所蕴含且与 $B_i(V_i)$（对应式（13.14）B 部分）不一致的式 $F(V_i)$ 都是执行窗口这两个分区的克雷格插值多项式[31]。插值多项式不仅广泛应用于模型检查中[2, 32]，在设计调试中也有重要应用[33]。

有了这样一个插值多项式，窗口就可以被分成两部分分别进行分析（因为 $C_i(V_i)$ 与 B 部分的合取是不可满足的，且 $B_i(V_i)$ 与 A 部分的合取也是不可满足的）。

【示例 7】我们再次审视示例 6 中的设定。考虑图 13.8 中 ILA 最终循环的以下编码：

$$T\left(V_3,V_4\right)\begin{cases}\left(\neg w_1\vee\neg set_3\right)\wedge\left(\neg w_1\vee Q_3\right)\wedge\left(set_3\vee\neg Q_3\vee w_1\right)\wedge\\ \left(\neg w_2\vee set_3\right)\wedge\left(\neg w_2\vee d_3\right)\wedge\left(\neg set_3\vee\neg d_3\vee w_2\right)\wedge\\ \left(\neg Q_4\vee w_1\vee\neg w_2\right)\wedge\left(\neg w_1\vee Q_4\right)\wedge\left(\neg w_2\vee Q_4\right)\wedge\\ \underbrace{\left(\neg set_3\right)\wedge\left(\neg Q_4\right)}_{\text{观测数据}}\end{cases} \qquad (13.15)$$

与示例 3 不同，我们缺乏关于 Q_3 值的信息，因此，式（13.15）是可满足的。请注意，在式（13.15）的所有可满足赋值中，变量 Q_3 值为 0，即式（13.15）蕴含 $\neg Q_3$。同理，我们可以为第 3 周期构建类似的约束公式 $T(V_2, V_3)$，并施加观测约束条件 $(d_2)\wedge(set_2)$（如示例 2 中所示）。同样，该公式是可满足的，并且在它的所有可满足赋值中，Q_3 值为 1。由此可知，Q_3 可作为分别编码第 3 与第 4 周期执行过程的公式插值。如果我们用插值项 Q_3 来约束式（13.15），它就变为不可满足，此时我们可以像示例 5 中那样继续进行诊断。

直观来看，示例 7 的核心假设是第 3 周期无故障，因此该周期的观测信息可安全传播，进而在第 4 周期引发矛盾。相反，若假设第 4 周期无故障并将该处推导信息（即 $\neg Q_3$）逆向传播，则会在第 3 周期产生矛盾，从而诊断出该处故障。

在示例 7 中，我们通过论证 Q_3 在所有可满足赋值中取值恒定，成功推导出满足式（13.14）约束的插值 Q_3。核心网络可通过 SAT solver 高效地计算[34, 35]，并已成功应用于故障定位[30, 36]。

然而，通过核心网络获取的信息未必足以构建插值模型。通常需要推导更强约束条件，或者采用前文讨论的策略优化执行期间记录的信息（例如，通过策略性选择跟踪缓冲器监控的电路信号，可显著提高成功的概率[27]）。

13.4 小 结

可满足性求解器可用于硅后验证的故障定位。最近，已发表的研究表明该方法是有效且高效的[26]，有报告称，结合低开销日志机制和最先进的测试技术的符号推理[25]能够在数小时内完全自动地将具有 100 万个触发器的设计中的电气错误缩小到几十个触发器。这一成功归功于可满足性求解器的显著进步[2, 5]。计算不可满足核心[37]和最小修正集[23]的最新改进必将进一步提高基于一致性诊断的可扩展性，并提高基于 SAT 的故障定位的实用性。

致 谢

本章部分内容基于第一作者的博士论文[38]，并描述了与 Charlie Shucheng Zhu[27, 30, 35, 36]的合作成果。第一作者的研究获得奥地利国家研究网络 S11403-N23（RiSE）及维也纳科学与技术基金（WWTF）VRG11-005 号资助支持。

参考文献

[1] Clarke E, Grumberg O, Peled D. Model Checking[M]. Cambridge: MIT Press, 1999.

[2] Vizel Y, Weissenbacher G, Malik S. Boolean satisfiability solvers and their applications in model checking[J]. Proceedings of the IEEE, 2015, 103(11): 2021-2035.

[3] Abramovici M, Bradley P, Dwarakanath K, et al. A reconfigurable design-for-debug infrastructure for SoCs[C]// Proceedings of the Design Automation Conference. New York: ACM, 2006: 7-12.

[4] Abramovici M, Breuer M A, Friedman A D. Digital Systems Testing and Testable Design[M]. USA: Computer Science Press, 1990.

[5] Biere A, Heule M J H, van Maaren H, et al. Handbook of Satisfiability[M]. Amsterdam: IOS Press, 2009.

[6] Burch J R, Clarke E M, McMillan K L, et al. Symbolic model checking: 1020 states and beyond[C]//Proceedings of the Fifth Annual IEEE Symposium on Logic in Computer Science. New York: IEEE, 1990: 428-439.

[7] McMillan K L. Symbolic Model Checking[M]. Dordrecht: Kluwer, 1993.

[8] Bryant R E. Graph-based algorithms for Boolean function manipulation[J]. IEEE Transactions on Computers, 1986, 35(8): 677-691.

[9] King J C. A Program Verifier[D]. Pittsburgh: Carnegie Mellon University, 1970.

[10] Ball T, Cook B, Levin V, et al. Slam and static driver verifier: technology transfer of formal methods inside microsoft[C]//International Conference on Integrated Formal Methods. Berlin: Springer, 2004: 2999.

[11] Lee S, Sakallah K A. Unbounded scalable verification based on approximate property-directed reachability and datapath abstraction[C]//International Conference on Computer Aided Verification. Berlin: Springer, 2014: 8559.

[12] Kroening D, Strichman O. Decision Procedures: An Algorithmic Point of View[M]. Berlin: Springer, 2008.

[13] Biere A, Cimatti A, Clarke E M, et al. Symbolic model checking without BDDs[C]//International Conference on Tools and Algorithms for the Construction and Analysis of Systems. Berlin: Springer, 1999: 1579.

[14] Reiter R. A theory of diagnosis from first principles[J]. Artificial Intelligence, 1987, 32(1): 57-95.

[15] Struss P, Dressler O. Physical negation - integrating fault models into the general diagnostic engine[C]// International Joint Conference on Artificial Intelligence. USA: Morgan Kaufmann, 1989: 1318-1323.

[16] de Kleer J, Mackworth A K, Reiter R. Characterizing diagnoses and systems[J]. Artificial Intelligence, 1992, 56(2-3): 197-222.

[17] de Paula F M, Gort M, Hu A J, et al. Backspace: formal analysis for post-silicon debug[C]//Formal Methods in Computer-Aided Design. New York: IEEE, 2008: 1-10.

[18] de Paula F M, Nahir A, Nevo Z, et al. TAB-backspace: unlimited-length trace buffers with zero additional on-chip overhead[C]//Design Automation Conference. New York: ACM, 2011: 411-416.

[19] Tseitin G. On the complexity of proofs in propositional logics[C]//Automation of Reasoning: Classical Papers in Computational Logic 1967-1970. Berlin: Springer, 1983: 2.

[20] Liffiton M H, Sakallah K A. Algorithms for computing minimal unsatisfiable subsets of constraints[J]. Journal of Automated Reasoning, 2008, 40(1): 1-33.

[21] Sulflow A, Fey G, Bloem R, et al. Using unsatisfiable cores to debug multiple design errors[C]//Great Lakes Symposium on VLSI. New York: ACM, 2008: 77-82.

[22] Ignatiev A, Previti A, Liffiton M H, et al. Smallest MUS extraction with minimal hitting set dualization[C]// International Conference on Principles and Practice of Constraint Programming. Berlin: Springer, 2015: 9255.

[23] Mencia C, Ignatiev A, Previti A, et al. MCS extraction with sublinear oracle queries[C]//International Conference on Theory and Applications of Satisfiability Testing. Berlin: Springer, 2016: 9710.

[24] Mencia C, Previti A, Marques-Silva J. Literal-based MCS extraction[C]//International Joint Conference on Artificial Intelligence. London: AAAI Press, 2015: 1973-1979.

[25] Lin D, Hong T, Li Y, et al. Effective post-silicon validation of system-on-chips using quick error detection[J]. IEEE Transactions on Computer-Aided Design of Integrated Circuits and Systems, 2014, 33(10): 1573-1590.

[26] Singh E, Barrett C W, Mitra S. E-QED: electrical bug localization during post-silicon validation enabled by quick error detection and formal methods[C]//International Conference on Computer Aided Verification. Berlin: Springer, 2017: 10427.

[27] Zhu C S, Weissenbacher G, Malik S. Coverage-based trace signal selection for fault localisation in post-silicon validation[C]//Haifa Verification Conference. Berlin: Springer, 2012: 7857.

[28] Cheng K T, Wang L C. Automatic test pattern generation[M]//EDA for IC System Design, Verification, and Testing. Boca Raton: CRC Press, 2006.

[29] Park S B, Hong T, Mitra S. Post-silicon bug localization in processors using instruction footprint recording and analysis (IFRA)[J]. IEEE Transactions on Computer-Aided Design of Integrated Circuits and Systems, 2009, 28(10): 1545-1558.

[30] Zhu C S, Weissenbacher G, Malik S. Silicon fault diagnosis using sequence interpolation with backbones[C]// IEEE/ACM International Conference on Computer-Aided Design. New York: IEEE, 2014: 348-355.

[31] Craig W. Linear reasoning. A new form of the Herbrand-Gentzen theorem[J]. Journal of Symbolic Logic, 1957, 22(3): 250-268.

[32] McMillan K L. Interpolation and SAT-based model checking[C]//International Conference on Computer Aided Verification. Berlin: Springer, 2003: 2725.

[33] Keng B, Veneris A G. Scaling VLSI design debugging with interpolation[C]//Formal Methods in Computer-Aided Design. New York: IEEE, 2009: 144-151.

[34] Marques-Silva J, Janota M, Lynce I. On computing backbones of propositional theories[C]//European Conference on Artificial Intelligence. Amsterdam: IOS Press, 2010: 15-20.

[35] Zhu C S, Weissenbacher G, Sethi D, et al. SAT-based techniques for determining backbones for post-silicon fault localisation[C]//High Level Design Validation and Test Workshop. New York: IEEE, 2011: 84-91.

[36] Zhu C S, Weissenbacher G, Malik S. Post-silicon fault localisation using maximum satisfiability and backbones[C]//Formal Methods in Computer-Aided Design. New York: IEEE, 2011: 63-66.

[37] Liffiton M H, Previti A, Malik A, et al. Fast, flexible MUS enumeration[J]. Constraints, 2016, 21(2): 223-250.

[38] Weissenbacher G. Logical Methods in Automated Hardware and Software Verification[H]. Vienna: TU Wien, 2016.

第14章　虚拟原型的硅后测试覆盖率评估与分析

丛凯 / 谢飞

14.1　引　言

14.1.1　动机与问题陈述

1. 动　机

随着信息技术的快速发展，计算机系统、智能手机、可穿戴设备、平板电脑、笔记本电脑、服务器等的更新迭代周期不断缩短，这给产品开发团队带来了巨大的压力，要求他们必须持续优化开发流程以缩短产品上市周期。国际商业策略公司最近的一项研究表明，产品上市延迟 3 个月会使芯片制造商的总体收入减少约 30%，而对于像移动设备这样的快速发展的市场，这种损失会更加严重[1]。这些系统的复杂性（包括其硬件和软件）一直在显著增加。某移动平台 SoC 架构师指出，由于集成多种技术且产品周期通常短至两年，尖端移动平台的复杂度被认为已超越服务器。产品开发周期中的一个关键阶段是硅后验证，即在实际设备或硅原型上进行验证，同时配备相应的驱动程序。硅后验证是验证成本中一个重要且增长最快的组成部分。根据近期的行业报告[2]，在 65 纳米 SoC 设计中，硅后验证的工作往往会耗费超过 50% 的精力，这就要求我们采用创新的方法来加快硅片验证的速度并降低其成本。

尽管硅后验证涵盖了从硬件的电子特性到整个系统的性能与功耗等诸多方面，但核心任务仍然是验证硬件及其与软件集成的功能正确性。近年来，虚拟原型在硬件 / 软件开发中得到了越来越多的应用，能够在硅原型可用之前就实现驱动程序的开发和验证[3]。例如，英特尔在硅原型可用之前就使用虚拟原型来为其 40G 以太网适配器（E40G）开发驱动程序[4]。通过构建 E40G 虚拟原型，研发团队得以测试和验证正在开发的 E40G 驱动程序——在实体 E40G 设备问世前，就已借助该虚拟设备发现驱动程序中的错误。鉴于虚拟原型被用作硅设备的替代品以支持驱动程序开发和验证，业界强烈期望将其有效性扩展到硅后功能验证阶段，以便最大化前期投入效益。我们看到虚拟原型在硬件及其与软件协同的硅后功能验证领域具有显著潜力。

2. 问题陈述

本研究旨在探讨如何利用虚拟原型加速硬件和软件开发过程中的硅后功能验证工作。在实现这一目标的过程中，我们发现存在两个主要的挑战：

（1）硅器件的可观测性和可追溯性有限。硅器件通常是一个黑匣子。通过内置测试电路和先进的逻辑分析仪从器件内部获取的运行时信息量仍然相当有限。这种有限的可观测性和可追溯性使得硅后的验证工作变得困难重重。

（2）测试覆盖范围估算不足。对于一个硅器件而言，缺乏良好的测试覆盖率指标。因此，难以评估测试用例的有效性并确定其应用优先级。此外，基于硬件设计的覆盖率指标并不适合用于测试与软件的集成。

14.1.2 解决方案

我们提出了一种利用虚拟原型来加速硅后的功能验证并降低其成本的方法，该方法主要支持以下两方面：

（1）覆盖率评估。虽然硅器件通常是一个黑盒子，但其对应的虚拟原型是一个白盒子，即其内部结构和运作方式是可见的。虚拟原型通常会对硅器件的功能行为进行事务级建模。因此，虚拟原型可用于估算硅后验证测试在功能方面的覆盖率。

（2）运行时分析：由于虚拟原型具备所有设备的功能特性，因此可以在硅片制造之前对虚拟原型进行测试，以验证所需的功能特性。在向虚拟原型发出测试指令时，开发人员能够观测到相应的设备事务和状态变化。因此，虚拟原型可用于分析和调试硅后的验证测试是如何控制设备的。

为了进行覆盖率评估和运行时分析，我们将虚拟原型的符号执行作为技术基础，对这些组件的实现细节进行详细阐述。

1. 硅后测试的覆盖率评估

测试覆盖率是评估硅后测试的质量和准备就绪程度的重要指标。我们提出了一种基于虚拟原型对硅后验证测试进行覆盖率分析的在线捕获 - 离线重放方法，用于估计硅器件测试覆盖率范围[5]。该方法首先在虚拟平台上执行给定测试条件下捕获虚拟原型运行的关键数据，然后通过在虚拟原型上高效离线重放此执行来计算测试覆盖率范围。我们的方法能够在硅准备好之前为硅后验证测试的质量提供早期反馈。为了确保早期覆盖率评估的准确性，该方法进一步扩展以支持硅后阶段的覆盖率评估和一致性检查。

2. 硅后测试的运行时分析

我们开发了一个影子执行框架，在影子环境中以正常执行的方式运行虚拟原型。这种影子执行可用于观察由硅后测试触发的行为，并调试错误和不期望的状态变化。此外，在某些由测试触发的状态下，我们对虚拟原型进行符号执行以生成测试用例。生成的测试用例使开发人员能够更好地观察和跟踪虚拟设备在此路径上的任何变量变化。开发人员可以基于具体的测试用例来回执行设备模型，逐步观察每个步骤中的变量变化。开发人员还可以随时轻松检查所有虚拟设备变量的值，并检查状态是否符合规范。凭借这种可观测性和可追溯性，开发人员可以了解存在哪些路径，并更好地理解设备行为。

14.2 背 景

14.2.1 虚拟原型和QEMU虚拟设备

虚拟原型能够执行未经修改的软件代码。QEMU 作为一款通用的开源模拟器和虚拟化工具[6, 7]，因其开源性及丰富的虚拟设备库，被我们选作研究的虚拟原型平台。基于 QEMU 虚拟设备开发的技术，由于其虚拟化概念的相似性，即便在建模细节上有所不同，也能很容易地推广到其他开源或商业虚拟原型环境中。

为了更好地理解虚拟原型的概念，我们以 QEMU 中的英特尔 E1000 千兆网络适配器虚拟设备为例进行说明。E1000 适配器是一种通过接口寄存器和中断与控制软件进行通信的外设部件互连（PCI）设备。E1000 虚拟设备具有相应的功能来支持这种通信，例如接口寄存器功能和中断功能。为了实现硅器件的功能，E1000 虚拟设备还需要维护设备状态，并实现虚拟化设备事务和环境输入的功能。如图 14.1 所示，E1000 虚拟设备具有以下组件：

· 该设备状态 E1000State 用于跟踪 E1000 设备的状态以及设备配置。

· QEMU 调用诸如 `write_reg` 之类的接口寄存器函数来访问接口寄存器并触发事务函数。

· 该设备的传输功能（如 `start_xmit`）由接口寄存器函数调用以实现其功能。

· QEMU 调用诸如 `receive` 之类的环境设置功能，以便将接收到的数据包之类的输入传递给虚拟设备。

设备事务函数和环境设置函数均可通过调用 DMA 函数 `pci_dma_write`

和 pci_dma_read 来访问 DMA 数据，并通过调用中断函数 set_irq 来触发中断。PCI 接口函数和环境设置输入函数均为设备入口函数，由 QEMU 调用以触发设备功能。

```
// 1. Device state
typedef struct E1000State_st {
    PCIDevice dev; //PCI configuration
    Uint32_t mac_reg[0x8000]; //Interface registers
    ......
    Uint32_t rxbuf_size; //Internal variables
    ......
} E1000State;

// 2. Interface register function: write register
static void write_reg (void *opaque, uint64_t index, uint32_t value) {
   E1000State *s = (E1000State *)opaque;
   ......
   if (index == TRANSMIT) {
      s->mac_reg[index] = value;
      start_xmit(s); //Invoking transaction function
   }
   ......
}

// 3. Device transaction function: transmit packets
static void start_xmit (E1000State *) {
   ......
   pci_dma_read(&s->dev, base, &desc, sizeof(desc)); //Invoking DMA function
   ......
   set_irq(s->dev.irq[0],1); //Invoking interrupt function
}

// 4. Environment function: receive packets
static ssize_t receive(NetClientState *nc, const uint8_t *but, size_t size) {
   ......
   pci_dma_write(&s->dev, base, &desc, sizeof(desc)); //Invoking DMA function
   ......
   set_irq(s->dev.irq[0],1); //Invoking interrupt function
}
```

图 14.1　QEMU E1000 虚拟设备的摘录

14.2.2　符号执行

符号执行使用符号值而非具体值作为输入来执行程序，并将程序变量的值表示为符号表达式。

因此，程序计算得到的输出结果可表示为输入符号值的函数。程序的符号状态包括三个要素：程序变量的符号值、路径条件和程序计数器。路径条件是关于符号输入的布尔表达式，它累积了输入必须满足的约束条件，以便符号执行能够沿着特定路径进行。程序计数器指向要执行的下一条语句。通过符号执行树可完整记录程序的所有探索路径——节点表征符号程序状态，边则对应状态转移过程。

我们使用图 14.2 所示程序来说明符号执行是如何进行的。在入口处，x 具有符号值，即其类型所允许的任何值（在此例中为整数）。在每个分支点，路径条件都会根据输入的条件进行更新，以在两条替代路径之间进行选择。对于此示例，基于符号执行我们可以得到三条路径。每条路径都有其自身的路径条件，例如，最左边的路径为 $x < 0$。

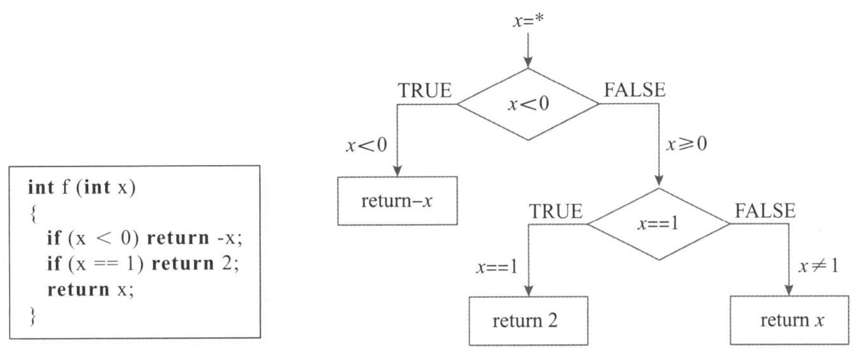

图 14.2 符号执行示例

14.2.3 硅后一致性检查

在文献［8］~［10］中，我们开发了一种对硅芯片设备与其虚拟设备进行硅后一致性检查的方法。硅芯片设备与虚拟设备之间的一致性是通过它们的接口状态来定义的。首先在硅芯片设备上捕获向设备发出的请求序列，然后在虚拟设备上重放该序列，以检查硅芯片设备和虚拟设备的接口状态是否一致。

在对硅后验证测试的覆盖率评估中，我们采用一致性检查来确保覆盖率评估的准确性。

14.3 硅后测试的覆盖率评估

14.3.1 动机与概述

硅后验证已成为系统开发周期中的瓶颈，并且是整体验证成本中一个显著且不断增长的部分[11]。为了加快硅后验证的速度，一些任务应在硅前阶段尽早开展，例如开发和评估硅后验证测试。测试覆盖率是评估硅后验证测试质量和准备情况的重要指标。精确的覆盖率结果对于工程师判断现有测试套件是否能够实现足够的覆盖率以及覆盖设备所需的功能至关重要。

在首个硅原型准备就绪之前，要量化硅后验证测试的覆盖范围是非常具有挑战性的，因为我们没有硅器件来运行这些测试。即便硅原型已经准备好，其黑盒特性也仅支持有限的可观测性和可追溯性，这使得硅后验证变得困难。

如图 14.3 所示，虚拟原型和硅器件分别在虚拟平台和物理机上运行。虚拟原型能够提供与硅器件相同的事务级功能，以支持驱动程序的开发和验证。虚拟原型在评估硅器件的功能覆盖率方面具有重大潜力，尤其是在硅后验证测试中。虚拟原型的白盒特性带来了硅器件所不具备的完全可观测性和可追溯性。可以对虚拟原型进行全面的测试覆盖率评估。

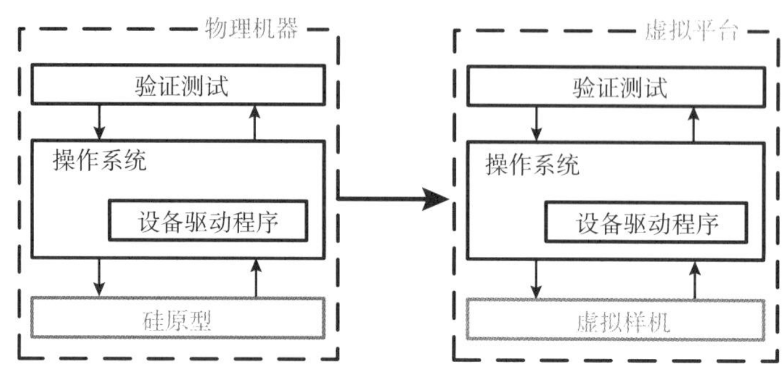

图 14.3 从物理到虚拟

本节提出一种基于虚拟原型的在线捕获－离线重放式硅后验证测试覆盖率评估方法。该方法首先在虚拟平台上执行给定测试时捕获虚拟原型运行的关键数据（包括初始设备状态和设备请求）；随后通过离线高效重放这些数据，在虚拟原型上完成测试覆盖率计算。为了全面评估覆盖率，我们采用四种典型的软件覆盖率指标，并开发了两种特定于硬件的覆盖率指标：寄存器覆盖率和事件覆盖率。为了确保硅器件覆盖率估计的准确性，该方法进一步扩展支持硅器件准备好后的实际覆盖率计算，并与虚拟原型覆盖率估计结果进行一致性校验。

我们已在设备覆盖率分析器（DCA）中实现该方法，该工具利用虚拟原型进行覆盖率分析。我们应用该方法评估了五款网络适配器虚拟原型的一组通用测试。结果表明，该方法能够可靠评估出该测试组在所有五款硅器件上都实现了很高的功能覆盖率。

14.3.2 虚拟设备的初步定义

为了帮助更好地理解 14.3 节和 4.4 节，我们引入几个定义，并为虚拟设备定义一个形式化模型。

【定义 1】设备状态表示为 $s=<s_I, s_N>$，其中 s_I 是接口状态，包括所有接口寄存器；s_N 是内部状态，包括所有内部寄存器。接口状态 s_I 可以被高级软件（例如驱动程序）访问，而 s_N 只能由设备自身访问。

如图 14.1 所示，结构体 E1000State 表 E1000 设备的状态，并包含接口寄存器 `mac_reg` 和内部寄存器 `rxbuf_size`。

【定义 2】接口寄存器请求用 r_{ir} 表示，由驱动程序发出以访问接口寄存器。

【定义 3】环境输入用 r_{ei} 表示，这是设备从环境中接收到的输入。

【定义 4】设备请求用 r 表示，由高层软件发出，用于控制和操作设备。

如图 14.1 所示，接口寄存器函数 `write_reg` 的参数 `index` 和 `value` 可以被视为由驱动程序发出的请求 r，用于修改接口寄存器并触发事务函数。

直接内存访问（DMA）是现代计算机的一项特性，它允许某些设备在不依赖 CPU 的情况下访问系统内存。为了处理设备请求 r，设备可能会使用 DMA 读取 / 写入数据。

【定义 5】DMA 序列表示为 $d=d_1, d_2, \cdots, d_n$，其中 d_i 表示处理一个请求时访问的第 i 个 DMA 数据。

【定义 6】设备事件表示为 $e=<r, d>$，其中 r 是设备请求，d 是 DMA 数据序列。对于某些事件 e，d 可能为空，因为处理 r 时不需要 DMA 数据。

【定义 7】设备事件序列记为 $seq=e_1, e_2, \cdots, e_n$。$seq$ 的子序列 seq_k 包含 seq 的前 k 个事件，即 $seq_k=e_1, e_2, \cdots, e_k$。在处理完设备事件序列后，设备可以从初始状态转移到新状态。

【定义 8】测试用例表示为 $tc=<seq, e>$，其中 seq 是一系列设备事件，e 是一个额外的设备事件。在处理完 seq 后，设备从初始状态转移到期望状态。然后，向设备发出设备事件 e 以触发期望的设备功能。

【定义 9】被测状态用 s_{ut} 表示，是生成测试用例时所依据的设备状态。

设备本质上是事务性的：设备请求由设备事务处理。对于虚拟设备（它是一个程序），给定状态 s 和设备请求 r，虚拟设备的程序路径将被执行，设备将转移到新的状态。虚拟设备的每条不同程序路径都代表一个不同的设备事务。

【定义 10】设备事务，记作 $t=l_1, l_2, \cdots, l_n$，是虚拟设备的一条程序路径。路径中的每一步 l 都是一个三元组 (λ, γ, ξ)，其中 λ 是执行的代码语句，γ 是访问的寄存器，ξ 是中断状态。

图 14.4 给出了一个事务的示例。除了基本的代码语句序列外，事务 t 还包含与硬件相关的信息，例如访问的寄存器和中断状态。

虚拟设备是硬件设计的事务级模型，可表示为事件驱动的状态转换图。如图 14.5 所示，给定设备状态 s_{k-1} 和设备事件 e_k，设备将转换到新的设备状态 s_k。我们用 $s \xrightarrow{e} s'$ 表示一个事务。

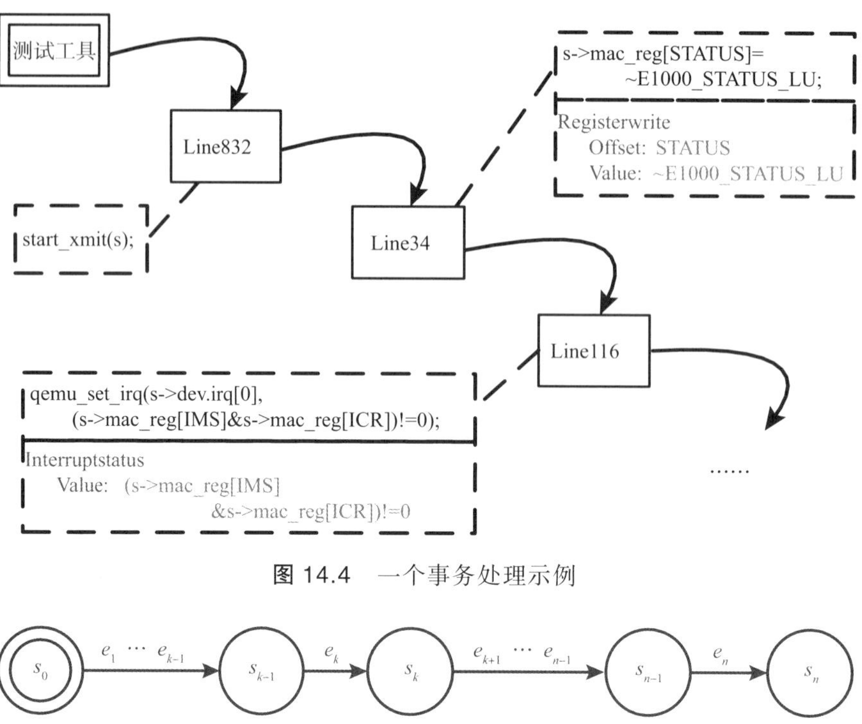

图 14.4　一个事务处理示例

图 14.5　状态转移的图示

14.3.3　在线捕获-离线重放覆盖率评估

在硅器件准备就绪之前，可以使用 RTL 仿真来评估硅后验证测试。然而，硬件设计的 RTL 仿真存在一定的局限性：RTL 仿真器非常昂贵，仿真速度通常较慢，需要一个完整的可运行的 RTL 设计[4]来评估硅后验证测试。最近，在硅器件准备就绪之前，虚拟设备和虚拟平台已被用于驱动程序的开发和验证。虚拟设备是软件组件。与硬件设备相比，在虚拟设备上更容易实现可观测性和可追溯性。这使得虚拟设备适合用于硅后验证测试的覆盖率评估。

1. 在线捕获

为了在虚拟设备上计算测试覆盖率，我们需要从虚拟平台收集必要的运行时数据。一个简单的方法是从虚拟平台直接捕获包括虚拟设备执行信息在内的所有必要运行时数据。然而，这种方法有三个缺点：

（1）需要对虚拟设备进行插装以捕获虚拟设备的执行信息。

（2）捕获详细的执行信息会给虚拟平台带来沉重的开销。

（3）需要在虚拟平台运行之前决定应该捕获哪些信息。很难保证捕获的信息是足够的。一旦添加了新的度量标准，可能就需要修改捕获机制，然后重新运行虚拟平台以捕获更多数据。

因此，我们开发了一种在线捕获 – 离线重放的方法，在运行时捕获最少的必要数据，然后在虚拟设备离线重放运行时收集必要的执行信息。

可以将一个设备视为一个状态转移系统。如图 14.5 所示，给定设备状态 s_{k-1} 和设备事件 e_k，设备将转移到新的设备状态 s_k。因此，有了初始状态 s_0 和整个事件序列 seq，我们就可以推断出所有状态并重现所有状态转移。换句话说，在虚拟平台内从虚拟设备的具体执行中捕获 s_0 和 seq 应该引入最低的开销并提供最有效的数据。

2. 离线重放

我们的离线重放机制通过 s_0 和 seq 在虚拟设备上重现运行时执行情况，这提供了灵活的分析机制和强大的调试能力。

（1）灵活的分析机制：重放过程独立于虚拟平台 / 物理机。一旦捕获运行时数据，用户就可以随时重放事件序列并重现执行过程。根据不同的用户需求，用户可以从重放过程中生成具有不同指标的不同覆盖率报告。

（2）强大的调试能力：该重放机制支持在虚拟设备上逐句进行双向（正向和反向）调试，可对目标执行轨迹进行精细化分析。

算法 1 展示了如何使用初始设备状态 s_0 和事件序列 seq 重放所有事件以收集必要的执行信息。在算法 1 中，T 是一个临时向量，用于保存所有事件的执行信息。该算法将初始设备状态 s_0 和事件序列 seq 作为输入。在重放事件序列之前，我们将 s_0 设为设备状态 s。使用事件序列 seq 中的每个事件 e 和相应的状态 s 运行虚拟设备，以计算执行信息 t 和下一个状态 s_{next}。然后将 t 保存在 T 中，并将 s_{next} 赋值给 s。重放完所有事件后，我们根据 T 和用户配置生成覆盖率报告。

算法 1：Replay_Events (s_0, seq)

```
i ← 0; //loop iteration
s ← s_0; //Set initial device state
while i < seq.size() do
    e ← seq[i];
    <t, s_next> ← Execute_Virtual_Device (s, e);
    T.save(t);
    s ← s_next; //Set next device state
    i ← i + 1;
end while
Generate_Report (T);
```

3. 硅后阶段的覆盖率计算与一致性检查

在我们的方法中，利用虚拟原型的覆盖率评估来估算硅器件的功能覆盖率。为了使我们的方法切实可行且可靠，需要解决以下两个关键挑战：

（1）准确性：在我们的方法中，从虚拟平台内虚拟设备的实际执行中捕获运行时数据。对于相同的测试用例，在虚拟平台内向虚拟设备发出的事件 E_v 可能与在物理机内向硅设备发出的事件 E_s 不同。问题在于基于 E_v 计算出的覆盖率 C_v 是否能很好地近似基于 E_s 计算出的覆盖率 C_s。

（2）一致性：虚拟设备上的覆盖率估计是否真的能反映硅器件的功能覆盖率。尽管虚拟设备和硅器件都是根据相同的规范开发的，但它们之间是否一致仍是一个主要问题。

为应对上述两个挑战，我们扩展了方法，以支持在硅器件准备好之后进行覆盖率计算和一致性检查。我们首先重置硅器件，然后从物理机中硅器件的实际执行过程中捕获运行时数据，包括所有硅器件状态 $SS=\{ss_0, ss_1, \cdots, ss_n\}$ 以及器件事件序列 $seq=e_1, e_2, \cdots, e_n$。对于硅器件而言，接口寄存器是可观测的，而内部寄存器通常不可观测。因此，由于可观测性的限制，只能记录所有硅器件接口状态 $SS_I=\{ss_{I0}, ss_{I1}, \cdots, ss_{In}\}$。算法 2 展示了在虚拟设备上重放 SS_I 和 seq 的扩展算法。

算法 2：Extended_Replay_Events (SS_I, seq)

```
k ← 0; //loop iteration
s ← Reset_Virtual_Device (); //s = <s_I, s_N>
while k < seq.size() > do
    s_I ← ss_Ik; //Load captured silicon device interface state
    e ← seq[k + 1];
    <t, s'> ← Execute_Virtual_Device (s, e); //s' = <s'_I, s'_N>
    T.save(t);
    Check_Conformance (s'_I , ss_I(k + 1));
    s_N ← s_N;
    k ← k + 1;
end while
Generate_Report (T);
```

在算法 2 中，我们首先重置虚拟设备以获取初始设备状态 s。假设重置设备后，硅设备及其虚拟设备的内部状态相同。即使两者内部状态并非完全一致，根据设备规格，少量差异也不应导致大量功能差异。我们将捕获的设备状态 ss_{Ik} 和 e_{k+1} 作为输入来重放一个事件。虚拟设备以 s 和 e_{k+1} 执行，计算执行信息以及处理 e_{k+1} 后的状态 s'。然后，在虚拟设备上计算的接口状态 s'_I 与硅设备上捕获的接口状态 $ss_{I(k+1)}$ 之间进行一致性检查，以检测不一致之处。重放一个事件后，我们保留内部状态并加载下一个捕获的接口状态以组成设备状态。重放所有事件后，我们可以获得覆盖率报告和不一致报告。

我们从三个方面利用覆盖率评估和一致性检查的结果来确保覆盖率估计的准确性：

（1）比较 C_s 和 C_v 以检测差异。若能验证 C_v 和 C_s 之间无差异或差异很小，即可证明 C_v 能有效近似 C_s。

（2）不一致项的数量可量化反映硅器件与虚拟原型之间的差异程度。在分析不一致项后，我们会进一步评估这些不一致是否会引发不同的器件行为。如果发现的不一致很少，并且对器件没有显著影响，则可增强我们对覆盖率估计的信心。

（3）很容易在虚拟设备上修复检测到的不一致之处，从而使修复后的虚拟设备与硅器件一致。然后，我们使用相同的测试用例再次计算修复后的虚拟设备的覆盖率。通过将修复后的虚拟设备的覆盖率报告与硅器件的覆盖率报告进行比较，我们进一步验证由不一致导致的覆盖率差异是否已被消除。

14.3.4　覆盖率指标

计算测试覆盖率需要采用合适的覆盖率指标。在我们的方法中，使用虚拟原型覆盖率来估算硅器件的功能覆盖率。虚拟原型不仅是一个软件程序，还模拟了硅器件的特性。因此，我们采用了两种覆盖率指标：既沿用了典型的软件覆盖率指标，又创新性地开发了两个硬件专属的覆盖率指标——寄存器覆盖率和事件覆盖率。

1. 代码覆盖率

代码覆盖率是软件测试中常用的一种度量标准。虚拟设备是软件模型，可以将所有代码覆盖率指标应用于虚拟设备。我们选取了四种常见的覆盖率指标：功能覆盖率、语句覆盖率、块覆盖率和分支覆盖率。

2. 寄存器覆盖率

硬件寄存器以一种能够使系统同时写入或读取所有位的方式存储信息位。高级软件可以通过读取寄存器来确定设备的状态，并通过写入寄存器来控制和操作设备。工程师了解哪些寄存器已被访问至关重要，这样它们才能根据规范检查设备是否被正确访问。虚拟设备提供了完整的可观测性，因此我们可以捕获接口和内部寄存器的访问。实际上，在我们的方法中，我们捕获所有寄存器访问，并根据用户配置提供不同类型的寄存器覆盖报告。

3. 事件覆盖率

设备以及虚拟设备本质上是事件性的：它们接收接口寄存器请求和环境输入，并同时处理这些请求而不会相互干扰。因此，一个有趣且有用的度量标准是事件覆盖率。对于一个虚拟设备（它是一个 C 程序），给定一个状态 s 和一个设备请求 r，虚拟设备的一条程序路径会被执行，设备会转换到一个新的状态。

虚拟设备的每条不同的程序路径都代表一个不同的设备事件。在计算覆盖率时，会记录测试用例对虚拟设备的影响，包括它触发了哪些事件以及这些事件被触发的频率。测试套件的影响也可以以同样的方式记录。覆盖率统计数据可以通过饼图或柱状图来可视化，展示请求的类型和数量、被触发的事件的类型和数量以及它们在所有请求中所占的百分比。此外，还会记录事件的详细信息，例如访问的寄存器和中断状态。

14.3.5 实　现

如图 14.6 所示，我们在虚拟平台中执行给定测试时，从虚拟原型的具体执行中捕获必要的数据，然后通过在该虚拟原型上离线高效重放此执行来计算测试覆盖率。我们的方法在硅片准备好之前就能为硅后验证测试的质量提供早期反馈。

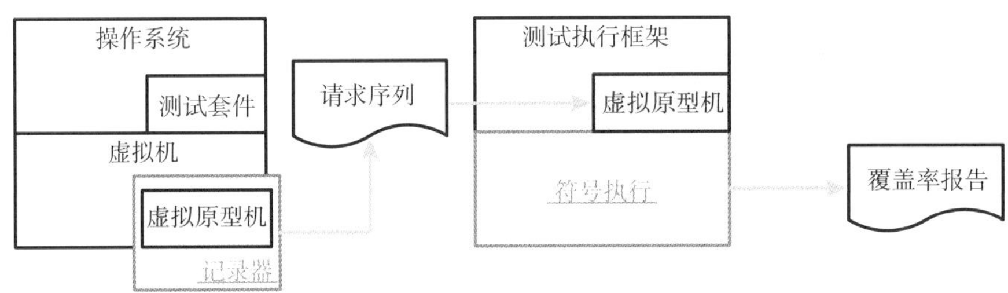

图 14.6　评估覆盖率的工作流程

1. 不同层面的覆盖率

为了生成覆盖率报告，我们先对虚拟设备进行静态分析以获取程序信息（例如分支的位置和功能的数量），然后基于重放引擎计算出的执行轨迹生成各种覆盖率报告。我们的方法提供了灵活性，能够在两个不同的层级上生成报告：

（1）事件级别：给定一个事件，用户可以查看正在执行的事件、访问的寄存器以及是否触发了任何中断。此外，用户可以使用重放引擎逐步调试执行轨迹。

（2）测试用例 / 套件级别：测试用例 / 套件会向设备发出一系列请求。在此期间，设备可能会接收环境输入并读取 DMA 数据。对于给定的测试用例 / 套件，我们会捕获所有设备事件。重放引擎重放所有捕获的事件，并为测试用例 / 套件生成代码覆盖率、寄存器覆盖率和事件覆盖率。

2. 实现细节

我们在 QEMU 虚拟平台上实现了该方法。事件捕获机制被实现为一个 QEMU 模块，可用于挂钩 QEMU 虚拟设备。设备接口函数由 QEMU 框架调用。例如，驱动程序发出读取寄存器请求，QEMU 就会调用虚拟设备中定义的相应读取寄存器函数。我们的模块会在虚拟设备向 QEMU 注册这些函数时，挂接所有接口函数。通过这种方式，无论是接口寄存器请求、环境输入还是 DMA 访问，该模块都能捕获相应的设备事件。该模块无须修改虚拟设备即可为不同虚拟设备提供挂接能力。对于物理机中硅设备的事件捕获，我们通过修改设备驱动程序来实现。

我们使用符号执行引擎 KLEE[12] 构建了重放引擎，并在三个方面对 KLEE 进行了修改：

（1）实现特殊函数处理模块，用于加载事件和 DMA 数据。

（2）在虚拟设备执行期间捕获执行轨迹。

（3）自主研发独立的覆盖率生成模块。

14.3.6 实验结果

我们已成功将设备覆盖分析器（DCA）应用于基于 QEMU 的五种常见网络适配器的虚拟设备：Intel E1000、Broadcom Tigon3、Intel EEPro100、AMD RTL8139 以及 Realtek PCNet。虽然当前工具主要针对 QEMU 的虚拟设备，但其技术原理同样适用于其他虚拟原型。实验环境配置如下：搭载 8 核 Intel(R) Xeon(R) X3470 处理器、8GB 内存、250GB 7200 转 IDE 硬盘，运行 64 位 Ubuntu Linux 操作系统（内核版本 3.0.61）的台式工作站。

1. 在线捕获与离线重放开销

为评估本方法的有效性，我们捕获了一个由测试套件触发的请求序列。该测试套件包含了大多数常见的网络测试程序，例如，ifconfig 和 ethtool[13]。DCA 需要在运行时捕获初始设备状态和设备事件，这会给运行时的 QEMU 环境带来开销。借助捕获机制，QEMU 和虚拟设备仍能保持正常工作。

为评估在线捕获机制的开销，我们在图 14.7 中展示了测试套件在启用捕获

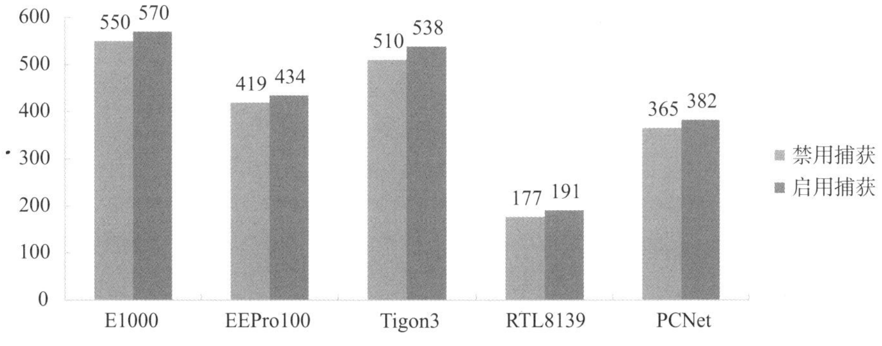

图 14.7 在线捕获的耗时（秒）

配置和禁用捕获配置下的耗时情况。实测数据显示，两种配置之间的运行时开销较低。例如，E1000 的开销仅为 (570−550)/550＝3.6%。

我们进一步评估了离线重放过程的时间和内存使用情况。如表 14.1 所示，离线重放的时间和内存使用量都比较适中。处理数以万计的事件仅需几分钟。

表 14.1 离线重放的时间和内存使用情况

	事件（#）	时间（分）	内存（Mb）
E1000	65530	10.5	268.24
Tigon3	89032	12.0	336.35
EEPro100	30112	6.0	213.18
RTL8139	43228	7.0	225.26
PCNet	54016	7.0	254.60

2. 覆盖率结果

我们从三个方面展示了覆盖率分析结果：代码覆盖率（语句 / 基本块 / 分支 / 功能覆盖）、寄存器覆盖和事件覆盖。由于篇幅限制，下文虽然已经完成全部五种设备的覆盖率评估，但仅以 E1000 型号为例展示具体数据。

图 14.8 采用堆叠图形式直观地展示了 E1000 在不同的代码覆盖率指标下，各测试程序带来的增量覆盖率提升情况。我们评估了单个测试用例（例如，发送一个 ping 数据包）以及包含大多数常见测试程序的测试套件的覆盖率。这些覆盖率数据可为工程师提供测试用例质量的基础评估依据。

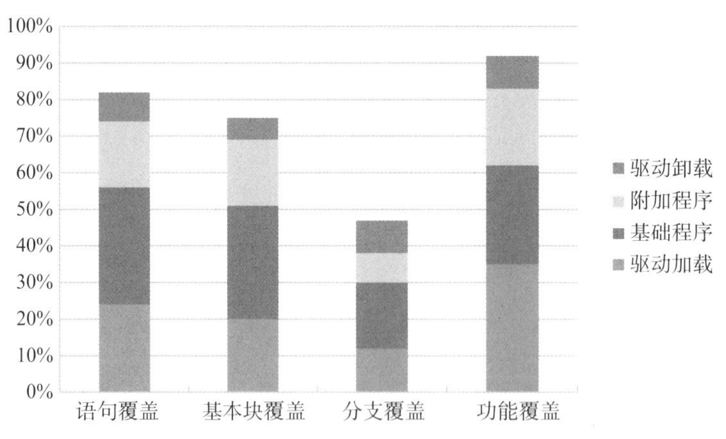

图 14.8 E1000 的代码覆盖率结果

图 14.9 展示了 E1000 的部分寄存器覆盖结果。每个寄存器都通过寄存器偏移量来标识，例如，0x0 和 0x8。该图显示了访问次数最多的前十个寄存器的访问次数以及所占百分比。例如，访问次数最多的寄存器是寄存器 0x8（状态寄存器），被访问了 21927 次。系统软件频繁读取此寄存器以查询设备状态。

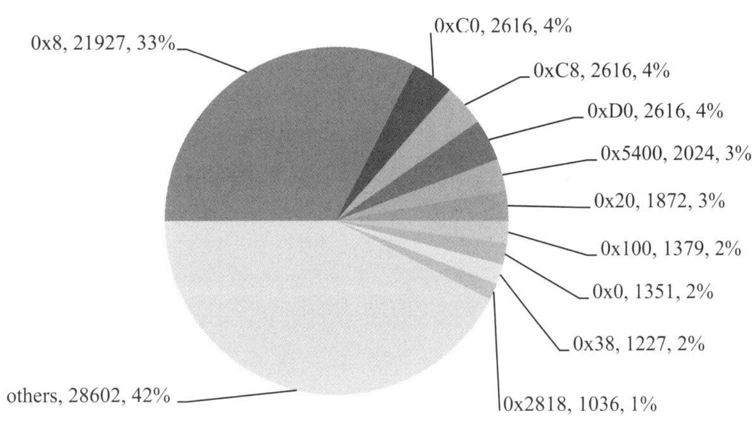

图 14.9 E1000 访问次数最多的前十个寄存器

图 14.10 展示了 E1000 的部分事件覆盖率结果。每个事件都使用哈希值（例如 0xd4e4d3ed）进行标识。图中显示了访问次数最多的前十个事件的访问次数以及所占百分比。通过分析事件覆盖情况，工程师可以了解哪些功能已得到测试。通过分析每个事件的执行信息，工程师还可以进一步观察寄存器访问情况。

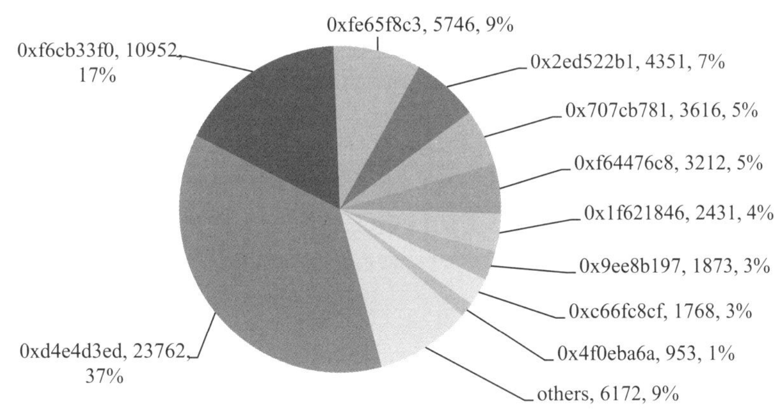

图 14.10 E1000 访问次数最多的前十个事件

3. 硅后阶段的覆盖率范围和一致性结果

我们使用相同的测试套件，对 E1000 和 Tigon3 两款硅设备的驱动程序进行了插装，以捕获运行时数据，并与对应虚拟设备的覆盖率计算结果进行对比。就代码和寄存器覆盖率而言，E1000 和 Tigon3 的覆盖率结果非常相似。一个主要的区别体现在事件覆盖率上。由于物理机和虚拟平台的速度不同，一些事件受到了影响。例如，在传输网络数据包时，由于硅设备的速度远高于虚拟设备，硅设备在传输事件中能够传输的数据包数量多于虚拟设备。我们得出结论，这种覆盖率上的差异是可以接受的。

我们应用一致性检查来检测 E1000 和 Tigon3 及其相应虚拟设备之间的不

一致之处。在给定的测试条件下，我们发现了这两种网络适配器及其虚拟设备之间存在 13 处不一致：Intel E1000 中有 7 处，Broadcom BCM5751 中有 6 处。我们修改了虚拟设备中的 21 行代码以修复所有 13 处不一致。然后，在修复后的虚拟设备上重新运行覆盖率工具以生成新的覆盖率报告。在将新报告与硅后覆盖率报告进行比较后，我们发现除了已知的事务差异外，没有其他差异。

备注：硅后阶段的覆盖率评估通常需要对设备驱动程序进行插装，往往为时已晚。虚拟原型的覆盖率评估可以更早获得结果，能够指导硅后测试的改进。从一致性检查结果和覆盖率报告的对比来看，虚拟设备和硅设备的一致性越高，虚拟设备的覆盖率评估就越准确。即使存在不一致的情况，一致性检查也能通过快速识别这些不一致，便利地修正硅后阶段的覆盖率评估结果。

14.3.7 总 结

由于硬件可观测性有限，量化硅后验证测试的覆盖率极具挑战性[14]。本节我们提出了一种利用虚拟原型对硅后验证测试进行早期覆盖率评估的方法，该方法充分利用了虚拟原型的可观测性和可追溯性。我们已将此方法应用于五种网络适配器的虚拟原型上的一系列常见测试的评估。此外，我们还通过在硅器件上进一步进行覆盖率评估和一致性检查，建立了对覆盖率评估准确性的高度信心。

14.4 硅后测试的运行时间分析

运行时影子执行允许开发人员在运行时监控或诊断虚拟设备的行为，这对于驱动程序开发和测试环境来说是理想的。该技术支持沿设备运行序列跟踪从初始状态开始的所有状态转移，并可观测每次状态转移的详细信息。本节我们将描述如何利用运行时影子执行来对硅后测试进行运行时分析。

14.4.1 虚拟原型的符号执行

1. 动 机

虚拟原型的符号执行是我们运行时影子执行方法的基础。为了对虚拟原型进行符号执行，我们必须解决以下技术难题：

（1）环境建模。虚拟设备并非独立程序，这种不完整性会引发两个问题：首先，虚拟设备需要正确初始化，其入口函数也需要正确执行；其次，虚拟设备可能会调用其环境中的库。因此，我们需要一种解决方案来封装虚拟设备，以便符号执行引擎能够使用它并进行准确高效的分析。

（2）符号执行引擎的适配。我们使用 KLEE 符号执行引擎对虚拟设备进行符号执行。KLEE 并非专门用于执行虚拟设备，而虚拟设备具有特定的特性。因此，我们需要对 KLEE 进行适配，以高效地执行虚拟设备，并提供更多的硬件特定信息。

2. 引擎的生成

对于 QEMU 虚拟设备的符号执行，我们对 KLEE 进行了调整，以处理设备模型中的非确定性入口函数调用和符号输入。由于虚拟设备本身并非独立程序，因此要让符号引擎执行虚拟设备，必须为其提供一个适配器。这里的关键挑战在于如何创建这样一个适配器。该适配器必须足够准确，以确保虚拟设备的符号执行不会生成太多在实际设备中不可行的路径。另一方面，它又必须足够简单，以便符号引擎能够高效地处理符号执行。极端情况下，完整的 QEMU 加上客户操作系统可以充当适配器，但这对于符号引擎来说是不切实际的。

目前，我们针对主要设备类别采用手动方式生成适配器。由于设备通常根据接口类型（如 PC、USB）和功能类别（如网络适配器、大容量存储设备）进行分类，我们首先为主要设备类别（如 PCI 网络适配器）创建适配器，并在对这类设备进行实验的过程中改进该适配器。手动生成适配器涉及检查 QEMU 如何调用虚拟设备、虚拟设备调用了哪些 QEMU API 以及这些 API 递归调用了什么，进而确定适配器包含的内容。有时需要通过移除 API 实现来使其产生非确定性输出。如图 14.11 所示，虚拟设备引擎包括以下部件：

（1）虚拟设备的状态变量和入口函数参数的声明。虚拟设备并非独立程序。如果虚拟设备在虚拟机中运行，它会向虚拟机注册其入口函数。此外，虚拟机还将帮助虚拟设备管理其状态变量。每次调用入口函数时，虚拟机都会将该函数的状态变量和必要参数提供给该函数。为了对虚拟设备进行符号执行，我们需要处理状态变量和函数参数。因此，我们在测试框架中添加了状态变量的声明和入口函数的输入。

（2）用于加载具体状态并使入口函数参数符号化的代码。为了尽可能多地覆盖入口函数中的路径，我们需要将入口函数的某些输入符号化。入口函数的输入包含状态变量和必要的参数。我们实现了两个由引擎专门处理的实用函数：函数“`load_state`”用于加载具体状态，函数“`make_symbolic`”用于符号化初始化输入。

（3）对虚拟设备入口函数的非确定性调用。对于真实设备，操作系统和环境可通过多种方式与之通信。同样，虚拟设备也提供了多种类型的入口函数来与操作系统和环境进行通信。为了分析虚拟设备，我们使用符号输入遍历所有入口函数。在测试框架中定义一个符号变量，借助该符号变量实现对所有入口函数的非确定性调用。

（4）为虚拟设备调用的虚拟机 API 函数提供存根（stub）函数。虚拟设备常常调用虚拟机 API 函数来实现特定功能。必须为这些函数提供存根函数以完善引擎，这些存根函数将按照前文所述方法手动创建。

```
//Declarations of necessary variables
E1000State state; //Device state
target_phys_addr_t address; //Address
......

int main() {
    //Load the concrete state
    load_state (&state, sizeof (state), "state";

    //Make parameters symbolic
    make_symbolic (&address, sizeof (address), "address";
    ......

    //Non-deterministic calls to entry functions
    switch (svd_deviceEntry) {
    case MMIO_WRITE:
        write_reg ((void *)&state, address, value);
        break;
    case MMIO_READ:
        read_reg ((void *)&state, address);
        break;
        ......
    }
}

//Stub functions
uint16_t net_checksum_finish (uint32_t sum) {
    ......
}
```

图 14.11 E1000 虚拟设备引擎节选

3. 符号执行引擎适配

为了提高符号执行的效率，我们对 KLEE 进行了修改，以解决虚拟设备符号执行中的四个关键技术难题。

（1）路径激增问题。路径激增是符号执行技术对软件程序进行全面测试时面临的主要限制。由于程序路径数量随程序规模呈指数级增长，该问题在虚拟设备的符号执行中也同样存在。在执行虚拟设备时，我们应用两个约束条件来解决路径激增问题：

· 对于循环条件为符号表达式的每个循环，我们添加一个循环界限。通过循环界限，用户可以控制每个循环的探索深度。目前，我们在虚拟设备中手动添加循环界限。这在实践中是可行的，因为在我们对三个虚拟设备的分析中，只有少数几个循环。

· 添加一个时间界限，以确保符号执行在给定的时间内终止。如果符号执行在给定的时间界限内未完成，则可能存在未完成的路径。对于这些路径，我们仍然会根据迄今为止获得的路径约束生成测试用例。

（2）环境交互问题。虚拟设备是一种软件组件，可能会调用外部 API 函数来与其环境进行交互。我们根据函数调用是否影响虚拟设备中变量的值，将此类交互分为两类。具体通过检测函数是否包含指针参数、访问全局变量或返回值来判断——若存在这些特征，则表明该函数可能会影响虚拟设备内部变量值。我们使用两种不同的机制来处理这两类函数：

· 如果函数调用不会影响虚拟设备中变量的值，我们指示 KLEE 忽略它并发出警告。

· 如果函数调用可能会影响虚拟设备中变量的值，我们就在存根中实现此函数。由于某类虚拟设备的此类函数调用数量有限，这种人工操作是可以接受的。

（3）处理 DMA。当虚拟设备处理请求时，可能需要用到 DMA 数据。QEMU 提供了“pci_dma_read”和“pci_dma_write”两个函数分别用于读取和写入 DMA 数据。我们忽略“pci_dma_write”函数，因其不影响设备状态；同时指示符号执行引擎对“pci_dma_read”函数进行专门处理。我们将“pci_dma_read”函数与捕获功能关联起来，以便在虚拟机内虚拟设备的具体执行过程中捕获所有运行时的 DMA 读取数据。然后，我们将捕获到的数据用于重放过程和测试生成过程。在重放过程中，每当“pci_dma_read”函数被调用时，符号执行引擎都会将相应的数据加载到虚拟设备中。在测试生成过程中，我们利用捕获到的 DMA 数据构建一个符号化的 DMA 序列，以指导测试用例的生成。

（4）稀疏函数指针数组问题。虚拟设备提供了多种不同的功能，用于实现不同的设备行为。例如，如果向虚拟设备发出写入寄存器的操作，那么根据不同的寄存器偏移量可以触发不同的功能。因此，虚拟设备通常会利用一个稀疏的函数指针数组来访问不同的功能，这种设计能使代码更加简洁。图 14.12 展示了 QEMU E1000 虚拟设备使用的稀疏函数指针数组。

当符号执行引擎使用符号偏移量调用稀疏函数指针数组中定义的函数时，该引擎会尝试探索所有可能的数组偏移量，以覆盖数组中的所有函数。在此示例中，当访问“macreg_readops”数组时，符号引擎需要创建 5845 个分支。探索所有 5845 个分支需要花费大量时间。实际上，此函数数组中仅包含 7 个函数。我们通过对虚拟设备进行静态分析获取这一信息，并据此修改符号执行引擎，使其专门处理稀疏函数指针数组——每次访问稀疏函数指针数组时，仅根据有效函数数量创建相应分支。在此示例中，我们仅需创建 7 个分支。

```
//Declarations of a sparse function pointer array
static uint32_t (*macreg_readops[])(E1000State *, int) = {
    [RCTL] = mac_readreg, [TCTL] = mac_readreg, [ICS] =
        mac_readreg,
    [GPTC] = mac_read_clr4, [TPR] = mac_read_clr4, [TPT] =
        mac_read_clr4,
    [ICR] = mac_icr_read, [EECD] = get_eecd, [EERD] =
        flash_eerd_read,
    ......
}
enum { NREADOPS = ARRAY_SIZE(macreg_readops) };

//Invoke the function using the function pointer
static uint64_t e1000_mmio_read(void *opaque, target_phys_addr_t( addr,
    unsignede size)
{
   E1000State *s = opaque;
   unsigned int index = (addr & 0x1ffff) >>2;

   if (index < NREADOPS && macreg_readops[index])
   {
      return macreg_readops [index](s, index);
   }
   ......
}
```

图 14.12　稀疏函数指针数组示例

14.4.2　运行时影子执行

1. 运行时影子执行框架

为了更好地理解设备状态转换，我们在运行时将虚拟设备的符号执行集成到虚拟机中。运行时影子执行的框架如图 14.13 所示，其中 SEE 接口已实现为虚拟机与 SEE 之间的桥梁。该框架支持两种模式：监控模式和分析模式。

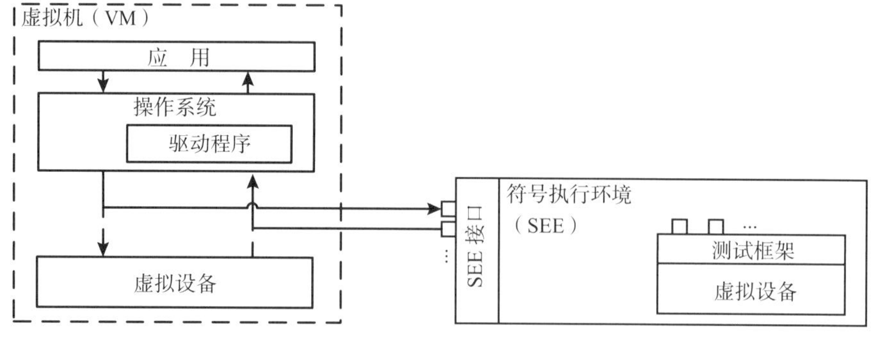

图 14.13　运行时分析的框架

我们的运行时框架不会改变虚拟机的正常工作流程。该框架仅拦截虚拟机与虚拟设备之间的通信。更重要的是，我们通过实现 SEE 接口模块，构建了虚拟机与 SEE 之间的数据传输桥梁。SEE 接口主要拦截三种类型的数据：

（1）设备状态：当启用运行时影子执行时，捕获具体的设备状态。

（2）I/O 请求与数据包：当驱动程序或环境发出设备请求时，捕获 I/O 请求和数据包。

（3）DMA 数据：当为处理设备请求而访问 DMA 数据时，捕获 DMA 数据。

基于这些捕获的数据，虚拟设备可在监控模式下进行具体执行，或在分析模式下进行符号执行。

2. 运行时监控模式

在监控模式下，虚拟设备会在虚拟机和 SEE 中同步进行具体执行。通过 SEE 接口捕获的数据，系统可实施具体执行，从而实现运行时的逐步分析，这有助于开发人员全面了解处理设备请求时的具体状态转换。

运行时监视器的测试框架与静态分析的测试框架略有不同，如图 14.14 所示，该测试框架使用两个特殊函数“load_state”和“load_request”来加载软件执行环境（SEE）中捕获的设备具体状态和请求信息，随后根据请求类型调用相应的入口函数。

```
//Declarations of necessary variables
E1000State state; //Device state
target_phys_addr_t address; //Address
......

int main() {
    //Load the concrete device state
    load_state (&state, sizeof (E1000State), "state";

    //Load the concrete device request and request type
    load_request (&address, sizeof (address), "address";
    ......

    //Calls to interface functions
    switch (svd_deviceEntry) {
    case MMIO_WRITE:
        e1000_mmio_write ((void *)&state, address, value);
        break;
    case MMIO_READ:
        e1000_mmio_read ((void *)&state, address);
        break;
        ......
    }
}

// Stub functions
uint16_t net_checksum_finish (uint32_t sum) {
    ......
}
```

图 14.14 运行时监控模式的完整引擎

通常，开发人员希望分析一些期望的状态转移。我们提供了两种机制来帮助开发人员选择期望的状态转移：

（1）提供一个特殊的用户级程序来发出特殊的 I/O 请求，以标记测试用例的起始点和结束点。SEE 接口会解析所有的 I/O 请求，一旦发现特殊的 I/O 请求，SEE 就会检查该请求代表何种标志。如果是起始标志，SEE 就开始分析后续的请求；如果是结束标志，SEE 就停止分析后续的请求。

（2）提供了两种断点来帮助开发人员选择所需的状态转移：

· 语句断点：用户可以选择一个或多个语句作为断点。

· 路径断点：由于我们为静态分析生成的每个测试用例收集路径信息，用户可以选择一条路径作为断点。一旦断点被触发，虚拟机就会暂停，并在 SEE 中分析相应的路径。

评估测试用例的一个重要机制是覆盖率分析。我们的框架提供了一种进行运行时覆盖率分析的方法。虚拟设备（VD）在虚拟机（VM）和 SEE 中同时进行具体执行。我们收集处理设备请求的具体执行路径。处理完一个测试用例后，可以得到一组具体执行路径。为了提高运行时分析的效率，我们利用静态分析预先生成的代码信息来计算测试用例的覆盖率报告。如果能够在运行时估计测试用例的覆盖率，则可帮助开发人员了解测试用例的质量。尽管如 14.3 节所述，已实现在线捕获 - 离线重放的方法来提供详细的覆盖率报告，但运行时覆盖率分析对于开发人员快速估算仍然非常重要。

3. 运行时分析模式

该虚拟设备同时在虚拟机中具体执行，并在 SEE 中进行符号执行。SEE 使用具体设备状态和符号请求来执行虚拟设备，计算当前设备状态下所有可行的执行路径，并为已覆盖的路径生成运行时分析测试用例。这些可行路径将提供给用户。此模式通过在当前设备状态下使用生成的测试用例观察设备行为，从而实现逐步调试和错误注入。

运行时分析所用测试框架与图 14.11 所示相同。我们的方法帮助开发人员在运行时对虚拟设备进行符号分析。一旦在监控模式下选择了请求或触发了断点，就可以在具体状态下使用符号请求对虚拟设备进行符号执行，此时会探索所有可能的路径。对于每条可能的路径，都会生成一个运行时分析测试用例，其中包含具体设备状态以及可用于重放该符号化探索路径的输入数据。重放测试用例能让开发人员更好地观察和跟踪虚拟设备沿此路径的任何变量变化。此外，运行时探索的所有路径都是可达的。开发人员可以确认静态分析所覆盖的路径在运行时是否也能被覆盖，还可以通过注入由 SEE 标识的设备请求来更改虚拟设备的执行。开发人员可以根据具体的测试用例来回、逐步地执行设备模型，观察每一步的变量变化，并随时轻松检查所有虚拟设备变量的值，验证其状态是否符合规范。借助这种可观测性和可追溯性，开发人员可以全面掌握现有执行路径，从而更深入地理解设备行为特性。

4. 进一步的潜力

本节说明如何利用虚拟原型的符号执行来支持运行时监测和分析。该技术能够全面分析每个状态转移并收集相关信息。如 14.3 节所示，它还能进一步支持覆盖率评估，以及测试生成[13]。

14.4.3 实验结果

本节我们将从以下两个关键方面来评估我们的方法：

（1）可行性。能否使用我们的方法分析主流虚拟机的虚拟设备及现实世界中的设备？将我们的方法应用于分析虚拟设备需要多少额外的工作？

（2）实用性。我们的方法能否帮助开发人员实现更好的可观测性和可追溯性？我们能否为此方法提供一个用户友好的工具？

通过对五款主流网络适配器的 QEMU 虚拟设备进行分析，我们的实验结果表明：

（1）该方法能够轻松应用于所有五种虚拟设备的设备模型。为执行设备模型，我们只需为每个虚拟设备创建一个小的适配器，并为网络适配器类别中的所有虚拟设备实现一个通用的存根。

（2）该方法能够提供用户友好的界面，以帮助开发人员更好地理解虚拟设备的行为。

1. 可行性

QEMU 包含许多虚拟设备，这为我们的方法提供了广泛的测试用例。我们将该方法应用于QEMU发布的五种常见网络适配器的虚拟设备，如表14.2所示。

表 14.2 分析的网络适配器的五个虚拟设备

设 备	厂 商	描 述
E1000	Intel	Pro/1000 千兆以太网适配器
EEPro100	Intel	Pro/100 以太网适配器
PCNet	AMD	PCNet32 10/100 以太网适配器
RTL8139	Realtek	PCI 快速以太网适配器
Tigon3	Broadcom	基于 BCM57xx 的千兆以太网适配器

为了对虚拟设备进行符号执行，我们为每个虚拟设备手动创建了一个简单的适配器，还为所有五个虚拟设备创建了一个通用的存根函数库。该存根库包含 481 行 C 语言代码。有关设备模型及其适配器的更多详细信息，请参见

表 14.3。所有设备模型的规模都不小，从 2099 行到 4648 行 C 语言代码不等。所有适配器都相对容易创建，只有约 100 行代码。创建并微调每个适配器和存根库仅需几个小时。

表 14.3　五种设备模型概要

设　备	虚拟设备		引　擎	
	代码行数	功能数	代码行数	入口函数数量
E1000	2099	53	74	4
EEPro100	2178	70	85	7
RTL8139	3528	110	111	13
PCNet	2139	50	112	13
Tigon3	4648	34	80	4

这些实验是在一台配备 8 核 Intel(R) Core(TM)2 i7 处理器、8GB 内存、320GB 容量和 7200 转每分钟的 IDE 硬盘驱动器的笔记本电脑上进行的，该电脑运行的是 64 位内核（版本为 2.6.38）的 Ubuntu Linux 操作系统。

2. 实用性

我们的方法帮助开发人员分析虚拟设备并生成测试用例。测试用例包含设备状态和输入的具体值，可用于回放相应路径的符号探索。回放测试用例使开发人员能够更好地观察和跟踪虚拟设备沿此路径的任何变量变化。开发人员可以根据具体的测试用例来回执行设备模型，一步一步地进行，并观察每一步的变量变化。开发人员还可以随时轻松检查所有虚拟设备变量的值，并检查状态是否符合规范。通过这种可观测性和可追溯性，开发人员可以了解存在哪些路径，并更好地理解设备的行为。

我们已实现了一个基于 RCP（Eclipse 富客户端平台）的图形用户界面（GUI），以帮助开发人员重放测试用例，如图 14.15 所示。该工具已向行业

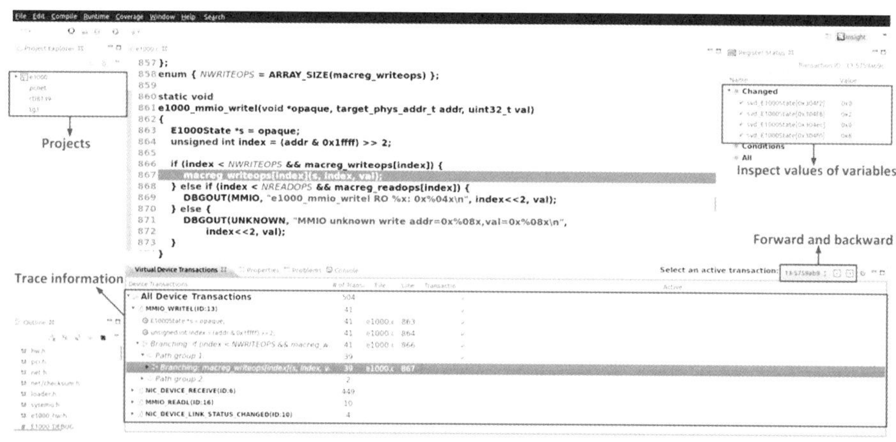

图 14.15　测试用例重放图形用户界面

开发人员展示，开发人员的反馈表明：我们的工具具有显著实用价值，能够提供有关虚拟设备的深入知识，并且他们愿意使用我们的工具。

14.5 相关工作

近年来，虚拟设备被广泛用于软件验证。Intel 利用网络虚拟设备实现了早期驱动程序开发[15]，并借助该虚拟设备发现了驱动程序中的错误。另有研究创建了无线网络虚拟设备，专门用于无线设备驱动的测试与模糊测试[16]，成功解决了传统 802.11 模糊测试技术固有的时序难题。虚拟设备带来了完全的可观测性和可追溯性，以支持软件验证，我们提出了一种使用虚拟原型进行硅后测试运行时分析的方法，以帮助开发人员更好地理解测试。

一种常见的硅后覆盖率评估方法是使用片上覆盖率监视器[17~19]。然而，在硅片上添加覆盖率监视器会带来时序、功耗和面积方面的显著开销[20]。为了不引入过多开销，开发人员只能在设计中添加少量的覆盖率监视器。因此，覆盖率评估的有效性高度依赖于内联覆盖率监视器捕获的设备信号类型。此外，这种使用覆盖率监视器的方法只有在硅片设备准备好之后才能生效。另一种在硅片设备可用之前评估测试用例覆盖率的方法是 RTL 仿真。然而，正如我们在 14.3.1 节中讨论的那样，硬件设计的仿真存在一些局限性。我们的方法利用了虚拟设备的明显优势：完全可观测性和可追溯性，并且无须硅片设备即可适用。我们利用虚拟设备上的测试覆盖率来估计硅片设备的功能覆盖率。

14.6 小　结

在产品开发周期中，硅后验证已成为一个关键问题，这是由设计复杂度的增加、集成度的提高以及上市时间的缩短所驱动的。据最近的行业报告称，验证占据了产品总成本的很大一部分。硅后验证在整体产品开发时间中所占的比例越来越大[21]，这要求采用创新的方法来加快硅后验证的速度并降低其成本。

1. 硅后测试的覆盖率分析

在将硅后验证测试结果应用于硅器件之前，应当对其进行仔细评估。我们开发了一种利用虚拟原型对硅后验证测试进行早期覆盖率评估的方法，这种方法充分利用了虚拟原型的可观测性和可追溯性。

该方法利用虚拟原型覆盖率来估算硅器件的功能覆盖率。在评估过程中采用了两种覆盖率指标。典型的软件覆盖率指标已被采用以提供基本的覆盖率指示。还开发了两种特定于硬件的覆盖率指标——寄存器覆盖率和事件覆盖率，以提供更准确的面向硬件的覆盖率结果。

该方法已被用于评估五种网络适配器虚拟原型上的一系列常见测试。通过进一步在硅器件上进行覆盖率评估和一致性检查，已确立了覆盖率评估的准确性。借助这种早期的覆盖率估计，可以指导进一步的测试生成。

2. 硅后测试的运行时分析

对硅后测试进行早期分析对于开发人员更好地理解设备行为以及提高测试质量至关重要。我们开发了一种利用虚拟原型对硅后验证测试进行早期运行时分析的方法，这种方法充分利用了虚拟原型的白盒特性。

该方法采用一个影子执行环境，在正常执行的同时在受控环境中执行虚拟原型。这种影子执行方式使开发人员能够在虚拟原型上反复执行任何设备事务，并观察任何设备状态的变化。此外，该框架对每个设备事务进行全面分析，使开发人员能够在相同状态下针对不同的请求分析不同的事务。

已开发出一种基于 eclipse-based 的用户界面，以提供用户友好的图形用户界面，帮助开发人员进行运行时分析。该方法已在五个网络适配器的虚拟原型上进行了评估，显示出强大的分析和调试能力。

参考文献

[1] International Business Strategies Inc. Global System IC Industry Service Monthly Reports[R]. 2014. http://www.ibs-inc.net.

[2] Nahir A, Ziv A, Abramovici M, et al. Bridging Pre-silicon Verification and Post-silicon Validation[C]//Proceedings of the 47th Design Automation Conference. New York: ACM, 2010.

[3] Sampath P, Rao B R. Efficient Embedded Software Development Using QEMU[C]//13th Real Time Linux Workshop. 2011.

[4] Nelson S, Waskiewicz P. Virtualization: Writing (and Testing) Device Drivers Without Hardware[C]//Linux Plumbers Conference. 2011.

[5] Cong K, Lei L, Yang Z, et al. Coverage Evaluation of Post-silicon Validation Tests With Virtual Prototypes[C]//Design, Automation & Test in Europe Conference. Piscataway: IEEE, 2014.

[6] Bellard F. QEMU, a Fast and Portable Dynamic Translator[C]//USENIX Annual Technical Conference. Berkeley: USENIX Association, 2005.

[7] Bellard F. QEMU[Z]. 2013. http://wiki.qemu.org/Main_Page.

[8] Lei L, Xie F, Cong K. Post-silicon Conformance Checking With Virtual Prototypes[C]//Proceedings of the 50th Design Automation Conference. New York: ACM, 2013.

[9] Lei L, Cong K, Xie F. Optimizing Post-silicon Conformance Checking[C]//IEEE International Conference on Computer Design. Piscataway: IEEE, 2013.

[10] Lei L, Cong K, Yang Z, et al. Validating Direct Memory Access Interfaces With Conformance Checking[C]//IEEE/ACM International Conference on Computer-Aided Design. Piscataway: IEEE, 2014.

[11] Keshava J, Hakim N, Prudvi C, et al. Post-silicon Validation Challenges: How EDA and Academia Can Help[C]//Proceedings of the 47th Design Automation Conference. New York: ACM, 2010.

[12] Cadar C, Dunbar D, Engler D. KLEE: Unassisted and Automatic Generation of High-coverage Tests for Complex Systems Programs[C]//8th USENIX Symposium on Operating Systems Design and Implementation. Berkeley: USENIX Association, 2008.

[13] Cong K, Xie F, Lei L. Automatic Concolic Test Generation With Virtual Prototypes for Post-silicon Validation[C]//IEEE/ACM International Conference on Computer-Aided Design. Piscataway: IEEE, 2013.

[14] Mitra S, Seshia S A, Nicolici N. Post-silicon Validation Opportunities, Challenges and Recent Advances[C]//Proceedings of the 47th Design Automation Conference. New York: ACM, 2010.

[15] Nelson S, Waskiewicz P. Virtualization: Writing (and Testing) Device Drivers Without Hardware[Z]. 2011. http://www.linuxplumbersconf.org/2011/ocw/sessions/243.

[16] Keil S, Kolbitsch C. Stateful Fuzzing of Wireless Device Drivers in an Emulated Environment[C]//Black Hat Japan. 2007.

[17] Balston K, Karimibiuki M, Hu A J, et al. Post-silicon Code Coverage for Multiprocessor System-on-chip Designs[J]. IEEE Transactions on Computers, 2011, 60(12): 1759-1774.

[18] Bojan T, Arreola M A, Shlomo E, et al. Functional Coverage Measurements and Results in Post-silicon Validation of CoreTM 2 Duo Family[C]//High-Level Design Validation and Test Workshop. Piscataway: IEEE, 2007.

[19] Liu X, Xu Q. Trace Signal Selection for Visibility Enhancement in Post-silicon Validation[C]//Design, Automation & Test in Europe Conference. Piscataway: IEEE, 2009.

[20] Adir A, Nahir A, Ziv A, et al. Reaching Coverage Closure in Post-silicon Validation[C]//Haifa Verification Conference. Berlin: Springer, 2010.

[21] Singerman E, Abarbanel Y, Baartmans S. Transaction Based Pre-to-post Silicon Validation[C]//Proceedings of the 48th Design Automation Conference. New York: ACM, 2011.

第15章 利用调试架构进行硅后覆盖率分析

法里玛·法拉曼迪 / 普拉巴特·米什拉

15.1 引 言

SoC 复杂度的指数级增长、产品上市时间的不断压缩，以及仿真速度与硬件仿真速度之间的巨大差距，迫使验证工程师不得不缩短硅前验证阶段。硅前分析中有很多缺陷可能被遗漏，这会影响制造电路的功能。为了确保设计的正确运行，硅后验证是必要的。然而，由于可观测性、可控性有限以及应对未来系统的技术不足，硅后验证成为一个瓶颈。因此，迫切需要开发高效的硅后验证技术。

目前，尚无有效方法直接且独立集地在硅片上收集特定事件的覆盖率。工程师们只能假设硅后验证需要覆盖的事件集至少与使用加速器 / 仿真器进行的硅前验证所覆盖的事件集相同[2]。然而，由于异步接口等原因，硅片的行为与模拟 / 仿真的设计不同，因此我们无法确定这些覆盖率指标的准确性。此外，由于时间限制，验证工程师在硅前验证期间无法触发所有期望的覆盖率事件，或者某些覆盖率事件未被充分激活。因此，他们正在寻求一种准确且高效的方法来了解硅片上期望事件的覆盖率（图 15.1）。

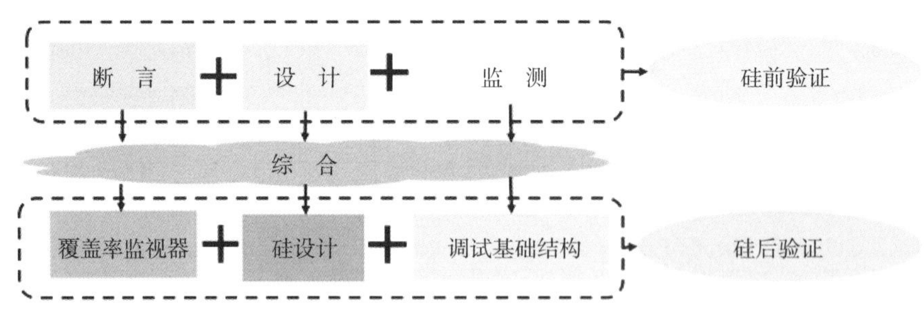

图 15.1 使用可综合监视器进行覆盖率分析

硅后验证技术考虑了许多重要方面，例如有效利用硬件验证技术[21]和激励生成[1]。还有几种方法侧重于测试生成技术[9, 11]，以应对硅后调试的各种挑战。断言及其相关检查器在硅前验证中被广泛用于设计覆盖率分析，以减少调试时间。它们也可以被综合并以覆盖率监视器的形式使用，以解决硅后验证中的可控性和可观测性问题[4]。图 15.2 展示了使用可综合覆盖率监视器进行覆盖率分析的概述。硅前断言被转换为门级硬件，以在硅后验证期间监测某些事件[4, 6]。断言复用和断言分组可用于减少综合覆盖率监视器的数量。从硅前断言生成覆盖率监视器的过程可以实现自动化[8]。然而，为了在硅后验证中有效使用覆盖率监视器，还需要解决其他挑战。为了提高设计的可观测性，找到用于综合的最小断言集，高效收集硬件断言的状态（通过 / 失败）信息，并在不使用大量门的情况下分配经济的启用 / 禁用信号集，这些都是应当考虑的问题[3]。覆盖率监视器可以在运行时重新配置以改变可观测性的重点[13]。

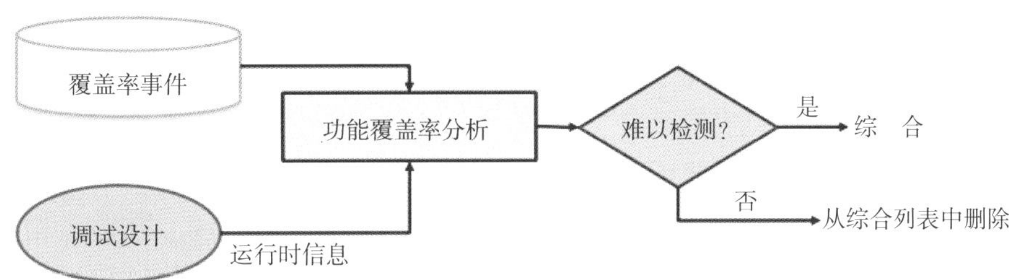

图 15.2　使用调试架构进行覆盖率分析概述

不幸的是，综合覆盖率监视器会引入额外的面积、功耗和能量开销，这可能会违反设计约束。Adir 等提出了一种方法，在硅前加速平台上利用硅后训练器来从硅前阶段收集覆盖率信息[3]。然而，在许多情况下，所收集的硅前覆盖率可能无法准确反映硅后覆盖率。为了解决这些局限性，引入了不同的框架以减少硅后阶段的覆盖率监视器数量，同时利用现有的调试架构实现功能覆盖率分析[10, 12, 15]。本章我们将描述这些方法的主要思想。

在芯片制造后的执行过程中了解内部信号状态有助于跟踪故障传播，从而对电路进行调试。为了增强芯片制造后的验证过程中的设计可观测性并减少调试工作量，存在多种内置的 DFD 机制，例如，跟踪缓冲器和性能监视器。跟踪缓冲器在硅执行期间记录有限数量选定信号（通常少于设计中所有信号的 1%）的值和持续指定的时钟周期数。跟踪缓冲器的值可以在芯片外进行分析，以恢复未跟踪信号的值。选择跟踪信号的不同技术包括基于结构 / 度量的选择[5, 18]、基于仿真的选择以及这两种方法的混合[16]。最近，Ma 等提出了一种度量标准，用于建模行为覆盖率[19]。然而，这些方法都没有将功能覆盖率分析作为信号选择的约束条件。

本章介绍了一种利用从片上跟踪缓冲器中提取的信息来确定易于检测的功能覆盖率事件的方法。该方法的概述如图 15.2 所示。基于跟踪的覆盖率分析能够在可观测性和硬件开销之间进行权衡。尽管所提出的方法只能为记录的周期提供覆盖率数据（而非整个执行过程），但由于多种原因，它能够显著减少硅后验证工作量。首先，特定周期的跟踪数据能够恢复未跟踪周期的信号。此外，当我们知道某些事件已被跟踪分析所覆盖时，验证工作可以集中在剩余的事件集上。从实际角度来看，在为激励器生成测试用例[14]或检查测试用例时收集覆盖率数据是没有价值的，因为激励器代码相对简单、重复，且不期望在硅片上发现错误。

15.2 背　景

基于功能覆盖率目标，对设计进行设备化以检查少数内部信号的特定条件。例如，在设计中插入断言以监控任何偏离规范的情况。如今，设计人员大多使用诸如 PSL（属性规范语言）之类的强大断言语言来描述有趣的事件行为。首先，我们概述 PSL 断言，然后描述使用它们的方法。然而，所提出的方法不依赖于任何断言语言。断言主要有两种类型：断言和覆盖语句。与断言相关联的是一个单比特，它指示断言的通过或失败状态。当断言在运行时未被覆盖时，在执行结束时触发覆盖断言。PSL 断言包含多个层次，如布尔层和时序层，并且可以在包括 Verilog 和 VHDL 在内的不同 HDL 语言之上使用。它使用不同的运算符表示时序序列，例如，“;”表示一个时钟周期步长；“:”用于连接（[low:high]）；“[*]”表示零次或多次重复；“[+]”表示一次或多次重复；“&”和“|”分别表示序列之间的逻辑 AND 和 OR。诸如 always、eventually！以及交叠蕴含和非交叠蕴含（意味着右侧属性可以在左侧序列发生后的一个周期内成立）等不同操作符可以与其他参数和操作符组合使用。断言通常伴随着时钟的活动边沿（通常默认为时钟的上升沿）。PSL 断言可以包含布尔表达式（b_i）、布尔原语事件序列（$s_i = b_1; \cdots; b_r$）以及布尔表达式和序列上的属性。断言可分为两类：条件断言和义务断言[7]。条件断言的目标是检测故障，因此每当观察到其所有事件时都会被激活。例如，“assert never b1”被称为条件断言，因为每当 b1 评估为真时，就会发生故障，断言应被触发。另一方面，当其序列中的某个失败触发它时断言处于义务模式。例如，“assert always b2”处于义务模式，因为 b2 应始终为真，每次评估为假时，断言都会被激活。

【示例 1】某电路部分如图 15.3 所示。假设我们有两个设计属性，当信号 E 有效时，信号 H 应在 1 ~ 3 个周期内被置为有效。以下断言描述了此属性：

```
A1 : assert always(E → {[1 : 3]; H}) @rising_edge(clk)
```

考虑第二个属性，即我们希望涵盖功能场景，使得 D 信号和 I 信号不会同时为真。此属性可以表述为：

```
A2 : assert never (D & I)
```

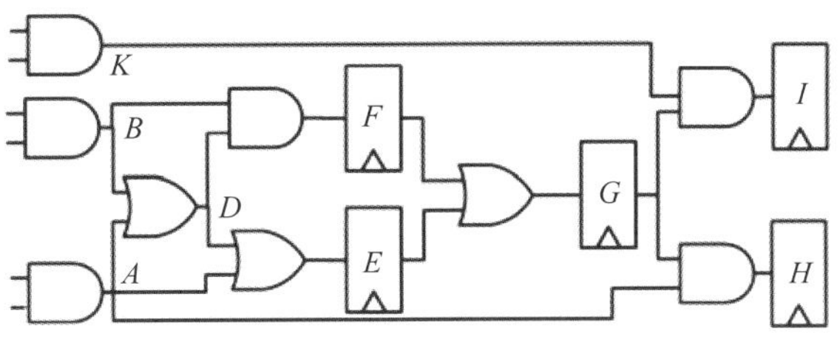

图 15.3 一个用于说明设计特性的简单电路

15.3 硅后功能的覆盖率分析

要在硅后阶段实现全面的可观测性，一种选择是将所有功能场景（通常是数千个断言、覆盖率事件等）综合到覆盖率监视器中，并在硅后执行期间跟踪其状态。然而，由于设计开销过大，这种选择并不实际。因此，设计人员希望移除全部或部分覆盖率监视器以满足面积和功耗预算。这就产生了一个根本性的挑战，即如何决定哪些覆盖率监视器可以移除。在本章中，我们提出了一种通过片上跟踪缓冲器评估断言激活工作量的方法，并根据覆盖/检测它们的难易程度对其进行排序。显然，难以检测的应进行综合，而容易检测的可以忽略（跟踪分析可以覆盖它们）。所提出的方法包括四个主要步骤：覆盖率场景分解、信号状态的恢复、覆盖率感知信号选择。

15.3.1 覆盖率场景分解

假设给定一个门级设计 D 以及一组硅前 RTL 断言 A，目标是利用跟踪缓冲器信息来确定在硅片执行期间模型 D 中 A 的激活情况。分解可以在硅前阶段完成。首先，扫描 RTL 断言以提取其信号以及基于名称映射方法对应的门级信号。接下来，将集合 A 中的每个 RTL 断言映射到一组子句，使得每个子句包含特定周期内一组信号的赋值。图 15.4 展示了断言分解方法。

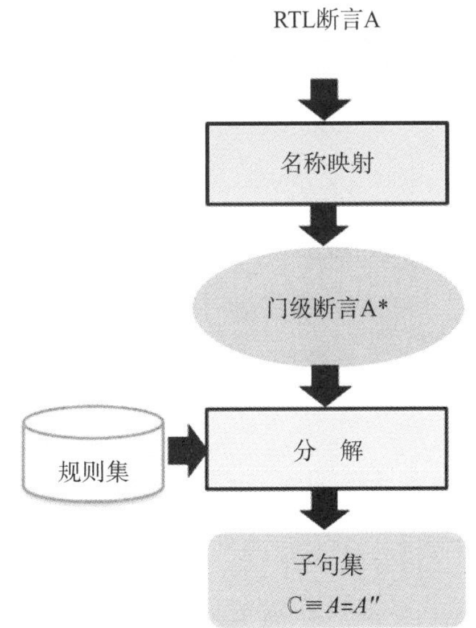

图 15.4 将覆盖场景“A”分解为一组子句

从形式上讲，每个硅前断言 $A_i \in \mathbb{A}$ 都会被扫描，其信号及其对应的门级信号也将被定义。然后，根据其模式（条件或义务），将 A_i 分解为一组子句集 $A \equiv \mathbb{C} = \{C_1, C_2, \cdots, C_n\}$。每个 C_j 可以形式化为 $C_j = \{\alpha_1 \Delta_1 \alpha_2 \Delta_2 \cdots \Delta_{m-1} \alpha_m\}$。每个 α_k 表示在周期 c_t（$1 \leqslant c_t \leqslant CC$，假设我们知道制造的设计将在最大 CC 个时钟周期内进行模拟）中对门级信号 $n \subset \mathbb{N}$（$\mathbb{N}$ 表示

集合 $\mathbb{A}$ 的所有对应门级信号）的布尔赋值，例如 $a_i:\{n=val\ in\ cycle[c_t]\}$，其中 $val\in\{0,1\}$。运算符 Δ_k 可以是逻辑运算符之一，如 AND、OR 或 NOT。因此，原始断言被转换为一组子句集 $\mathbb{C}$，使得激活其中任何一个都会触发原始断言。

从现在开始，我们假定 A_i 的信号被映射到相应的门级信号断言上。以下规则用于生成子句集（$\mathbb{C}$）：

· 如果断言处于义务模式且包含 AND 运算符（$p\wedge q$），则操作数将被取反，AND 运算符将变为 OR 运算符（$p\vee q$）。例如：

```
assert always p & q,
```

每当条件 p 或 q 为假时，断言就会被激活。因此，该断言被转换为一组子句集，即 $\mathbb{C}=\cup_{t=1}^{CC}\{p=0[t]\vee q=0[t]\}$，（子句集也会随时间展开）。

· 如果断言处于义务模式且包含诸如 OR 这样的运算符，例如：

```
assert always (p | q),
```

条件将被否定，提取的子句集为：$\mathbb{C}=\cup_{t=1}^{CC}\{p=0[t]\wedge q=0[t]\}$。

· 如果断言处于义务模式且包含蕴含运算符，则前提条件不变，但结论条件取反。例如：

```
assert always (p → next q),
```

被翻译为 $\mathbb{C}=\cup_{t=1}^{CC}\{p=1[t]\wedge q=0[t+1]\}$。接下来的操作在条件 $q=0[t+1]$ 下显示其效果。

· 如果断言处于条件模式且包含诸如 OR 这样的运算符，例如：

```
assert never (p | q),
```

则被翻译为 $\mathbb{C}=\cup_{t=1}^{CC}\{p=1[t]\vee q=1[t]\}$。

· 如果断言处于条件模式且包含 AND 运算符（$p\wedge q$），则该运算保持不变。例如：

```
assert never (p & q),
```

如果 p 和 q 同时为真，断言就会被激活。因此，该断言被翻译为 $\mathbb{C}=\cup_{t=1}^{CC}\{p=1[t]\wedge q=1[t]\}$。

· 如果断言处于条件模式且包含蕴含运算符，则前提条件和后件条件与原始断言保持一致。例如：

```
assert never (p → next q),
```

被翻译为 $\mathbb{C}=\cup_{t=1}^{CC}\{p=1[t]\wedge q=1[t+1]\}$。

· 如果断言中存在最终（eventually）或直到（until）运算符，则根据断言的模式，它会在不同的时钟周期中生成重复的条件。例如：

```
asser t always (p → eventually q)
```

被翻译为 $\mathbb{C}=\cup_{t=1}^{CC}\{(p=1[t])\wedge(q=0[t]\wedge q=0[t+1]\wedge\cdots\wedge q=0[CC])\}$。另一方面，若存在如下断言：

```
assert always (p until q),
```

则可翻译为 $\mathbb{C}=\cup_{t=1}^{t+n=CC}\{(p=1[t]\wedge(p=0[t+1]\vee p=0[t+2]\vee\cdots\vee p=0[t+n-1])\wedge(q=1[t+n])\}$。

【示例 2】 考虑 15.2 节示例 1 中的断言。我们假设该电路在硅后验证阶段执行 10 个时钟周期。第一个属性（A_1）将分解为如下等效条件：

$$\mathbb{C}_{A1}:\{\{E=1[1]\wedge H=0[1]\wedge H=0[2]\wedge H=0[3]\},\ \{E=1[2]\wedge H=0[3]\wedge H=0[4]\wedge H=0[5]\},\ \cdots,\ \{E=1[7]\wedge H=0[7]\wedge H=0[9]\wedge H=0[10]\}\}$$

如果信号 E 被激活且信号 H 在接下来的三个周期内保持为假，则断言被激活。由于当 D 和 I 同时为真时该第二属性将被激活，因此将其分解如下所示：

$$\mathbb{C}_{A2}:\cup_{t=1}^{10}\{D=1[t]\wedge I=1[t]\}$$

计算出的条件用于在硅后验证期间检测断言的激活，如 15.3.3 节所述。

15.3.2 信号状态的恢复

假设我们有一个包含 $\mathbb{G}$ 个内部信号的门级设计，并且该设计在硅后验证阶段已执行了 CC 个时钟周期。在硅后执行期间，对一组信号（$\mathbb{S}$，其中 $\mathbb{S}\subset\mathbb{G}$）进行采样，并将其值存储在跟踪缓冲器 T 中，采样持续了 CC_t 个时钟周期（$CC_t\leqslant CC$）。跟踪缓冲器的信息（具有 $|\mathbb{S}|$ 和 CC_t 维度）可用于推导其他信号（$\mathbb{G}-\mathbb{S}$）的值。信号恢复过程从 $\mathbb{S}$ 信号在 CC_t 周期的存储值开始，通过前向和后向分析来填充矩阵 $\mathbb{M}_{\mathbb{G}xCC}$ 的值。矩阵 $\mathbb{M}$ 用于表示设计在 CC 个时钟周期内的状态。矩阵 $\mathbb{M}$ 的每个单元格可以具有值 0、1 或 X。当 $m_{i,j}\in\mathbb{M}$ 的值为 X 时，表示在时钟周期 j 中信号 i 的值无法根据 $\mathbb{S}$ 采样信号的跟踪值进行恢复。矩阵 $\mathbb{M}$ 的信息将用于确定在运行时是否满足任何断言。

15.3.3 覆盖率分析

覆盖率分析的目标是利用跟踪值和信号恢复值来验证 15.3.1 节所定义的易于检测断言的子句。为了找到集合 $\mathbb{A}$ 中断言的覆盖范围，每个断言 $A_i\in\mathbb{A}$ 都按照 15.3.1 节所述分解为子句集 $\mathbb{C}$。集合 $\mathbb{C}$ 的设计方式是，如果任意子句 $C_i\in\mathbb{C}$ 在矩阵 $\mathbb{M}$ 上被评估为真，则断言 A_i 被触发。根据本方法，每个 C_i 包含一组布尔函数（α_j），并且每个 $\alpha_j : n = val$ 在周期 t（$1 \leqslant t \leqslant CC$）中被映射到矩阵 $\mathbb{M}$ 的一个单元（$m_{n,t}$）。如果 $m_{n,t}$ 的值等于 $val \in \{0, 1\}$，则条件 α_j 被评估为真。当由所有 α_j 和 Δs 组成的表达式被评估为真时，条件 C_i 被评估为真。如果其 C_i 中的一个被评估为真，则在硅后验证期间称该断言被覆盖。

对于原本包含蕴含运算符（`A : assert p→q`）的断言，当在矩阵 $\mathbb{M}$ 上检查其条件时，会保留哪些布尔值 α_j 属于前提条件（p）以及哪些条件属于实现条件（q）的信息。检查断言 A 时，从包含前件信号的行开始，并在每个周期检查以找到期望的值。然后，从前件为真的那些周期开始继续搜索后件，以找到使整个 A 为真的值。换句话说，为了能够确定断言 A 的激活情况，我们需要将矩阵 $\mathbb{M}$ 单元格中的 X 值数量最小化。该方法可以确切地计算出断言 A 被激活的次数。请注意，对于条件检查，使用三值（三元）逻辑。换句话说，如果信号 p 为真且 q 为 X 值，则条件 $p \vee q$ 被评估为真，反之亦然。该框架会统计断言在执行期间被激活的次数，如果计数为零，则意味着无法根据跟踪缓冲器的值确定断言的激活情况。覆盖率百分比是这样计算的：将至少被激活过一次的断言数量除以断言的总数。

【示例 3】考虑图 15.3 所示的电路以及示例 1 中给出的相关断言。假设在硅后验证期间只能跟踪两个信号（A 和 B）（跟踪缓冲器的宽度为 2）。请注意，信号选择不限于触发器，每个内部信号都可以被视为潜在的采样信号。图 15.5 展示了基于 A 和 B 信号存储值的设计状态。实际上，图 15.5 展示的是矩阵 $\mathbb{M}$。假设我们以示例 2 中的子句和图 15.5 所示的矩阵作为输入，来计算这些断言在运行时的覆盖率。根据图 15.5 的信息，断言 A_1 被激活，因为在第 6 个周期信

信号＼周期	1	2	3	4	5	6	7	8	9	10
A	0	1	0	1	1	0	0	0	1	0
B	1	0	0	1	0	0	0	1	1	1
K	X	X	X	X	X	X	X	X	X	X
D	1	1	0	1	1	0	0	1	1	1
E	X	1	1	0	1	1	0	0	1	1
F	X	1	0	0	1	0	0	0	1	1
G	X	X	1	1	0	1	1	0	0	1
I	X	X	X	X	X	0	X	X	0	0
H	X	0	X	0	1	0	0	0	0	0

图 15.5　图 15.3 所示电路中 A 和 B 为跟踪信号时的恢复信号

号 E 被置位，并且在接下来的三个周期 7、8 和 9 中信号 H 保持为零。然而，我们无法对 A_2 作出评论，因为相应的条件无法评估。

到目前为止，我们已经确定了在运行时肯定会激活的断言。根据 15.3.3 节所提出的方法检测它们所需的工作量对断言进行排序，以决定哪些断言更适合在硅后阶段保留为覆盖率监视器，从而提高设计的可观测性并增加断言覆盖率。例如，如果我们有预算综合 10% 的断言，我们可以从难以检测的断言中选择这些断言。换句话说，使用所提出的方法可以轻松检测到的断言可以具有较低的优先级。那些难以检测的断言（例如，使用所提出的方法甚至一次都无法检测到）或代表关键功能场景的断言应优先作为硅覆盖率监测点予以保留，以提高设计的可观测性。

15.3.4 覆盖率感知信号选择

传统的信号选择方法会选择那些相对于其他设计信号具有优先级的信号，因为它们可能具有更好的可恢复性，并且在片外分析期间可能会恢复更多的内部信号。如果我们选择那些在断言信号上具有更好可恢复性的跟踪信号，就能增加发现断言激活的机会。为了选择在断言信号上具有更好可恢复性的跟踪信号，扫描硅前断言 A，通过统计特定信号在断言中的重复出现次数，确定各信号及其重要性。现有的基于仿真的跟踪信号选择算法可以进行修改，以根据随机测试向量在几个周期内的仿真值选择在断言信号上具有最大恢复比的信号。图 15.6 展示了信号选择方法的整体流程。

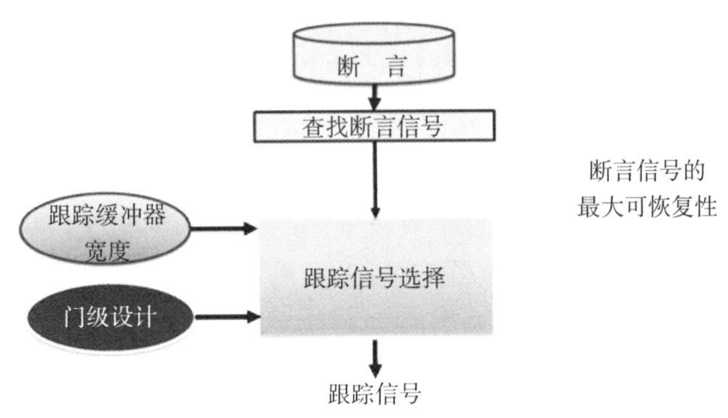

图 15.6　覆盖率感知信号选择

【示例 4】从示例 3 可以看出，仅根据图 15.5 的信息无法检测断言 A_2 的激活状态。采用覆盖率感知信号选择，根据 A 和 I 对断言信号（E、H、D 和 I）的良好恢复性，选择 A 和 I 作为跟踪信号。恢复和覆盖率分析（使用新信号的跟踪值）能够检测出示例 1 中两个断言的激活情况，如图 15.7 所示。

周期 信号	1	2	3	4	5	6	7	8	9	10
A	0	1	0	1	1	0	0	0	1	0
B	X	X	X	X	X	X	X	X	1	X
K	X	1	1	1	X	0	1	X	1	X
D	X	1	X	1	1	X	X	X	1	X
E	X	X	1	X	1	1	X	X	X	1
F	X	X	X	X	X	X	X	X	X	1
F	X	1	1	1	X	1	1	X	0	1
I	0	0	1	1	1	0	0	1	0	0
H	X	0	1	0	1	X	0	0	0	0

图 15.7 图 15.3 所示电路中 *A* 和 *I* 为跟踪信号时的恢复信号

15.4 实 验

表 15.1 展示了每个基准测试中总计 12000 个断言（每种跟踪缓冲器配置 4000 个）的断言覆盖率结果。跟踪缓冲器的宽度分别为 8、16 和 32，深度为 1024。断言基于文献［17］中提出的方法处于义务模式和条件模式。使用不同的跟踪缓冲器对基准测试进行 1024 个时钟周期的模拟，并使用随机测试向量来模拟硅后验证。前三列分别显示基准测试的类型、门的数量以及跟踪缓冲器的宽度。第 4 列显示基于现有跟踪信号选择的恢复率。第 5 列显示使用跟踪缓冲器的断言覆盖率（不引入任何开销）。请注意，可观测性感知信号选择（Observability-aware SS）代表我们在现有信号选择技术基础上实现的断言覆盖率分析框架。本文提出的信号选择算法提高了断言覆盖率，对整个设计的可恢复性影响可忽略不计（第 6 列和第 7 列）。覆盖率感知信号选择（Coverage-aware SS）代表我们在覆盖率感知信号选择方法基础上实现的断言覆盖率分析框架。由于信号选择算法基于启发式方法，在某些情况下（例如 s15850），我们的覆盖感知信号选择算法还能提高设计的可恢复性。

表 15.1 每行断言总数为 4000 个（每个基准测试为 12000 个）时的断言覆盖率

测试基准			信号选择			
种 类	# 门	# 宽度	可观测性感知信号选择		覆盖率感知信号选择	
			恢复 %	断言 %	恢复 %	断言 %
S5378	2995	8	60.97	46.97	58.57	49.6
		16	79.27	63.6	76.95	64.23
		32	93.10	88.5	92.26	90.57

续表 15.1

测试基准			信号选择			
种 类	# 门	# 宽度	可观测性感知信号选择		覆盖率感知信号选择	
			恢复 %	断言 %	恢复 %	断言 %
S9234	5844	8	84.85	65.4	76.03	65.8
		16	90.19	75.27	83.70	83.12
		32	94.54	90.67	93.8	93.45
s15850	10383	8	72.03	59.7	76.03	65.8
		16	80.97	61.6	75.55	68.7
		32	84.14	72.9	82.66	74.9
s35932	17828	8	41.09	26.825	41.63	27.02
		16	41.35	26.825	41.88	27.05
		32	41.79	26.825	42.22	27.25
s38417	23843	8	36.53	23.025	36.97	23.23
		16	43.76	28.575	46.91	32.58
		32	49.77	35.075	55.82	42.33
s38584	20717	8	72.97	47.625	67.78	59.8
		16	79.15	63.65	76.53	69.3
		32	88.85	73.65	87.27	82.78

表 15.1 所示的结果展示了在不引入任何硬件开销的情况下，所实现的功能覆盖率分析范围。图 15.8 展示了随机选择 10% ~ 90% 那些仅凭跟踪缓冲器信息无法确定其激活状态的剩余断言时，所能获得的覆盖率提升情况。直线表示未使用我们的方法，仅通过综合覆盖率监视器提供可观测性时的覆盖率（可观测性的百分比等于综合断言的百分比）。另一方面，15.3.3 节中提出的方法用于选择难以检测的覆盖率监视器。

如图 15.8 所示，通过显著降低开销（40% ~ 50% 覆盖率的监视器结合具有可观测性感知的信号选择能够提供 100% 的功能覆盖率）实现了 100% 的可观测性。

图 15.9 展示了 s9234 在不同跟踪缓冲器宽度和不同覆盖率监视器选择策略下的可观测性结果（直线在 50% 处截断以改善说明效果）。可以看出，当使用我们的信号选择算法选择 32 个跟踪信号，并使用我们的覆盖率监视器算法时，仅综合 10% 的断言即可实现 100% 的可观测性。这里仅展示了 s9234 的结果，对于其他 ISCAS89 基准测试我们也获得了类似的结果。

可以说，要实现前 90% 的覆盖率并不费力，但要达到剩余 10% 的覆盖率则需要付出更多努力。根据我们提出的方案，如果能够综合剩余 10% 的断言，就能实现 100% 的覆盖率。然而，如果由于设计限制无法综合这些断言，可以考虑增加时序信号的宽度或深度。动态信号选择功能（如果有的话）可被专门用于跟踪剩余 10% 的断言。

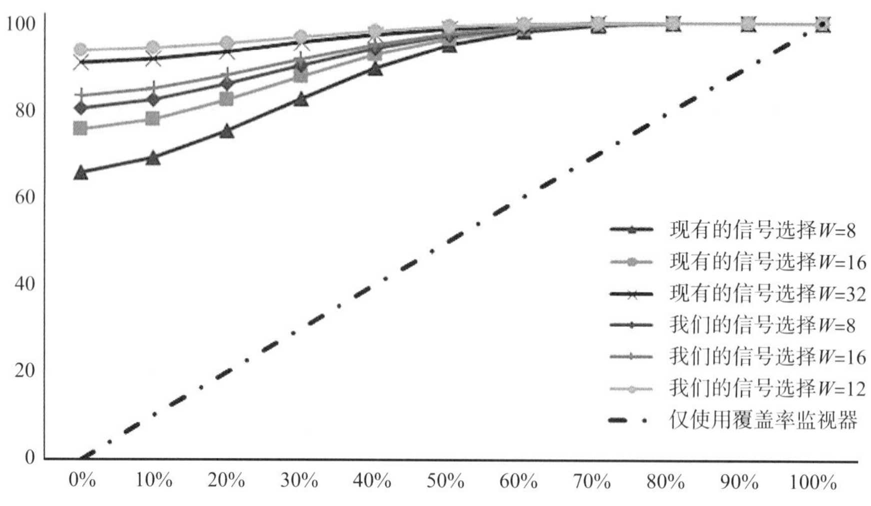

图 15.8 s9234 的覆盖率分析：覆盖率监视器是随机选取的

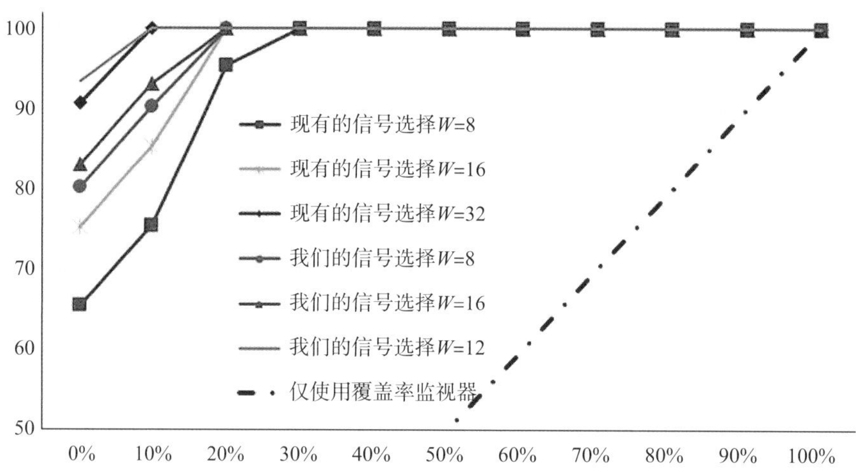

图 15.9 s9234 的覆盖率分析：覆盖率监视器是从难以察觉的事件中选取的

15.5 小 结

本章介绍了一种无须引入任何额外开销即可在硅片上实现高效功能覆盖检测的技术。该方法利用了现代设计中现有的调试架构，根据检测所需的努力程度对覆盖监视器进行排序。此外，还引入了一种信号选择算法，以在不影响恢复率的情况下改进覆盖率分析。

参考文献

[1] Adir A, Copty S, Landa S, et al. A Unified Methodology for Pre-silicon Verification and Post-silicon Validation[C]//Design Automation and Test in Europe. Piscataway: IEEE, 2011: 1590-1595.

[2] Adir A, Golubev M, Landa S, et al. Threadmill: A Post-silicon Exerciser for Multi-threaded Processors[C]//IEEE/ACM International Conference on Computer Design Automation. New York: ACM, 2011: 860-865.

[3] Adir A, Nahir A, Ziv A, et al. Reaching Coverage Closure in Post-silicon Validation[C]//International Conference on Hardware and Software: Verification and Testing. Berlin: Springer, 2010: 6075.

[4] Balston K, Karimibiuki M, Hu A J, et al. Post-silicon Code Coverage for Multiprocessor System-on-chip Designs[J]. IEEE Transactions on Computers, 2013: 242-246.

[5] Basu K, Mishra P. RATS: Restoration-aware Trace Signal Selection for Post-silicon Validation[J]. IEEE Transactions on Very Large Scale Integration Systems, 2013, 21: 605-613.

[6] Boule M, Chenard J, Zilic Z. Adding Debug Enhancements to Assertion Checkers for Hardware Emulation and Silicon Debug[C]//International Conference on Computer Design. Piscataway: IEEE, 2006: 294-299.

[7] Boule M, Zilic Z. Automata-based Assertion-checker Synthesis of PSL Properties[J]. ACM Transactions on Design Automation of Electronic Systems, 2008, 13(1).

[8] Boule M, Zilic Z. Generating Hardware Assertion Checkers for Hardware Verification, Emulation[M]. New York: Springer, 2008.

[9] Chen M, Qin X, Koo H, et al. System-Level Validation - High-level Modeling and Directed Test Generation Techniques[M]. Berlin: Springer, 2012.

[10] El Mandouh E, Gamal A, Khaled A, et al. Construction of Coverage Data for Post-silicon Validation Using Big Data Techniques[C]//24th IEEE International Conference on Electronics, Circuits and Systems. Piscataway: IEEE, 2017: 46-49.

[11] Farahmandi F, Mishra P, Ray S. Exploiting Transaction Level Models for Observability-aware Post-silicon Test Generation[C]//Design Automation and Test in Europe. Piscataway: IEEE, 2016: 1477-1480.

[12] Farahmandi F, Morad R, Ziv A, et al. Cost-effective Analysis of Post-silicon Functional Coverage Events[C]//2017 Design, Automation & Test in Europe Conference & Exhibition. Piscataway: IEEE, 2017: 392-397.

[13] Gao M, Cheng K T. A Reconfigurable Design-for-debug Infrastructure for SoCs[C]//High Level Design Validation and Test Workshop. Piscataway: IEEE, 2010: 90-96.

[14] Kadry W, Krestyashyn D, Morgenshtein A, et al. Comparative Study of Test Generation Methods for Simulation Accelerators[C]//2015 Design, Automation and Test in Europe Conference and Exhibition. Piscataway: IEEE, 2015: 321-324.

[15] Kumar B, Basu K, Fujita M, et al. RTL Level Trace Signal Selection and Coverage Estimation During Post-silicon Validation[C]//2017 IEEE International High Level Design Validation and Test Workshop. Piscataway: IEEE, 2017: 59-66.

[16] Li M, Davoodi A. A Hybrid Approach for Fast and Accurate Trace Signal Selection for Post-silicon Debug[C]//Design Automation and Test in Europe. Piscataway: IEEE, 2013: 485-490.

[17] Liu L, Sheridan D, Tuohy W, et al. Towards Coverage Closure: Using Goldmine Assertions for Generating Design Validation Stimulus[C]//Design Automation and Test in Europe. Piscataway: IEEE, 2011: 173-178.

[18] Liu X, Xu Q. Trace Signal Selection for Visibility Enhancement in Post-silicon Validation[C]//Design Automation and Test in Europe. Piscataway: IEEE, 2009: 1338-1343.

[19] Ma S, Pal D, Jiang R, et al. Can't See the Forest for the Trees: State Restoration's Limitations in Post-silicon Trace Signal Selection[C]//International Conference On Computer Aided Design. New York: ACM, 2015: 146:1-146:6.

[20] Mishra P, Morad R, Ziv A, et al. Post-silicon Validation in the SoC Era: A Tutorial Introduction[J]. IEEE Design & Test, 2017, 34(3): 68-92.

[21] Mitra S, Seshia S A, Nicolici N. Post-silicon Validation Opportunities, Challenges and Recent Advances[C]//IEEE/ACM International Conference on Computer Design Automation. New York: ACM, 2010: 12-17.

第V部分　案例研究

第16章　片上网络验证与调试

苏博达·查尔斯 / 普拉巴特·米什拉

16.1 引　言

片上系统（SoC）设计包含处理器内核、协处理器、存储器、控制器等多种组件。片上网络（NoC）用于实现组件之间的通信。芯片制造技术的持续进步使得计算机架构师能够在同一个 SoC 上集成越来越多的通用处理器以及专用处理器。例如，英特尔的 Xeon Phi 处理器，具有 64 ~ 72 个 Atom 内核和 144 个向量处理单元[1]。此外，更多的内核必然会导致更高的内存需求。为了满足这一需求，一系列集成的内存控制器（MC）提供了多个接口。这使得 NoC 需要在处理器内核、片外存储器以及 SoC 中的其他组件之间建立连接并进行通信。因此，连接了上百个片上资源的 NoC 在性能和功耗方面都起着至关重要的作用[2,3]。

随着复杂度的增加，要让整个系统正常运行变得愈发困难。这就需要更完善的硅前和硅后验证及调试解决方案。硅前验证采用形式化和基于模拟的方法，在制造之前检测并消除错误。然而，仅靠这一方法并不能确保首次流片没有错误。不可避免的是，在制造的芯片中会存在功能性和非功能性错误，因此，尽快识别出逃逸的错误至关重要。与硅前验证相比，硅后调试的挑战在于内部信号的可观测性以及在可接受的开销下实施解决方案。

SoC 验证工作大致可分为处理器内核、内存以及互连网络的验证。随着从单核向多核的转变，对互连网络的验证的关注度日益增加，因为分析表明 NoC 是错误的重要来源。Intel Xeon E5 v2 处理器的错误报告显示，外设组件互连扩展（PCIe）和快速路径互连（QPI）导致了近 26% 的总错误率[4]。同样，在 AMD Opteron 中，超传输（闪电数据传输）错误占 13%[5]，如图 16.1 所示。

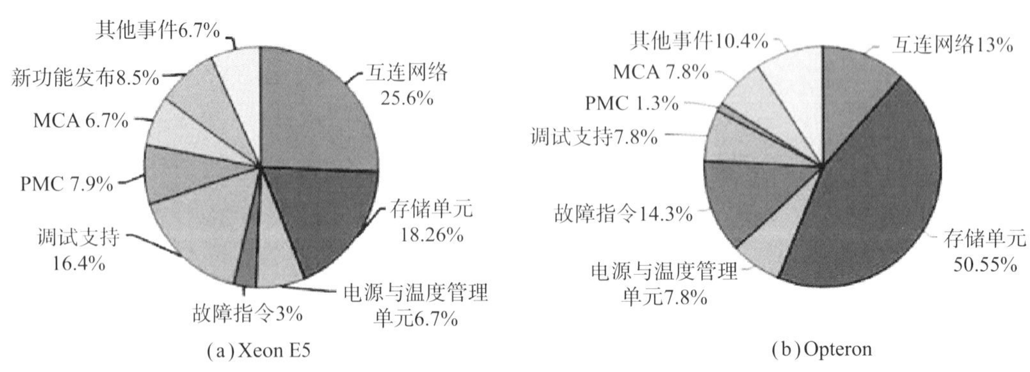

图 16.1　两款产品的设计错误分析——Intel Xeon 处理器 E5 v2（修订日期：2015 年 4 月）[4]和 AMD Opteron（修订日期：2009 年 6 月）[5,6]

表 16.1 显示了多核架构中 NoC 错误百分比与报告的总错误率的比较总结。这些统计数据促使验证工作将 NoC 视为错误的主要来源之一。

表 16.1　多核架构中 NoC 所发现错误占总错误的百分比统计[6]

处理器	#NoC 中的错误率（%）
Intel Xeon E5	25.6
AMD Opteron	13
Intel Xeon Phi	16.07[7]
ARM MX6	48

本章我们将探讨 NoC 验证所面临的挑战以及相关解决方案。

16.2　NoC概述

假设一位设计师负责规划大城市的道路网络。道路布局应确保能够便捷通达所有办公区、学校、住宅区、公园等场所。若高频目的地过于集中，必将导致局部区域道路拥堵而其他区域闲置。设计师必须避免此类情况，尽可能实现交通流量的均衡分布。为此，可在拥堵区域增设车道和停车设施以满足需求。除通达性与流量分配外，还需统筹考虑交叉路口、交通信号灯、优先通道，以及因道路维护所需的临时绕行方案。此外，未来可能还需兼容自动驾驶汽车和物流无人机等新型交通载体。与之类似，SoC 设计师在构建连接所有核心的通信基础设施时也会面临一系列类似的挑战。

早期的 SoC 采用了基于总线和交叉开关架构的设计。传统的总线架构具有专用的点对点连接，每个信号都有一条专用的导线。由于 SoC 中内核的数量较少，总线是最经济有效的并且易于实现的。实际上，总线在许多复杂的架构中也得到了成功应用。ARM 的 AMBA（高级微控制器总线架构）总线[8]和 IBM 的 CoreConnect[9]就是两个流行的示例。总线并不根据其特性对活动进行分类。例如，通用的分类如事务、传输和物理层行为并没有通过总线进行区分。这正是总线架构难以适应架构变化、无法充分利用硅工艺技术进步的主要原因之一。由于 SoC 复杂度的不断增加以及内核数量的增加，总线在复杂的 SoC 中常常成为性能瓶颈。再加上其他几个主要缺点，如不可扩展性、增加的功耗、不可重用性、可变导线延迟、增加的验证成本等，促使研究人员寻找替代解决方案。

灵感来源于传统的网络解决方案，更确切地说，来源于互联网。NoC（一种微型化的广域网版本，包含路由器、数据包和链路）被提出作为解决方案[10, 11]，它采用了基于数据包的通信方式。发送到内核 / 缓存或片外内存的请求或响应会被分割成数据包，随后转化为 flits（指数据传输的基本单位）并注入网络中。flits 通过链路和路由器在互连网络中进行多跳路由，最终到达目的地。图16.2展示了一个通用的NoC架构。所描述的新范式提出了一种内核之间通信的方式，包括路由协议、流量控制、交换、仲裁和缓冲等特性。由于具备更高的可扩展性、资源复用性能以及更低的成本、设计风险和上市时间等优势，NoC成为新兴SoC的解决方案。

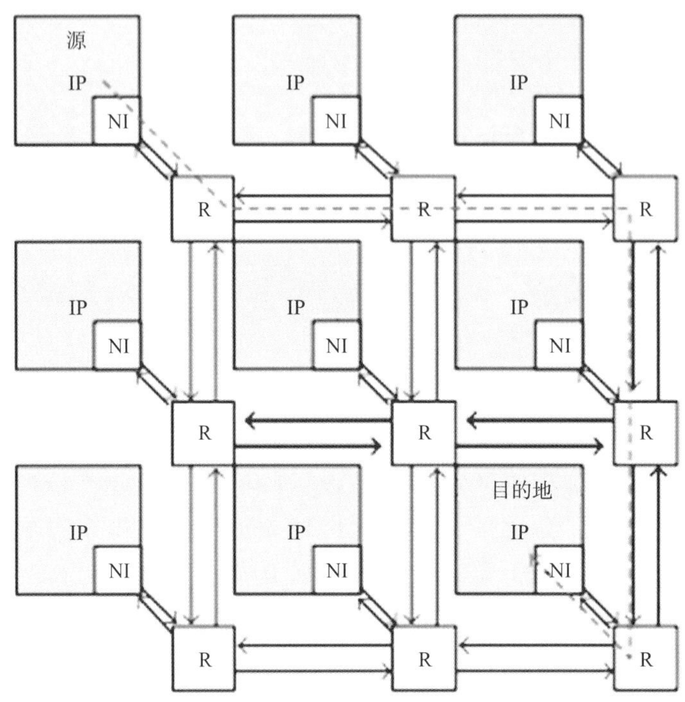

图16.2 一种通用的NoC架构，其中IP内核以网状拓扑结构排列。通过路由器（R）和网络接口（NI）进行通信[12]

随着对性能和功耗的要求变得愈发苛刻，多核架构似乎是最能满足这些要求的可行解决方案。国际半导体技术路线图（ITRS）预测，2022年，性能需求将继续增长至300倍[13]，这反过来又会要求芯片拥有比当前最先进的设计多100倍的内核数量。在SoC的主要功耗来源中，NoC可以消耗总芯片功耗的约30% ~ 40%，因此，设计高性能和低功耗的互连对于未来几年多核架构的增长至关重要。

16.3 NoC验证与调试所面临的独特挑战

尽管SoC组件的验证问题本身已经颇具挑战性，但NoC为其引入了另一层复杂性，这主要是其并行通信特性所致。NoC复杂性的增加迅速提升了其验证工作量，因此，高效且可扩展的解决方案的需求变得不可避免。在接下来的部分，我们将概述NoC验证中的一些重要挑战[14]。

16.3.1 处理异质行为

在采用不同拓扑结构的 NoC 中，$N \times N$ 网格拓扑因其可扩展性、规则性和易于在硅片上实现性，成为目前应用最广泛的拓扑结构。尽管诸如环面、蝶形、环形、交叉开关等变体已被提出，但它们都围绕着相同的同构路由器设计。网格拓扑结构与最常用的 *X-Y*/*Y-X* 确定性路由协议一起使用时，会在路由器之间表现出非均匀的流量行为，其中中心路由器往往承载着大部分流量，而边缘路由器则不太拥堵。这可能会导致热点，从而造成性能下降。Mishra 等[15]进行的一项研究表明，一个 8×8 的网格在均匀随机的流量模式下，中心路由器的利用率很高（约 75%），而边缘路由器的利用率则较低（约 25%）。平均缓冲器和链路利用率的热图如图 16.3 所示。这种情况在大多数流量模式和基准测试中都很常见。

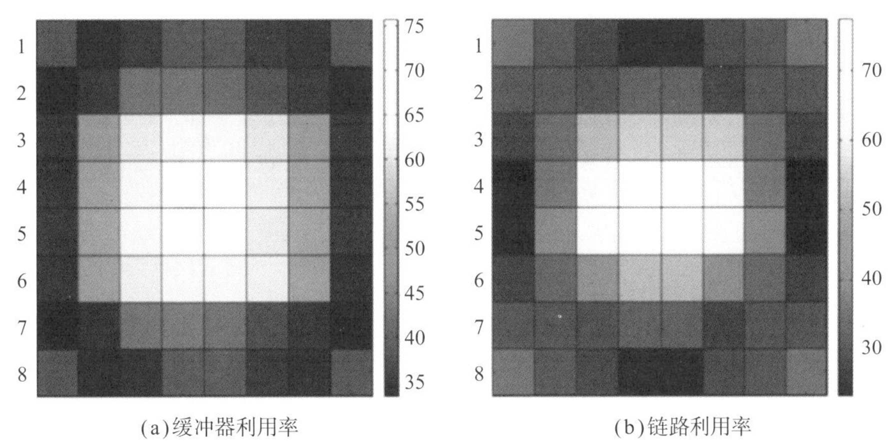

图 16.3 以热图形式呈现的 8x8 网状拓扑中所有路由器的缓冲器和链路利用率（以百分比表示）[15]

NoC 的同构设置存在若干此类缺陷，这促使设计人员重新思考在整个互连中均匀分配资源的做法。针对前面提到的中央路由器利用率过高的问题，有人认为可以为中央路由器配备更多的虚拟通道（VC）、更宽的链路宽度以及更多的缓冲器，而边缘路由器则配备较少的这些资源。这将同构的 NoC 设置转变为异构的 NoC，异构 NoC 正成为 NoC 设计的前沿技术。未来 SoC 将包含许多本质上异构的内核和组件，这一事实进一步加剧对异构 NoC 的需求。这些组件本质上会表现出非常不同的资源需求，而这些需求应当由互连网络来支持。

因此，很明显，与总线不同，NoC 有一个基本要求，即支持异构组件以及相关的异构通信需求。这种异构特性导致的验证挑战主要体现在以下功能需求方面：

（1）当链路宽度不同时，导致输出端口宽度大于输入端口宽度，NoC 将对响应进行聚合。为了支持这些不同的大小，流量必须进行分组或拆分，验证器必须对此行为进行建模，这并非易事。

（2）不同的端口可能需要使用不同的协议，这将促使验证工程师必须处理协议转换。

（3）NoC 上的组件可以运行在不同的时钟频率下。这甚至可能导致极端情况——输出事务似乎比输入事务更早到达。例如，英特尔的 TeraFlop NoC 包含 80 个内核，分布在 80 个模块中，它使用一种中等时序接口来进行模块间的通信，允许在模块之间实现时钟相位无关的通信，并在每个模块内实现同步操作。这导致将单一频率时钟分配到各个模块上会产生同步延迟的代价。在这种情况下，验证工作需要额外处理时钟域和跨模块的任务同步[16]。

16.3.2 安全与信任

随着 SoC 的复杂度和组件数量不断增加，制造商们越来越倾向于使用第三方知识产权（IP）来降低成本并满足严格的上市时间要求。现状是，没有哪家制造商能够独自完成整个 SoC 的设计，而是从全球各地获取各种 IP 来共同打造最终的 SoC。这将引发严重的安全问题。可信计算中的一个关键假设是软件运行在安全的硬件之上。然而，随着第三方 IP 的使用，这一假设已不再成立，这就需要采取额外的措施来确保 SoC 的安全性。

业界对于使用NoC来保障SoC安全的兴趣日益浓厚，这一点从NoC-Lock[17]和 FlexNoC 恢复包[18]等相关研究中可见一斑。另一方面，当不同的 IP 块来自不同的供应商时，其自身也可能成为安全威胁——存在漏洞的 IP 可能会导致数据损坏、性能下降甚至窃取敏感数据。NoC 能够访问所有系统数据、覆盖整个 SoC 且其组件具有高度可复制性（任何修改都能快速传播），这些特性为在 NoC 层面实施安全防护提供了充分依据。由于 NoC 与所有片上组件紧密相邻，基于 NoC 的分布式安全机制将具有更低的面积和功耗开销。然而，如何以更低的成本开发高效且灵活的解决方案，同时对性能影响最小，并且如何对这些解决方案进行认证，仍然是业界面临的挑战。已经研究了几种机制，包括在路由器、网络接口以及类似于防火墙的硬件模块中放置安全措施，以确保对敏感数据的访问安全。这些额外的措施带来了更多的验证挑战。

验证过程需要关注安全设备，并且要足够智能，不能将事务转发到被标记为不安全的端口。在数据包中使用额外的硬件和校验位也会增加验证的状态空间。由于在 NoC 中实施的安全措施的布局和技术会根据需求而有所不同，因此提出通用的验证技术已变得几乎过时。Ahmed 等提出的用于控制基于 NoC 的多核共享内存架构中对安全节点访问的身份和地址验证（IAV）单元的附加硬件如图 16.4 所示[19]。

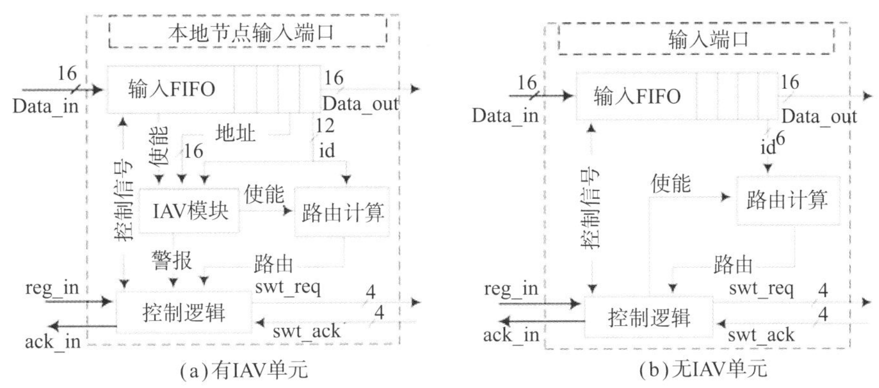

图 16.4 采用文献［19］所提有 IAV 单元和无 IAV 单元的路由器输入端口硬件复杂度的对比分析

16.3.3 动态行为

要实现更好的性能，必然要付出功耗方面的代价。根据电压与频率之间的简单比例关系，不难看出，在更高的频率下工作会消耗更多的功耗。因此，能够在实现预期性能的同时降低功耗的技术（例如，在实时系统中满足任务截止时间要求）对于 SoC 设计来说是至关重要的。应用程序的不断变化特性导致静态配置变得不那么理想。运行时 / 动态重新配置已成为研究的一个方向。动态电压频率调整（DVFS）和超长指令字（VLIW）处理器是两种广为人知的技术——前者根据任务特性调节电压与频率来优化功耗与性能，后者则属于架构层面的优化方案。

随着 SoC 中 IP 块的可重新配置性日益增强，底层互连网络也需同步升级。在设计阶段确定的静态 NoC 配置方案往往面临两难：若按典型工况设计会导致性能平庸，若按最坏工况设计则功耗过高。鉴于当前 NoC 消耗了总功耗预算的 30% ~ 40%，因此 NoC 的可重新配置性变得越来越重要。这也促使学界针对 NoC 特有的重新配置技术展开研究，而这些新技术方案反过来又为验证工作带来了更多挑战。

最新的 NoC 集成了动态路由和捷径功能，能够优先处理流量。因此，仅依靠单一路由协议来估算路径已不再可行。互连网络中的路由选择可能不再完全依赖初始地址，而会受旁路信号或其他软件控制器的调控，最终影响数据包的目标端口。这种变化要求验证模型必须通晓所有组件行为，从而准确预测和验证互连网络中的流量模式。NoC 通过有序与无序的灵活调配展现出强大的重新配置能力。GOOLO(全局无序 – 局部有序)技术便是为避免互连瓶颈和热点而生。然而，某些应用可能需要满足强有序或部分有序的要求，这增加了在顺序不一致的情况下匹配输入和输出事务正确性的验证器的复杂性。此外，硬件组件（路由器、网络接口、链路等）的复杂性增加也增加了可能的验证状态空间。

16.3.4 错误处理

随着技术的不断进步，NoC 越来越容易受到各种噪声源的影响，比如串扰、耦合噪声、工艺变化等，这将导致线延迟在总延迟中的占比持续上升——在 45nm 工艺下，沿芯片对角线传输的延迟约为 6 ~ 10 个时钟周期[20]。值得注意的是，不仅延迟本身，工艺变化导致的延迟变化也会引发时序错误。为了解决这个问题，现代系统采用动态时序检测与纠错机制作为解决方案。若系统在噪声环境下仍能保持零时序违规，方可被视为安全可靠。

除了时序错误之外，NoC 连接中可能出现的错误大致可分为瞬时错误和永久错误[21]。要处理这些错误，需要在架构和设计层面提供支持。基于流量控制的方法是一种潜在的解决方案，它将错误控制代码与重传机制相结合，以容忍传输过程中发生的瞬时故障。Feng 等[22]为此提出了混合自动重传请求和前向纠错方案。容错路由是另一种替代方案，它利用 NoC 中的结构冗余来找到替代路径，在某些链路 / 路由器出现故障的情况下路由数据包。理想的容错机制应当确保 NoC 内部不会丢失任何数据包。在这种设置中，数据传输可能会以优化的突发形式进行，每次传输的数量很大（例如，最新的 AMBA 协议允许从 16 次传输扩展到 256 次）。如果早期的数据包中有一个包含错误，系统会意识到发送更多数据是徒劳的，并停止传输，同时清除网络中不必要的冗余数据包。因此，验证调试技术需要正确处理这些与错误相关的场景。

16.3.5 可观测性约束条件

正如前文所述，设计的可观测性对于验证和调试而言至关重要。另一方面，可观测性的程度越高，安全风险也就越大。因此，在这两者之间取得平衡至关重要。系统级调试解决方案依赖于可观测性和可控性。尽管随着内核数量的增加，可控性会有所提高，但可观测性会下降，因为内核数量与 I/O 引脚数量的比例会增加。可观测性与最终的计算单元验证，以及传统的基于总线的架构已成为被广泛研究的问题领域。实际上，用于观察这些组件的模块已相当常见[23]。ARM 的 CoreSight[24]调试环境的框图如图 16.5 所示，该平台为 ARM SoC 提供了一套完整的调试和跟踪工具。

当问题扩展到最先进的 NoC 层面时，情况就变得更加复杂了，因为 NoC 采用了真正并行的通信路径。像总线那样的集中式监控系统已不再可行。随着 NoC 研究不断探索更多优化流量传输（在功耗和性能方面）的方法，开发高效的 NoC 监控机制势在必行。为了支持其固有的并行性，NoC 验证需要多个并行工作的监控探针，这给监控探针本身之间的互连带来了新的挑战。现在，除了连接 SoC 上的 IP 外，还应考虑监控探针的互连。任何此类互连都应具有以下特征[14]：最小开销、可配置、可扩展、非侵入式和运行时可用。

在设计阶段初期，几乎无法完全确定分布式监测探针的具体需求和功能，因为 NoC 是一个复杂的综合设计流程的产物。某些需求可能会在设计过程中逐步显现——例如，验证数据包的传输路径将取决于拓扑结构和路由协议，这会影响到监测探针的放置位置。因此，监控解决方案必须内置于设计流程之中，或者至少与之紧密结合。

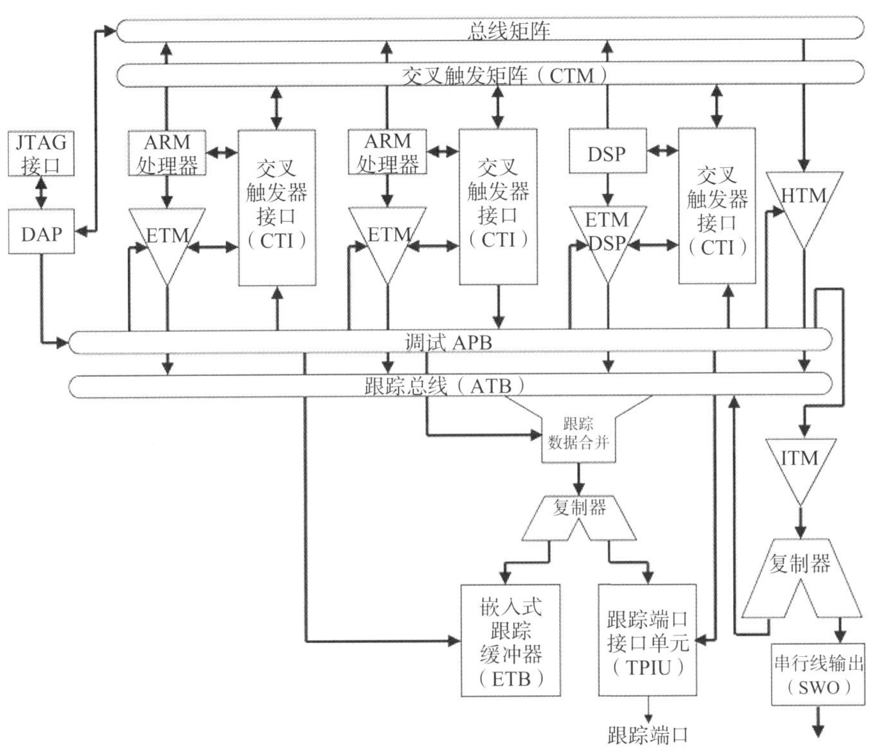

图 16.5　ARM CoreSight^{TM} 调试环境[24]

16.4　NoC验证与调试方法论

前一节概述了与 NoC 验证相关的各种挑战，本节介绍当今使用的几种 NoC 验证和调试方法。

互连可分为两种类型：芯片外互连网络（ODIN）和芯片内互连网络（ONIC）。ODIN 通常支持末级缓存与内存之间的通信。在 ODIN 中，包括基于跟踪缓冲器[25]和基于扫描[26]的几种方法在内的多种方法已被提出用于捕获设计中的内部状态。基于跟踪缓冲器的技术面临面积方面的限制，而边界扫描技术则能减少测试时间，并主要用于测试 ODIN[26]。本节后续部分将分门别类地阐述 NoC 验证与调试方法，针对其独特挑战提出解决方案。总体思路是通过网络检测、数据采集，结合芯片内或芯片外分析来实现功能性与非功能性验证。

16.4.1　增强NoC可观测性

NoC 的可观测性带来了一系列独特的挑战。针对这些挑战，业界已提出多种解决方案。其中一种方法是在 NoC 组件、路由器和网络接口（network interfaces, NIs）上部署硬件探针[27]，这些探针包含用于采集数据的数据嗅探器，以及用于数据处理的事件生成器。收集到的数据会连接到 NoC 的外部处理器处进行处理，该处理器通过监控网络接口与 NoC 相连。这种设置可作为一种通用监测平台，其探针数量取决于拓扑结构，且可进行离线集中式处理。连接探针所需的互连和资源既可以独立于原始NoC存在于外部，也可以与原始NoC共享，如图 16.6 所示。

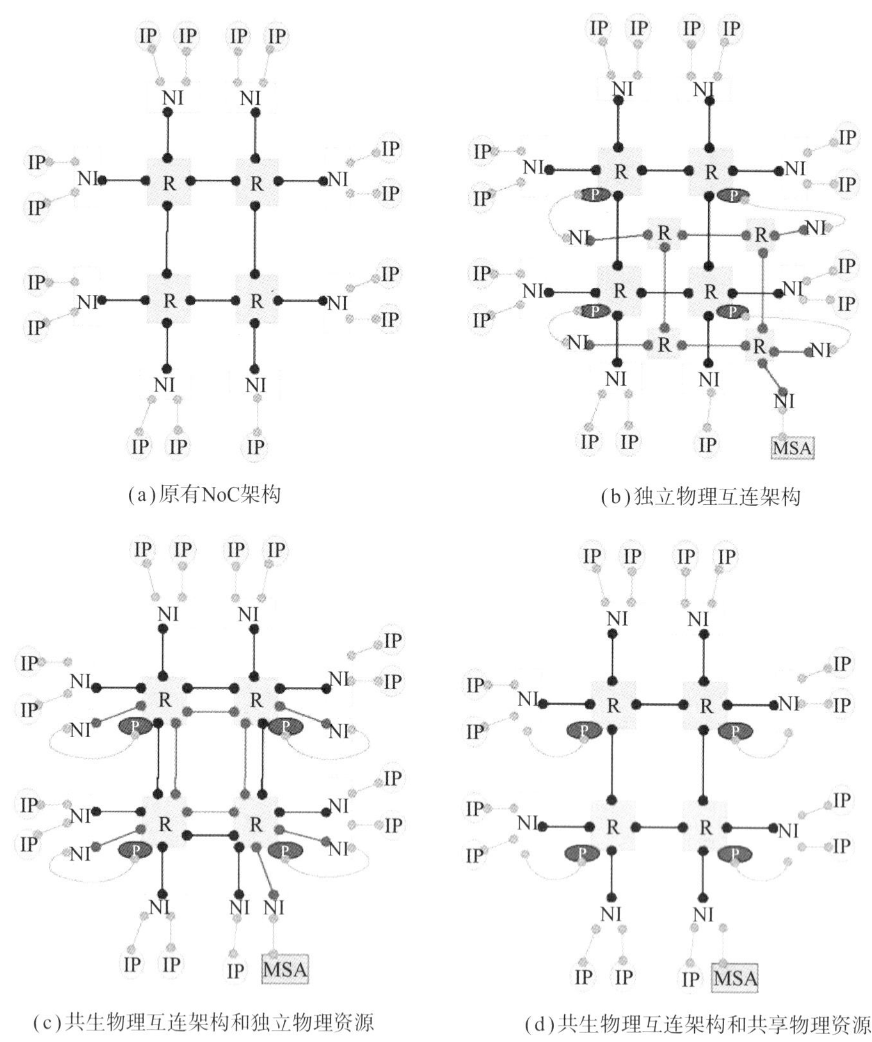

(a)原有NoC架构

(b)独立物理互连架构

(c)共生物理互连架构和独立物理资源

(d)共生物理互连架构和共享物理资源

图 16.6　传输方案监测[28]

图 16.6(b)、(c) 和 (d) 已在以太网 NoC [29, 30] 中实现。方案的选择取决于其对整个 NoC 设计流程的影响、面积成本、非侵入性以及调试资源的复用潜力。这些方面的权衡取决于应用需求，这一点已经进行了研究。

同一概念的不同实现方案如下所示：

（1）Vermulen 等 [31] 提出了一个基于事务的 NoC 监控框架，监视器被连接到主 / 从接口或路由器上，过滤流量并分析感兴趣的事务，同时也分析网络性能。

（2）Ciordas 等 [27] 添加了可配置的监视器来观察路由器信号并生成带有时间戳的事件。这些事件随后被传输到专用处理节点。

（3）Ciordas 等的后续工作 [32] 通过用事务监视器替换事件生成器来扩展了这一想法。事务监视器可以配置为监测观察到信号的原始数据或将数据抽象至连接乃至事务级别。

尽管这些解决方案提高了可观测性，但一个主要的缺点是面积和性能开销。被监测的数据必须存储在大型跟踪缓冲器中（这会增加面积开销），或者必须定期将数据传输到片外进行分析（这将扰乱网络的正常执行）。边界扫描寄存器（BSR）是另一种用于对特定组件实施测试的方法——测试数据通过这些寄存器串行传输并施加至被测组件上，测试结果和相关数据会被依次读取出来，并通过芯片外接口传输出去以进行调试 [33]。

近期的一些方法试图规避传统跟踪缓冲器和基于 BSR 的方法所表现出的弊端。在 NoC 中，跟踪缓冲器会成为一个瓶颈，因为来自不同探针的跟踪信号需要同时存储 [34]，并且所有跟踪源都试图在同一时间访问跟踪缓冲器。这种现象被称为并发跟踪，可以通过文献［35］中描述的基于聚类的方案来解决。该方案包含一种集群之间共享跟踪缓冲器的算法，可显著提升跟踪缓冲器的利用率。为进一步提高跟踪缓冲器的利用率，文献［36］和［37］还提出了多种压缩算法方案。

16.4.2 功能验证

NoC 功能验证可视为对内核之间通信过程中所发生错误的检测。潜在的错误包括死锁、活锁、资源剥夺、数据包数据损坏、丢弃和重复的数据包以及数据包错误路由。为了确保这些错误不会发生，验证应确保数据包不丢失、不损坏、在网络中不生成新的数据包、在高压条件下不破坏协议、按时交付有时间限制的数据包、安全交易性以及为不安全交易生成错误报告。

与用于增强可见性的跟踪缓冲器和边界扫描技术不同，Abdel-Khalek 等人[33]提议通过定期抓取快照来观察网络，并将数据存储在每个内核的缓存中，然后使用软件算法进行分析以查找功能错误。路由器会抓取网络中传输数据包的快照，并将其存储在与该节点相对应的 L2 局部缓存的指定部分中。这些日志（观察到的流量样本）随后会通过运行在各处理器核上的软件检查算法进行错误分析。如果发生错误，则至少有一个数据包会受到影响，并被该软件捕获。一旦检测到错误，每个路由器的日志将用于重建数据包所遵循的路径。这些路径的汇总将提供网络数据包传输的概览，从而能够对网络进行验证和调试。使用 L2 局部缓存的优势在于，在验证后可以释放空间，并且不需要为跟踪缓冲器分配额外的空间。这种设计能实现最小的面积开销。该解决方案也不依赖于 NoC、路由算法、拓扑结构和路由器架构。图 16.7 展示了该方案的整体架构。

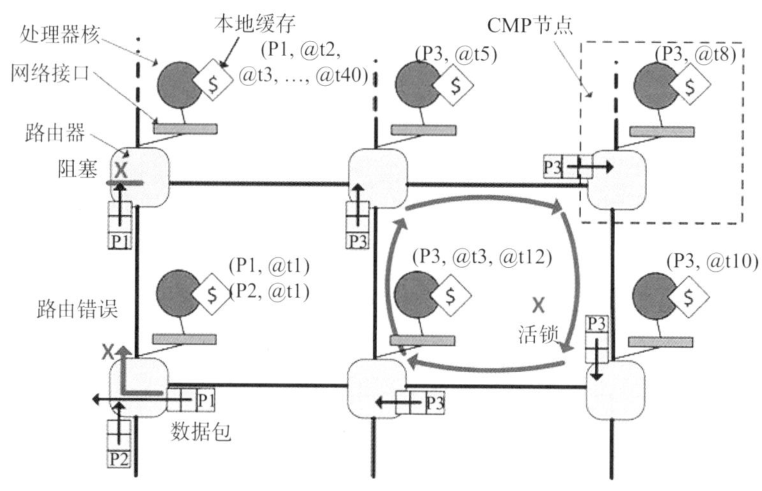

图 16.7　文献［33］中提出的 NoC 硅后验证平台概述。通过在路由器上安装监控设备来定期监测网络流量，可观测性得以提高。图中展示了所收集信息的类型以及使用此方法能够发现的三种类型的错误

该研究团队进一步提出了另一种功能验证方法——通过在路由器上安装检查器来实现[38]。在验证过程中，数据包的原始数据会被替换为调试数据，并通过网络进行路由传输。调试信息包含了数据包在网络传输过程中的当前状态。当数据包到达目的地时，会被存储在目的地节点的本地缓存中，并且路由器中的检查器会被用来检查错误。如果检测到错误，可通过运行在内核或片外的软件算法分析数据包内容：每个内核会分析其本地数据，然后将数据发送到片外进行全局分析。实现这个想法所需的额外硬件包括一个寄存器和一个数据包计数器，它们会被添加到路由器中。该方法的概述如图 16.8 所示[38]。

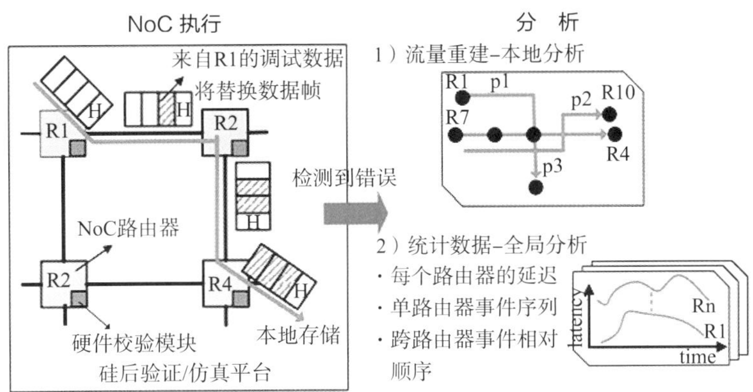

图 16.8 文献[38]中给出的解决方案概述。在 NoC 执行期间，每一个跳转点都会收集调试数据，并将其存储在数据包中。路由器中实现了硬件检查器，用于监测网络并标记功能错误。如果检测到错误，则使用收集到的数据来重建流量并提供其他相关统计信息

16.4.3 功耗与性能验证

一个 NoC 可能在功能上正确，但未必满足设计的功耗和性能指标。例如，数据包可能在内核之间传输而不会丢失或产生任何错误，但到达目的地所需的时间可能比预期的要长。Abdel-Khalek 等[38]提出的 DIAMOND 解决方案解决了性能验证的问题。数据包携带调试数据，可以记录每个数据包的延迟时间。这些数据可以在路径上从源到目的地进行聚合，以查看包的传输延迟时间。从这些数据中得出的统计信息可用于识别网络的性能瓶颈。例如，PARSEC 基准测试套件的 dedup 基准测试表明，在图 16.9 所示的 8x8 网格网络上运行时，路

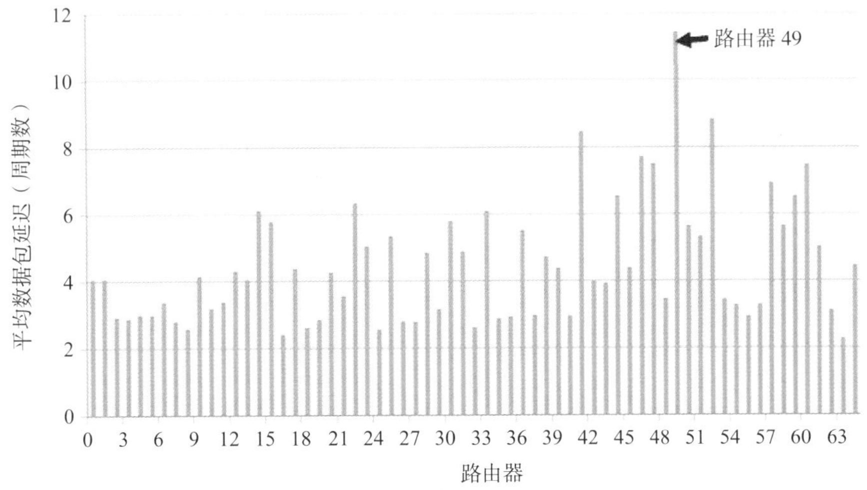

图 16.9 在重复数据删除基准测试中，每个路由器所观测到的平均数据包延迟情况。路由器 49 显示出异常高的延迟

由器 49 的平均数据包延迟时间最高。分析表明，这确实是基于信用的流量控制导致的，只有在整个数据包传输完成后才会释放输出虚拟通道。

实时监测诸如功耗和性能等关键系统参数还能直观反映资源的利用情况。若任一时刻的资源利用率超出预期，便可能引发异常行为；反之，若资源利用率不足，则表明设计存在过度预估，导致物料清单 (BOM) 成本虚增。精准把握该平衡点，既能避免过度设计产生的冗余成本，又可确保服务质量 (QoS) 标准达标。Vermeulen 等[31]提出的 NoC 监测基础设备包括带宽利用率和事务延迟的测量，以捕获性能统计数据。用户可以指定通信架构中应添加监视器的位置，从而获取更精确的网络参数局部测量数据。

16.4.4 使用形式化方法进行NoC验证

基于模拟的方法并不能保证 100% 的完整性（即完全覆盖）。相比之下，形式化方法在给定兼容设计的情况下，能在较短时间内以较低成本发现错误。Gharehbaghi 等[39]利用事务级模型上的有界模型检查来检测错误的源头。该方法主要关注捕捉内核之间事务中的错误。使用事务提取器从每个事务中提取关键信息——源、目的地和类型（读取或写入），这些信息将用于构建有限状态机，并基于约束、发送和接收的事务以及状态机中每个状态的断言进行路径分析。系统会对所有生成的路径执行该分析流程，从而捕获全部异常事务。

其他基于模型的 NoC 验证方法可参考 Helmy 等[40]和 Zaman 等[41]的研究。前者提出一种对通用形式化模型（GeNoC[42]）进行逐步改进的方法，后者则专注于对电路交换型 NoC 的形式化验证。

16.5 小 结

本章概述了 NoC 验证与调试所面临的挑战，并介绍了几种先进的 NoC 验证与调试技术。

现有方法采用了多种多样的跟踪收集与分析技术，而未来 NoC 验证与调试方法预计将融合基于仿真的技术手段和形式化方法，以实现更高效的验证体系。

参考文献

[1] Sodani A, Gramunt R, Corbal J,et al. Knights landing: second-generation intel xeon phi product[J]. IEEE Micro, 2016, 36(2): 34-46.

[2] Hoskote Y, Vangal S, Singh A,et al. A 5-GHz mesh interconnect for a teraflops processor[J]. IEEE Micro, 2007, 27(5): 51-61.

[3] Wentzlaff D, Griffin P, Hoffmann H,et al. On-chip interconnection architecture of the tile processor[J]. IEEE Micro, 2007, 27(5): 15-31.

[4] Intel. Intel Xeon Phi Coprocessor x100 Product Family Specification Update[EB/OL]. 2015b. www.intel.com/content/dam/www/public/us/en/documents/specification-updates/xeon-phi-coprocessor-specification-update.pdf.

[5] AMD. Revision Guide for AMD Athlon 64 and AMD Opteron Processors[EB/OL]. 2009. http://support.amd.com/TechDocs/25759.pdf.

[6] Jayaraman P, Parthasarathi R. A survey on post-silicon functional validation for multicore architectures[J]. ACM Computing Surveys (CSUR), 2017, 50(4): 61.

[7] Intel. Intel Xeon Processor E5 v2 Product Family Specification Update[EB/OL]. 2015a. www.intel.in/content/dam/www/public/us/en/documents/specification-updates/xeon-e5-v2-spec-update.pdf.

[8] ARM. AMBA specification[EB/OL]. [2018-08]. https://www.arm.com/products/system-ip/amba-specifications.

[9] IBM. CoreConnect[EB/OL]. [2018-08]. https://www-03.ibm.com/press/us/en/pressrelease/2140.wss.

[10] Benini L, De Micheli G. Networks on chips: a new SoC paradigm[J]. Computer, 2002, 35(1): 70-78.

[11] Dally W J, Towles B. Route packets, not wires: on-chip interconnection networks[C]//Proceedings of the Design Automation Conference. IEEE, 2001: 684-689.

[12] Tsai W C, Lan Y C, Hu Y H,et al. Networks on chips: structure and design methodologies[J]. Journal of Electrical and Computer Engineering, 2012: 2.

[13] ITRS. International Technology Roadmap for Semiconductors[EB/OL]. www.itrs2.net.

[14] Oury P, Heaton N, Penman S. Methodology to verify, debug and evaluate performances of noc based interconnects[C]//Proceedings of the 8th International Workshop on Network on Chip Architectures. ACM, 2015: 39-42.

[15] Mishra A K, Vijaykrishnan N, Das C R. A case for heterogeneous on-chip interconnects for cmps[C]//ACM SIGARCH Computer Architecture News. ACM, 2011, 39: 389-400.

[16] Dighe S, Vangal S, Borkar N,et al. Lessons learned from the 80-core tera-scale research processor[J]. Intel Technology Journal, 2009, 13(4).

[17] SONICS. NoCk-Lock Security[EB/OL]. www.sonicsinc.com/wp-content/uploads/NoC-Lock.pdf.

[18] Arteris. FlexNoC Resilience Package[EB/OL]. www.arteris.com/flexnoc-resilience-package-functional-safety.

[19] Saeed A, Ahmadinia A, Just M,et al. An id and address protection unit for noc based communication architectures[C]//Proceedings of the 7th International Conference on Security of Information and Networks. ACM, 2014: 288.

[20] Tamhankar R, Murali S, Stergiou S,et al. Timing-error-tolerant network-on-chip design methodology[J]. IEEE Transactions on Computer-Aided Design of Integrated Circuits and Systems, 2007, 26(7): 1297-1310.

[21] Murali S. Designing Reliable and Efficient Networks on Chips[M]. Berlin: Springer Science & Business Media, 2009.

[22] Feng C, Zhonghai L, Jantsch A,et al. Addressing transient and permanent faults in noc with efficient fault-tolerant deflection router[J]. IEEE Transactions on Very Large Scale Integration (VLSI) Systems, 2013, 21(6): 1053-1066.

[23] Su J K A P, Lee K J, Huang J,et al. Multi-core software/hardware co-debug platform with arm coresight, on-chip test architecture and axi/ahb bus monitor[C]//2011 International Symposium on VLSI Design, Automation and Test (VLSI-DAT). IEEE, 2011: 1-6.

[24] ARM. CoreSight[EB/OL]. www.arm.com/products/solutions/CoreSight.html.

[25] Herve M B, Cota E, Kastensmidt F L,et al. Noc interconnection functional testing: using boundary-scan to reduce the overall testing time[C]//10th Latin American Test Workshop (LATW'09). IEEE, 2009: 1-6.

[26] Bleeker H, van Den Eijnden P, de Jong F. Boundary-Scan Test: A Practical Approach[M]. Berlin: Springer Science & Business Media, 2011.

[27] Ciordas C, Basten T, Radulescu A,et al. An event-based monitoring service for networks on chip[J]. ACM Transactions on Design Automation of Electronic Systems (TODAES), 2005, 10(4): 702-723.

[28] Ciordas C, Goossens K, Radulescu A,et al. Noc monitoring: impact on the design flow[C]//Proceedings of the IEEE International Symposium on Circuits and Systems (ISCAS). IEEE, 2006: 4.

[29] Goossens K, Van Meerbergen J, Peeters A,et al. Networks on silicon: combining best-effort and guaranteed services[C]//Proceedings of the Design, Automation and Test in Europe Conference and Exhibition. IEEE, 2002: 423-425.

[30] Goossens K, Dielissen J, Gangwal O P,et al. A design flow for application-specific networks on chip with guaranteed performance to accelerate SoC design and verification[C]//Proceedings of the conference on Design, Automation and Test in Europe. IEEE Computer Society, 2005, 2: 1182-1187.

[31] Vermeulen B, Goossens K. A network-on-chip monitoring infrastructure for communication-centric debug of embedded multi-processor socs[C]//International Symposium on VLSI Design, Automation and Test (VLSI-DAT'09). IEEE, 2009: 183-186.

[32] Ciordas C, Goossens K, Basten T,et al. Transaction monitoring in networks on chip: the on-chip run-time perspective[C]//International Symposium on Industrial Embedded Systems (IES'06). IEEE, 2006: 1-10.

[33] Abdel-Khalek R, Bertacco V. Functional post-silicon diagnosis and debug for networks-on-chip[C]//Proceedings of the International Conference on Computer-Aided Design. ACM, 2012: 557-563.

[34] Yi H, Park S, Kundu S. On-chip support for noc-based SoC debugging[J]. IEEE Transactions on Circuits and Systems I: Regular Papers, 2010, 57(7): 1608-1617.

[35] Gao J, Wang J, Han Y,et al. A clustering-based scheme for concurrent trace in debugging noc-based multicore systems[C]//Proceedings of the Conference on Design, Automation and Test in Europe. EDA Consortium, 2012: 27-32.

[36] Yang J S, Touba N A. Expanding trace buffer observation window for in-system silicon debug through selective capture[C]//26th IEEE VLSI Test Symposium (VTS). IEEE, 2008: 345-351.

[37] Anis E, Nicolici N. Interactive presentation: low cost debug architecture using lossy compression for silicon debug[C]//Proceedings of the Conference on Design, Automation and Test in Europe. EDA Consortium, 2007: 225-230.

[38] Abdel-Khalek R, Bertacco V. Diamond: distributed alteration of messages for on-chip network debug[C]//2014 Eighth IEEE/ACM International Symposium on Networks-on-Chip (NoCS). IEEE, 2014: 127-134.

[39] Gharehbaghi A M, Fujita M. Transaction-based post-silicon debug of many-core system-on-chips[C]//2012 13th International Symposium on Quality Electronic Design (ISQED). IEEE, 2012: 702-708.

[40] Helmy A, Pierre L, Jantsch A. Theorem proving techniques for the formal verification of noc communications with non-minimal adaptive routing[C]//2010 IEEE 13th International Symposium on Design and Diagnostics of Electronic Circuits and Systems (DDECS). IEEE, 2010: 221-224.

[41] Zaman A, Hasan O. Formal verification of circuit-switched network on chip (noc) architectures using spin[C]//2014 International Symposium on System-on-Chip (SoC). IEEE, 2014: 1-8.

[42] Schmaltz J, Borrione D. A functional formalization of on chip communications[J]. Formal Aspects of Computing, 2008, 20(3): 241-258.

第17章 IBM POWER8处理器的硅后验证

汤姆·科兰 / 希勒尔·门德尔松 / 阿米尔·纳希尔 / 维塔利·索欣

17.1 引言

在处理器的设计生命周期中，硅后验证阶段是我们将产品交付客户之前发现设计中功能和电气缺陷的最后机会。尽管设计验证方法有所创新，但设计与验证之间的差距依然显著，这使得硅后验证的重要性持续提升。

高端处理器，比如本章所描述的 IBM POWER8 处理器，按设计规划需经历多次流片（tape-out）。我们预先明确认识到：在硅前阶段无法发现所有缺陷，因此专门在项目中规划了硅后验证阶段，旨在利用实体硬件来定位残留缺陷。

硅后验证与硅前验证在诸多方面存在差异。在对真实硬件进行硅后验证的过程中，该系统的规模和速度都远超于硅前阶段所能提供的水平。然而，硅平台几乎无法观测或控制 DUT 的状态。这种特性决定了在激励生成、结果校验和调试方面需要采用不同的方法。在 lab1 中发现的每一个硬件问题都可能对按时向客户交付处理器的能力产生严重影响。因此，在确保实验室工作有效性的过程中，简化实验工作方法论并妥善准备实验中使用的所有工具是重中之重。

本章将对 POWER8 上电调试所采用的硅后验证方法和技术进行高层次概述，重点阐述 POWER8 的功能验证。我们将展示具体成果，并列出促成此次成功上电调试的主要因素。

在 POWER8 芯片流片后的验证阶段，裸机测试程序是我们生成测试用例的主要手段。测试程序是一种软件应用，它被加载到系统中，然后持续生成测试用例、执行这些用例并检查其结果。有些测试程序通过参数文件进行控制，而另一些则由测试模板驱动[1]。

我们利用内部的加速仿真平台，确保测试人员为启动工作做好了充分准备。通过使用可综合的覆盖率监视器，我们对待测芯片的覆盖率进行了测量和分析，并筛选出适用于实验室验证的最优测试激励组合。这种 EoA 工作是在硅前阶段进行的，因此它还有助于在首次流片前发现错误。大致来说，在 POWER8 中约有 1% 的功能错误是在 EoA 阶段发现的。我们还利用加速器为实验室准备了调试辅助工具，并提前对实验室团队进行了培训。

对设计状态的可观测性缺失使得硅前检查技术在硅后环境中无法实施。在 POWER8 的启动阶段，我们依靠多种检查技术来检测错误。若干硬件综合检查器已被证明能高效捕获问题且更易于调试。我们的大多数测试器采用了多轮一致性测试结束时的检查技术，而其中一个测试器则使用了平台上的参考模型来预测结果。我们还配置了多个测试环节，在测试代码中包含手工编写的断言。

在硅后进行测试用例调试是一项极其棘手的任务。调试过程是一个反复进行的过程，在此过程中，会针对一个失败的测试用例在不同的条件下执行多次，以深入了解引发特定错误的主要因素。借助 POWER8 处理器中的嵌入式调试逻辑、专用调试模式以及我们内部的加速器，我们能够在不到一周的时间内确定超过 60% 的所有高严重性错误的根本原因。

POWER8 处理器的推出被认为是非常成功的案例[2]。该团队在显著减少资源投入的情况下，保持了与前代 POWER 处理器启测工作相当甚至更优的缺陷发现与解决速率。在 POWER8 的硅后测试阶段，所有发现的漏洞中有一半是在前 3 个月被发现的。

我们将 POWER8 硅后验证的成功归因于以下关键要素：

（1）成熟的硅前验证方法体系，借助最先进的形式化方法和动态技术，确保芯片在高功能水平上实现流片。

（2）在项目生命周期早期就开始进行的、由执行团队、设计团队以及验证团队共同参与的持续协作。

（3）基于指令集模拟器（ISS）对测试对象进行系统性的准备，并对其进行测试，同时通过可综合覆盖率监视器和硬件加速器的协同运作，实现覆盖率为导向的测试开发与筛选体系。

（4）将裸机工具作为硅片测试生成的关键驱动因素加以运用。

（5）循环可复现环境以及利用加速器重现实验中的失败情况。

（6）实验室团队成员的专业素养及其对验证任务的专注投入。

在最新发布的 POWER 9 中，我们采用了高度相似的启动过程。POWER9 的启动同样取得了成功，这表明本章所描述的方法对于快速有效地将高度复杂的芯片推向市场是有效的。

17.2 POWER8

POWER8 是为高端企业级服务器设计的，它是有史以来最复杂的处理器之一。POWER8 芯片采用 IBM 的 22 纳米 SOI（绝缘体上硅）技术制造，使用铜互连和 15 层金属。该芯片面积为 650mm^2，包含超过 50 亿个晶体管。

图 17.1 展示了 POWER8 处理器芯片的高层次模块图。每个处理器芯片有 12 个内核，每个内核能够进行 8 路同步多线程（SMT）操作，并且每个周期最多可发出 10 条指令。

POWER8 内存结构包括每个内核的 L1 缓存（指令缓存为 32KB，数据缓存为 64KB），每个内核的基于 SRAM 的 512KB L2 缓存，以及基于 eDRAM 的 96MB 共享 L3 缓存。此外，每个内存缓冲芯片还支持 16MB 的片外 eDRAM L4 缓存。芯片上有 2 个内存控制器，支持高达每秒 230GB 的持续带宽。

该芯片还集成了若干硬件加速器，包括一个加密加速器和一个内存压缩/解压缩机制。

最后，该芯片包含一个 PCIe 适配器和一个桥接器，可支持与 FPGA 的相干连接。用户应用程序可通过哈希表转换直接访问 FPGA。

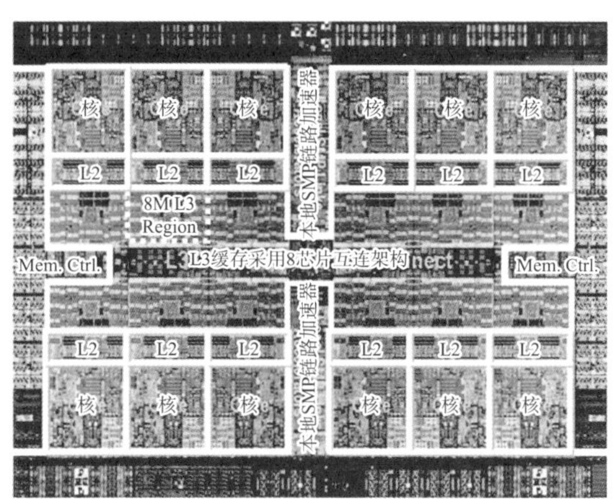

图 17.1　POWER8 处理器芯片

17.3　统一方法学

近年来，越来越多的证据表明，硅前验证和硅后验证都无法单独实现其目标：硅前验证无法在流片前发现所有缺陷，而硅后验证也无法找出硅前验证遗漏的缺陷。这促使业界亟需通过共享方法与技术栈来弥合两领域的鸿沟，构建支持无缝协同的验证桥梁。

在 IBM，我们采用了一套统一的方法来进行硅前和硅后的验证[3]。该方法将成熟的覆盖率驱动验证（CDV）[4]扩展到硅后验证领域。CDV 基于以下三大核心组件：

（1）验证计划：包含 DUV 中需要验证的大量功能特性。

（2）随机激励源：基于测试模板（即对测试结构和属性的通用规范）定向生成符合验证目标的随机激励源[5]。

（3）覆盖率分析工具[6]：能够检测验证计划中事件的发生情况，并就验证过程的状态和进展提供反馈。

这种统一的方法要求在硅前和硅后阶段共享相同的验证计划，使用相似的语言为两个领域定义测试模板，并使用相同的覆盖率模型来衡量验证过程的状态和进展。该方法为用户提供了诸多优势：不仅实现了验证计划的通用性，允许在创建验证计划时共享开发成果，还能促进硅前与硅后验证领域之间的双向反馈（例如在错误排查活动中）。

为了更好地将硅后验证整合到整个验证流程中，并提高其与硅前验证的协同作用，我们需要一种统一的验证方法，该方法应源自相同的验证计划。这种方法成功的关键要素在于为硅前和硅后方面的测试规范、进度衡量等提供通用语言。图 17.2 展示了该方法学。此验证方法利用了三个不同的平台：仿真验证、加速器验证和硅后验证。该方法需要三个主要组件：验证计划、适配各平台的可定向激励生成器以及功能覆盖率模型。请注意，图中省略了所有验证方法中的重要方面（如检查），以突出我们贡献的主要方面——激励生成。

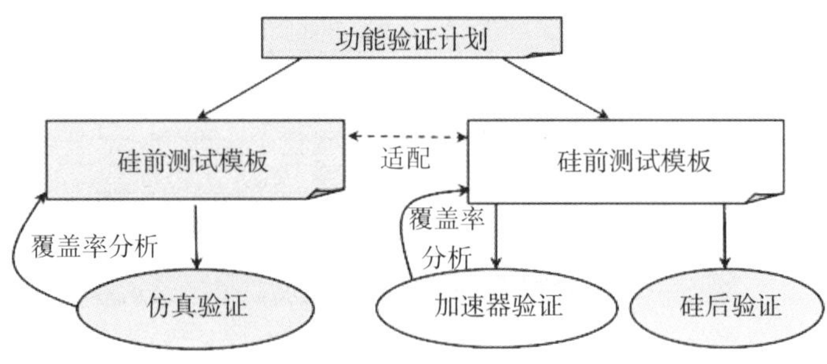

图 17.2 统一的验证方法学

验证计划包含一长串的项目条目，每个条目都针对 DUV 中需要验证的特定功能。每个功能均关联着验证团队期望在验证过程中观测到的覆盖事件，以及用于验证该功能的方法。验证计划通过随机激励生成器（生成大量测试用例）和覆盖率工具（检测验证计划中事件的发生情况）来实施。随机激励生成器通过测试模板来指向验证目标。测试模板使生成器能够专注于 DUV 中的各个区域，从大型通用区域（如浮点单元）到非常具体的区域（如流水线各阶段之间的旁路）。覆盖率分析可识别计划实施中的空白，其反馈用于修改未达成目标的测试模板并创建新的模板。

将这种方法扩展到硅后验证阶段颇具难度，因为硅片有限的可观测性无法测量硅片上的覆盖率。为解决这一问题，我们利用加速平台来测量硅后工具的覆盖率。为了充分利用加速器收集到的覆盖率信息，并将其用于硅后阶段，在首批硅片样品从晶圆厂返回前，我们会基于加速器已实现的覆盖率创建激励程序测试模板的回归测试集，该回归测试集随后将用于硅平台的持续验证过程[7]。

通过统一的方法，我们将验证计划中的每一项内容都与一个或多个要进行验证的目标平台相关联。这些内容项会被转换成每个平台所使用的生成工具的语言中的测试模板。统一方法成功的关键因素之一是激励生成器的相似操作。从这个意义上说，我们希望生成器使用相同的测试模板语言，并且在提供相同的测试模板时，希望工具能够生成相似（尽管不完全相同）的测试用例。当然，不同的平台为生成工具提供了不同的机会，并施加了不同的限制和要求，但在可能的情况下，拥有相似的工具是有好处的。硅前和硅后团队可以共同承担理解验证计划中的内容项以及规划测试方法的任务。此外，通用语言使得测试模板从一个平台到另一个平台的适应变得更加容易。例如，当在硅平台上检测到错误时，可以缩小测试模板的范围并在仿真平台上复现该问题，从而简化根本原因分析的工作量。

需要注意的是，不同平台之间的差异也决定了针对硅前和硅后工具编写的测试模板方式有所不同。测试模板可以非常具体，描述一组小规模的目标测试，也可以更通用，留出更多随机化的空间。编写硅后测试模板的验证工程师必须牢记，测试模板用于生成大量测试用例并消耗大量处理器周期。为了有效利用这些测试周期，测试模板必须允许足够多的有趣变体。过于具体的测试模板会很快在硅片上“耗尽动力”，开始重复类似的测试。而硅前测试模板通常会更具针对性，以确保在仿真有限的周期内覆盖目标场景。

17.4 测试程序

在 POWER8 芯片硅后验证中，裸机测试程序是我们生成测试用例的主要工具。裸机测试程序作为软件应用加载到系统中后，可持续生成测试用例、执行测试并校验结果，且无须在测试用例之间重置或重新初始化硬件。

硅后平台的特点带来了独特挑战，并迫使我们在激励程序设计中做出多重权衡。尽管硅后平台提供了大量的执行周期，但其低可用性、实验时间短以及高昂的成本，要求我们必须最大化测试用例执行时间，同时最小化额外开销。因此，测试程序设计团队开发了一组测试程序，每个测试程序在生成复杂性和检查能力之间都采用了不同的权衡。其中一些测试程序通过参数文件进行控制，而另一些则由测试模板驱动[8]。

在硅前验证中，测试是在包含测试程序的测试平台上运行的，这些测试程序能够检测出大部分故障。然而，在硅后平台上运行时，大多数测试程序都无法使用。具体来说，由于其复杂性，参考模型不可用。测试程序采用一种称为多轮一致性检查的技术，每个生成的测试用例都会执行多次。我们通过验证系统资源（包括寄存器和已分配内存）在每轮执行结束时保持相同值来实现验证。这种方式下，首轮执行结果实质上充当了后续轮次的参考模型。需要特别说明的是，该方法无法检测“1+1=3”这类基础性错误——我们认为此类错误应在硅前验证阶段就被发现。测试程序专门用于检测微妙的时序错误（这类错误特别适合采用多轮次检查方法）。测试结束时检查的另一个可能的隐患是错误掩盖，这可以通过控制测试时长（保持较短测试时间）或者在长时测试中段存储一些资源来避免[9]。

当前使用的测试程序都是裸机程序，这意味着测试程序直接在硬件或加速平台上的 DUT 模型上运行，无须操作系统（OS）支持。裸机测试程序具有一系列特性，使其非常适合硅后验证。它们本质上是“自包含”的，这意味着一旦测试程序加载到平台上，无论是加速器还是硅平台，它都可以“永远”运行，无须与环境进行交互。这显著降低了平台初始化、测试程序加载等相关开销。

从软件角度来看，裸机测试程序非常简单。这些测试程序通常用汇编语言编写，或者用汇编语言和 C 语言的组合编写。它们通常实现简单的中断处理、系统调用，甚至打印 / 报告功能（通常由操作系统提供）。这种简单性在启动过程的早期阶段是必需的，此时硅平台仍极不稳定。例如，在启动过程的开始阶段，内存访问尚未启用，启动团队会使用代码量较小的测试程序——这些测试程序可以装入 POWER8 的 L2 缓存中运行。这种简洁性极大地方便了调试过程，因为测试程序代码与硬件之间没有抽象层。此外，这种与硬件的直接交互允许更好地控制硬件的状态。与基于操作系统的测试套件不同，测试程序创建针对微架构特定区域（如流水线清空或原子性）的定向压力测试，而非侧重通用功能（例如压缩、视频播放等）的验证。

保持测试程序简洁性的另一种方法是将许多更复杂的计算转移到离线预运行阶段。在这个阶段，我们可以解决任意数量的计算难题（如内存分配、地址转换、浮点输入生成等），而无须占用宝贵的机器运行时间。

测试程序的另一关键特性是高利用率。为了提高可扩展性，测试程序应当是一个并发程序。也就是说，每个线程生成多线程测试用例的对应部分，且同步点应尽可能少。为此需采用联合伪随机种子之类的技术。

上述特性使裸机测试程序能够有效地利用加速器——既可用于硅前阶段（如 17.5 节所述），也可用于复现实验室故障（如 17.10 节所述）。

总体而言，在POWER8的硅前和硅后开发过程中，与既往处理器的情况一样，裸机测试程序方法被证明是非常成功的。这种方法是我们硅后验证策略的关键。实际上，我们通常将基于操作系统测试发现的缺陷视为验证策略的漏网之鱼。

17.5 实验准备工作

在硅片样品可用之前，我们就早早启动了硅后验证的筹备工作。图 17.3 展示了该准备过程的高层次框架。负责为实验准备测试工具和测试案例的执行团队在高层次设计（HLD）阶段完成后立即启动工作。这一时间点标志着 POWER8 关键特性已最终确定。

在处理器的整个生命周期中，测试程序团队与设计及验证团队之间的相互制约机制一直存在。这种制约机制的目标会根据设计所处的不同阶段而有所变化。

在 HLD 阶段结束后不久，测试程序团队与设计团队之间的首次讨论旨在确保测试程序团队能更好地理解 POWER8 将要支持的新特性，从而确定如何在测试程序中予以支持。同时，这也是为了确保设计团队明确验证需求并将其纳入设计规范。

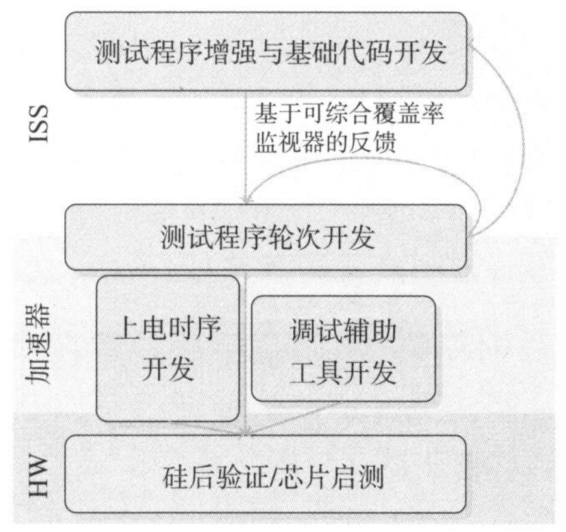

图 17.3 实验准备：主要步骤与技术

我们的测试程序开发在很大程度上依赖于指令集模拟器（ISS）[10]的使用。我们利用 ISS 来验证测试程序软件代码的正确性，并让测试开发人员观察生成的测试用例是否符合应用场景的验证意图。它还用于收集架构覆盖率，以验证工具生成器是否涵盖了测试空间中感兴趣的方面[11]。

当实现了足够的功能稳定性后，硅前验证团队使用我们内部的 Awan 模拟加速平台[12]来运行测试激励组合。在 DUT 模型上运行测试激励组合有助于发现测试程序代码中的软件错误（大多数软件错误是在指令集模拟器上发现的，但设计的某些方面并未被其覆盖）。此外，加速器能够运行那些太大而无法仿真的多核模型。由于这项工作是在硅前阶段进行的，测试程序有可能发现修复正本较低的逻辑缺陷。在 POWER8 硅前验证阶段，通过运行加速器上的测试程序，我们发现了大约 1% 的功能错误。我们注意到，加速器的速度取决于其运行的模型大小。为了确保高循环量，大部分 EoA 运行的是部分芯片模型，例如，仅包含一个内核的模型，或者包含一个内核和内存层次结构组件的模型。

在下一阶段，我们利用一组综合到 DUT 模型中的覆盖率监视器。这些覆盖率监视器被添加到加速器运行的逻辑中，但不会综合到实际硅片内——那样会显著增加面积与功耗，并引入时序问题。

利用加速综合的覆盖率监视器使我们能够采用类似硅前的覆盖率驱动方法来进行硅后测试开发[7]。关于此方法的更多细节以及我们如何使用它来为硅后验证测试程序选择迁移，将在 17.8 节中进行描述。

该测试程序团队使用这些覆盖率监视器来确保所提供的一系列测试用例能全面且有效地覆盖整个待测设备（DUT）。许多通过加速综合覆盖率监视器实现的覆盖率目标也是硅前验证团队的目标。因此，这种方法也有助于硅前验证团队保证 DUT 的高覆盖率。

我们还利用加速器为测试程序团队准备了不同的流程和工具，包括验证启动系统所需的不同步骤（虚拟加电，即 VPO）、跟踪执行器运行时的执行情况，以及从嵌入式跟踪阵列中转储和格式化调试数据。除了准备不同的工具外，我们还使用了一个类似实验室的完整环境（其中加速器代替了真实硬件）来培训实验室团队，使其能够在与硅后验证阶段相似的条件下处理和调试实验室故障。

采取上述所有措施，旨在确保当首批硅样片送达实验室并准备就绪时，包括测试工具、调试辅助设备以及团队在内的所有支持手段都能立即投入系统硅后验证工作。

17.6 触发Bug

为了触发难以捕捉的时序错误，测试人员使用了多种技术，其中一种技术被称为线程干扰[13]。该方法由一个主要场景和一个较短的压力场景组成。主要场景在部分线程上运行，而压力场景则由其余线程在循环中执行（例如，单个循环加载、存储或缓存失效）。线程干扰在一个紧凑的无限循环中运行，而主线程完成其场景。当主线程完成后，它会将线程干扰从循环中释放出来。这种设计实现了两个重要目标：

（1）确保了硬件资源的充分利用，一个线程不会空闲地等待另一个线程完成。

（2）确保了两个场景的并发执行，而无须添加任何障碍。这种级别的并发很难通过基于标准操作系统的测试来实现。

另一项关键技术是广泛使用宏。这些手工编写的代码片段用于触发关键微架构事件（如流水线清空、加载 – 命中 – 存储等）。每个测试程序都包含数十到数百个宏，这些宏是多年来积累的，可以在任何给定的场景中随机插入，从而增加创建测试设计者未预见的新依赖关系与时序序列的概率。

除了裸机测试工具之外，我们还利用了一组嵌入设计中的硬件干扰器。硬件干扰器是一种能够随机触发微架构事件的逻辑部件。干扰器在处理器的上电序列中初始化，并在处理器执行指令时随机注入事件。例如，干扰器可以随机清空流水线，而无须执行指令创建触发此事件所需的条件。此外，干扰器还能模拟大型系统的行为。例如，在单芯片系统中，干扰器可以注入随机的转译后备缓冲器（TLB）无效事件，就好像该事件来自不同的芯片一样。

POWER8 芯片中的不同组件支持非功能性运行模式，这些模式是为了验证而引入的。这些模式进一步帮助启动团队对设计进行压力测试。例如，POWER8 的 L2 缓存支持一种几乎每次访问都会触发逐出操作的模式。通过将处理器设置为这种状态，我们能够加大 L3 缓存的压力测试。

由于硬件干扰源和非功能性模式已嵌入设计之中，因此在面积和功耗方面存在开销，所以必须仔细考虑并将其作为处理器的一部分进行设计。

17.7 检查Bug

检查的目标是尽可能在故障产生的源头附近检测到故障，并报告有助于调试和发现故障根本原因的详细信息。

我们最初是通过嵌入硬件中的检查器或者测试工具中的检查机制来发现异常行为的。由于我们很少使用基于操作系统的测试，因此基本上无须调试软件崩溃（也称为内核转储）——这类故障通常无法通过操作系统获取有效诊断信息。

基于硬件的检查器被设计出来并嵌入 POWER8 处理器中。这些检查器覆盖两类通用异常行为：内存越界访问和基于定时器的指令完成检查。前者验证处理器执行的所有内存访问是否位于 DUT 连接的物理内存范围内，后者是一个简单的硬件线程计数器，当关联线程完成任何指令时重置为预设值。若线程未在周期内完成指令，计数器递减 1。当计数器归零时（表明该线程连续未完成指令的周期数超过阈值），检查器即触发异常。

在 POWER8 芯片的硅后验证期间，由基于硬件的检查器触发的故障更容易调试。这是因为当此类检查器触发故障时，DUT 会在接近故障源头的位置停止。因此，一旦调试逻辑配置为跟踪设计中的相关组件，通常会包含有关故障源头的有价值的信息。此外，某些检查器在触发时会提供初步指示。例如，当内存访问越界检查器触发时，引发该异常的传输事务会被总线调试逻辑捕获，并精确定位到触发故障的硬件线程及内存地址。

裸机测试程序采用一种称为多轮一致性检查的技术[1, 14]，该技术要求每个测试用例执行多次（遍）。首轮执行作为参考轮次，其结束时会保存某些资源（如架构寄存器和部分内存）的值。在后续轮次执行结束后，测试程序会将各轮结束时的值与参考轮次进行比较。如果检测到不一致，就会报告错误并停止执行。多轮一致性检查技术对测试生成施加了限制。例如，不同线程对同一内存位置的写 - 写冲突，其中线程访问的顺序无法确定，可能导致结果不一致，因此此类场景不被支持。如果我们想要测试此类行为，可采用单轮次无校验模式运行测试，此时仅能通过基于硬件的检查器或测试程序的自检机制发现错误。

多轮一致性故障之所以很难调试，主要是因为检查器标记错误时，距离故障首次发生可能已相隔数百万甚至数十亿个时钟周期。

尽管存在种种限制以及较高的调试难度，但多轮一致性检查在查找 POWER8 中一些最难发现的功能性错误方面已被证明是有效的。

除了多轮一致性检查之外，测试用例开发者还在一些场景中引入了自我检查语句。此类检查仅适用于定向场景，并且需要人工操作，但有助于更快地定位故障，防止错误被掩盖，并扩展此类场景所检查的属性。

最后，为确保内存模型及特定计算模块的正确性，其中一位测试人员[15]使用了平台上的黄金模型（类似于指令集模拟器）来确定预期的测试结束值。

17.8 覆盖率收敛

硅后验证准备工作的关键环节是验证内容筛选（本案例中以测试激励组合形式呈现）。鉴于实验室可用硅样片长期短缺，优化所选测试激励组合集显得尤为重要。

基本思路是在硅前验证阶段创建具有覆盖率特性的回归测试集，通过加速可综合覆盖率监视器实现覆盖率数据采集。鉴于我们采用伪随机执行器作为硅验证的主要载体，相应构建的回归测试集具有概率性特征[16]。

在标准的硅前验证环境中，覆盖率是由测试平台（即环境本身）检测和收集的。这需要 DUV 与环境之间进行大量的交互，从而显著减缓加速或仿真的速度。另一种解决方案是将负责检测和收集覆盖率事件的覆盖率监视器嵌入 DUV 中，并与 DUV 的其余部分一起在加速器或仿真器上执行。这种解决方案存在一些缺点：将覆盖率监视器嵌入 DUV 中会影响原始执行速度，但通常这种速度下降幅度要比将覆盖率监测功能实现在验证环境中的情况要小；在 DUV 的可综合代码中实现监视器比在环境中实现要复杂得多；将覆盖率监视器嵌入 DUV 中可能会导致加速器或仿真器的容量问题。

图 17.4 展示了对 IBM POWER8 处理器进行验证和确认过程中所采用的方法流程。总体而言，该过程分为三个步骤：在加速（或仿真）平台上使用测试激励程序达到覆盖率收敛；获取能够在硅片上复现该覆盖率范围的测试定义；在硅片上使用获取的测试定义运行测试激励程序。

第一步与在硅前功能验证中实现覆盖率收敛的一般流程类似[17]。我们首先在 DUV 上激活激励器，并使用现有的测试定义集运行激励器生成的测试用例。接下来，我们从这些运行中收集覆盖率数据并进行覆盖率分析。如果实现了覆盖率收敛，即所有重要的覆盖率事件都被触发，那么这一步就完成了，我们进入下一步。否则，就要调查覆盖率漏洞的原因，并采取旨在填补覆盖率漏洞的纠正措施。这些措施可能包括添加针对未覆盖或覆盖不足区域的新测试定义，修改未达到其覆盖率目标的现有测试定义，以及在必要时对激励器本身进行修正和增强。

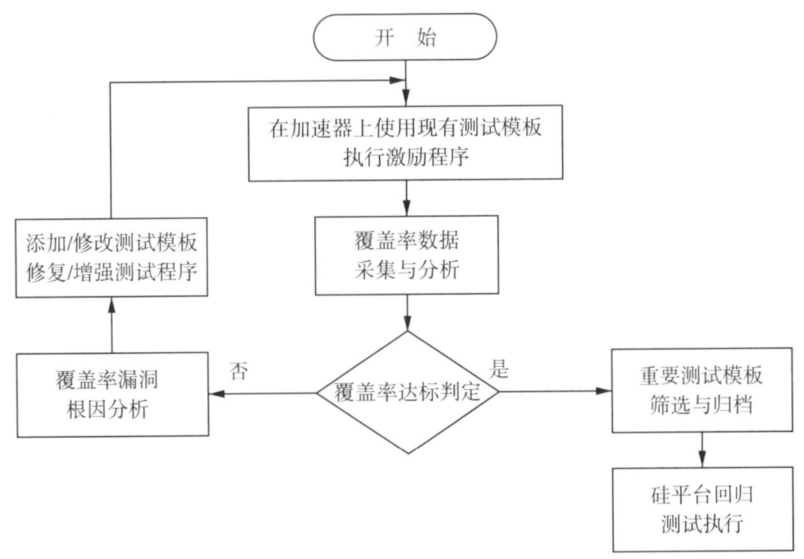

图 17.4 硅后覆盖率保证流程

达到覆盖率收敛后，下一步是获取一组小规模的测试定义，这些定义能够确保在硅后验证中实现覆盖率收敛，从而创建所需的回归测试集。文献 [16] 描述了几种用于此目的的算法，这些算法基于每个测试定义在单次运行中命中每个事件的概率。这些算法并不符合我们的需求。在我们的案例中，给定测试定义在单次硅前运行中命中覆盖率事件的确切概率并不重要，因为硅前和硅后的执行速度差异很大。例如，如果执行速度比为 10^4（例如，加速器速度为 300K 周期 / 秒，而硅片运行速度为 3G 周期 / 秒），并且我们估计给定测试定义在 10 分钟运行中命中目标覆盖率事件的概率为 1%（例如，我们在 100 次 10 分钟的运行中命中该事件一次），那么在硅片上使用相同的测试定义在 10 分钟内未命中该事件的概率为 $(1-1/100)^{10000}=2 \cdot 10^{-44}$，这实际上近似为 0。另一方面，由于我们无法从硅片获得反馈来判断是否真正命中事件，因此我们希望尽量减少遗漏事件的情况。回到之前的例子，很难确定在 100 次运行中命中一次的事件是代表 1% 的命中概率，还是纯粹靠运气命中。因此，我们希望减少对特定测试定义在足够多的硅前运行中未命中的事件的依赖。鉴于这两个因素，用于收集测试定义并构建回归测试集的方法如下：

（1）对于每个覆盖事件和每个测试定义，如果该事件被该测试定义的运行命中超过 N 次，则认为该事件被该测试定义命中。否则，认为该事件未被命中。N 的值取决于我们希望避免因运气而命中的事件的程度。通常，N 的值为 1 ~ 3 即可。此步骤会生成一个 0/1 覆盖矩阵。

（2）通过求解 set cover（覆盖矩阵）所引发的集合覆盖问题来获取所需的回归测试集。尽管集合覆盖问题是一个已知的 NP 完全问题[18]，但有许多高效的算法可以解决它[18, 19]。

一旦我们创建了回归测试集，就可以在芯片上运行它，并且（几乎）可以保证在硅前使用测试激励器所触发的相同覆盖率事件，在硅后也能被触发。

基于上述算法构建的回归测试集，还增加了在 EoA 阶段发现的许多具有独特缺陷的轮次，以及由评审专家选定的轮次。

在整个准备阶段，团队会定期重新评估选定的偏移量列表，以优化回归测试集。在很多情况下，团队会根据新的发现而决定向测试集中添加一个偏移量，或者在确信其他偏移量能保证类似覆盖率的情况下移除一个。即使在硅后阶段开始之后，仍可进行更改。

上述过程用于构建芯片首次硅后验证的回归测试集。由于存在多次流片计划，团队还需要为后续的流片构建回归测试集。这一过程本质上是相同的，只是最初的测试集可能会根据之前上电测试中的经验教训进行修改。值得注意的是，如果某个转换在一次上电测试中发现了错误，那么在所有后续的硅后验证工作中，该转换将被分配更长的运行时间，以确保错误已被修复。

17.9 鉴别分类

在启动期间，自动调度程序会运行测试激励组合。该调度程序会监控启动机器，并在机器空闲时随机调度一个转换。每个转换要么运行一定的时间，要么运行至检测到故障为止。一旦检测到故障，调度程序会保存日志文件，并将故障报告到中央数据库。报告包括转换名称、故障类型、运行至故障发生时的运行时间、运行日志等。

实验室团队使用此数据库对失败情况进行分类处理。典型的分类过程包括查看失败日志，并根据相似的失败特征将其归类。与硅前阶段不同，在硅后阶段，将失败正确归类至关重要。这是因为，在许多情况下，一个错误在整个实验室调试期间可能只会出现一两次。如果错误地将这些失败与其他失败归为一类，可能会导致错误流入市场。

每个测试团队负责对自身的失败情况进行分类，因为识别失败集群（尤其是当出现独特的失败情况时）可能需要工具相关的专业知识。因此，各测试团队通过每日监控失败情况并对其进行分类来掌控失败情况。

正确的分类能从多方面提升调试效率：

（1）同一个错误的多个数据点（即同一集群中的不同失败情况）能够帮助我们精准地定位触发错误所需的机器状态。

（2）团队能够提出更多实验思路，尝试更快或以不同方式触发错误。

（3）避免了重复调试相同失败情况所造成的时间浪费。

17.10 调 试

无论在学术界还是工业界，硅后故障调试都被公认为重大挑战，也因此受到了广泛关注。本节将介绍 IBM 硅后测试在 POWER8 处理器验证期间所采用的最佳实践。

当实验室中的一个测试用例失败时，团队会对其进行分析以确定失败的原因。失败的原因有很多，包括制造问题、机器设置错误、电气故障、功能故障或测试程序中的软件故障。

POWER8 处理器实现高效硅后调试的一个关键特性是其存在循环可复现环境。该环境是一种特殊的硬件模式，在这种模式下，执行相同的测试程序转换会产生完全相同的结果。循环可复现环境仅限于包括处理器核心、其专用的 L2 缓存以及 L3 缓存中 8MB 区域（图 17.1）。因此，许多设计问题无法通过此方法进行调试，例如，超出该范围的设计错误（如内存控制器错误），或者需要多核交互才能发现的错误。但实践证明，该方法能有效发现并调试大部分功能错误。

该团队首先重新运行相同的失败测试程序，以排除由制造或设置问题导致的故障。例如，如果最初的故障是由于其中一个内核的制造问题造成的，那么在良好的内核上运行相同的测试程序就不会失败；同一处理器上多个不同测试用例因相似原因失败，则可能暗示该处理器存在制造问题。通过在循环可复现环境中将故障测试转移到其他机器运行，既能验证故障复现性，又可识别部分制造问题。

随后，测试团队需要确认故障是否由测试程序中的软件错误引起。通过初步调试，尝试定位错误并推测其原因，从而识别出若干软件错误（如错误代码序列），或大概率断定这确实是一个硬件错误。

本节其余部分将重点关注源自设计中功能错误的故障。

如果故障发生在循环可复现环境中，团队可以使用不同的跟踪数组配置反复运行相同的测试程序。在不同的运行中，跟踪数组被配置为要么收集设计不同部分的数据，要么基于周期计数器[20]在不同的时间终止运行。后一种选项用于从多个运行中聚合数据，从而实现类似 BackSpace 的硅后调试方法[21]，并且已被证明对 POWER8 处理器的验证起到了关键作用。需要注意的是，故障检测越靠近故障源，那么调试过程就会越容易。因此，在某些情况下，我们不得不调整故障转移的方式（例如，将软件活锁转变为机器停机），或者至少要指出故障表现的较小周期范围。例如，我们可以在运行时添加周期计数器的打印输出，以获得一个相当小的范围，在其中查找故障。

最难调试的情况是故障未在循环可复现环境中出现。在这种情况下，需要进行额外的实验来确定硬件配置中导致故障的关键要素。这类实验可以通过更改硬件设置来完成，例如，禁用某些处理器内核、限制缓存大小或修改内核中的活动硬件线程数量。有些实验需要对测试程序进行修改，例如，添加更多特定类型的指令或者创建特定条件（如指令序列或依赖关系）。每次实验后，团队都会审查结果。这包括测试程序的执行是通过还是失败，以及从失败运行中收集的数据。根据这些数据，团队确定需要进行哪些额外的实验。这个过程是手动完成的，这意味着实验是由团队根据我们目前掌握的信息提出的（有时是即时手写编码），并且分析结果和推测漏洞的根本原因也是由团队完成的。

另一种方法是在加速平台上或在循环可复现的平台上重现这些故障。这种方法很大程度上依赖于工具的使用，特别是能够在硬件和加速器上有效运行的裸机执行程序。由于硬件平台的速度比加速平台快四个数量级，因此无法直接将故障从硅片迁移到加速平台上。通常，我们需要进行一系列实验来微调执行程序转换，以便使其在硅片上快速触发故障，从而能够在加速平台上重现。借助加速平台增强的可观测性功能，只要能在该平台重现故障，就能为逻辑设计人员提供确定故障根本原因所需的所有数据。如果在加速平台上重现失败，我们会尝试在循环可复现环境中重现故障。这种方法的缺点是，只有当故障能够在该环境中触发时才可行，而与加速平台不同，加速平台会模拟整个系统。

最后，如果上述所有方法都无法奏效，实验室团队只能依据芯片内跟踪阵列所提供的数据来推进调试进程。POWER8 调试逻辑与 Riley 等[20, 22]所描述的类似，具有三个关键特性：

（1）在硬件初始化过程中，可以对跟踪阵列进行配置，以跟踪设计的不同部分。例如，如果怀疑调试中的观察结果源自加载存储单元（LSU）中的错误，调试逻辑就可以配置为以牺牲其他单元的数据为代价，从 LSU 跟踪更多数据。

（2）调试逻辑可以配置为跟踪复合事件。

（3）跟踪阵列存储输入的事件也可以进行配置。跟踪阵列不必在每个时钟周期都保存输入，而是可以配置为仅在检测到某些事件时才锁存数据。这使得能够对事件进行非连续跟踪，在一些难以调试的情况下已被证明是有用的。

上述方法使我们能够找出 POWER8 测试中发现的所有错误的根本原因。每个错误所需的手工工作量各不相同，找出根本原因所花费的时间也各不相同。实验室团队利用在调试每个错误时所使用和开发的方法及技术，来学习并改进后续错误的调试方法。

17.11 成 果

POWER8 的启动被认为是非常成功的。该团队能够在资源显著减少的情况下，保持与之前 POWER 处理器启动工作同等或更优的缺陷发现和解决率。

图 17.5 和表 17.1 展示了 POWER8 的启动结果。图中的每个点代表一个错误，包含了所有启动错误的信息，而不仅仅是功能错误。表 17.1 汇总了

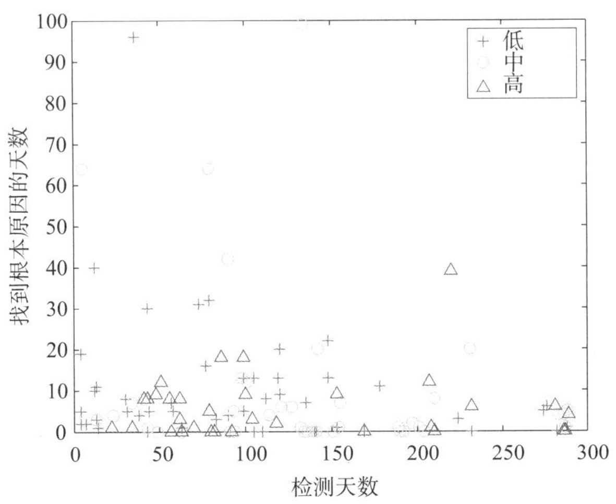

图 17.5 POWER8 启动测试结果：x 轴上点的位置称为检测时间，它表示从启动测试开始到首次发现错误所经过的天数。y 轴上点的位置称为调试时间，它表示从首次发现错误到确定其根本原因所经过的天数

图 17.5 中呈现的数据，按错误严重程度显示了平均调试时间和满足正态分布 90% 的调试时间。例如，中等严重程度的错误平均需要 10.07 天才能找到根本原因，而 90% 的中等严重程度错误需要 20 天或更少的时间才能找到根本原因。总体而言，大约 1% 的 POWER8 错误是在硅后验证阶段发现的。

这些错误根据其严重程度被分为三类。错误的严重程度是根据错误对系统功能行为的影响、绕过错误的性能代价以及修复的复杂性来确定的。只有在找到错误的根本原因并提出修复建议之后，才能确定错误的严重程度。

表 17.1 确定故障根本原因所需天数的统计数据

	平 均	90%
低	9.92	22
中	10.07	20
高	5.96	12

实验室团队一直承受着巨大的工作压力。由于并非所有漏洞都能同时处理，团队根据优先级开展工作。图 17.5 中的调试时间指的是找到漏洞根本原因所需的总时间，即从首次发现漏洞到确定根本原因所经过的天数。在某些情况下，漏洞被首次检测到后，由于优先级的原因，需要先处理其他问题，然后才能继续调试。对于每个问题所花费的确切时间和精力并未进行跟踪。有趣的是，由图 17.5 可知，严重程度高的漏洞平均调试时间明显低于不太重要的漏洞。超过 60% 的严重程度高的漏洞在一周内就找到了根本原因。这表明实验室团队在漏洞被首次发现的早期阶段就能有效地推测出其严重程度，这归功于实验室团队成员的专业知识：基于有限的可用数据，他们能够在漏洞首次被检测到后不久就推断出漏洞的真实性质及其预期的严重程度。

理论上，在上电调试的第一天就能发现所有的缺陷。但实际上，由于多种因素，缺陷往往在调试过程的后期才被发现。这些因素包括实验室团队的缺陷分类和手动调试时间（这是有限的）、克服设置和制造问题、上电调试期间实验室配置的变化、为解决发现的缺陷而对硬件或软件所做的更改、缺陷的罕见性以及芯片的额外流片。因此，上电调试实验被认为是一场“马拉松”而非“短跑”，需要实验室团队持续不断的努力。

图 17.5 还展示了严格的上电前准备工作是如何取得成效的。在 POWER8 芯片流片后的所有问题中，有一半是在上电后的头三个月内发现的。这被认为是一个非常好的结果，因为在项目启动的头两个月里，团队不得不花费大量时间来解决硬件稳定性问题，并对制造出的芯片进行筛选，以找出功能良好的芯片。

17.12 未来挑战

在硅后验证中,有许多主题值得进一步研究。本节我们列出几个重要的主题。

虽然在加速过程中使用可综合的覆盖率监视器为我们提供了很好的手段来为实验室选择测试轮次，并确保处理器的覆盖率，但要为实际制造的芯片的覆盖率提供真实的反馈，还需要片上覆盖率监测。由于任何片上覆盖率监视器都会对面积、功耗和时序产生影响，因此此类监视器的数量必须保持在较低水平。诸如可配置监视器[23]之类的方法可能是正确的方向。然而，应监视哪些事件的选择仍然是一个重要的研究问题。

如上所述，实验室调试工作的性质具有高度重复性。目前，这些实验（无论是成功的还是失败的）的数据汇总都是由专家手动完成的。采用诸如统计调试[24]之类的技术来自动化调试过程,可以减少调试时间和实验室团队的工作量。

在 POWER8 启动期间发现的每个错误都被多次触发，而且通常是由多个测试激励组合触发的。由于每个故障都必须处理，团队花费了大量时间对故障进行基本分析，以确保它们与已知问题相对应。自动化这一过程可以节省宝贵的时间。具体来说，我们旨在开发一个系统，让实验室团队成员能够输入已知错误的完整或部分特征，然后让系统根据这些特征对故障进行分类。除了对故障进行分类之外，这样的系统还必须报告其分类的可信度。除了协助故障分类过程之外，这样的系统还能极大地帮助全面了解现有错误的本质。

随着 OpenPOWER 联盟的成立[25]，IBM 与其合作伙伴共同打造的系统的验证和确认工作预计将会更具挑战性。

17.13 小 结

随着硅后验证阶段在确保处理器出货质量方面的重要性日益提升，业界越来越需要优化启动实验室的工作方法并建立最佳实践技术。我们介绍了 IBM 团队在 POWER8 处理器上电期间所采取的方法。严谨的准备过程，结合最先进的激励生成、检查和调试技术，使 POWER8 的上电工作取得了成功。POWER9 采用了类似的方法，但做了一些调整和改进，同样取得了成功。在极具挑战性的日程安排下，我们成功实现了对 POWER9 的重大技术改进，以应对日益激烈的竞争和商业模式的变化。

参考文献

[1] Adir A, Golubev M, Landa S, et al. Threadmill: a post-silicon exerciser for multi-threaded processors[C]//DAC, 2011: 860-865.

[2] Nahir A, Adir A, Ziv A, et al. Post-silicon validation of the IBM POWER8 processor[C]//DAC, 2014: 1-6.

[3] Adir A, Nahir A, Ziv A, et al. A unified methodology for pre-silicon verification and post-silicon validation[C]// DATE, 2011: 1590-1595.

[4] Carter H B, Hemmady S G. Metric driven design verification: an engineer' s and executive' s guide to first pass success[M]. Berlin: Springer, 2007.

[5] Behm M L, Ludden J M, Lichtenstein Y, et al. Industrial experience with test generation languages for processor verification[C]//DAC, 2004: 36-40.

[6] Piziali A. Functional verification coverage measurement and analysis[M]. Berlin: Springer, 2004.

[7] Adir A, Nahir A, Ziv A, et al. Reaching coverage closure in post-silicon validation[C]//Haifa Verification Conference, 2010.

[8] Adir A, Nahir A, Ziv A. Concurrent generation of concurrent programs for post-silicon validation[J]. IEEE Trans CAD Integr Circuits Syst, 2012, 31(8): 1297-1302.

[9] Lee D, Adir A, Nahir A, et al. Probabilistic bug-masking analysis for post-silicon tests in microprocessor verification[C]//DAC, 2016: 24-29.

[10] Bohrer P, Adir A, Nahir A, et al. Mambo: a full system simulator for the PowerPC architecture[J]. SIGMETRICS Perform Eval Rev, 2004, 31(4): 8-12.

[11] Lachish O, Adir A, Nahir A, et al. Hole analysis for functional coverage data[C]//DAC, 2002: 807-812.

[12] Darringer J A, Davidson E E, Hathaway D J, et al. EDA in IBM: past, present, and future[J]. IEEE Trans CAD Integr Circuits Syst, 2000, 19(12): 1476-1497.

[13] Adir A, Nahir A, Ziv A, et al. Advances in simultaneous multithreading testcase generation methods[C]//HVC, 2010: 146-150.

[14] Storm J. Random test generators for microprocessor design validation[EB/OL]. (2006)[2013-09-01]. http://www.oracle.com/technetwork/systems/opensparc/53-rand-test-gen-validation-1530392.pdf.

[15] Nahir A, Ziv A, Panda S. Optimizing test-generation to the execution platform[C]//ASP-DAC, 2012: 304-309.

[16] Fine S, Ur S, Ziv A. A probabilistic regression suite for functional verification[C]//Proceedings of the 41st Design Automation Conference, 2004: 49-54.

[17] Wile B, Goss J C, Roesner W. Comprehensive functional verification: the complete industry cycle[M]. San Francisco: Morgan Kaufmann, 2005.

[18] Garey M, Johnson D. Computers and intractability: a guide to the theory of NP-completeness[M]. San Francisco: W H Freeman, 1979.

[19] Buchnik E, Ur S. Compacting regression-suites on-the-fly[C]//Proceedings of the 4th Asia Pacific Software Engineering Conference, 1997.

[20] Riley M W, Chelstrom N, Genden M, et al. Debug of the CELL processor: moving the lab into silicon[C]//ITC, 2006: 1-9.

[21] De Paula F M, Hu A J, Nahir A. nuTAB-BackSpace: rewriting to normalize non-determinism in post-silicon debug traces[C]//CAV, 2012.

[22] De Paula F M, Nahir A, Nevo Z, et al. TAB-BackSpace: unlimited-length trace buffers with zero additional on-chip overhead[C]//DAC, 2011: 411-416.

[23] Abramovici M, Bradley P, Dwarakanath K N, et al. A reconfigurable design-for-debug infrastructure for SoCs[C]//DAC, 2006: 7-12.

[24] Jones J A, Harrold M J, Stasko J T. Visualization of test information to assist fault localization[C]//ICSE, 2002: 467-477.

[25] OpenPOWER announcement[EB/OL]. (2013-11-18)[2013-11-18]. http://www-03.ibm.com/press/us/en/pressrelease/41684.wss.

第VI部分　回顾与未来方向

第18章 SoC安全与硅后调试冲突

吕阳迪 / 黄元文 / 普拉巴特 · 米什拉

18.1 引 言

硅后验证与调试对于检测和诊断设计中的潜在错误至关重要。为了便于对制造完成的集成电路进行测试 / 调试，会添加可测试性特性来控制或观察内部节点。跟踪缓冲器是一种常见的 DFD 结构。同样，扫描链作为一种 DFT 结构被广泛使用。扫描链通过将所有寄存器连接成一条链，能够在“测试模式”下控制和观测内部寄存器的值。同样，嵌入在 SoC 中的跟踪缓冲器在执行期间跟踪一小部分内部信号，其值在硅后（离线）调试期间使用。这些 DFD 和 DFT 结构提供的可观测性在硅后调试期间对于检测和修复错误至关重要。调试工程师正试图添加越来越多的此类结构，以在不违反诸如面积和功耗预算等各种设计约束的情况下最大限度地提高可观测性。

然而，安全性与可观测性之间存在着内在冲突。虽然调试工程师希望获得更好的可观测性，但安全专家却希望对 SoC 设计中的安全模块实施有限可见性或完全不可见性控制。研究界普遍认为，可观测性 / 可测试性与安全性之间存在紧密联系[12]。为调试而插入的结构可能会成为信息泄露的源头。由于扫描链兼具可观测性和可控性，基于扫描的攻击已被广泛研究，尤其是在加密原语方面，包括数据加密标准（DES）[28]和高级加密标准（AES）[29]、流密码[18]以及 RSA[8, 19]。跟踪缓冲器攻击作为一个新的研究领域已被证明能够成功地从 AES 中泄露机密信息，相关成果由 Huang 等发表于文献［13］和［15］中。

本章我们将探讨调试结构如何对安全性构成威胁。特别是，本章将描述基于扫描链的攻击和跟踪缓冲器攻击。有关安全威胁和潜在的应对措施[9, 10, 14, 17]，本章不展开讨论。

18.2 背 景

18.2.1 AES

AES 采用 128 位数据块，支持 128、192 和 256 位三种密钥长度，分别对应 AES-128、AES-192 和 AES-256 三种规格。我们在此简要回顾 AES-128，更多细节请参阅文献［11］。

AES 加密流程如图 18.1 所示。AES 接收一个 128 位的明文和一个 128 位的用户密钥，并生成一个 128 位的密文。加密过程通过一个初始轮和随后 10 轮重复的四个步骤进行。这四个步骤分别是字节替换（SubBytes）、行移位（ShiftRows）、列混合（MixColumns）和轮密钥加（AddRoundKey）。在最后一轮，跳过列混合步骤。对于每一轮，都需要单独的 128 位轮密钥。初始轮使用主密钥，随后的 10 轮则使用不同的轮密钥。轮密钥的生成遵循 Rijndael 的密钥扩展算法，基于当前的四轮密钥 $[RK_{i,1}, RK_{i,2}, RK_{i,3}, RK_{i,4}]$ 通过式（18.1）生成下一个四轮密钥 $[RK_{i+1,1}, RK_{i+1,2}, RK_{i+1,3}, RK_{i+1,4}]$。$lcs$ 表示一个字节的左循环移位操作，而 $sbox$ 函数则是根据一个 16×16 的查找表进行字节到字节的替换。

$$\begin{aligned}
RK_{(i+1,1)} &= RK_{(i,1)} \oplus sbox\Big(lcs\Big(RK_{(i,4)}\Big)\Big) \oplus RC_i \\
RK_{(i+1,2)} &= RK_{(i,2)} \oplus RK_{(i+1,1)} \\
RK_{(i+1,3)} &= RK_{(i,3)} \oplus RK_{(i+1,2)} \\
RK_{(i+1,4)} &= RK_{(i,4)} \oplus RK_{(i+1,3)}
\end{aligned} \tag{18.1}$$

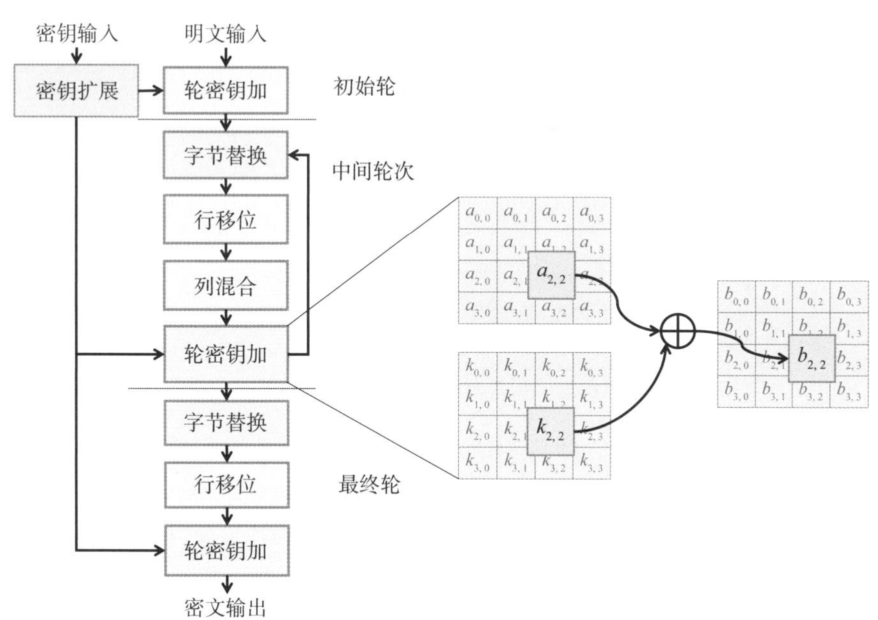

图 18.1 AES 加密流程[15]

明文被组织成一个 4×4 的列主序矩阵，通过 AES 周期操作对其进行处理。字节替换步骤对矩阵中的每个元素进行非线性变换。该非线性变换由一个 8 位替换盒（也称为 Rijndael S-box）定义。行移位步骤对每行的字节进行一定偏移量的循环移位。在列混合步骤中，每个列乘以一个固定的矩阵。在轮密钥加步骤中，矩阵中的每个字节与当前轮次密钥中的每个字节进行异或操作（图 18.1）。

18.2.2 信号选择

信号选择的目标在于获取一组信号，这些信号能够恢复芯片中的最大数量的内部状态。多年来，针对信号选择的技术层出不穷[2 ~ 7, 16, 20 ~ 27]。例如，Basu 等[3]提出了一种基于度量的算法，该算法利用总恢复性来选择最有利的信号。Chatterjee 等[7]提出了一种基于仿真的算法，该算法被证明比基于度量的方法更具前景。Li 和 Davoodi[16]提出了一种混合方法，该方法结合了基于度量和基于仿真方法的优点。最近，Rahmani 等[21, 25]的研究表明，机器学习能够在不牺牲恢复性的情况下实现快速且可扩展的信号选择。

18.3 基于扫描链的攻击

扫描链的插入是广泛采用的一种 DFT 技术，它能够控制并观察内部寄存器的值，如图 18.2 所示。当扫描使能（SE）信号被置位时，所有的触发器通过移位链相连。输入信号（scan_in）被驱动到链中，而在每个时钟周期内，输出信号（scan_out）都会被外部观察到。

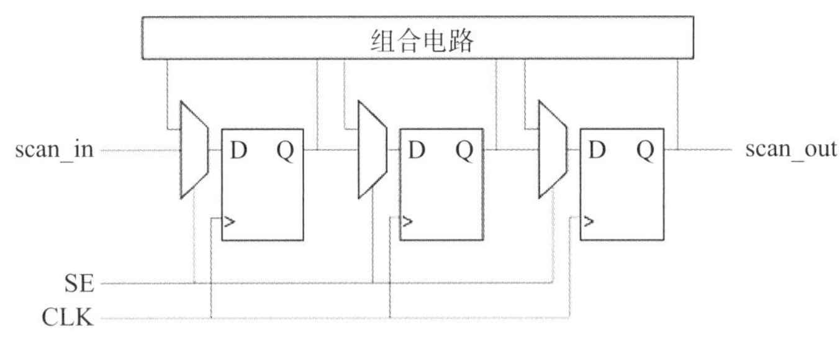

图 18.2 由三个触发器构成的扫描链

由于扫描链能够提供一种观察内部寄存器的方式，因此在测试模式下，存储在内部寄存器中的敏感信息能够被移出。现有的攻击包括 DES[28]、AES[29]、流密码[18]以及 RSA[8, 19]。文献 [29] 中简要概述了这种攻击方式，以展示扫描链如何被用于泄漏秘密信息。

Yang 等[29]针对 AES 的硬件实现提出了一个攻击方案，该方案利用两个测试输出向量之间的差异来恢复密钥。攻击的第一步是确定中间密文（图 18.1 中的 $b_{i,j}$）的存储位置。首先，以特定的明文模式运行芯片一个时钟周期。该明文经过初始轮和第 1 轮处理，在测试模式下提取所有寄存器中的信号，形成扫描向量 s_1。接下来，选择一个与第一个明文仅在一个字节上不同的明文来重复该过程并检索第二个扫描向量 s_2。s_1 和 s_2 的差异被定位。假设两个明文在 $p_{1,1}$ 处不同，中间密文将在 $(b_{0,0}, b_{1,0}, b_{2,0}, b_{3,0})$ 中有所不同。通过尝试不同

的明文对并检查 $s_1 \oplus s_2$ 中的 1，我们能够确定扫描向量中的哪 32 位对应于 $(b_{0,0}, b_{1,0}, b_{2,0}, b_{3,0})$。请注意，中间密文中的位与扫描向量中的位之间并未构建一对一的映射关系。

第二步是从扫描链输出中恢复密钥。我们继续使用第一步中的示例，并通过上标来区分两次不同的加密过程。根据图 18.1 可得以下方程：

$$b_{i,0}^1 = a_{i,0}^1 \oplus k_{i,0}, \quad b_{i,0}^2 = a_{i,0}^2 \oplus k_{i,0} \tag{18.2}$$

$$\begin{aligned} b_1^1 \oplus b_2^2 = b_{i,0}^1 \oplus b_{i,0}^2 &= \left(a_{i,0}^1 \oplus k_{i,0}\right) \oplus \left(a_{i,0}^2 \oplus k_{i,0}\right) \\ &= \left(a_{i,0}^1 \oplus a_{i,0}^2\right) \oplus \left(k_{i,0} \oplus k_{i,0}\right) \\ &= a_{i,0}^1 \oplus a_{i,0}^2 \end{aligned} \tag{18.3}$$

根据式（18.3），$b^1 \oplus b^2$ 中 1 的数量与本轮的子密钥无关。令 c 表示初始轮的输出，即明文与主密钥进行异或运算的结果。正如文献［29］所指出的，$b^1 \oplus b^2$ 中 1 的数量仅取决于 $c_{1,1}^1$ 和 $c_{1,1}^2$。如果 $b^1 \oplus b^2$ 中 1 的数量恰好为 9、12、23 或 24 个，那么 $(c_{1,1}^1, c_{1,1}^2)$ 对如表 18.1 所示，其值可唯一确定。

表 18.1　$b^1 \oplus b^2$ 中 1 的个数以及由文献［29］独立确定的 $(c_{1,1}^1, c_{1,1}^2)$ 对的数量

$b^1 \oplus b^2$ 中 1 的个数	9	12	23	24
$(c_{1,1}^1, c_{1,1}^2)$ 对	(226, 227)	(242, 243)	(122, 123)	(130, 131)

作者提议使用仅在一位上不同的两个明文，即 $(2m, 2m+1)$，作为 $(p_{1,1}^1, p_{1,1}^2)$。通过不断尝试不同明文对，直到 $b^1 \oplus b^2$ 中 1 的数量匹配表 18.1 所列数值。然后，通过 $c_{1,1} \oplus p_{1,1}$ 还原主密钥的一个字节。实验结果[29]表明，平均而言，使用 32 个明文可以恢复一个字节。通过检查 b 的不同部分，可以使用 512 个明文恢复所有字节。

18.4 跟踪缓冲器攻击

跟踪缓冲器能够提升电路的可观测性，从而有助于硅后的调试与分析[10, 22, 24, 25]。它是一种在运行时记录硅片内部部分信号的缓冲器。如果遇到错误，跟踪缓冲器的内容会通过 JTAG 接口输出，以便进行离线调试和错误分析。由于设计开销的限制，跟踪信号的数量只是设计中所有内部信号的一小部分。跟踪缓冲器的大小直接影响我们从跟踪缓冲器中获得的可观测性。

图 18.3 展示了在硅后验证和调试期间如何使用跟踪缓冲器。信号选择是在设计阶段（硅前阶段）完成的。假设 $S_1, S_2, \cdots, S_n$ 是所选的跟踪信号。该图显示一个总容量为 $n \times m$ 位的跟踪缓冲器，可对 n 个信号（缓冲宽度）进行 m 个

周期的跟踪（缓冲深度）。例如，ARM ETB[1]跟踪缓冲器提供了从 16Kb 到 4Mb 的缓冲器大小。在这种情况下，一个 16Kb 的缓冲器可以跟踪 32 个信号 512 个周期（即 $n=32$，$m=512$）。一旦选择了跟踪信号，就需要将其路由到跟踪缓冲器。同时需要配置触发单元，该单元根据特定（错误）事件决定何时开始和停止记录跟踪信号。跟踪缓冲器在运行时记录跟踪信号的状态。在调试期间，跟踪信号的状态将通过标准 JTAG 接口输出，用于尽可能多地恢复内部状态，以最大限度地提高芯片内部信号的可观测性。离线调试和分析将基于跟踪信号和恢复信号进行。

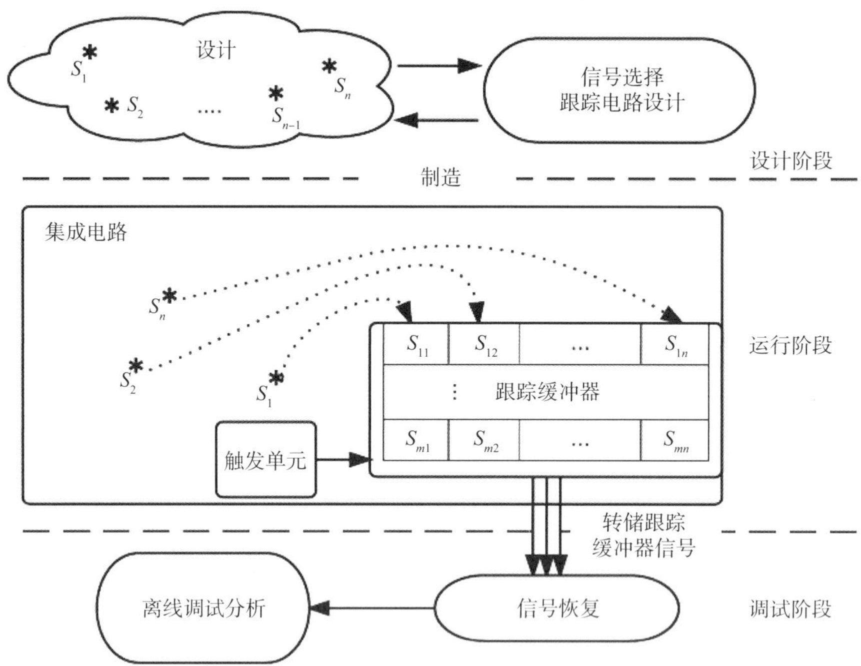

图 18.3 系统验证与调试中跟踪缓冲器的概览。$S_1, S_2, \cdots, S_n$ 是选定的跟踪信号。跟踪缓冲器以 m 个周期（缓冲器深度）记录 n 个信号（缓冲器宽度），总大小为 $n \times m$ 位[15]

Huang 等[15]提出了针对 AES 的跟踪缓冲器攻击（无论是否知晓其 RTL 实现方式）。攻击的详细信息将在以下各节中介绍。Huang 等[15]利用了其中一种当时最先进的信号选择技术[22]，而非手动选择那些更容易用于攻击的信号。

18.4.1 利用RTL实现的跟踪缓冲器攻击

假设 RTL 实现是可用的，那么所提出的攻击将分两个阶段进行：在第一阶段，建立跟踪缓冲器中的信号值与 AES 设计中的变量之间的对应关系；在第二阶段，信号值被输入到恢复算法中以恢复内部信号，并最终恢复用户指定主键中的位。

1. 步骤 1：确定跟踪缓冲器信号

跟踪缓冲器攻击的核心挑战在于攻击者并不知晓跟踪缓冲器中记录了哪些信号。由于攻击者能够接触到几块测试芯片以及 AES 设计的 RTL 描述，通过运行一些测试芯片并使用算法 1 与 RTL 仿真进行匹配，就可以建立跟踪信号与 RTL 描述中的寄存器之间的一一对应关系。

算法 1：RTL 信号与寄存器映射算法[15]

```
Input: AES RTL implementation, AES test chip
Output: Identified signals in trace buffer
while true do
    Select a random plaintext T_itr, a random key K_itr
    Run RTLsimulation with T_itr and K_itr for c cycles
    Run the test chip with T_itr and K_itr for c cycles
    for Each traced signal S_i in trace buffer do
        Represent S_i as a vector of c values
        for Each register R_j in RTL do
            Represent R_j as a vector of c values
            if the vectors of S_i and R_j are the same then
                (S_i, R_j) is a possible match
            end
        end
        if S_i has a unique match R_j then
            (S_i, R_j) is a verified match
        end
    end
    if Every signal in S has a unique match then
        Break
    end
end
return Identified signals in trace buffer
```

在每次迭代中，会随机选取一个输入明文 T_{itr} 和一个随机密钥 K_{itr}，在测试芯片和 RTL 模拟中各运行 c 个周期。每个跟踪信号都会在跟踪缓冲器中存储一个包含 c 个值的向量。对于每个跟踪信号，其向量会与 RTL 模拟中的所有寄存器的向量进行比较。如果找到唯一匹配，则在 RTL 描述中识别该跟踪信号。这个过程会一直重复，直到所有跟踪信号都被唯一识别为止。

2. 步骤 2：信号恢复

在对跟踪缓冲器中的信号进行识别之后，下一步就是以主密钥运行芯片，并利用跟踪缓冲器来对攻击进行量化。攻击者会提取出在线加密过程中缓冲器中记录的信号状态，并尽可能多地恢复其他信号，最终获取主密钥。

这些信号可以从所跟踪的信号中沿两个方向进行重构：

（1）前向恢复：将信号从输入端恢复至输出端，如图 18.4(a) 所示。

（2）后向恢复：已知某些输出值，推断输入值，如图 18.4(b) 所示。

图 18.4(b) 中最右边的恢复示例是一个不成功的例子。对于寄存器（触发器）的恢复，其当前周期的状态与前一周期的状态相关，这种关联性由它们的真值表所定义。

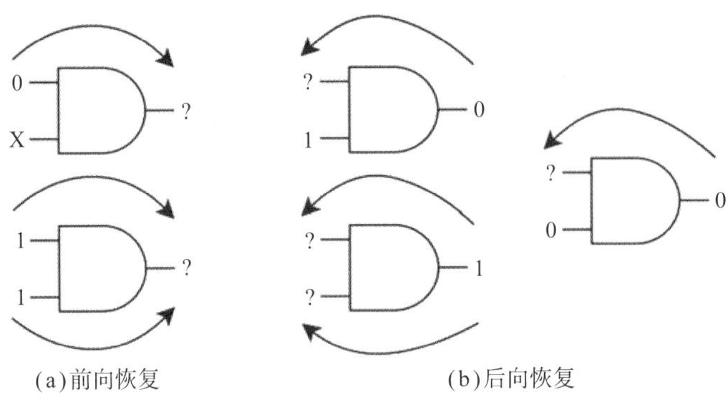

图 18.4　AND 门相关的信号恢复示意图[15]

算法 2 概述了典型修复算法的主要步骤。从跟踪缓冲器的内容出发，反复应用前向和后向恢复来为未被跟踪的节点构建赋值，直到在一次迭代中没有发生任何变化为止。尽管该算法具有指数级复杂度，但在实际应用中，由于每次迭代后新创建的值数量显著减少，它能够非常快速地完成整个过程。

算法 2： 信号恢复算法[15]

```
Input: Trace buffer content, AES netlist
Output: Restored signal (node) values
Read in the AES circuit and form a hypergraph
Put all traced nodes into the UnderProcess queue
Update the traced nodes with their known values (0/1)
Update all other nodes with unknown values (x)
while UnderProcess is not empty do
 | Take a node N from the UnderProcess queue
 | for each node in N's BackwardNeighbors do
 | | Backward Restoration for this neighbor node
 | | if value at any cycle is restored then
 | | | Addthisneighbor node to UnderProcess
 | | end
 | end
 | for each node in N's ForwardNeighbors do
 | | Forward Restoration for this neighor node
 | | if value at any cycle is restored then
 | | | Add this neighbor node to UnderProcess
 | | end
 | end
end
return
```

18.4.2　无须RTL实现的跟踪缓冲器攻击

不了解其 RTL 实现方式，就无法确定所跟踪信号与寄存器之间的一一对应关系。此时，可将跟踪信号映射到 AES 算法中的变量位，并且利用 Rijndael 密钥调度来获取主密钥。

下面以迭代式 AES-128 芯片为例，说明在没有 RTL 实现的情况下对 AES 进行跟踪缓冲器攻击的步骤，该芯片配置宽度为 32、深度为 512 的跟踪缓冲器（32 × 512），完成一次加密需要 13 个时钟周期。

1. 将信号映射到算法变量上

由于中间加密文本和轮密钥对恢复原始密钥位最具价值，因此我们希望找出跟踪缓冲器中是否存在任何信号（位）来自它们。我们使用 AES 的 C 语言实现来模拟图 18.1 中初始轮之后 10 轮的变量值。每个位的值形成一个 10 位向量。芯片中每个跟踪信号的长度为 13，即完成一次加密操作所需的周期数。因此，如果一个信号来自中间加密文本或轮密钥，那么由此产生的 10 位字符串将是跟踪缓冲器中相同位 / 信号的子串。

算法 3 详细说明了如何将跟踪缓冲器的信号位映射到算法变量位。该算法试图识别尽可能多的信号，并且会在匹配的信号被唯一识别且不再能找到更多唯一匹配时终止运行。

算法 3：AES 变量位信号映射算法[15]

Input: AES C implementaion, AES test chip
Output: Identified signals in trace buffer
while *true* **do**
  Select a random plaintext T_{itr}, a random key K_{itr}
  Run the C program of AES-128 with T_{itr} and K_{itr}
  Run the test chip with T_{itr} and K_{itr}
  for *Each traced signal S_i in trace buffer* **do**
    Represent S_i as a 512-bit binary string
    for *Each variable V_j in AES algorithm* **do**
      Extract V_j across the 10 encryption rounds
      for *Each bit $V(j, k)$ in V_j* **do**
        Represent $V(j, k)$ as 10-bit binary string
        if *$V(j, k)$ is a repeating pattern in S_i* **then**
          (S_i, $V(j, k)$) is a possible match
        end
      end
    end
    if *S_i has a unique match $V(j, k)$* **then**
      (S_i, $V(j, k)$) is a verified match
    end
  end
  if *Every signal in S have either unique or no match* **then**
    Break
  end
end
return *Identified signals in trace buffer*

2. 利用 Rijndael 密钥扩展实现信号恢复

根据式（18.1），可提取出两个用于恢复相邻周期（轮次）之间信号值的重要规则，如下式所示：

$$\begin{aligned}&\text{Rule 1}: sbox\left(lcs\left(RK_{(i,4)}\right)\right) = RK_{(i,1)} \oplus RK_{(i+1,1)} \oplus RC_i \\ &\text{Rule 2}: RK_{(i+1,j-1)} = RK_{(i,j)} \oplus RK_{(i+1,j)},\ j = 2,3,4\end{aligned} \quad (18.4)$$

在 Rijndael 的轮密钥扩展过程中，当前轮密钥的第四个字节是生成下一个轮密钥的种子字节。对第四个字节进行的 *lcs* 和 *sbox* 操作是为轮密钥引入不可预测随机性的来源。若已知第四字的所有位，则通过表 18.2 的流程即可推导出主密钥。

表 18.2 假设知晓所有轮密钥的第四字节时的密钥恢复过程，轮密钥以十六进制数字表示，“X”表示“未知”[15]

（A）假设已知所有轮次第四字的完整信息				
RK_1	XXXXXXXX	XXXXXXXX	XXXXXXXX	62636363
RK_2	XXXXXXXX	XXXXXXXX	XXXXXXXX	F9FBFBAA
RK_3	XXXXXXXX	XXXXXXXX	XXXXXXXX	0B0FAC99
RK_4	XXXXXXXX	XXXXXXXX	XXXXXXXX	7E91EE2B
RK_5	XXXXXXXX	XXXXXXXX	XXXXXXXX	F34B9290
RK_6	XXXXXXXX	XXXXXXXX	XXXXXXXX	6AB49BA7
RK_7	XXXXXXXX	XXXXXXXX	XXXXXXXX	C61BF09B
RK_8	XXXXXXXX	XXXXXXXX	XXXXXXXX	511DFA9F
RK_9	XXXXXXXX	XXXXXXXX	XXXXXXXX	4C664941
RK_{10}	XXXXXXXX	XXXXXXXX	XXXXXXXX	6F8F188E
（B）应用规则 2 恢复 RK_{10} ~ RK_4 及部分 RK_3 和 RK_2				
RK_1	XXXXXXXX	XXXXXXXX	XXXXXXXX	62636363
RK_2	XXXXXXXX	XXXXXXXX	9B9898C9	F9FBFBAA
RK_3	XXXXXXXX	696CCFFA	F2F45733	0B0FAC99
RK_4	EE06DA7B	876A1581	759E42B2	7E91EE2B
RK_5	7F2E2B88	F8443E09	8DDA7CBB	F34B9290
RK_6	EC614B85	1425758C	99FF0937	6AB49BA7
RK_7	21751787	3550620B	ACAF6B3C	C61BF09B
RK_8	0EF90333	3BA96138	97060A04	511DFA9F
RK_9	B1D4D8E2	8A7DB9DA	1D7BB3DE	4C664941
RK_{10}	B4EF5BCB	3E92E211	23E951CF	6F8F188E
（C）通过式（18.1）推导 RK_3 ~ RK_1 及主密钥 RK_0				
RK_0	00000000	00000000	00000000	00000000
RK_1	62636363	62636363	62636363	62636363
RK_2	9B9898C9	F9FBFBAA	9B9898C9	F9FBFBAA
RK_3	90973450	696CCFFA	F2F45733	0B0FAC99
RK_4	EE06DA7B	876A1581	759E42B2	7E91EE2B

然而，正如前面实验结果所显示的那样，跟踪缓冲器仅包含第四字节的25位部分信息。查找表中一对一的对应关系对于恢复主密钥至关重要。例如，如果我们有 $sbox([1001x0x1])=[100x0001]$，那么将 [1001x0x1] 的四种组合输入 $sbox$ 函数中，与 [100x0001] 一致的结果会泄露未知位。幸运的是，在查找表中只有一个唯一的解 $sbox([10010001])=[10000001]$ 。随着未知位数的增加，可能会找到更多的候选解。在这种情况下，我们必须评估所有可能的映射。实验结果表明，多个候选解出现的可能性非常罕见。算法4展示了从可用的跟踪缓冲器内容恢复主密钥的步骤。与表18.2中的过程相比，额外的步骤2利用了sbox的唯一映射属性来恢复第四字节缺失的位。

算法 4：轮密钥缺失位恢复算法[15]

```
Input: Identifid signals in round keys from trace buffer
Output: Restored round key bits
Update identified bits with values (1/0) from trace buffer
Update all other bits with unknown values (x)
/* Step 1: Apply Rule 2                                          */
for j ← 4 to 2 do
  | for i ← 1 to 9 do
  |   | RK(i+1,j-1) = RK(i,j) ⊕ RK(i+1,j)
  | end
end
/* Step 2: Apply Rule 1                                          */
for i ← 4 to 9 do
  | Usethebijection property of sbox to recover missing bits in RK(i,4)
end
/* Step 3: Apply Rule 2 one more time                            */
for j ← 4 to 2 do
  | for i ← 1 to 9 do
  |   | RK(i+1,j-1) = RK(i,j) ⊕ RK(i+1,j)
  | end
end
/* Step 4: Use Eq. 1 to get the primary key                      */
for i ← 9 to 1 do
  | RK(i-1,2) = RK(i,2) ⊕ RK(i,1)
  | RK(i-1,3) = RK(i,3) ⊕ RK(i,2)
  | RK(i-1,4) = RK(i,4) ⊕ RK(i,3)
  | RK(i-1,1) = RK(i,1) ⊕ sbox(lcs(RK(i-1,4))) ⊕ RC(i-1)
end
return PrimaryKey = RK0
```

18.5 实验结果

本节将展示关于迭代式AES-128与流水线式AES加密芯片的实验结果。

18.5.1 案例研究1：迭代式AES-128

某迭代式AES-128包含530个触发器（寄存器）和约25000个基本逻辑门。

其中 530 个触发器（寄存器）包括两个 128 位寄存器（用于存储明文和密文）、四个 32 位寄存器（用于存储轮密钥）、十六个 8 位寄存器（用于存储中间状态），以及其他控制和临时信号。

1. 采用 RTL 实现的攻击手段

在掌握 RTL 实现细节的情况下，进行跟踪缓冲器攻击具有强大的威力。表 18.3 展示了不同缓冲器大小对迭代式 AES-128 芯片的攻击效果：当缓冲器宽度为 32 且深度不低于 128 周期时，可在几分钟内恢复完整的主密钥。

表 18.3 迭代式 AES-128 实验结果：不同跟踪缓冲器配置的密钥恢复的位数、内存及时间 [15]

缓冲器宽度 \ 缓冲器深度		64	128	256	512
8	泄露的密钥（位）	6	6	6	6
	内存（MB）	116.4	161.4	252.0	432.0
	时间（mm:ss）	0:27.75	0:56.07	1:50.35	3:43.26
16	泄露的密钥（位）	18	25	28	28
	内存（MB）	116.4	161.4	252.0	432.0
	时间（mm:ss）	0:27.82	0:55.94	1:51.00	3:44.10
32	泄露的密钥（位）	98	128	128	128
	内存（MB）	116.4	161.4	252.0	432.0
	时间（mm:ss）	0:28.01	0:55.98	1:52.81	3:51.38

图 18.5(a) 展示了在不同缓冲器大小下用户密钥泄露的位数。图 18.5(b) 展示了在恢复过程中恢复的内部状态总数（调试可观测性）。恢复的主密钥位数随着缓冲器宽度的增大而增加。对于相同的缓冲器宽度，在跟踪周期增加时

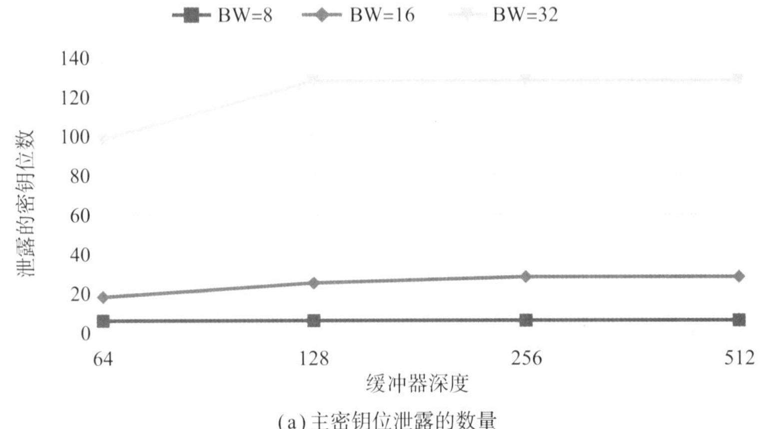

(a) 主密钥位泄露的数量

图 18.5 迭代式 AES-128 在不同缓冲器配置（宽度（BW）为 8、16 和 32，深度为 64、128、256 和 512）下的安全性与可观测性权衡。32 × 128、32 × 256 和 32 × 512 的跟踪缓冲器能够恢复完整的主密钥 [15]

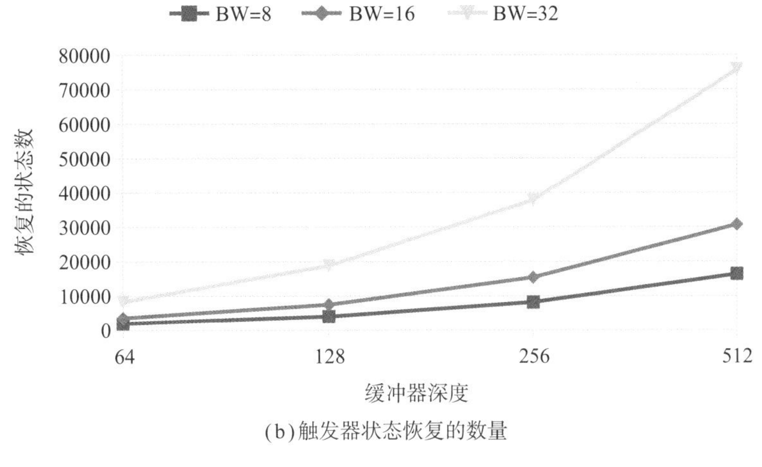

(b)触发器状态恢复的数量

续图 18.5

恢复的密钥位数略有增加，当缓冲器深度足够大（256 个周期或更多）时就会达到饱和。32×512 跟踪缓冲器能够恢复全部 128 位主密钥这一事实并不令人惊讶。成功恢复完整主密钥归功于跟踪缓冲器提供的可观测性。迭代式 AES-128 设计[①]总共有 530 个触发器，路径相对较短。

2. 无 RTL 实现的攻击

应用算法 3 后，在跟踪缓冲器中识别出了 32 个信号中的 30 个，其中包括来自中间寄存器的 2 位和来自本轮密钥寄存器的 28 位。来自 128 位轮密钥寄存器的这 28 位包括来自第一个字的 1 位、来自第三个字的 2 位以及来自第四个字的 25 位。通过算法 4 从选定的信号中成功提取了主密钥。结果表明，尽管文献［22］中的信号选择只是贪心地选择对可观察性最有利的信号，但选定的信号对信息泄露贡献很大。安全感知信号选择技术是未来研究的一个领域，以增加恢复密钥的暴力破解。

与有 RTL 实现的情况相比，没有 RTL 实现的攻击在两个方面更难。首先，使用 RTL 的攻击能够识别缓冲器中跟踪的所有信号，这意味着使用 RTL 的攻击一开始就有更多的信息。其次，算法 2（使用 RTL 实现）的恢复过程能够确定性地在 AES 电路中进行前向和后向传播值，而算法 4（没有 RTL）的恢复则需要更多暴力计算来测试和验证所有可能的映射——当查找表中的 S-box 无法找到唯一的映射时。

18.5.2 案例研究2：流水线式AES加密算法

与迭代式实现的主要区别在于，流水线式实现将所有的加密轮次展开为独

① 对于迭代式实现，该恢复方法显然能够成功还原密钥，AES-192 和 AES-256 也将呈现相同的规律。

立的硬件单元，这使得流水线版本的规模大约是迭代版本的 10 ~ 15 倍。例如，流水线式 AES-128 有 6720 个触发器和约 290000 个逻辑门，其规模大约是迭代式 AES-128 的 10 倍（10 个加密轮次），这给恢复过程带来了更大的挑战，因为从已知信号到其他信号的路径很长，许多信号值无法推断出来。只有那些非常接近输入端的信号才能被反向传播，并可能恢复出部分主密钥位。

表 18.4 和图 18.6 展示了基于 RTL 实现的攻击方法对 AES-128、AES-192 和 AES-256 加密算法的实验结果。在固定缓冲器深度为 512（该深度适合流水线式 AES 算法）的情况下，我们测试了不同宽度的跟踪缓冲器效果。当缓冲器宽度为 64 位时，可在数小时内分别恢复 AES-128、AES-192 和 AES-256 主密钥的 20 位、19 位和 44 位。随着跟踪缓冲器宽度的增加，可观测性以及关键位泄漏的数量都会增加。对于任何流水线式的 AES 加密算法，恢复算法都无法恢复完整的主密钥。尽管所获密钥信息不足以直接破解密码，但它仍能为其他密码分析模式提供一定的帮助。

表 18.4 流水线式 AES-128、AES-192 和 AES-256 实验结果：不同跟踪缓冲器配置的密钥恢复的位数、内存及时间[15]

缓冲器宽度 \ AES 加密算法		AES-128	AES-192	AES-256
8	泄露的密钥（位）	4	1	8
	内存（GB）	4.66	5.37	6.56
	时间（h:mm:ss）	3:51:45	4:29:05	6:38:06
16	泄露的密钥（位）	6	4	16
	内存（GB）	4.66	5.37	6.56
	时间（h:mm:ss）	3:44:14	4:12:22	6:22:59
32	泄露的密钥（位）	11	8	32
	内存（GB）	4.66	5.37	6.56
	时间（h:mm:ss）	3:19:12	4:10:25	6:31:08
64	泄露的密钥（位）	20	19	44
	内存（GB）	4.66	5.37	6.56
	时间（h:mm:ss）	3:42:02	4:08:43	6:03:15

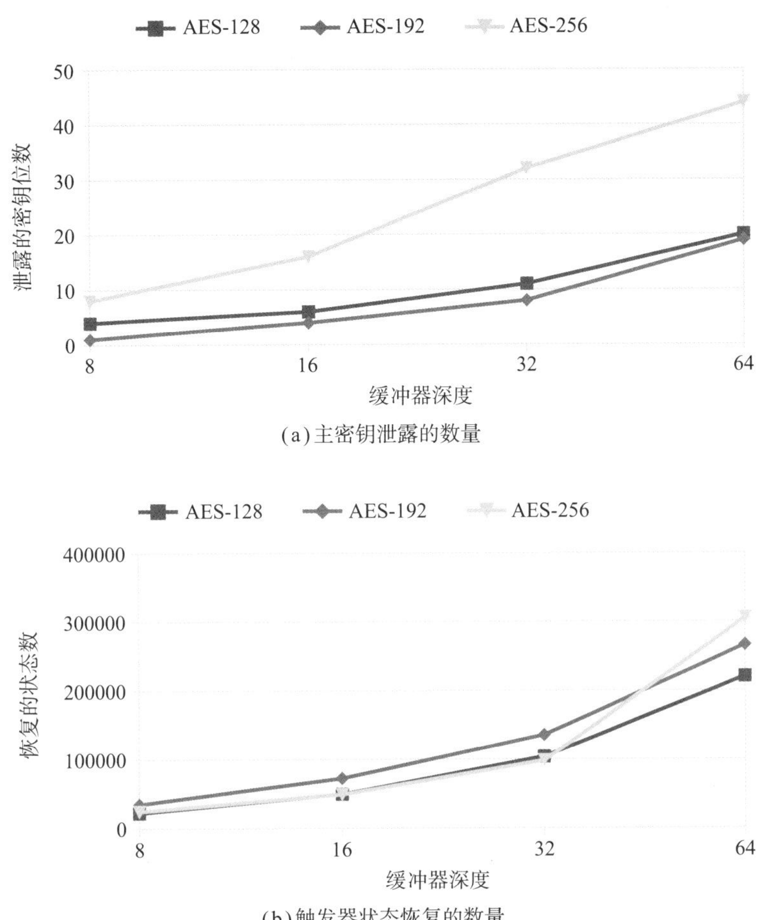

(a)主密钥泄露的数量

(b)触发器状态恢复的数量

图 18.6 流水线式 AES-128、AES-192 和 AES-256 加密算法：安全性与可观测性之间的权衡[15]

18.6 小 结

本章阐述了原本用于测试 / 调试的设计结构如何被用来辅助安全攻击。我们简要概述了一种基于扫描链的攻击，并详细描述了最新提出的跟踪缓冲器攻击[15]。采用 32 × 128 跟踪缓冲器时，通过信号恢复技术可在几分钟内恢复迭代式 AES-128 的完整密钥。对于流水线式 AES，可在几小时内恢复部分密钥。这些实验结果表明，测试 / 调试结构所提供的可观测性使 AES 加密面临安全风险。本研究说明了需要采用安全导向的跟踪信号选择方法，并强调了在理解安全性和调试可观测性之间的权衡方面进行进一步研究的必要性。

参考文献

[1] Arm embedded trace buffer[EB/OL]. https://developer.arm.com/documentation/ddi0480/g/Embedded-Trace-Buffer?lang=en.

[2] Basu K, Mishra P. Efficient trace signal selection for post silicon validation and debug[C]//2011 24th Internatioal Conference on VLSI Design, 2011: 352-357.

[3] Basu K, Mishra P. Rats: restoration-aware trace signal selection for post-silicon validation[J]. IEEE Trans Very Large Scale Integr (VLSI) Syst, 2013, 21(4): 605-613.

[4] Basu K, Mishra P, Patra P. Efficient combination of trace and scan signals for post silicon validation and debug[C]//2011 IEEE International Test Conference, 2011: 1-8.

[5] Basu K, Mishra P, Patra P. Constrained signal selection for post-silicon validation[C]//2012 IEEE International High Level Design Validation and Test Workshop (HLDVT), 2012: 71-75.

[6] Basu K, Mishra P, Patra P, et al. Dynamic selection of trace signals for post-silicon debug[C]//2013 14th International Workshop on Microprocessor Test and Verification, 2013: 62-67.

[7] Chatterjee D, McCarter C, Bertacco V. Simulation-based signal selection for state restoration in silicon debug[C]//2011 IEEE/ACM International Conference on Computer-Aided Design (ICCAD), 2011: 595-601.

[8] Da Rolt J, Das A, Di Natale G, et al. A new scan attack on RSA in presence of industrial countermeasures[M]// Berlin: Springer, 2012: 89-104.

[9] Farahmandi F, Huang Y, Mishra P. Trojan localization using symbolic algebra[C]//2017 22nd Asia and South Pacific Design Automation Conference (ASP-DAC), 2017: 591-597.

[10] Farahmandi F, Morad R, Ziv A, et al. Cost-effective analysis of post-silicon functional coverage events[C]// Design Automation and Test in Europe (DATE), 2017.

[11] FIPS 197. Advanced Encryption Standard[EB/OL]. (2001). http://csrc.nist.gov/publications/fips/fips197/fips-197.pdf.

[12] Hely D, Flottes M L, Bancel F, et al. Scan design and secure chip [secure IC testing][C]//Proceedings of the 10th IEEE International On-Line Testing Symposium, 2004: 219-224.

[13] Huang Y, Bhunia S, Mishra P. Mers: statistical test generation for side-channel analysis based Trojan detection[C]//Proceedings of the 2016 ACM SIGSAC Conference on Computer and Communications Security, CCS '16. New York: ACM, 2016: 130-141.

[14] Huang Y, Chattopadhyay A, Mishra P. Trace buffer attack: security versus observability study in post-silicon debug[C]//2015 IFIP/IEEE International Conference on Very Large Scale Integration (VLSI-SoC), 2015: 355-360.

[15] Huang Y, Mishra P. Trace buffer attack on the AES Cipher[J]. J Hardw Syst Secur, 2017, 1(1): 68-84.

[16] Li M, Davoodi A. A hybrid approach for fast and accurate trace signal selection for post-silicon debug[J]. IEEE Trans Comput-Aided Des Integr Circuits Syst, 2014, 33(7): 1081-1094.

[17] Lyu Y, Mishra P. A survey of side-channel attacks on caches and countermeasures[J]. J Hardw Syst Secur, 2017, 2(2): 33-50.

[18] Mukhopadhyay D, Banerjee S, RoyChowdhury D, et al. Cryptoscan: a secured scan chain architecture[C]//14th Asian Test Symposium (ATS'05), 2005: 348-353.

[19] Nara R, Satoh K, Yanagisawa M, et al. Scan-based side-channel attack against RSA cryptosystems using scan signatures[J]. IEICE Trans Fundam Electron Commun Comput Sci, 2010, E93.A(12): 2481-2489.

[20] Rahmani K, Mishra P. Efficient signal selection using fine-grained combination of scan and trace buffers[C]//2013 26th International Conference on VLSI Design and 2013 12th International Conference on Embedded Systems, 2013: 308-313.

[21] Rahmani K, Mishra P. Feature-based signal selection for post-silicon debug using machine learning[J]. IEEE Trans Emerg Top Comput, 2017, (99): 1.

[22] Rahmani K, Mishra P, Ray S. Scalable trace signal selection using machine learning[C]//2013 IEEE 31st International Conference on Computer Design (ICCD), 2013: 384-389.

[23] Rahmani K, Mishra P, Ray S. Efficient trace signal selection using augmentation and ILP techniques[C]//2014 Fifteenth International Symposium on Quality Electronic Design, 2014: 148-155.

[24] Rahmani K, Proch S, Mishra P. Efficient selection of trace and scan signals for post-silicon debug[J]. IEEE Trans Very Large Scale Integr (VLSI) Syst, 2016, 24(1): 313-323.

[25] Rahmani K, Ray S, Mishra P. Postsilicon trace signal selection using machine learning techniques[J]. IEEE Trans Very Large Scale Integr (VLSI) Syst, 2017, 25(2): 570-580.

[26] Thakyal P, Mishra P. Layout-aware selection of trace signals for post-silicon debug[C]//2014 IEEE Computer Society Annual Symposium on VLSI, 2014: 326-331.

[27] Thakyal P, Mishra P. Layout-aware signal selection in reconfigurable architectures[C]//18th International Symposium on VLSI Design and Test, 2014: 1-6.

[28] Yang B, Wu K, Karri R. Scan based side channel attack on dedicated hardware implementations of data encryption standard[C]//2004 International Conference on Test, 2004: 339-344.

[29] Yang B, Wu K, Karri R. Secure scan: a design-for-test architecture for crypto chips[J]. IEEE Trans Comput-Aided Des Integr Circuits Syst, 2006, 25(10): 2287-2293.

第19章　硅后调试的未来

法里玛·法拉曼迪 / 普拉巴特·米什拉

19.1　回　顾

鉴于 SoC 在电子行业中的广泛应用，确保其在功能和非功能方面的正确性至关重要。本书为 SoC 设计人员、验证工程师以及对异构 SoC 的硅后验证与调试感兴趣的研究人员提供了全面的参考资料。本书汇集了硅后验证和调试专家的研究成果，各章节涵盖了多种先进的 SoC 调试架构、硅后验证方法以及硅后制造阶段的错误检测和纠正技术。本书所涉及的主题大致可以分为以下几类。

19.1.1　硅后系统级芯片验证挑战

第 1 章强调了在现代 SoC 设计时代，从功能和非功能两个角度对 SoC 设计进行验证的重要性。基于 SoC 的设计验证活动可分为三类：硅前验证、硅后验证与调试、现场调试。硅后验证被公认为 SoC 设计方法论中的一个重要瓶颈——许多最新研究指出，它消耗了 SoC 整体设计工作（总成本）的 50% 以上[12]。在硅后验证期间，我们需要考虑五项重要工作，包括给设备供电、逻辑验证、硬件 / 软件协同验证、电气验证和性能路径验证。这些工作各自面临若干挑战，其中最主要的是硅芯片的有限可观测性和可控性。为了提高可观测性并减少硅后调试工作量，硅芯片上会采用不同的调试架构。

19.1.2　调试架构

第 2 章 ~ 第 6 章详细介绍设计调试架构的高效技术，其核心目标是降低硅后验证与调试的复杂性。

（1）片上测试设备：第 2 章探讨了针对硅后准备阶段的规划活动。该章全面分析了多种 DFD 架构，包括扫描链、跟踪缓冲器、覆盖率监视器和性能监视器，以提高硅后设计的可观测性和可控性。

（2）基于度量的信号选择：第 3 章讨论了利用设计结构来提高整体设计可观测性的跟踪信号选择算法。

（3）基于仿真的信号选择：第 4 章介绍了利用仿真实验所收集的信息来评估所选信号能力的方法。

（4）混合信号选择：第 5 章综述了结合基于度量和基于仿真这两种技术优点的混合信号选择方法。

（5）利用机器学习进行信号选择：第 6 章论证了可以运用机器学习技术来提升混合信号选择方法的性能。

19.1.3 测试与断言的生成

第 7 章～第 10 章介绍了生成测试和断言的有效方法，以验证硅片的质量。

（1）可观测性感知的硅后测试生成：第 7 章提出了一种定向测试生成方法，该方法同时考虑事务级模型和可测试性设计架构来生成具有穿透性的测试用例。所提出的方法不仅能有效激活特定行为，还能将该行为的影响传播至可观测点。

（2）片上约束随机激励生成：第 8 章提出了一种片上可编程的受限随机测试生成方法，该方法能在运行时利用设计的不同功能。该技术通过将用户指定的约束条件转换为各种掩码，以生成随机测试序列。

（3）内存一致性验证的测试生成：第 9 章概述了一种面向共享内存芯片多处理器的硅后验证方法。该方法记录并分析共享内存交互以及缓存访问情况，检测任何可能存在的内存一致性违规行为。

（4）硅后验证硬件断言的选择：第 10 章描述了对硅执行期间检测位翻转能力的硅前工艺断言进行排序的指标。所选断言可以被综合为硬件形式，从而支持实时位翻转错误检测。

19.1.4 硅后调试

第 11 章～第 15 章介绍了针对硅后调试所采用的有效方法，这些方法用于定位、检测和修复硅后出现的错误。

（1）调试数据缩减技术：第 11 章系统介绍了用于压缩跟踪缓冲器和其他调试架构所存储数据的技术。这些数据缩减技术能够有效利用片上调试架构，从而提高整体设计的可观测性，并缩短调试时间。

（2）硅后故障的高级调试：第 12 章提出了一种基于高层次模型的调试框架，一旦检测到错误，相关的故障序列就会映射到高层次模型中，以便更快地定位错误。

（3）使用可满足性求解器进行硅后故障定位：第 13 章阐述了利用可满足性求解器进行硅后故障定位的方法。利用跟踪缓冲器的值，为各种滑动窗口构建运行时错误行为的符号表示。如果特定窗口对应的逻辑公式不可满足，则可以确定错误的时间位置。通过识别与芯片错误行为匹配的最大电路子集（在定义的时间窗口内），可以精确定位错误的空间位置。

（4）基于虚拟原型的硅后测试覆盖率评估与分析：第 14 章概述了利用虚拟原型评估硅后测试覆盖率的指标方法。该方法首先在虚拟平台中收集特定测试下虚拟原型的执行数据，然后通过在虚拟原型上重放捕获的数据并结合多种软件和硬件专用覆盖率指标来计算估计的测试覆盖率。

（5）利用调试架构进行硅后覆盖率分析：第 15 章利用片上调试架构来进行成本效益高的硅后功能覆盖率分析。

19.1.5 案例研究

第 16 章和第 17 章对两个案例研究（NoC 和 IBM POWER8 处理器）的硅后验证工作进行了详尽的探讨。

（1）NoC 验证与调试：第 16 章概述了 NoC 架构在硅后验证过程中的独特挑战。这些挑战源于其固有的并行通信特性、安全方面的顾虑以及可靠数据传输的需求。

（2）IBM POWER8 处理器的硅后验证：第 17 章概述了 POWER8 处理器设计生命周期中的硅后验证阶段，旨在发现电气和功能方面的缺陷。

最后，在第 18 章中探讨了设计用于调试与安全漏洞之间的内在冲突。文中指出，未受保护的调试架构可能导致信息泄露，并威胁到 SoC 的安全性和可信度。

19.2 未来的发展方向

尽管在改进硅后验证和调试活动方面已取得显著进展，但该领域仍存在若干有待解决的挑战。例如，在硅后的安全验证方面，此前的研究仍显不足。此外，如何有效利用可测试性设计和可调试性设计基础设施（包括跟踪缓冲器、扫描链、性能监视器和事件触发器等）仍需深入探索。值得注意的是，机器学习技术有望显著降低硅后验证的复杂度。下文将简要概述硅后验证与调试领域面临的主要挑战及潜在研究方向。

19.2.1 调试架构的有效利用

有效利用现有的调试架构以减少整体的硅后验证工作量至关重要。有许多芯片级解决方案可用于提高可观测性，包括扫描链[6, 15]、性能监视器和跟踪缓冲器[1, 4, 5, 14]。现有的跟踪压缩技术同时针对跟踪缓冲器的深度和宽度进行优化。深度压缩方法[18]专注于筛选出存在数据错误的周期，并仅存储这些特定周期内的数据。另一方面，宽度压缩方法[2]则对每个周期中存储的信号值进行压缩处理。最新研究趋势聚焦于设计可编程的芯片级调试硬件，以实现更快的错误定位[11, 13]。现有的可观测性改进工具通过电路对执行跟踪进行记录、触发和聚合。行业主流跟踪框架（如英特尔 TraceHub[7]和 ARM CoreSight[16]）为软件、固件和硬件跟踪提供了配置、传输和可视化支持。当前的方法主要使用跟踪缓冲器的内容进行硅后调试，而忽略了可用的各种调试结构或以临时的方式使用它们。例如，冻结和丢弃功能（freeze and dump feature）早在 20 世纪 90 年代初就被引入，用于丢弃存储阵列。同样，扫描链被广泛用于制造测试。显然，有必要有效地利用现有的 DFD 基础设备来提高可观测性，并显著减少整个硅后的调试工作量。

19.2.2 安全性与可调试设计的比较

虽然 DFD 基础设备的有效利用能够提升硅后的可观测性，但它并未解决安全性和可观测性之间固有的冲突。调试工程师希望通过 DFD 基础设备最大限度地提高可观测性，以减少调试时间，而安全工程师则倾向于对内部信号完全不进行可观测性处理，以增强安全性和隐私保护。现有的方法忽略了许多关键的设计约束，例如安全性和可观测性策略，这些约束限制了特定人员基于其权限级别在特定时间对某些信号进行观察。最新研究表明，若在设计 DFD 基础设备时未将“安全性”视为首要目标，则可能导致各种安全攻击，包括跟踪缓冲器攻击[3, 8, 9]和扫描链攻击[17]。例如，在信号选择过程中必须同时考虑信息流跟踪和片上调试结构，以在不违反安全约束的情况下最大限度地提高可观测性。此外，探索用于保护存储在跟踪缓冲器中的数据以防止信息泄露的混淆和加密方法也很有前景。

19.2.3 基于机器学习的硅后验证技术

一旦 SoC 设计成功通过了初始的功能测试阶段，那么随着时间的推移，该设计很有可能会经历修改。特定的功能可能会被添加、删除或增强。进行此类更改可能会对设计的功能产生意想不到的影响。在特定修改之后识别不良行为的过程被称为回归测试。验证工程师在硅前验证阶段会在仿真环境中运行回归测试。当回归测试失败时，错误的根源应该被彻底查明。利用验证环境跟踪数据中的现有信息将有助于减少调试工作量[10]。此外，验证环境跟踪数据中的现有信息可按故障根源聚类为几个桶（bucket），使每个桶包含相同原因导致的失败跟踪数据。这种方法能够避免对已知故障的重复调试。机器学习可以有效地用于跟踪数据分析以及将新的故障分类到已知的桶中。当映射成功时，可直接采用已知的解决方案（修复方案）。通过调优机器学习框架，可以同时处理已知和未知（例如已知故障的细微变化）的 SoC 故障。

参考文献

[1] Abramovici M, Bradley P, Dwarakanath K, et al. A reconfigurable design-for-debug infrastructure for SoC [C]// Proceedings of the 43rd Annual Design Automation Conference. New York: ACM, 2006: 7-12.

[2] Anis E, Nicolici N. On using lossless compression of debug data in embedded logic analysis[C]//2007 IEEE International Test Conference (ITC). Santa Clara: IEEE, 2007: 1-10.

[3] Backer J, Hely D, Karri R. Secure and flexible trace-based debugging of systems-on-chip[J]. ACM Trans. Des. Autom. Electron. Syst. (TODAES), 2017, 22(2): 31.

[4] Basu K, Mishra P. Efficient trace signal selection for post silicon validation and debug[C]//2011 24th International Conference on VLSI Design. IEEE, 2011: 352-357.

[5] Farahmandi F, Morad R, Ziv A, et al. Cost-effective analysis of post-silicon functional coverage events[C]//2017 Design, Automation and Test in Europe Conference and Exhibition (DATE). IEEE, 2017: 392-397.

[6] Hopkins A B, McDonald-Maier K D. Debug support for complex systems on-chip: a review[J]. IEE Proc. -Comput. Digit. Tech., 2006, 153(4): 197-207.

[7] Intel Platform Analysis Library[EB/OL]. https://software. intel. com/en-us/intel-platform-analysis-library.

[8] Huang Y, Chattopadhyay A, Mishra P. Trace buffer attack: security versus observability study in post-silicon debug[C]//2015 IFIP/IEEE International Conference on Very Large Scale Integration (VLSI-SoC). IEEE, 2015: 355-360.

[9] Huang Y, Mishra P. Trace buffer attack on the AES cipher[J]. J. Hardw. Syst. Secur., 2017, 1(1): 68-84.

[10] Jindal A, Kumar B, Basu K, et al. Elura: a methodology for post-silicon gate-level error localization using regression analysis[C]//2018 31st International Conference on VLSI Design and 2018 17th International Conference on Embedded Systems (VLSID). IEEE, 2018: 410-415.

[11] Lee Y, Matsumoto T, Fujita M. On-chip dynamic signal sequence slicing for efficient post-silicon debugging[C]//2011 16th Asia and South Pacific Design Automation Conference (ASP-DAC). Yokohama: IEEE, 2011: 719-724.

[12] Mishra P, Morad R, Ziv A, et al. Post-silicon validation in the SoC era: a tutorial introduction[J]. IEEE Des. Test, 2017, 34(3): 68-92.

[13] Park S B, Hong T, Mitra S. Post-silicon bug localization in processors using instruction footprint recording and analysis (IFRA)[J]. IEEE Trans. Comput. -Aided Des. Integr. Circuits Syst., 2009, 28(10): 1545-1558.

[14] Refan F, Alizadeh B, Navabi Z. Bridging presilicon and postsilicon debugging by instruction-based trace signal selection in modern processors[J]. IEEE Trans. Very Larg. Scale Integr. (VLSI) Syst., 2017, 25(7): 2059-2070.

[15] Vermeulen B, Waayers T, Goel S K. Core-based scan architecture for silicon debug[C]//Proceedings International Test Conference. IEEE, 2002: 638-647.

[16] CoreSight On-Chip Trace and Debug Architecture[EB/OL]. www. arm. com.

[17] Yang B, Wu K, Karri R. Secure scan: a design-for-test architecture for crypto chips[J]. IEEE Trans. Comput. -Aided Des. Integr. Circuits Syst., 2006, 25(10): 2287-2293.

[18] Yang J S, Touba N A. Expanding trace buffer observation window for in-system silicon debug through selective capture[C]//26th IEEE VLSI Test Symposium (VTS 2008). San Diego: IEEE, 2008: 345-351.